中国森林生态网络体系工程建设研究系列著作

中国城乡乔木

彭镇华　著

中国林业出版社

图书在版编目（CIP）数据

中国城乡乔木/彭镇华著 . - 北京：中国林业出版社，2002.10
（中国森林生态网络体系工程建设研究系列著作）
ISBN 7-5038-3424-2

Ⅰ. 中…　　Ⅱ. 彭…　　Ⅲ. 乔木-中国　　Ⅳ. S718.4

中国版本图书馆 CIP 数据核字（2002）第 032019 号

出版：中国林业出版社（100009　北京西城区刘海胡同 7 号）
E-mail：steven@public.fhnet.cn.net
电话：66177226
发行：新华书店北京发行所
印刷：北京百善印刷厂
版次：2002 年 10 月第 1 版
印次：2002 年 10 月第 1 次
开本：889mm×1194mm　1/16
印张：27
字数：336 千字　插图 200 幅
印数：1～3000 册
定价：128 元

前　言

　　《中国城乡乔木》的城乡是指中国的城市和乡村，也就是人居住的地方，从以人为本而言，含有中国森林生态网络体系工程建设中"点"、"线"、"面"总布局中"点"的内涵。这里人口最集中，且人类生活时间最长，在目前生态环境问题突出，城市化进程加剧的情况下，走城乡可持续发展之路、改善城乡生态环境已成为当务之急。

　　"点"与人的关系最为密切，理应是我国生态环境建设的重点。从生态学的观点，城乡及其周边的树木为主组成的城市森林，对光、热、气、水、土等生态因子具有重要的调节作用，对城乡的生态环境保护起着不可替代的作用。树木、森林，就是城乡的绿色之"肺"，而且葱茏繁茂的树林，还是城乡文化品位与精神素养的反映。缺少树林的城乡如同一个体弱多病的患者，苍白无力，缺乏灵性和生机，更何况名木古树是城乡深厚历史的象征。城乡的历史与文化孕育了城乡的特色与风貌，而城乡的文化特色又体现着城乡发展、积累、沉淀、更新的容貌。这种文化的轨迹，将构成人类城乡文化的脉络，形成城乡的时代特色，并成为城乡景观规划、建设的重要内容。由此可见，树林从根本上触摸到人与自然这个古老而又时新的话题。说其古老，是因为无论中外，这都是人类不断探讨的基本命题；说其时新，因为在21世纪的今天，这是任何国家政府和每个城乡都十分关注，关系到可持续发展的重要而又沉重的话题。

　　在人与自然的关系上"天人合一"、"天人相通"的观念是中华民族文化传统和民族精神的基本素质之一，如老子（李聃）说"道法自然"，这种观念在我国影响极其广泛而深远，已经成为中华民族精神结构的重要组成部分。城乡树林在人与自然的和谐共存中，无疑是重要的载体，是我国历代文人仕子的精神家园。如陶渊明描述的桃花源已经溶入中国人的精神谱系中，成为后人挥之不去的梦影，"采菊东篱下，悠然见南山"始终是人们魂牵梦绕的诗情画意的田园生活。

　　谈及文明，在中国文化中，人与自然是一个和谐融贯的整体，人与我、天与地、我与物、交融交彻、一体俱化、布满大千，天地与我并生，万物与我为一。这样的自然观极大地启示了中国哲学和中国艺术精神。在文化观念上，中国哲学并不把文化看成是独立于自然之外的精神现象，而看成是由自然引发的、派生的自然现象，文化是从自然中走出来的。《周易·贲·彖》曰"刚柔交错，天文也；文明以止，人文也。观乎天文，以察时变。观乎人文，以化成天下。"提出文化是从自然现象中派生引申出来的，"天"不是绝对理性，不是绝对意志，而是自然精神。刘勰在《文心雕龙·原道》中描述了文化的诞生："文之为德也大矣"、"惟人参之，性灵所钟"、"心生而言立、言立而文明、自然之道也"、"傍及万品，动植皆文"、"形立则章成矣，声发则文生矣"，展示了最古老的文明不是人为而是自然。人类受自然感动，楷模天地，师法自然，于是创立了文明。中国传统文化精髓中与自然、树木的融合非常独特，也极大地丰富了世界文化宝库。不论是松、柏、竹、梅，还是桑、茶、枣、栗，无不表现出中国人的精神面貌和勤劳智慧。21世纪是绿色文明的新世纪，继农业文明和工业文明之后，人们从破坏自然回归到保护自然的新理念并渐成共识，人与自然的和谐相处是绿色文明，即生态文明的主要特征。

世界以往大规模的工业化和以机械耕作、大量应用化肥、杀虫剂、农药为代表的"农业革命"，让我们付出了环境和资源的沉重代价，人类本身也首当其冲，成为直接的受害者。中国用世界7％的土地养活了占世界人口22％左右的人民，这被公认为奇迹，但是也应看到这是以生态环境作为代价的。有人形容中国黄河、长江流域水土流失是"大动脉出血"。无限制地把林业用地转为农业用地，甚至围湖造田、盲目垦荒，破坏了生态平衡。为了工业化，人们还曾把机械轰鸣、浓烟滚滚视为繁荣的象征，而忽视了生态环境的承载力。

当前，中国已步入经济快速增长的发展阶段，肩负着提高社会生产力、增强综合国力和提高人民生活水平的历史重任；同时又面临着一系列相当严峻的挑战，像庞大的人口基数、人均资源不足、环境污染严重等。可以说，当代人类面临的尖锐矛盾在中国均有体现。现在中国人口已达13亿，人均淡水、耕地、森林和草地资源均不到世界平均水平的三分之一。

针对中国的国情，实施中国森林生态网络建设的构想，已经过10年的实践。其中有些思想已被吸收成为中国可持续发展林业战略的内容。树木是城乡绿化的主体，城乡绿化作为其基础设施和文明的载体与窗口，对保护和改善城乡生态环境至关重要。城乡绿地系统作为城乡中惟一有生命的基础设施，在保持城市生态平衡，改善城乡面貌方面，具有其它设施不可替代的功能，也是提高人民生活质量必不可少的条件。

面向21世纪的城乡，必然是可持续发展的生态城乡。要在生态系统承载能力范围内运用生态原理与系统工程方法，挖掘一切可利用的资源潜力。其奋斗目标是建立一类经济发达、生态高效的产业；体制合理、社会和谐的文化；生态健康、景观适宜的环境；以实现社会主义市场经济条件下的经济腾飞与环境优化、物质文明与精神文明、自然生态与人类生态的高度统一。这势必要求从以物与事为中心，转向以人为中心。转变城乡的决策、规划、管理人员、企业家和普通市民的城市化、现代化观念，重建城乡人居环境的系统化、自然化、文明化、经济化和人性化的生态理念。城乡产业从产品经济走向服务经济，城乡景观从单一的以视觉效果为主的物理景观走向多样化的生态景观，更加注重人的身心健康。城乡文化从"人定胜天"走向"天人合一"的共生文化，实现可持续发展的生态城乡。

城乡森林生态建设，绝非仅仅是自然的问题，也是人自身的问题。应以尊重和维护生态环境为宗旨，以可持续发展为依据，以未来人类的继续发展为着眼点，强调人与自然环境的相互依存、相互促进、共处共融。因此，人类既要保护自然生态，也应当解决好自身的精神生态。人只有解决好自身的精神生态问题，才会对世界，包括人与自然有一个正确的健康的认识，也才可能最终解决一切生态问题。

城乡发展的本身是一个"自然演进的过程"。基于生态优先的原则，实施可持续发展战略，充分运用城乡生态学原理和景观建筑的一些适用方法和技术，通过把握和应用以往城乡建设所忽视的自然生态特点和规律，努力创造人工环境与自然环境相协调、和谐共存、面向未来的城乡建设可持续发展的环境。实施林网化、水网化，从改善城市生态环境建设的重点工程入手，在生态效益、经济效益和社会效益三者最佳结合点上下功夫。以规划为先导，从本质上理解城乡的自然过程，再依据生态法则去利用土地。协调好城乡内部结构与外部环境，力求人工系统与自然系统协调，努力形成特色鲜明的自然开放的绿地系统，建立一个良性循环、符合整体和生态优先准则的新型城乡生态关系。城乡的林网化与水网化，正是按照复合生态系统理论，以人为本，突出与人关系最为密切的以森林生态为代表的陆地生态系统和以水为代表的水域生态系统的结合，抓住改善生态环境的核心。可见，城乡林网化，泛指的是城市的一种绿色形态，但超越城乡规划的"绿"线范畴，提倡城乡绿化应以乔木为主，营造近似天然林的城乡森林，强调生物多样性。在形态特征上让森林环抱城乡，城乡与森林交融、建筑与森林共存，拓展人类生存与活动的空间。

《中国城乡乔木》一书的编写出版，本着全面建设我国小康社会的宏伟目标，满足城乡环境建设提出的各种更高要求。在树种选择上弘扬"以人为本"、"天人合一"的思想为指导，以此为切入口，结合数十年的绿化实践经验，直接将自己的观点与生态环境问题相联系，并加以阐述，以利指导城乡森林生态网络建设。更科学地选择树种、类型、组成群落，更好地体现中国文化传统和广义上的绿色哲学的理念。谈及绿色哲学就是要求树立社会经济可持续发展的思想，致力于森林保护，强调生物多样性，完善城乡生态系统。

植树造林既是风险小的产业，也是投入少、产出大、回报最为丰厚的产业。城乡应少搞一点投资大，没有生命的假山石、雕塑等；或是没有乔木遮荫、盛夏犹如制热器的以石料、水泥为主的地面高达 60～70℃ 的大广场；或是大量挖别处数十年的大树，甚至百年以上古树，"斩头去臂"进行栽植，既不美观又少生态功能；或是热衷搞大面积草坪，其生态功能只有森林数十分之一，且耗水大，费劳力。凡此种种，需要进行宏观调控或是通过有关部门立法。讲究科学，提倡栽大苗，一般苗高 3 米左右就可以了，速生树种则可高大些。其实栽后几年，远比那种劫后余生的大树、古树生态功能和观赏价值高多了，难以比拟。除特殊需要，苗木不应截干，特别是 2 米截干，相反是要修枝，提高枝下高，使之向空间向高处发展，有更大的树冠和叶量，发挥更大生态功能，树下则更好透光透气。提高认识，致力于提高苗木质量和造林科技水平，排除杂念，以实现为广大人民群众服务的崇高宗旨。

树种的选择在宏观上也应符合可持续发展的需求。我国历史悠久、光照充足、温度适宜、雨量丰沛、植物资源十分丰富，被公认为世界"园林之母"，用于城乡绿化的树种很多。有木本植物 8000 余种，其中乔木 2000 余种，包括优良品种 1000 多种。植物世界是有生命的世界，人是依赖植物而生存的。选择城市乔木树种时在充分研究有关植物自然群落特征基础上，还要考虑不同树种组成森林及其相互关系，并按照生态要求，对树木的保存性、观赏性、文化性、多样性、经济性进行综合考虑。编选 200 种乔木树种侧重以下原则：

1. 树体高大、寿命长，一般选择经培育生长可高达 20 米以上的乔木树种，满足城乡展现大树，充分利用空间，利于形成城乡绿色天际线的要求。树种寿命普遍要求百年以上。

2. 选择生态效益显著的树种，尽可能自身少污染、能较强调节光、热、气、水、土等生态因子，生态功能好，经济价值高，或审美上能突出人的心灵感受，把对人的心理、生理健康的影响放在第一位。

3. 注意与悠久的中国人文历史相联系，尤其历代文人雅士和广大劳动人民所情有独钟的植物群落及构成的主要树种。从而利于展示历史渊源流长的中国文化，并使之不断得以延续与传播。

4. 按照适地适树的原则，在绿化中尽可能应用较多的乡土树种，利用乔木尽快占领城乡空间。

5. 针对城区绿化生态效益最薄弱的环节，选择适应性强，能耐土壤脊薄等立地条件差的环境，力求实现生态效益最大化。同时，为了早见绿色效果，可与目的树种混栽，又适当选择几个速生乔木树种，以利早日形成以树木为主的城乡绿色景观。为适应城乡景观生态需求，还选有藤本和单子叶树种。

曾经有人提出"要以土地来换生态效益"，这固然是必要的，没有土地自然就没有生态效益，但是如何利用有限的土地发挥更大的生态效益，特别是目前城乡人均绿地较少，如何使有限的绿地发挥更大的生态功能，值得很好地研究。科学地利用高大、生态功能好乔木为主组成的乔、灌、藤、草近似天然林，充分向空间要生态效益，未偿不是一条行之有效的捷径。另外，房屋前后栽植高大乔木及攀藤植物使一些五层楼以下房屋掩映在绿树丛中，改善居住环境也是显而易见的。

当然，我们也认识到仅凭人类目前的知识与智慧，还远远无法洞悉植物界的无穷奥秘，毕竟植物已经在地球上繁衍了数亿年，而人类对植物的系统研究仅仅只有300多年。何况，现代森林植物的演变还取决于人类的行为，也就是说人类的良知和科学武器可决定植物的命运。当我们面对这一自然法则时，某种程度上还受到市场法则的制约，因此，人类有必要将长期形成的伦理观扩展到森林植物世界。现在选择的200种乔木树种，表述时已不再局限于每个树种的形态特征、繁殖与栽培方法，而是更注重生态景观及其包涵的生态功能、文化内涵，力求更加符合城乡绿化选择树种时的需求，适应与时俱进的新要求。

本书在编写过程中曾得到《中国森林生态网络体系建设》项目组同志的帮助，特别是李宏开教授，还有吴诗华教授、江守和高级工程师以及江建新、江璞、冯广东同志在绘图方面大力支持，表示衷心感谢。

错漏之处，在所难免，请批评指正。

著　者

2002.10

目　　录

前言

裸子植物 GYMNOSPERMAE

银杏科 Ginkgoaceae ……………………………………………………………… (2)

　银杏 *Ginkgo biloba*（银杏属）………………………………………………… (2)

南洋杉科 Araucariaceae ………………………………………………………… (4)

　南洋杉 *Araucaria cunninghamii*（南洋杉属）…………………………… (4)

松科 Pinaceae …………………………………………………………………… (6)

　冷杉 *Abies fabri*（冷杉属）………………………………………………… (6)

　银杉 *Cathaya argyrophylla*（银杉属）…………………………………… (8)

　雪松 *Cedrus deodara*（雪松属）…………………………………………… (10)

　华北落叶松 *Larix principis-rupprechtii*（落叶松属）………………… (12)

　云杉 *Picea asperata*（云杉属）…………………………………………… (14)

　红松 *Pinus koraiensis*（松属）…………………………………………… (16)

　华山松 *Pinus armandii*（松属）…………………………………………… (18)

　白皮松 *Pinus bungeana*（松属）…………………………………………… (20)

　樟子松 *Pinus sylvestris* var. *mongolica*（松属）……………………… (22)

　赤松 *Pinus densiflora*（松属）…………………………………………… (24)

　马尾松 *Pinus massoniana*（松属）………………………………………… (26)

　油松 *Pinus tabulaeformis*（松属）………………………………………… (28)

　黄山松 *Pinus taiwanensis*（松属）………………………………………… (30)

　金钱松 *Pseudolarix kaempferi*（P. amabilis）（金钱松属）…………… (32)

　华东黄杉 *Pseudotsuga gaussenii*（黄杉属）…………………………… (34)

　火炬松 *Pinus taeda*（松属）……………………………………………… (36)

　湿地松 *Pinus elliottii*（松属）…………………………………………… (38)

　台湾油杉 *Keteleeria formosana*（油杉属）……………………………… (40)

杉科 Taxodiaceae ……………………………………………………………… (42)

　柳杉 *Cryptomeria fortunei*（柳杉属）…………………………………… (42)

　杉木 *Cunninghamia lanceolata*（杉木属）……………………………… (44)

　水松 *Glyptostrobus pensilis*（水松属）………………………………… (46)

　水杉 *Metasequoia glyptostroboides*（水杉属）………………………… (48)

　落羽杉 *Taxodium distichum*（落羽杉属）……………………………… (50)

池杉 *Taxodium ascendens*（落羽杉属） ……………………………………（52）

柏科 Cupressaceae ……………………………………………………………（54）

柏木 *Cupressus funebris*（柏木属） ……………………………………………（54）

侧柏 *Platycladus orientalis*（侧柏属） …………………………………………（56）

圆柏 *Sabina chinensis*（圆柏属） ………………………………………………（58）

铅笔柏 *Sabina virginiana*（圆柏属） …………………………………………（60）

红桧 *Chamaecyparis formosensis*（扁柏属） …………………………………（62）

台湾扁柏 *Chamaecyparis obtusa* var. *formosana*（扁柏属） ………………（64）

罗汉松科 Podocarpaceae ……………………………………………………（66）

罗汉松 *Podocarpus macrophyllus*（罗汉松属） ……………………………（66）

红豆杉科 Taxaceae ……………………………………………………………（68）

红豆杉 *Taxus chinensis*（红豆杉属） …………………………………………（68）

香榧 *Torreya grandis*（榧树属） ………………………………………………（70）

被子植物 ANGIOSPERMAE
双子叶植物 DICOTYLEDONEAE

木兰科 Magnoliaceae …………………………………………………………（74）

鹅掌楸 *Liriodendron chinense*（鹅掌楸属） …………………………………（74）

黄山木兰 *Magnolia cylindrica*（木兰属） ……………………………………（76）

广玉兰 *Magnolia grandiflora*（木兰属） ……………………………………（78）

玉兰 *Magnolia denudata*（木兰属） …………………………………………（80）

厚朴 *Magnolia officinalis*（木兰属） …………………………………………（82）

木莲 *Manglietia fordiana*（木莲属） …………………………………………（84）

火力楠 *Michelia macclurei*（含笑属） ………………………………………（86）

连香树科 Cercidiphyllaceae …………………………………………………（88）

连香树 *Cercidiphyllum japonicum*（连香树属） ……………………………（88）

樟科 Lauraceae ………………………………………………………………（90）

樟树 *Cinnamomum camphora*（樟属） ………………………………………（90）

黑壳楠 *Lindera megaphylla*（山胡椒属） ……………………………………（92）

红楠 *Machilus thunbergii*（润楠属） …………………………………………（94）

大叶楠 *Machilus leptophylla*（润楠属） ……………………………………（96）

紫楠 *Phoebe sheareri*（楠属） ………………………………………………（98）

楠木 *Phoebe zhennan*（楠属） ………………………………………………（100）

檫木 *Sassafras tsumu*（檫木属） ……………………………………………（102）

五桠果科 Dilleniaceae ………………………………………………………（104）

五桠果 *Dillenia indica*（五桠果属） ………………………………………（104）

蔷薇科 Rosaceae ·· （106）

　　水榆花楸 *Sorbus alnifolia*（花楸属）················· （106）

　　梅 *Prunus mume*（李属）······························· （108）

　　樱桃 *Prunus pseudocerasus*（李属）················· （110）

　　枇杷 *Eriobotrya japonica*（枇杷属）················· （112）

苏木科 Caesalpiniaceae ·· （114）

　　巨紫荆 *Cercis gigantea*（紫荆属）··················· （114）

　　凤凰木 *Delonix regia*（凤凰木属）··················· （116）

　　格木 *Erythrophloeum fordii*（格木属）·············· （118）

　　皂荚 *Gleditsia sinensis*（皂荚属）··················· （120）

　　肥皂荚 *Gymnocladus chinensis*（肥皂荚属）········· （122）

含羞草科 Mimosaceae ·· （124）

　　相思树 *Acacia richii*（金合欢属）··················· （124）

　　楹树 *Albizia chinensis*（合欢属）··················· （126）

　　南洋楹 *Albizia falcataria*（合欢属）················· （128）

蝶形花科 Fabaceae ··· （130）

　　牛肋巴 *Dalbergia obtusifolia*（黄檀属）············· （130）

　　红豆树 *Ormosia hosiei*（红豆树属）················· （132）

　　花榈木 *Ormosia henryi*（红豆树属）················· （134）

　　槐树 *Sophora japonica*（槐属）····················· （136）

　　刺槐 *Robinia pseudoacacia*（刺槐属）··············· （138）

　　紫藤 *Wisteria sinensis*（紫藤属）··················· （140）

安息香科 Styracaceae ··· （142）

　　拟赤杨 *Alniphyllum fortunei*（赤杨叶属）··········· （142）

山茱萸科 Cornaceae ·· （144）

　　灯台树 *Cornus controversa*（灯台树属）············· （144）

蓝果树科 Nyssaceae ·· （146）

　　喜树 *Camptotheca acuminata*（喜树属）············· （146）

　　蓝果树 *Nyssa sinensis*（蓝果树属）················· （148）

珙桐科 Davidiaceae ··· （150）

　　珙桐 *Davidia involucrata*（珙桐属）················· （150）

五加科 Araliaceae ·· （152）

　　刺楸 *Kalopanax septemlobus*（刺楸属）············· （152）

水青树科 Tetracentraceae ······································ （154）

　　水青树 *Tetracentron sinense*（水青树属）··········· （154）

金缕梅科 Hamamelidaceae ····································· （156）

　　枫香 *Liquidambar formosana*（枫香树属）··········· （156）

米老排 *Mytilaria laosensis*（壳菜果属）……………………………………（158）

马尾树科 Rhoipteleaceae …………………………………………………（160）

马尾树 *Rhoiptelea chiliantha*（马尾树属）………………………………（160）

悬铃木科 Platanaceae ……………………………………………………（162）

悬铃木 *Platanus hispanica*（悬铃木属）…………………………………（162）

杨柳科 Salicaceae …………………………………………………………（164）

毛白杨 *Populus tomentosa*（杨属）………………………………………（164）

银白杨 *Populus alba*（杨属）……………………………………………（166）

新疆杨 *Populus bolleana* var. *pyramidalis*（杨属）……………………（168）

青杨 *Populus cathayana*（杨属）…………………………………………（170）

小叶杨 *Populus simonii*（杨属）…………………………………………（172）

响叶杨 *Populus adenopoda*（杨属）………………………………………（174）

胡杨 *Populus euphratica*（杨属）…………………………………………（176）

健杨 *Populus canadensis* cv. *Robusta*（杨属）…………………………（178）

沙兰杨 *Populus canadensis* cv. *Sacrau*（杨属）…………………………（180）

Ⅰ-72 杨 *Populus euramericana* cv. *San Martino*（杨属）……………（182）

垂柳 *Salix babylonica*（柳属）……………………………………………（184）

旱柳 *Salix matsudana*（柳属）……………………………………………（186）

桦木科 Betulaceae …………………………………………………………（188）

赤杨 *Alnus japonica*（桤木属）……………………………………………（188）

桤木 *Alnus cremastogyne*（桤木属）………………………………………（190）

白桦 *Betula platyphylla*（桦木属）………………………………………（192）

光皮桦 *Betula luminifera*（桦木属）………………………………………（194）

榛科 Corylaceae ……………………………………………………………（196）

鹅耳枥 *Carpinus turczaninowii*（鹅耳枥属）……………………………（196）

壳斗科 Fagaceae ……………………………………………………………（198）

锥栗 *Castanea henryi*（栗属）……………………………………………（198）

米槠 *Castanopsis carlesii*（栲属）………………………………………（200）

甜槠 *Castanopsis eyrei*（栲属）…………………………………………（202）

苦槠 *Castanopsis sclerophylla*（栲属）…………………………………（204）

红椎 *Castanopsis hystrix*（栲属）………………………………………（206）

水青冈 *Fagus longipetiolata*（水青冈属）………………………………（208）

麻栎 *Quercus acutissima*（栎属）………………………………………（210）

栓皮栎 *Quercus variabilis*（栎属）………………………………………（212）

小叶栎 *Quercus chenii*（栎属）…………………………………………（214）

板栗 *Castanea mollissima*（栗属）………………………………………（216）

蒙古栎 *Quercus mongolica*（栎属）………………………………………（218）

胡桃科 Juglandaceae ······ (220)

　　山核桃 *Carya cathayensis*（山核桃属）······ (220)

　　薄壳山核桃 *Carya illinoensis*（山核桃属）······ (222)

　　青钱柳 *Cyclocarya paliarus*（青钱柳属）······ (224)

　　枫杨 *Pterocarya stenoptera*（枫杨属）······ (226)

　　胡桃 *Juglans regia*（核桃属）······ (228)

木麻黄科 Casuarinaceae ······ (230)

　　木麻黄 *Casuarina equisetifolia*（木麻黄属）······ (230)

榆科 Ulmaceae ······ (232)

　　糙叶树 *Aphananthe aspera*（糙叶树属）······ (232)

　　朴树 *Celtis sinensis*（朴属）······ (234)

　　白榆 *Ulmus pumila*（榆属）······ (236)

　　琅琊榆 *Ulmus chenmoui*（榆属）······ (238)

　　醉翁榆 *Ulmus gaussenii*（榆属）······ (240)

　　榔榆 *Ulmus parvifolia*（榆属）······ (242)

　　大果榆 *Ulmus macrocarpa*（榆属）······ (244)

　　大叶榉 *Zelkova schneideriana*（榉属）······ (246)

桑科 Moraceae ······ (248)

　　榕树 *Ficus microcarpa*（榕属）······ (248)

　　菩提树 *Ficus religiosa*（榕属）······ (250)

　　黄葛树 *Ficus lacor*（榕属）······ (252)

　　桑树 *Morus alba*（桑属）······ (254)

杜仲科 Eucommiaceae ······ (256)

　　杜仲 *Eucommia ulmoides*（杜仲属）······ (256)

大风子科 Flacourtiaceae ······ (258)

　　山拐枣 *Poliothyrsis sinensis*（山拐枣属）······ (258)

　　山桐子 *Idesia polycarpa*（山桐子属）······ (260)

天料木科 Samydaceae ······ (262)

　　天料木 *Homalium cochinchinense*（天料木属）······ (262)

山龙眼科 Proteaceae ······ (264)

　　银桦 *Grevillea robusta*（银桦属）······ (264)

椴树科 Tiliaceae ······ (266)

　　糠椴 *Tilia mandshurica*（椴树属）······ (266)

　　椴树 *Tilia tuan*（椴树属）······ (268)

　　南京椴 *Tilia miqueliana*（椴树属）······ (270)

　　紫椴 *Tilia amurensis*（椴树属）······ (272)

　　蚬木 *Burretiodendron hsienmu*（柄翅果属）······ (274)

梧桐科 Sterculiaceae ·· (276)

　　青桐 *Firmiana simplex*（梧桐属）··· (276)

木棉科 Bombacaceae ··· (278)

　　木棉 *Gossampnus malabarica*（木棉属） ··································· (278)

大戟科 Euphorbiaceae ·· (280)

　　重阳木 *Bischofia polycarpa*（重阳木属）··································· (280)

　　秋枫 *Bischofia javanica*（重阳木属） ······································ (282)

　　乌桕 *Sapium sebiferum*（乌桕属）·· (284)

茶科 Theaceae ·· (286)

　　木荷 *Schima superba*（木荷属）·· (286)

　　茶树 *Camellia sinensis*（茶属）·· (288)

山竹子科 Clusiaceae ··· (290)

　　红厚壳 *Calophyllum inophyllum*（红厚壳属）····························· (290)

龙脑香科 Dipterocarpaceae ··· (292)

　　青皮 *Vatica astrotricha*（青梅属）··· (292)

桃金娘科 Myrtaceae ··· (294)

　　大叶桉 *Eucalyptus robusta*（桉属）··· (294)

　　蓝桉 *Eucalyptus globulus*（桉属）·· (296)

　　白千层 *Melaleuca leucadendron*（白千层属）····························· (298)

石榴科 Punicaceae ··· (300)

　　石榴 *Punica granatum*（石榴属）··· (300)

鼠李科 Rhamnaceae ··· (302)

　　枳椇 *Hovenia dulcis*（枳椇属）·· (302)

　　枣树 *Ziziphus jujuba*（枣属）··· (304)

柿树科 Ebenaceae ··· (306)

　　柿树 *Diospyros kaki*（柿属）·· (306)

　　君迁子 *Diospyros lotus*（柿属）··· (308)

芸香科 Rutaceae ·· (310)

　　黄波罗 *Phellodendron amurense*（黄檗属） ······························· (310)

　　柑橘 *Citrus reticulata*（柑橘属）·· (312)

苦木科 Simaroubaceae ·· (314)

　　臭椿 *Ailanthus altissima*（臭椿属）······································· (314)

橄榄科 Burseraceae ·· (316)

　　橄榄 *Canarium album*（橄榄属）··· (316)

　　乌榄 *Canarium pimela*（橄榄属）·· (318)

楝科 Meliaceae ··· (320)

　　麻楝 *Chukrasia tabularis*（麻楝属）······································ (320)

　　楝树 *Melia azedarach*（楝属）………………………………………（322）

　　川楝 *Melia toosendan*（楝属）…………………………………………（324）

　　大叶桃花心木 *Swietenia macrophylla*（桃花心木属）………………（326）

　　香椿 *Toona sinensis*（香椿属）………………………………………（328）.

　　红椿 *Toona ciliata*（香椿属）…………………………………………（330）

无患子科 Sapindaceae ……………………………………………………（332）

　　栾树 *Koelreuteria paniculata*（栾树属）……………………………（332）

　　黄山栾树 *Koelreuteria bipinnata* var. *integrifolia*（栾树属）……（334）

　　无患子 *Sapindus mukorossi*（无患子属）……………………………（336）

　　龙眼 *Dimocarpus longan*（龙眼属）…………………………………（338）

　　荔枝 *Litchi chinensis*（荔枝属）……………………………………（340）

清风藤科 Sabiaceae ………………………………………………………（342）

　　羽叶泡花树 *Meliosma pinnata*（泡花树属）…………………………（342）

漆树科 Anacardiaceae ……………………………………………………（344）

　　南酸枣 *Choerospondias axillaris*（南酸枣属）………………………（344）

　　黄连木 *Pistacia chinensis*（黄连木属）……………………………（346）

　　火炬树 *Rhus typhina*（盐肤木属）…………………………………（348）

槭树科 Aceraceae …………………………………………………………（350）

　　复叶槭 *Acer negundo*（槭属）………………………………………（350）

　　三角枫 *Acer buergerianum*（槭属）…………………………………（352）

　　五角枫 *Acer mono*（槭属）…………………………………………（354）

七叶树科 Hippocastanaceae ……………………………………………（356）

　　七叶树 *Aesculus chinensis*（七叶树属）……………………………（356）

省沽油科 Staphyleaceae …………………………………………………（358）

　　银鹊树 *Tapiscia sinensis*（银鹊树属）………………………………（358）

木犀科 Oleaceae …………………………………………………………（360）

　　白蜡树 *Fraxinus chinensis*（白蜡树属）……………………………（360）

　　美国白蜡树 *Fraxinus americana*（白蜡树属）……………………（362）

　　水曲柳 *Fraxinus mandshurica*（白蜡树属）………………………（364）

　　女贞 *Ligustrum lucidum*（女贞属）…………………………………（366）

　　桂花 *Osmanthus fragrans*（木犀属）………………………………（368）

夹竹桃科 Apocynaceae …………………………………………………（370）

　　盆架树 *Winchia calophylla*（盆架树属）……………………………（370）

茜草科 Rubiaceae ………………………………………………………（372）

　　香果树 *Emmenopterys henryi*（香果树属）…………………………（372）

紫葳科 Bignoniaceae ……………………………………………………（374）

　　梓树 *Catalpa ovata*（楸树属）………………………………………（374）

　　楸树 *Catalpa bungei*（楸树属）···（376）

　　黄金树 *Catalpa speciosa*（楸树属）·································（378）

紫草科 Boraginaceae···（380）

　　厚壳树 *Ehretia thyrsiflora*（厚壳树属）·························（380）

马鞭草科 Verbenaceae··（382）

　　柚木 *Tectona grandis*（柚木属）··································（382）

玄参科 Scrophulariaceae···（384）

　　紫花泡桐 *Paulownia tomentosa*（泡桐属）·····················（384）

　　白花泡桐 *Paulownia fortunei*（泡桐属）·······················（386）

千屈菜科 Lythraceae··（388）

　　南紫薇 *Lagerstroemia subcostata*（紫薇属）···················（388）

单子叶植物 MONOCOTYLEDONEAE

棕榈科 Palmae··（392）

　　椰子 *Cocos nucifera*（椰木属）···································（392）

　　王棕 *Roystonea regia*（王棕属）································（394）

禾本科——竹亚科 Gramineae-Bambusoideae······················（396）

　　毛竹 *Phyllostachys pubescens*（刚竹属）······················（396）

　　淡竹 *Phyllostachys glauca*（刚竹属）·························（398）

　　刚竹 *Phyllostachys viridis*（刚竹属）·························（400）

　　紫竹 *Phyllostachys nigra*（刚竹属）··························（402）

　　青皮竹 *Bambusa textilis*（簕竹属）····························（404）

中国城乡乔木汉语拼音索引··（407）

中国城乡乔木中文名首字笔画索引·····································（411）

中国城乡乔木拉丁文学名索引···（413）

参考文献···（417）

裸子植物
GYMNOSPERMAE

银杏（白果树、公孙树）*Ginkgo biloba*

银杏科 Ginkgoaceae（银杏属）

落叶乔木，高可达 40m，胸径 4m，树皮灰褐色，深纵裂；树冠广卵形。枝条有长短枝之分，叶在长枝上互生，在短枝上呈簇生状。叶扇形，上缘有波状缺刻，中间缺裂较深，成 2 裂状，具长柄，叶浅绿色，入秋落叶前变为黄色。花雄雌异株，雄球花 4～6 枚着生于短枝顶端叶丛中，长圆形，下垂，淡黄色；雌球花数个着生于短枝叶腋，淡绿色，能授粉结实。种子椭圆形或近球形，径约 2cm，成熟时呈黄色，外种皮肉质，中种皮骨质，白色，具 2～3 条纵脊，内种皮黄褐色，膜质，胚乳肉质，煮熟可食用，生食有毒。主要观赏栽培变种如下：（1）垂枝银杏（cv. *Pendula*），枝条下垂；（2）塔形银杏（cv. *Fastigiata*），枝上升，形成圆柱形或尖塔形树冠；（3）黄叶银杏（cv. *Aurea*），叶黄色；（4）裂叶银杏（cv. *Laciniata*），叶较大有深裂。

银杏为中国特产，是现存种子植物中最古老的孑遗植物，以活化石而闻名于世界，秋叶金黄，西方赞为"少女之发"（Maiden's hair）。银杏在我国华北、华东、华中及西南海拔 1000m 以下（云南 2000m，西藏达 3000m）地区均生长良好，常与多种针阔叶树种混交成林。喜光，幼时稍耐庇荫。喜温暖湿润气候，最适温度为 22～28℃，能耐 –25℃ 的极端最低气温，对成土母岩与土壤适应性强，但在深厚湿润、肥沃、疏松的酸性土（pH4.5）、中性沙壤土生长最适宜，地下水位 1m 以内，则生长不良。深根型，侧根发达，保水抗风能力强；耐烟尘，对 SO_2、Cl_2 抗性中等，$1hm^2$ 银杏林每月能吸收 $SO_2$21.4kg。寿命长，陕西城固县徐家河村银杏，胸径 2.39m，高 16.8m，相传为战国时名医扁鹊所植。山东莒县浮来山有 1 株银杏，树龄已达 3500 余年的历史。树干端直挺拔，巍峨魁伟，冠如华盖。清·陈全国诗："大树龙盘会鲁侯，烟云如盖笼浮丘。形分瓣瓣莲花座，质比层层螺髻头。史载皇王已廿代，人径仙释几多流。看来古今皆成幻，独子长生伴客游。"贵州福泉县鱼酉乡李家湾保存 1000 年以上古银杏，树高 50 m，胸径 4.32m。今扬州老城三元路上仍有两株宋代银杏，生机盎然。叶形鸭脚色黄如柏，宋·陆游诗句中"鸭脚叶黄乌桕丹"，梅尧臣诗中"吾乡宣城郡，多以此为芳"。晁补之诗句："宣城此物常充贡"。叶形独特似折扇，春夏翠绿，秋叶金黄，鲜亮夺目，是优美的风景树。我国众多庙宇、风景胜地，有数百年乃至数千年古银杏树，成为一大景观。栽培早在唐宋时传入日本，现传布世界各地。种子又称为白果或圣果。银杏叶片含有较高的双黄酮类物质，对治疗心脑血管疾患具有其它药物不可代替的疗效。

应选 40 年生以上的健壮母树，于 10 月果实呈橘黄色时采种。采回后堆在阴湿处 1 周左右，搓去外种皮，晾干混沙层积贮藏。干藏的种子春播前 1 个月用冷水浸种24h 后再掺以湿砂层积催芽。高床开沟条播，行距 25～30cm，每米长播种 10～12 粒，播后覆土盖草。每公顷播种量约700kg。幼苗出土后，适当遮荫，或适时浇水降温。施用草木灰以增加幼苗抵抗力，防治茎腐病。因茎干根部萌蘖能力强，可选壮龄雌株树根蘖苗，于 2～3 月分株移植。也可用 30 年生以上丰产树上的 2～3 生枝条，于 4 月进行皮下枝接。适生土层深厚肥沃湿润，pH4.5～8 的沙质壤土。根据经营目的确定栽植密度，并在 20 株中配置雄株 1 株，在谷雨前后 4 天内辅以人工授粉。春季大苗宿土栽植。

木材心边材区别明显，边材浅黄褐色或浅红褐色，纵面呈黄白色，心材黄褐或红褐色。木材略有光泽，生长轮略明显，轮间晚材带色深，早材到晚材渐变。木材纹理直，结构均匀，质较轻；软；干缩小；强度低；冲击韧性中。木材干燥容易，速度快，不易产生翘裂等缺陷；耐腐性强；切削容易，切面光洁，油漆、胶粘性能优良；握钉力不大，但不易劈裂。木材常用于雕刻、文化用品、体育器材、木模、家具、人造板等领域。

银 杏

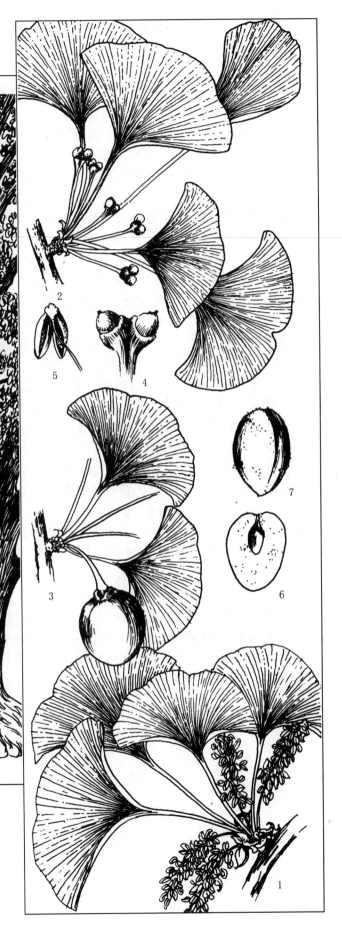

1. 雄球花枝
2. 雌球花枝
3. 短枝及种子
4. 雌球花
5. 雄蕊
6. 种子纵剖面
7. 种子

南洋杉 *Araucaria cunninghamii*

南洋杉科 Araucariaceae（南洋杉属）

常绿乔木，树高达 40～60m，胸径 1m 以上，幼树呈整齐的尖塔形，大枝轮生，平展，侧枝密生，平展或稍下垂。叶在幼树或侧枝上螺旋状着生，呈针形或广披针形，排列疏松，长 1.5～2cm；在老树及果枝上之叶，覆瓦状密生，钻形或短披针形，作镰刀状弯曲，长 0.5～0.8cm，两面均有气孔线。球花雌雄异株，雄球花单生或簇生于叶腋；雌球花单生于枝顶。球果卵形或椭圆形，种鳞位于苞鳞腹面中部，其下部与苞鳞合生，苞鳞刺状，种鳞宽而长尖；种子两侧有翅。我国华南地区有栽植，生长迅速，已开花结实。

南洋杉在晚白垩世早期在湖北鄂西山地及湖南湘西山地有大片原始森林景观，第四纪冰川时期向南迁移至赤道附近的大洋洲及其沿海岛屿上。我国广东、海南、广西、福建南部、台湾及云南等地城市园林中均有引种栽培，在长江流域及以北地区常见盆栽观赏。阳性树种，喜光，喜暖热湿润的海洋性气候，生长适宜温度 18～28℃，怕霜冻，抗热耐干旱；适生于土层深厚、疏松肥沃之土壤，在微酸性、中性、微碱性及钙质土上均能生长良好；根系发达，抗风能力强，萌芽力强，可萌芽更新；抗污染，对海潮、盐、雾、风抗性强；生长速度中等，福州 7 年生树高 3.4m，胸径 5cm。福州市现有 5 株针叶南洋杉，其中最大的 1 株树高 30m，胸径 1.09m，树龄已 80 年。厦门市生长有 1 株大叶洋杉，树高 25m，胸径 83cm，树龄已 100 多年。南洋杉树形高大，主干通直，挺拔秀丽，侧枝轮生，层层明显，水平横展，树冠羽状塔形，四时青翠，树姿优美，被誉为"世界公园树"。适应城市环境，属于优美的风景树、宜植为行道树，庭园树，单植、列植、丛植或在风景区片植组成风景树，尤宜于沿海地带滨海风景区植为风景林兼防海潮盐雾风林，亦可与木麻黄混植组成海岸防风林带。

选用 40 年生以上的生长健壮的母树，于 8 月中下旬果实由青绿色转为黄绿色或褐色时采收。采回的球果置于室内摊开阴干，待苞鳞开裂后，取出种子，除去杂质，取净后可播种或混湿沙低温（3～5）贮藏。播种前用 0.5% 高锰酸钾溶液浸种 20min，选择生荒地或用黄心土垫床覆土。秋播应在采种后 1 个月内播种。春季高床条播或撒播，每平方米播种量约 150kg，覆土，盖草。也可用当年生木质化或半木质化健壮顶枝作插穗，穗长 5～8cm，插后盖薄膜，保持 75% 以上的相对湿度，温度约在 15～25℃，经 4 个月后生根。翌春夏可将幼苗带土移栽，继续培育大苗。大穴整地，适当基肥，春秋季，大苗带土球栽植。

心边材区别略明显，边材色浅，心材浅黄褐色。木材有光泽；无特殊气味和滋味；纹理直；结构粗而匀，质轻或至中；干缩中；强度中。木材干燥慢，不耐腐，易遭虫害；切削加工容易，切削面光洁度尚可；钉钉不难，握钉力中；油漆、胶粘性能尚可。木材可用作家具、室内装饰、房屋建筑、人造板、雕刻、船舶、食品包装等。

南洋杉

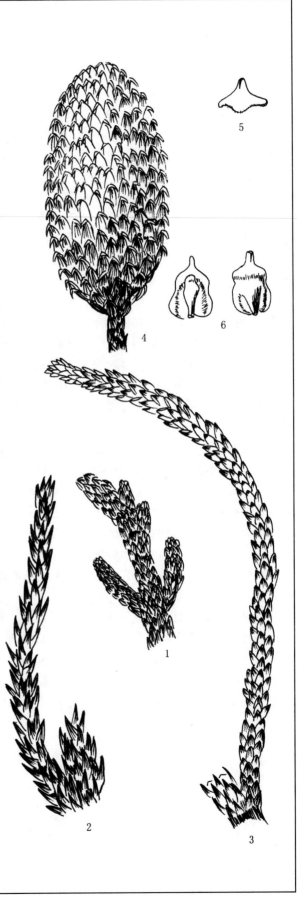

1~3. 枝叶
4. 球果
5. 苞鳞
6. 苞鳞背腹面

冷杉 *Abies fabri*

松科 Pinaceae（冷杉属）

常绿乔木，树高达 40m，胸径 1m，树冠尖塔形，树干端直，树皮深灰色，裂成不规则薄片固着树干上，大枝轮生，斜上伸展，小枝淡黄褐色，叶脱落后留有圆形叶痕；冬芽有树脂。叶螺旋状着生，其基部扭转呈二列状，叶条形，扁平，下面中脉隆起，两侧各有 1 条气孔带；树脂道 2，位于两侧，多边生，叶柄甚短。球果卵状圆柱形，熟时暗黑褐色，中部种鳞扇形四边形，边缘内曲；苞鳞微露出，通常向外反曲。种子长椭圆形，与种翅近等长或稍长，花期 5 月，球果 10 月成熟。

冷杉天然分布于青藏高原东部的四川盆地岷江、大渡河中下游、清衣江流域以及大小凉山的高山地区。在海拔 2000～4000m，组成大面积纯林，在海拔 2000～2400m 地带下段，常与铁杉、油麦吊杉、丝栗、包石栗、亮叶水青冈等针叶、阔叶树组成混交林。阴性树种，耐荫性强；喜凉润、降水量充沛的高山环境。对干燥气候抗性较弱，耐寒性强，适生于年均气温为 0～6℃，冬季最低气温－20℃，年降水量 1500～2000mm，相对湿度 85%～90%，多雨日，多云雾，日照少，无霜期短，土壤以富腐殖质酸性的山地暗棕壤及棕色森林土环境；一年中稳定超过 10℃ 的积温在 500℃ 以上，日照 1000h 的条件下均能正常生长。喜中性、微酸性土壤。浅根型，侧根发达；生长较慢，但人工林的生长速度要超过天然林 3 倍以上。病虫害少，寿命长达 300 年以上。元·玉彝《秋林高林图》诗句："风杉落叶响，惊起栖烟鸟。携手愿言还，前村月初皎"。元·麻信之《游龙山记》散文，其中"盖龙山绝顶也，岭势峻绝，无路可跻，奇草往深弱且滑甚，攀扪萝疲极乃得登，四望群木皆翠，杉苍桧凌云千尺。"冷杉乔干凌云、侧枝轮生、平展，树冠尖塔形，叶色翠浓，树姿优美，宜丛植、群植，构成庄严、肃静的景观。在高山风景区片植或与其它树种配植，亦是高山地带保持水土、涵养水源的优良树种。

应选 40 年生以上的健壮母树，于 9～10 月果实为暗黑色或浅蓝色时采种，采回的球果堆放数日后暴晒脱粒，取净后装入麻袋，并密封低温贮藏。播前种子用始温 45℃ 水浸种 24h。再与湿沙混合，并置于低温（0～5℃）下层积催芽 1～2 个月。种子裂嘴 20%～30% 时，于 4～5 月，高床条播，每公顷播种量约 500kg，播后覆土盖草。幼苗出土分次揭草，搭棚遮荫，追肥、除草，防治立枯病。冷杉小苗生长慢，需进行换床移植，株行距 15cm×20cm。移植苗要勤松土除草和施肥，促进苗木生长。穴状整地，并且每年抚育至幼林郁闭，也可与其他树种混交。春秋季节，大苗带土球栽植。

木材心边材区别不明显，黄褐或浅红褐色，光泽弱，微具松脂味。生长轮明显，宽度略均匀，早材至晚材渐变。微含深色树脂。木材纹理直，结构均匀，材色较深，材质轻；干缩中；强度甚低；冲击韧性中。木材干燥容易，速度快，易产生表裂纹，但不易翘曲，不耐腐，切削容易，切削面光洁，但横切面不易刨光，胶粘性好，但油漆性能较差，握钉力弱。木材是造纸工业和其他纤维工业的适宜原料；还可用于一般建筑用材、室内装饰用材、箱板、包装材料等。

冷　杉

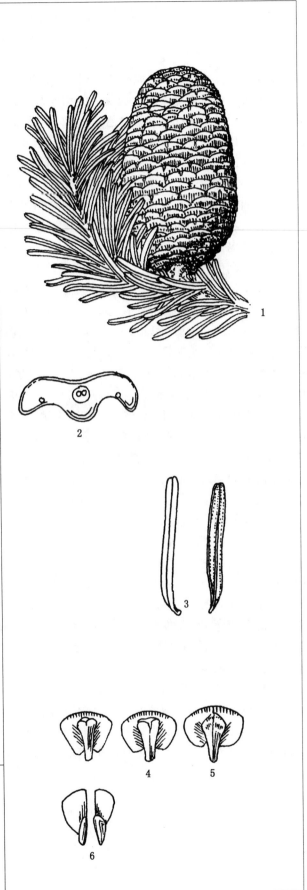

1. 球果枝
2. 叶横切面
3. 叶正反面
4. 种鳞背面示苞鳞
5. 种鳞腹面示种子
6. 带翅种子

银杉 *Cathaya argyrophylla*

松科 Pinaceae（银杉属）

常绿乔木，高达 20m，胸径 80cm 以上，树皮暗灰色，裂成不规则薄片，大枝平展，小枝黄褐色，密被灰黄色柔毛，后渐脱落，冬芽卵圆形，无树脂。叶条形，先端钝，上面中脉凹陷成槽，下面沿中脉两侧有明显粉白色气孔带，叶缘微反卷，叶内具 2 边生树脂道，叶柄短，落后叶枕微隆起。雄球花单生于 2~4 年枝条的叶腋，花粉有气囊；雌球花单生于新枝下部的叶腋，球果当年成熟，卵圆形，熟时褐色，常宿存树上多年不落，种鳞木质，宿存，近圆形，苞鳞短，不露出，种子连翅短于种鳞，种子倒卵圆形，微扁。

陈焕镛、匡可任两教授继水杉发现后，50 年代又发现新种银杉，曾引起国际生物界轰动，过去曾有人在德国和西伯利亚等地层中找到银杉化石，因叶背两条银灰色筋络，和风吹拂，闪闪银光而得名。为我国珍稀第三纪孑遗树种，有"林海珍珠"、"植物熊猫"的美称。1 属 1 种，产于广西、湖南、贵州及四川。自 1955 年首次发现以来，在以上 4 个省区计有银杉 3200 多株，几乎都是生长在古生代泥盆纪以前的地层上；植物区系原始性强；分布狭窄，个体数量少，林分结构单一，混交树种都是比较古老的特有植物。分布区幅度较广，多数生于海拔 940~1890m 中山地带的山坡、山顶、山脊、土层瘠薄处及悬崖峭壁处的针叶林或针阔叶混交林中，常与广东松、长苞铁杉、大明松、甜槠、青冈栎、木荷等混交。钱俊瑞《题庐山植物园》诗句："水杉银杉堪继武，阳春永在万卉荣。"喜光，幼龄时耐庇荫；喜温凉湿润至冷凉潮湿气候，亦耐旱、耐寒。年均气温 11.5~16℃，年降水量 1150~2000mm 相对温度 85% 以上，能耐 -15℃ 极端最低气温。在强酸性（pH 值 4.55~4.75）山地黄棕壤、山地黄壤上生长良好。浅根型，侧根发达，抗风；生长缓慢，抗病虫害，寿命长。湖南资兴市烟平乡顶寮村脚盆寮海拔 1000m 处有 1 株树高 24m，胸径 56cm，树龄 380 年古银杉。树干修长端直，树冠塔形，姿态优美，四季苍绿，挺立于悬岩峭壁之顶或山脊之巅，直干凌云，对此国产珍奇嘉木，应加速批量繁殖。丛植、群植、片植于南方适地的山地风景区及园林中，组成风景林，装点祖国大好河山，以向世人展示这独特古老树种风姿逸韵。

应选结实盛期的优良母树，于 9~10 月果实呈黄褐色或暗褐色时采种。球果经脱粒、去翅、风选后即得纯净种子。先干藏 2~4 周，再按种子与湿沙 1:10 的比例层积贮藏，2 个月后取出播种。种子有休眠习性，用 50μg/g 的吲哚丁酸溶液浸 16h，再用 25℃ 温水浸泡 3h，捞出晾干后播种。春季，高床条播，播后覆 0.4cm 的黄心土并盖草，再加盖纱罩。也可将种子播在厚 10cm 清洁河沙的芽苗床中，待发芽后移植到苗圃中培育。床圃均用 1/800 的托布津消毒。容器育苗，播前用 0.5% 高锰酸钾溶液浸种 30min，洗净阴干播入容器，覆土 0.5cm 并盖草。3~4 月可嫁接繁殖，大苗带土栽植。

木材心边材区别明显，边材浅黄褐色；心材浅红褐色或红褐色；生长轮明显，宽度均匀，早材至晚材渐变。木材纹理略斜；结构中等，均匀；质硬；较重；干缩大；强度大。木材干燥容易，不翘曲；边材会发生蓝变；切削加工容易，切面光洁；油漆性能良好，胶粘性能中等，易钉钉，握钉力较大。木材适宜用作建筑材、家具制造、室内装饰、人造板等。

银 杉

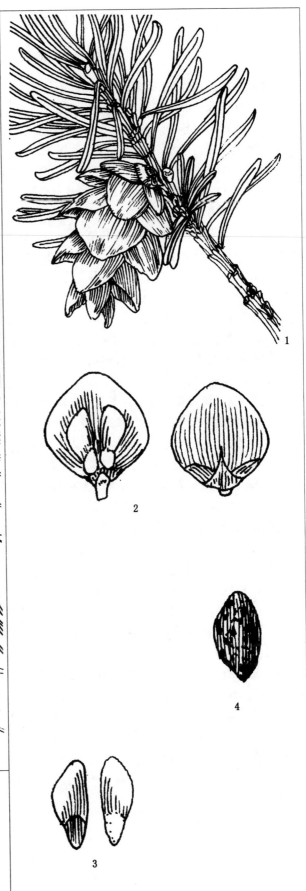

1. 球果枝
2. 种鳞正背面
3. 带翅种子
4. 种子

雪松（喜马拉雅杉）*Cedrus deodara*

松科 Pinaceae（雪松属）

　　常绿大乔木，高达 50m 以上，胸径达 4m 多，大枝平展，分枝低，树冠圆锥形或塔形，小枝细长，微下垂。叶针形，先端锐尖，横切面呈三棱形，灰绿色，在长枝上螺旋状散生，在短枝上簇生状。球花雌雄异株，分别单生于短枝顶端，直立。球果椭圆状卵形，直立，种鳞木质，扇状倒三角形，排列紧密，熟时从中轴脱落；苞鳞小，不露出。种子近三角形，种翅宽大，膜质。花期 9~10 月，球果于翌年 10 月成熟，熟时栗褐色。雪松雌雄球花花期不一，雄球花比雌球花早成熟 2~3 周，造成授粉困难，故多不结子，采用人工授粉可促使结子。常见有以下栽培变种：（1）垂枝雪松（cv. Pendula）枝明显下垂（2）金叶雪松（cv. Aurea）春天嫩叶金黄色。

　　雪松分布于喜马拉雅山区西部和喀剌昆仑山区海拔 1200~3300m 地带，我国西藏的西南部海拔 1200~3000m 地带也有天然林，常与喜马拉雅松、西藏冷杉、长叶云杉、西藏柏及一些硬阔叶树等混交，多生于深厚肥沃的土层。最好的雪松群落景观生长在年降水量 1000~1700mm，夏雨型，冬季有大量积雪，气温幅度为 -12~38℃ 之生长地带。我国于 1920 年从印度引种，现黄河以南至长江流域均有栽培。据孢粉化石资料，至少在第三纪时雪松在我国曾有广泛分布。喜温和凉润气候，抗寒性较强，可耐 -25℃ 的低温，亦较耐干旱，不耐水湿，忌水涝；对高温湿热气候适应能力差。在深厚肥沃湿润的微酸性土、中性土及微碱性土上均生长良好。浅根型，侧根发达，抗风能力弱；抗病虫害能力强，在原产地寿命可达 800 年以上。印度有 6000 年生雪松，胸经达 2m，树高有 76m。日本九洲最南端北纬 30°，东经 130°附近的屋久岛上生长 1 株古雪松，树龄已有 7200 多年，仍然枝叶青翠，葆其青春面貌。吸碳放氧能力中等，挥发性物质杀菌、清洁空气效能强，但对 SO_2、HF 有害气体极为敏感，抗性弱。花粉易造成污染。树冠塔形，侧枝平展远伸，小枝柔软下垂，挺拔苍翠，树姿美观，雄伟壮丽。陈毅元帅 1960 年 10 月所作《青松》诗："大雪压青松，青松挺且直。要知松高洁，待到雪化时"。这既是对树木自然优美和雄伟气势描写，同时又是高度拟人化，也可以说是诗人革命品格和高风亮节一生的写照。世界上著名的观赏树种，最适宜在草坪、广场、建筑前孤植作中心树或在高大建筑物两侧列植成行，气势极为壮观。贺敬之《青岛吟》诗句："碧桃雪松几重关，烽火烟云恍惚间"。描述宾馆疗养区以雪松碧桃为主绿化美景。亦宜在风景区的山麓、山坡地带片植组成优美的风景林。

　　雪松自然授粉效果差，需人工授粉可获得饱满的种子，授粉期 10~11 月上中旬，球果成熟于翌年 10 月。果实呈棕褐色时采种，采后摊开曝晒，脱出种子，装入布袋干藏。播前用冷水浸种 3~4d，待种子膨胀后晾干即播。春季高床开沟条播，行距 16cm，每米长播种 10~12 粒，每公顷播种量约 60kg，播后覆土盖草。幼苗期需搭棚遮荫，防治病虫害。也可用温床营养杯育苗。春季插条选自幼龄母树 1 年生的粗壮枝条，夏季插条取自当年半木质化枝条，插穗的基部用 500μg/g 萘乙酸溶液浸 5min 后，将插穗的 1/3 插入土中，并及时灌溉、遮荫。雪松适生于暖温带及中亚热带地区，但不耐水涝。春季，大苗带土球栽植。

　　木材心边材区别明显，边材黄白色，心材黄褐色，有光泽，具浓郁松脂香气，无特殊滋味。木材纹理直，结构中，略均匀，质中重；强度中，干缩中。木材干燥不难，抗腐性强，切削加工容易，切削面较光洁；油漆、胶粘性能良好，握钉力尚可，木材可作建筑、桥梁、造船、家具等用材。

雪 松

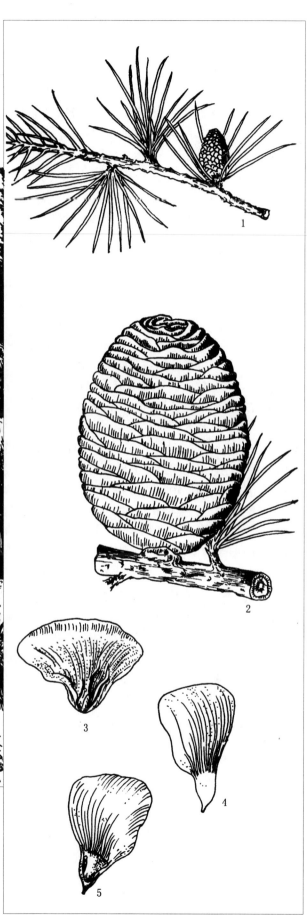

1. 果枝
2. 果
3. 鳞片
4~5. 种子

华北落叶松 *Larix principis-rupprechtii*

松科 Pinaceae（落叶松属）

　　落叶大乔木，树高 30m，胸径 1m，叶条形，柔软，上面中脉不明显，下面中脉明显，两侧有气孔线。雄球花簇生于短枝顶端，雌球花单生短枝顶端。球果椭圆状卵形，直立，种鳞木质，卵状披针形，熟时脱落，苞鳞小，不露出。种子卵圆形，上部有宽大种翅，种翅连同种子与种鳞近等长。

　　华北落叶松产河北北部、山西、内蒙古及辽宁南部，生长于海拔 1400～3000m 中、高山地带，常组成小片纯林，或与云杉、白杆、青杆，油松、山杨、蒙古栎、色木槭、白桦、红桦、花楸等混交。1949 年以后，人工林发展很快，并引种栽培到天然分布区之外的西北各省区。适生于高寒气候，能忍耐 -40℃ 的极端最低气温及夏季 35℃ 的高温，年平均气温 -2～4℃，1 月均温达 -20℃，降水量 600～800m，且集中于 6～8 月，全年 0℃ 以上的气温只有 60～90d 的生境中能正常生长与发育。不论是干旱贫瘠的土壤，还是冷湿的低洼地，均能生长，但以在深厚湿润的排水良好酸性或中性的山地棕壤上生长最好。生长快，7 年生人工林树高达 7m，胸径 8cm，但在海拔高过 3400m 以上，在山顶或山脊处，由于温度低，风速大，生长缓慢，树形低矮，形成旗形树冠，平展远伸，极为壮观；根系发达，抗风能力强；根系再生能力强，故有相当强的耐湿能力。每平方米叶面积吸收 $Cl_2$31.59mg，HF10.14mg。寿命长可达 200 年以上。树形姿态自然优美，在短枝上的针叶短簇，如绒球，一团团苍翠，随风摆动，轻盈潇洒，形成美丽的景观。唐·白居易《松声》诗句："西南微风来，潜入枝叶间"。"一闻涤炎暑，再听破昏烦。竟夕遂不寐，心体俱悠然。南陌车马动，西邻歌吹繁。谁知兹檐下，满耳不为喧"。松声甚至可以消暑去烦，净化心灵，生态功能与文艺创作是何等感染力。最适于华北高海拔地区风景区片植组成风景林。在景区内河流发源地与其它树种混交成林，可发挥景观、涵养水源、保持水土的综合生态功能。树脂中可提取松香、松节油；树皮可提取单宁。

　　应选 30 年生以上健壮母树，于 9～10 月球果由黄绿色变为黄褐色、种鳞微裂时及时采种。采回的球果摊晒或在通风的室内自然干燥，球果开裂后筛选，取净后干藏或密封贮藏。种子用 0.3% 硫酸铜溶液浸种 2～6h，捞出用清水再浸 12h，或用 0.3%～0.5% 高锰酸钾溶液浸种 2h，捞出后再用清水浸 22h 或用 1% 的石灰水浸种 24h，而后经雪藏、沙藏或温水浸种催芽，以雪藏效果最好，在土壤冻结层内，雪与种子之比为 3:1，播前 1 周取出种子，并用雪水浸泡 3d，放于 18～25℃ 处催芽。圃地灌足底水，施足底肥，春季床式条播，条距 30cm，覆土厚 0.5cm，每公顷播种量约 105kg。幼苗期注意灌溉、遮荫、间苗、追肥及病虫害防治。该种喜湿润凉爽气候和深厚肥沃的酸性土壤，是华北高山地区的主要造林树种。早春带土球栽植。

　　木材心边材区别略明显，边材黄白微褐色，心材黄褐至棕褐色；具松脂气味，无特殊滋味。木材纹理直，结构粗，略重较硬，强度大，干缩中至大。木材干燥较难，耐腐朽，耐水湿；切削加工不难，易获得光洁的切削面；油漆、胶粘性能均尚可，握钉力较大。木材可用于建筑、造船、桥梁、杆柱及水下工程等用，也可用作造纸原料。

华北落叶松

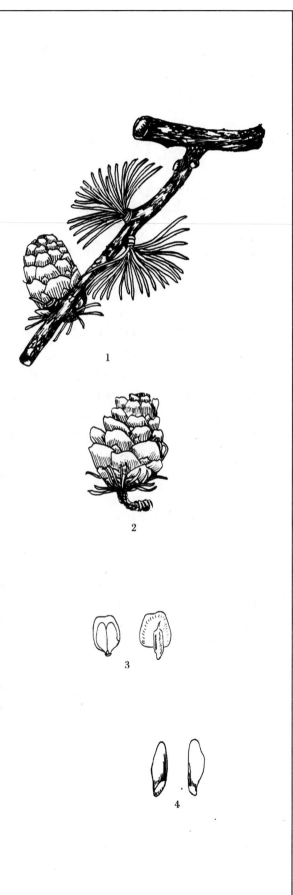

1. 球果枝
2. 球果
3. 种鳞背腹面
4. 带翅种子

云杉 *Picea asperata*

松科 Pinaceae（云杉属）

常绿乔木，高达 45m，胸径达 1m，树干端直，树皮淡灰褐色，裂成不规则鳞状块片，小枝黄褐色，有短毛，具明显突起叶枕，冬芽圆锥形，有树脂。叶四棱状条形，螺旋状排列着生于枝条上，微弯，先端尖，横切面四菱形，四面有气孔线，树脂道 2，边生。球果圆柱状长圆形，熟前绿色，熟时褐色，中部种鳞倒卵形，上部圆形或截形，排列紧密，全缘或先端微凹。种子倒卵圆形，上端具长翅。花期 4～5 月；球果 9～10 月成熟。

云杉自然分布区地理位置在北纬 30°10′～37°，东经 101°10′～106°30′，在甘肃大夏河、洮河、白龙江等中、上游和嘉陵江上游地区和陕西西南部以及四川大渡河上游大小金川流域，岷江、涪江上游等地区为其分布中心，海拔 2400～3800m 高山地带，常与其它针、阔叶树种组成混交。云杉林生态群落地处长江上游多条河流水系的源头地区，对母亲河～长江上游的水土保持，涵养水源，保护生物多样性，对维持生态平衡，具有重要作用。较喜光，幼龄时稍耐荫，喜冷凉湿润气候及深厚湿润，肥沃排水良好的中性至酸性土（pH 5.0～7.07），在较干燥的钙质土上也能生长；耐干冷，不耐水湿；浅根型，侧根发达；少病虫害；对 SO_2、Cl_2 抗性强，对 HF 抗性中等，对 SO_2 吸收能力强，每公顷每天能吸收 $SO_2$101.9kg，并能吸收重金属铅、镉蒸气；在铅蒸气污染区 1kg 干叶吸收铅 127.52mg，挥发性物质杀菌、净化空气能力亦强。寿命长，陕西周至县厚畛子乡老县城海拔 1790m 处生长 1 株云杉，树高 28m，胸径 1.12m，树龄 1200 余年。树冠塔形，树形高大，叶色苍翠，圆柱状长圆形球果，悬挂于平展小枝顶端，迎风摇曳，十分壮丽。山西《浑源县志》载有恕斋诗句："峦嶂层层青入汉，松杉郁郁翠摩风"和"半岩影落松杉月，万壑声寒草树风"。是优良的观赏树种，宜作为园景树或在高山风景区片植或组成混交风景林，水土保持林、水源涵养林的优良树种。国外逢圣诞节时，各处多以此树作为节日里庆圣诞，树枝上结灯挂彩，家庭也不例外，甚为隆重。近年国内亦有苗圃专为生产云杉苗获利甚丰，也有以塑料仿造云杉树而获利。

应选 20 年生以上健壮母树，于 10 月果实呈淡褐色或栗褐色时采种。圃地宜选择休闲地或轮作豆类的土地。整地应做到"细、深、平、实"，施足基肥，筑成高床。播前温水浸种 4～6h，而后用 0.5% 福尔马林溶液消毒，洗净阴干播种。春季条播或撒播，每公顷播种量约 220kg。播后覆盖黄心土与腐殖质土，厚度约 0.6cm。云杉胚芽带壳出土时，注意防鸟兽害、日灼与病害，晴天遮荫或灌溉。云雾多的地方，可实行全光育苗。由于幼苗生长慢，可换床移植培育大苗。也可容器育苗。春季大苗带土栽植。

木材浅黄褐色，心边材无区别，有光泽，略具松脂味。生长轮明显，宽度略均匀，早材至晚材渐变。木材结构均匀，纹理直，色浅，甚轻、软；干缩小或中；强度中或低；冲击韧性中或低。木材干燥容易，速度快，干燥后稳定性好；不耐腐；切削容易，切削面光洁，油漆性能中等，胶粘性能良好，握钉力很低。木材是乐器音板的上佳材料，也可用作航空材料、体育器材、建筑、装饰材料、家具、人造板、机模等。

云 杉

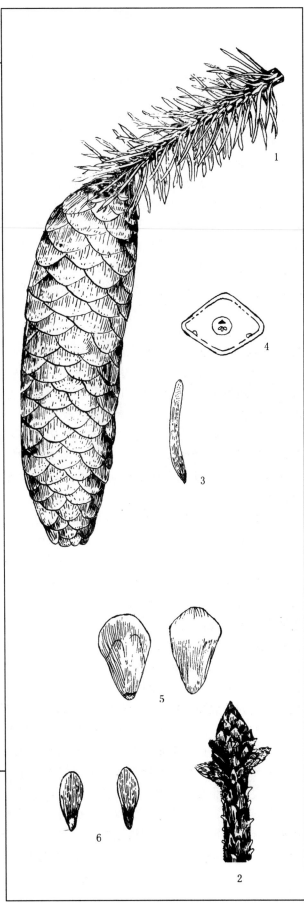

1. 球果枝
2. 小枝及芽
3. 叶
4. 叶横剖面
5. 种鳞
6. 种子

红松（果松）*Pinus koraiensis*

松科 Pinaceae（松属）

常绿大乔木，高 40m，胸径 1.5m，赤褐色，略有树脂。针叶 5 针一束，长 6～12cm，粗硬，深绿色，边缘有细锯齿，腹面每边有蓝白色气孔线 6～8 条；横切面树脂道 3，中生，叶鞘早落。球果 2 年成熟，圆锥状长卵形，长 9～14cm，熟时黄褐色，种鳞菱形，先端钝而反曲，鳞背三角形，鳞脐顶生；种子大，倒卵形，无翅，长 1.5cm，有暗紫色脐痕。花期 5～6 月；球果次年 9～11 月成熟。

又称海松（本草纲目）、果松、为松科松属五针松组，天然分布于我国东北大兴安岭北部向南经完达山、张广才岭南至长白山区，生长于海拔 1600m 以下中低山丘陵与平原地带。多组成复层异龄纯林景观或与其它阔叶树种混交成林，是东北林区主要的森林景观树种。从大兴安岭向北越过黑龙江至境外俄罗斯境内的黑龙江北岸沿江、河口支流与河谷两岸与河口地带；从鸭绿江向南延伸至朝鲜半岛南端的釜山，东至日本的四国、本州也有分布。性喜凉爽湿润，近海洋性气候，能耐 -50℃ 的低温严寒，对酷热及干燥的大陆性气候的适应能力较差；喜生于深厚肥沃、排水良好而湿润的微酸性山地棕色森林土，能耐轻度的沼泽化土壤，在干燥贫瘠的土壤上及低湿地带生长不良。浅根型，侧根发达，具有丰富的菌根；天然林木生长缓慢，30 年生高 3.8m，胸径 3.1cm，人工林生长比天然林快 3～4 倍，25 年生高 11.6m，胸径 11.8cm；1m^2 叶面积吸收 HF 7.60mg。寿命一般 200～300 年，最高可达 500 年。树形高大挺拔，气势雄伟壮观，针叶四季翠绿苍郁，屹立于千里冰封，万里雪飘的北国风光中，别具风采。胡风为悼念鲁迅去世曾作诗一首"一树苍松千载劲，漫天大雪万家寒"赞誉敬佩。柳亚子曾为廖仲恺夫人何香凝绘松菊巨幅题《丹青引》中有："后凋松菊入画图，雪虐霜餐岂沮丧"称赞共勉。翦伯赞《访甘河大兴安岭原始森林》诗："兴安岭上甘河滨，杜鹃花开万古春。几十万年今逝矣，松桦依旧撼烟云。"老舍《大兴安岭原始森林》诗："原始森林客始来，松针已落几千回。参天古木横山倒，遍地杂花带露开"。和日本《奈良东大寺》诗："佛光塔影净无尘，几点樱花迎早春。踏遍松荫何忍去，依依小鹿送游人"。红松是北方自然风景区优良景观树种，在园林绿化中宜配植于公园绿地中。松籽是名贵干果，仁含 70% 脂肪，17% 蛋白质及多种维生素，对高血压、肺结核等疾病具治疗作用。

应选 30 年生以上的健壮母树，于 9～10 月球果由绿色转为黄褐色时采种。采回果实晾晒数日后敲打脱粒。取净后晾晒到种子含水量 7%～8% 时置于 0～5℃ 低温下密封贮藏。播前催芽，用清水浸种 1d 后再用 0.5% 硫酸铜或 0.5% 高锰酸钾溶液消毒 2～3h，经过消毒冲洗的种子按 1∶3 混湿沙埋入窖内，埋藏后注意排水、通风、温度等因素检查。也可采用变温催芽，先用高温 15～25℃，再用低温 0～5℃，前者 2～3 个月，后者 3～4 个月。春季 4～5 月床式条播，播幅宽 10cm，每公顷播种量约 3000kg，覆土 2cm。幼苗出土后注意灌水防旱，防鸟鼠害，并适当遮荫，预防日灼和根腐型立枯病。幼苗生长缓慢，需多次移植培育大苗。也可用容器育苗。红松能耐 -50℃ 的低温，适生于深厚肥沃湿润的微酸性土壤。早春大苗带土球栽植。

木材心边材区别明显，边材浅黄褐至黄褐色带红，心材红褐色，间或浅红褐色。有光泽；具较浓松脂气味。生长轮略明显，宽度均匀，早材至晚材渐变。木材纹理直，结构中而匀；材质轻；甚软；干缩小至中；强度低；冲击韧性中。木材干燥容易，速度快，不易开裂和变形，干后稳定性中，木材耐腐，少蓝变；切削加工容易，切削面光洁，也可车旋；油漆性能中等；胶粘性较差；握钉力中；耐磨性略差。木材宜作房屋建筑。室内装饰、箱板、船舶、乐器、纺织器材、木模、体育器材、家具、农具、日常用具以及制浆造纸等。

红松

1.球果枝
2～3.种子
4.种鳞
5.针叶

华山松 *Pinus armandii*

松科 Pinaceae（松属）

常绿乔木，树高达 25m，胸径 1m，幼树树皮灰绿色，平滑，老树呈灰色，裂成方块片状固着树上，大枝平展，树冠圆锥形或柱状塔形。小枝绿色或灰绿色，无毛，微被白粉；冬芽近圆柱形，褐色。针叶 5 针一束，长 8～15cm，树脂道 3，背面 2 个边生，腹面 1 个中生。球果圆锥状长卵形，长 10～20cm，成熟时种鳞张开，黄褐色，种鳞鳞盾斜方形，先端钝圆或微尖，无纵脊，不反曲或微反曲，鳞脐小，不显著。种子倒卵圆形，黄褐色或淡褐色，有纵脊，无种翅。花期 4～5 月，球果翌年 9～10 月成熟。

华山松是我国亚热带西部山地分布很广的针叶树种，也是五针松组中惟一具有树脂道多种类型，非常独特，不仅同一树上，甚至同一枝上针叶，其树脂道排列有边生、中生及多生型。由此可见，华山松是一个不断向外扩展迁移的原始种或是最接近原始种，故五针松组是起源于中国。生长海拔 1000～3400m 地带，由秦岭向东至豫西山地是其分布中心，西藏雅鲁藏布江下游地区海拔 1400～3300m 分布也较为集中。20 纪世 50 年代后期，内蒙古、山东、河北、安徽、江西等省都引种栽培，北京、上海、南京、杭州等城市也有栽培。喜温凉湿润气候，年降水量 600～1500mm，年均相对湿度度大于 70%，能耐 -30℃ 的低温，不耐炎热。能适应多种土壤，最宜深厚湿润，排水良好的中性土及微酸性土，在干燥瘠薄之地或多石山地生长不良，不耐水涝与盐碱。浅根型，主根不明显，侧根须根发达；对 SO_2、Cl_2 抗性中等，每公顷每天能吸收 SO_2 35.50kg，具有一定的杀菌能力；寿命长达 1000 年以上，西岳华山、秦岭庙台子、东岳泰山都有 1000 年以上古华山松。华山松高大挺拔，冠形优美，四季苍翠。唐·孟郊诗句："长风驱松柏，声指万壑清"。描写松柏林海与山风劲拂，掀起松涛阵阵，形神毕肖。观万顷松涛，听万壑清风，心透清幽，不禁神超形越。另外唐·释道南诗句："松鸣天籁玉珊珊"，描写山间风过林动松涛起伏声如玉珮相击，珊珊悦耳，美妙之极。明·沈周人《客座新闻》记有："衡岳神祠其经绵亘四十余里，夹道皆合抱松桂相间，连云蔽日，人行空翠中，而秋来香闻十里，计其数一万七千株。"真是美化、香化，何等惬意。是优良庭园观赏树种，宜植为行道树，庭荫树、园景树与防风林带树种，亦是高山风景优良风景树以及高山地区保持水土、涵养水源林的重要树种。

应选 20 年生以上的健壮母树，于 9～10 月球果由绿色转为黄褐色、种鳞微裂时采种。采收的果实堆放数日，再摊开暴晒脱粒，取净后阴干装袋贮藏在阴凉通风处。播前种子用冷水浸种 7 天后再用石灰拌种，预防猝倒病，或按 1:3 与马粪混合堆积洒水，待种皮开裂后播种。也可用 50～60℃ 温水浸种 5～7d，或将种子混沙层积催芽 10d 后播种。圃地以微酸性沙壤土为宜，切忌盐渍土及前作的玉米、棉花、马铃薯的土壤。床式条播，条距 20cm，播幅 6cm，播后覆土盖草，每公顷播种量约 750kg。出苗后要及时揭草，防鸟鼠危害，定期喷洒波尔多液防病。也可用容器育苗。春季或雨季，大苗带土栽植。

木材心边材区别明显，边材黄白或浅黄褐色；心材红褐或浅红褐色；有光泽；具浓郁松脂味。生长轮略明显，宽度略均匀，轮间界以深色晚材带；早材至晚材渐变。木材纹理直，结构粗，均匀；材质轻；甚软；干缩小至中；强度低；冲击韧性中。木材干燥容易，速度快，不易开裂和变形；木材耐腐；切削加工容易，切削面光洁；油漆性能中等；胶粘性能欠佳；握钉力中等，不劈裂；不耐腐。木材适宜用作建筑材、箱板材、文化用品、乐器用材、机模、体育器材、室内装饰、制浆造纸、一般家具及人造板等等。

华山松

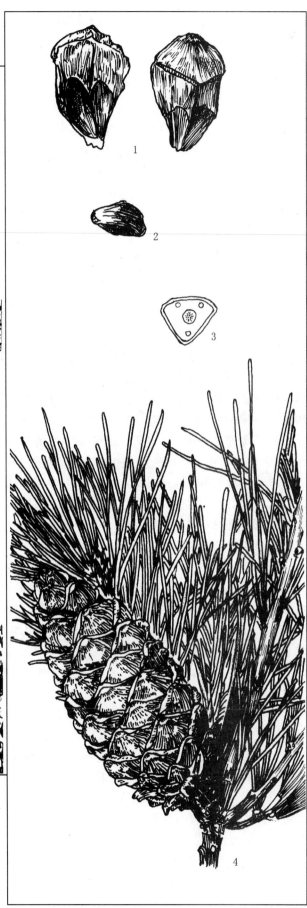

1.种鳞
2.种子
3.叶横切面
4.球果枝

白皮松 *Pinus bungeana*

松科 Pinaceae（松属）

常绿乔木，树高达 30m，胸径 2m，主干明显，幼树树皮灰绿色，平滑，老树呈淡灰褐色或灰白色，裂成不规则薄块片脱落，内皮粉白色，小枝灰绿色，无毛，冬芽红褐色。针叶 3 针一束，粗硬，叶鞘脱落，树脂道 4~7 个，边生。球果卵圆形或圆锥状卵圆形，熟时淡黄褐色；种鳞鳞盾多为菱形，鳞脐有三角状短尖刺，尖头向下反曲。种子近倒卵圆形，长约 1cm，灰褐色，种翅短，长约 5mm，赤褐色，基部有关节，易脱落。花期 4~5 月，球果翌年 10~11 月成熟。

白皮松为我国特产，是东亚惟一 3 针一束松种。其自然分布区处于我国暖温带与亚热带之间的过渡地带，垂直分布于海拔 450~1800m，在秦岭与河南西部山区，山西吕梁山、中条山，陕西西部留镇与甘肃天水等地分布较为集中，有成片纯林，也有混交林，常与油松、侧柏、栓皮栎、辽宁栎、槲栎等树种混生。太原、北京、西安以及南京、苏州、合肥、昆明等城市园林中多有观赏栽植。喜光，稍耐侧方庇荫，幼树略耐半荫；适生于干冷气候，能耐 - 30℃ 的低温，不耐高温湿热的气候，在长江流域的长势不如华北，结实不良。在酸性、中性及石灰性土上均能生长，但以深厚肥沃的钙质土或黄土上（pH 7~8）生长最好，在干旱脊薄地上亦能生长，不耐水湿与盐碱。深根型，主根发达，侧根稀少，抗风能力强；根蘖性强，分枝低，易形成丛生干；对病虫害抗性强；吸碳放氧能力中等，增湿降温能力较强，对烟尘、Cl_2 抗性强，对 SO_2 抗性中等，每平方米叶面积吸收 $SO_2$13.20mg，HF12.40mg。挥发性物质杀菌能力强。对土壤型结核菌的杀菌作用达到 100%。寿命长达 1000 年以上，西安市长安县黄良乡湖村小学（旧址为温国寺）有株 1200 余年古树。白皮松树形千姿百态，苍翠挺拔，树皮白色，斑斓如白龙，碧叶白干，独具奇观。张著有《白松》诗句："叶坠银钗细，花飞香粉干。寺门烟雨里，混作白龙看。"明·文震亨《长物志》对白皮松的庭院配植称宜"植于堂前广庭或广台之上，不妨对偶。斋中宜植一株，下用文石为台，或太湖石为栏。"足见古人对于松类树种景观研究之深。在园林中的白皮松常与假山、岩洞相配，使苍松奇峰相映成景。今中国林科院内仍保留有一片数十年生白皮松林，苍翠斑斓。白皮松性强健，适应城市环境，可作为城市绿化树种。具有保持水土、涵养水源、净化大气作用。

应选 20 年生以上健壮母树，于 10 月果实呈淡黄色时采种。球果曝晒裂开取出种子。圃地忌盐碱土或低洼积水地。春季土壤解冻后播种，播前圃地灌足底水，种子用 60℃ 温水浸种催芽，高床或高垄条播，每公顷播种量约 1000kg，播后覆土并盖塑料薄膜或湿锯末保温、保湿。当年苗要埋土防寒，2 年生苗木换床移植，也可采用容器育苗。白皮松适生于土层较深厚湿润的中性、酸性及石灰性土壤，也可生长在 pH 8 的土壤上。带土栽植在胸径 12cm 以下的大苗，可挖高 120cm、直径 150cm 的土坑，用草绳缠绕固土。如胸径大于 12cm 大苗应用木板夹固土护根进行移栽。

木材心边材区别略明显，边材黄白或浅黄褐色，心材黄褐或深黄褐色；有光泽；略有松脂气味。生长轮略明显，宽度不均匀，轮间界以深色晚材带，早材至晚材渐变。木材纹理直，结构粗、均匀；材质轻；甚软；干缩小至中；强度低；冲击韧性中。木材干燥容易，速度快，不易开裂和翘曲，干后性状稳定。木材耐腐。切削加工容易，切削面光洁；油漆、胶粘性能一般，握钉力中等。木材适宜用作建筑、室内装饰、乐器、木模、家具、板材等方面，但由于该树种产量少，生长慢，很少用作工业用材，一般栽植多用观赏。

白皮松

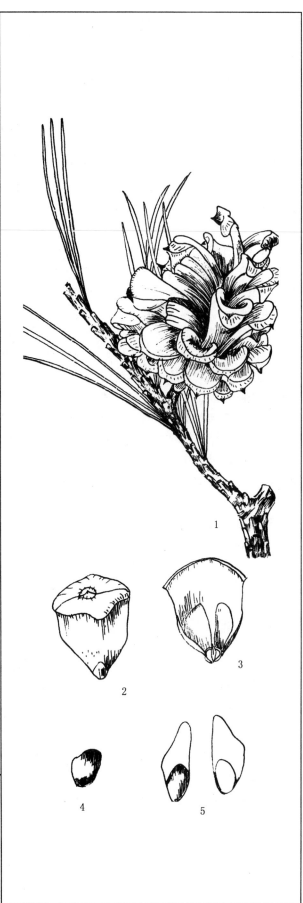

1.球果枝
2.种鳞背面
3.种鳞腹面
4.种子
5.带翅种子

樟子松 *Pinus Sylvestris var. mongolica*

松科 Pinaceae（松属）

常绿大乔木，树高 30m，胸径 1m，1 年生小枝淡黄褐色，无毛；2~3 年生枝灰褐色；冬芽淡黄褐色至赤褐色，卵状椭圆形，有树脂。针叶 2 针一束，粗硬，微扭曲，长 5~8cm，树脂道 6~11 个，边生。雌雄球花同株异枝，雄球花黄色，聚生于新梢基部；雌球花淡紫红色，有柄。球果长卵形，长 3~6cm，果柄下弯，鳞盾常肥厚隆起，向后反曲，鳞脐小，疣状凸起，有短翅，易脱落。花期 5~6 月，球果翌年 9~10 月成熟。

主要分布在中国大兴安岭海拔 400~1000m 山地及呼伦贝尔高原的垄岗沙丘地带，以纯林居多，可分为山地樟子松林、沙地樟子松林，在立地稍好时有兴安落叶松、白桦、山杨、蒙古栎与之混交。1955 年，在辽宁彰武县章古台沙地上引种樟子松治沙造林获得成功，从而开创了樟子松治沙造林的先例。在西北至新疆、华北、东北干旱地区的十几个省与自治区的沙地，山地广泛引种治沙造林，取得良好效果。喜冷凉气候，适应性强，能耐 -40~-50℃ 的严寒与严重干旱，虽比油松、落叶松有更大的耐严寒和耐旱性，但对立地条件要求较前者为高；能生于沙地、粗骨性土、沼泽土以及无土壤的石砾沙地上，能扎根生长，挺立凛烈寒风之中。在干燥瘠薄、沙地、陡坡其他树种不能生长的地方均能生长良好。生长快，人工林在 6~7 年生时即进入高生长旺盛期，但立地条件不同，生长发育差异悬殊，沙地樟子松生长比山地要快得多。深根性，主根、侧根均发达，抗风沙能力强，在风沙地其固沙能力和生长速度超过油松和杨树。寿命长达 100 年以上；对 SO_2 抗性中等。每平方米叶面积吸收 $SO_2$18.8mg，HF4.40mg。樟子松树姿优美，干皮金黄斑斓，颇为美观，树冠开展，抗逆性强。唐·孟郊诗句："泉芳春气碧，松月寒色青。"和释灵一诗句："松风静复起，月影开还黑。"以月夜中朦胧色调与静谧形态是松烘托出清幽奇丽境界。在北方宜作城郊及城市园林绿化树种，孤植、列植、丛群均为理想，亦是华北、内蒙古、西北地区山区、沙丘、沙地防风治沙、保持水土、山地、沙地及"四旁"绿化的重要树种。

应选 30 年生以上健壮母树，于 9~10 月球果由淡褐色转为灰绿色时采种。由于球果坚硬，须日晒或在干燥室内用 25℃ 预热 24h，再升温至 45℃，但不得超过 55℃，脱出种子，取净后，置于 0~5℃ 条件下干藏。种子雪埋、低温层积和温水浸种进行催芽，但以雪埋的种子萌发的幼苗抗性较强。雪埋要在土壤冻结层之内，雪与种子之比为 3:1。春播前取出种子，雪水浸泡 3d。放于温度 18~25℃ 处催芽。种实与湿沙混合，并置于低温（0~5℃）处催芽 2 个月。新圃地接种菌根菌，并施硫酸亚铁消毒。春季床式或垄式条播。条距 20cm，每公顷播种量约 60kg。播后覆土镇压、盖草。幼苗注意遮荫及追肥，每周喷 0.5%~1.0% 波尔多液至 6 月下旬。土壤冻结期，应覆土埋苗，翌春化冻即可撤除。樟子松在山地石砾质沙土、沙地、粗骨土及其他土层较瘠薄的地段均可栽植，但以湿润肥沃的微酸性土壤生长最好。早春大苗带土球栽植。

木材心边材区别明显，边材浅黄褐色，心材红褐色；有光泽；具浓的松脂气味。生长轮甚明显，宽度不均匀，轮间界以深色晚材带；早材至晚材略急变。木材纹理直，结构中至略粗，略均匀；质轻；软；干缩中；强度低近中；冲击韧性中。木材干燥容易，速度快，不易开裂和变形；耐腐；易加工，切削面光洁；油漆胶粘性能一般；握钉力中。木材适合用在房屋建筑、船舶、室内装饰、乐器、体育器材、家具、日常用具及造纸等。

樟子松

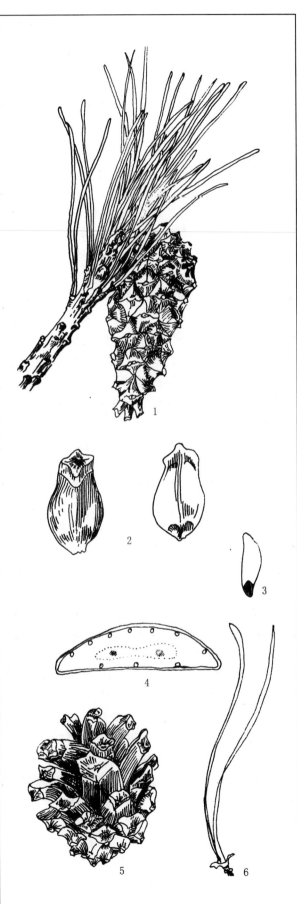

1. 球果枝
2. 种鳞背腹面
3. 种子
4. 叶横剖面
5. 球果
6. 一束针叶

赤松 *Pinus densiflora*

松科 Pinaceae（松属）

常绿大乔木，高达 30～40m，胸径 1m。树冠圆锥形或伞形；树皮橙红色，呈不规则薄片剥落。一年生小枝橙黄色；冬芽长圆状卵形，栗褐色。球花雌雄同株，雄球花着生于新枝下部的苞腋，多数集生；雌球花 1～3 个着生于新枝近顶端。球果的种鳞木质，宿存，排列紧密，上部露出菱形鳞苞，横脊明显，鳞脐平或微凸起，有短刺。种子倒卵状椭圆形，有长翅。花期 4 月，球果翌年 9～10 月成熟，暗褐黄色。

赤松分布于黑龙江鸡西、东宁经吉林长白山区至辽东半岛、山东半岛，南达苏北云台山等地的沿海地带，生长于海拔 920m 以下低山、丘陵地带，常组成较为稳定的纯林群落景观。在地史时期山东崂山与辽宁半岛、朝鲜半岛及日本列岛曾相连接，经历次地壳变动，才隔海相望，从而形成间断分布格局。喜温暖湿润气候，能适应 1 月平均气温为 -5～10℃，极端最低 -30℃气温，其耐寒性、对大气干旱适应能力均超过黑松；在深厚、排水良好的微酸性至中性土壤上生长良好；对土壤质地适应性强，在半风化的岩石硝屑、多石砾的粗骨土、沙壤、黏壤土上均可生长，在重黏土上、石灰性土与多湿积水地生长差，不耐盐碱，耐含盐雾的海潮风能力比黑松差；深根型，根系发达，抗风能力强。但在风力较大的山脊、山顶，树干则低矮，枝干扭曲，针叶密集，短硬苍翠，树冠平顶，迎风面侧枝短，背风面的侧枝向着海顺风方向远伸平展，特长，犹如雄鹰掠翅，姿态萧洒苍劲。纯林常有松毛虫、松梢虫、、松干蚧等为害。宜在林中多植些水榆花楸、山杏、山桃、野樱桃等多浆汁果类的树种，以招引鸟类等栖息，消灭害虫。每平方米叶面积吸收 Cl_2 9.20mg。寿命长，沂水县崔家谷乡有 1 株赤松，树龄 300 年以上，江苏云台山三元宫有 1 株千年美人松，经植物学家鉴定是赤松，赤松树形婆娑多姿，树皮色泽娇艳异常，枝平展，曲折盘旋，苍翠遒劲。唐·裴迪诗句："落日松风起，还家草露晞。"描写山岗日落西下，松风渐起特有景色和感触。"松涛一涌千万重，奔泉冲夺游人路"，是以"雨瀑"、"松涛"来形容这震天撼地，宏大无比声音感染力。岳飞诗句中也有松风："云锁断崖无觅处，半山松竹撼秋风。"有人说是暗含对朝廷一点不满。优良的观赏树种，适应性强，宜植为行道树、庭荫树、园景树，孤植、列植、群植都合适，还可培养成高级树桩盆景。同时也是北方沿海低山丘陵地带、保持水土、涵养水源、调节气候、美化环境的先锋树种，以及防风林带优良树种。

应选 20 年生以上的健壮母树于 9～10 月球果由淡黄色或暗黄褐色、种鳞尚未开裂时采种。采后曝晒数日，敲打脱粒，取净后干藏。播前用水浸种 24h 后混湿沙置于 10～20℃ 条件下层积15～20d。2～3 月床式条播，播后用黄心土覆盖，并盖草保湿，4 月中旬幼苗出土时，及时揭草、遮荫，用 0.5% 波尔多液防治猝倒病。赤松品种嫁接，黑松作砧木，选 1 年生枝条作接穗，在 2～3 月行腹接法。赤松适生于土层深厚的沙壤土、排水良好的中性土、酸性土。在黏质土、石灰质土、盐碱土及低湿地不宜种植。早春大苗带土球栽植。

木材心边材区别明显，边材淡黄褐色，心材黄褐色；有光泽，具松脂气味，无特殊滋味。生长轮明显，略均匀，轮间界以深色晚材带；早材至晚材略急至急变。木材纹理直，结构中等，质轻；软；干缩小；强度中；冲击韧性中。木材干燥容易，速度快，少有开裂翘曲发生，耐腐性好；切削加工容易，切削面光洁，油漆胶粘性能较好；握钉力强；钉钉容易；不劈裂；但不耐磨。木材适合用于建筑、桥梁、车船、家具、室内装饰、工艺雕刻、人造板、体育器材及包装材料等。

赤 松

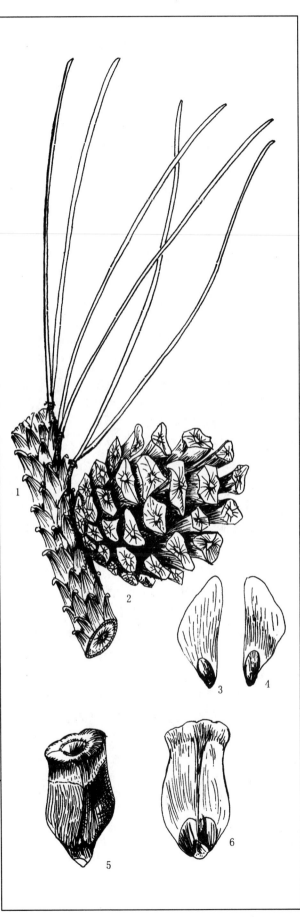

1.球果枝
2.球果
3~4.种子
5.种鳞背面
6.种鳞腹面

马尾松（青松）*Pinus massoniana*

松科 Pinaceae（松属）

常绿乔木，树高达 40m，胸径 1m，树皮红褐色或灰褐色，裂成不规则的鳞状厚块片，大枝斜展，幼树树冠圆锥形，老树树冠广圆形或伞形，枝条每年生 1 轮，小枝淡黄褐色，微下垂，冬芽褐色，圆柱形。针叶 2 针一束，稀 3 针一束，细柔，淡绿色，树脂道 6～7 个，边生。球花雌雄同株，单性，球果卵圆形或圆锥状卵形，熟时栗褐色，种鳞鳞盾菱形，扁平或微隆起，鳞脐微凹，无刺。种子卵圆形，种翅长 1.5cm。花期 4～5 月，球果翌年 10～11 月成熟。

马尾松是我国东南部湿润亚热带地区分布最广的针叶树种，北自秦岭、伏牛山沿淮河向东至海滨，南至两广沿海山地，遍布 16 个省区。一般生长在长江下游海拔 600～700m 以下，中游地区海拔 1200m 以下，上游地区海拔可达 1600m，在低山、丘陵、台地、河漫滩地等地带常组成大面积纯林或与常绿阔叶树、落叶阔叶树、杉木、毛竹等组成混交林，以天然纯林居多。强阳性树种，极喜光，不耐庇荫；喜温暖湿润气候，能耐 -18℃ 短时低温，耐干旱不耐水涝；对土壤适应性强，除碱性紫色土、碱性石灰土外，各种酸性黄壤、红壤、酸性紫色土及淋溶性石灰土均适宜马尾松生长。深根型，主根发达，穿透能力强，侧根、须根繁多，并有菌根共生，能沿石缝穿透伸展，在裸露的石缝中均可扎根生长。抗强风；是荒山荒地先锋森林群落树种。防尘吸尘能力强，对 Cl_2 抗性较强，马尾松可用于监测 SO_2 污染；挥发性物质杀菌能力强，寿命长达 1000 年以上。马尾松树形高大，气势雄伟，老树铁骨鳞干，虬枒劲枝，苍古高雅，蔚然构成的雄伟景观。江西儿歌："一树桃花一树花，青松那堪比桃花。有朝一日霜雪下，只见青松不见花。"教育孩童做人要有骨气，好色或以色侍人不可取，往往经不起风霜和时间的考验。宋·黄庭坚在武昌松民阁诗句有："老松魁梧数百年，斧斤所赦今参天"、"钓台惊涛可昼眠，怡亭香篆蛟龙缠"。这里有诗人投身自然，寄情山水，也有清高脱俗。另外从"松风斧斤所赦"也暗含当时劫后余生，饱经磨难，心灵一种宣泄，闻者荡涤心胸，祛除欲念，净化心灵。唐·白居易诗句："松排山面千重翠"、"柳湖松岛莲花寺"则是任杭州刺使时另外一种心情，既有留恋也有当时"言外余情"。唐·李白诗："为草当作兰，为木当作松。兰秋香风远，松寒不改容"。宋·沈括《梦溪笔谈》中《松蕊》记有"去赤皮，取白者蜜渍之，略烧令蜜熟，勿太熟，极香脆"。宜在风景区群植，最宜与其它树种混植以防止马尾松毛虫发生与蔓延，也是保持水土、涵养水源、调节气候、净化空气、绿化荒山荒地的优良先锋树种。

应选 20 年生以上健壮母树，于 10～11 月果实呈栗褐色时采种。球果曝晒后取出种子，置于通风处干藏。圃地忌碱性土，生荒地要接种菌根。播种前用清水浸种 1d 后，再用 0.5% 高锰酸钾溶液消毒，冲洗晾干，早春高床条播，床面垫上黄心土，播后用火烧土或黄心土覆盖种子，并盖草保湿，每公顷播种量 90kg。幼苗出土后，分次揭草、防止鸟害，抗旱、除草、间苗，喷洒波尔多液，预防猝倒病。也可用培养砖（杯、纸袋）育苗。马尾松在沙土、砾石土及 pH4.5～6.5 的土壤上均能生长，但不宜在钙质土上栽植。早春大苗带土栽植。

木材心边材区别明显，边材黄褐或浅红褐色，最易蓝变色；心材红褐色；有光泽，具浓郁的松脂气味。生长轮明显，宽度不均匀；早材至晚材急变。木材纹理直或斜，结构粗，不均匀；材质轻或中；软或中；干缩中；强度中；冲击韧性中等。木材干燥容易，速度快，易产生表裂；少有翘曲；切削加工尚易，偶有夹锯现象，切削面光洁，富含松脂；油漆胶粘性能较差，握钉力强。木材适宜用作造纸材、一般建筑材、人造板材、家具材、室内装饰材、矿柱材、体育器材、农具等等。

马尾松

1. 花枝
2. 果枝
3. 叶横切面
4. 种鳞腹面
5. 种鳞背面
6. 带翅种子

油松 *Pinus tabulaeformis*

松科 Pinaceae（松属）

常绿乔木，树高达 25m，胸径达 1m 以上，树皮深灰褐色，裂成不规则较厚鳞状块片，大枝平展，老树树冠呈平顶状，小枝较粗，淡红褐色。冬芽圆柱形，红褐色。针叶 2 针一束，粗硬，深绿色，树脂道 5~8 或更多，边生。球果卵圆形，熟时淡橙褐色或灰褐色，有短梗，常宿存树上数年不落，种鳞鳞盾肥厚隆起，扁菱形，具长翅，连翅长 1.5~1.8cm。花期 4~5 月；球果于翌年 9~10 月成熟。

油松是我国暖温带重要的针叶树种，分布很广，北自宁夏贺兰山、内蒙阴山、辽宁千山一线，南至湖北长江北岸，东起山东半岛，西至青海祁连山区及川西邛崃山以北地区，达 14 个省区。生于海拔 500~2700m 地带，以陕西、山西两省为其分布中心，有较大面积纯林以及与针、阔叶树种混交成林。鄂尔多斯高原东缘，沟壑内有 1 株蒙、汉人民当作神树来供奉"油松之王"，胸径 1.34m，高 25m。史载秦汉时，当地有大片森林覆盖。常与麻栎、栓皮栎、槲栎、辽东栎、蒙古栎、元宝枫、椴树、花曲柳、山杏、侧柏等混生。阳性树种，适生于华北、西北的干冷气候，能耐 -25℃ 的低温；以在深厚湿润、肥沃的棕壤土和淋溶褐土上生长良好，酸性、中性或石灰岩发育的钙质土上均生长；根系发达，有菌根共生，性耐贫瘠干旱，能在山顶陡崖上破石而生，蟠根于危崖罅中。不耐水涝与盐碱，在低湿地、重黏土上生长不良。深根型，垂直根系、水平根系均发达，能穿透 4m 以下的土层中。吸碳放氧能力中等，杀菌能力极强，除菌率可达 80%，对 SO_2、Cl_2 抗性较弱，但有一定的吸收能力，$1hm^2$ 油松林每天能吸收 SO_2 24.07kg；寿命长达 1000 年以上。油松树干挺拔苍劲，树冠开展，树龄愈老，姿态愈奇，铁干虹枝，翠色参天。早在秦汉时代，就用作行道树，皇家园林及寺庙园林多有栽培。独树可成景，或三五株丛植、群植或与其它树种混交片植，均可构成优美的景观。在北方很多名山古刹中均能看到数百年至千年的油松高龄古树。孔子曾有"岁寒，然后知松柏之后凋也"名句。魏·刘桢诗："亭亭山上松，瑟瑟谷中风。风声一何盛，松枝一何劲。冰霜正惨凄，终岁常端正。岂不罹凝寒，松柏有本性。"唐·白居易《栽松二首》"小松未盈尺，心爱手自栽。苍然涧底色，云湿烟霏霏。栽植我晚年，长成君性迟。如何过四十，种此数寸枝？得见成阴否？人生七十稀。爱君抱晚节，憐君含直文；欲得朝朝见，堦前故种君。知君死则已，不死会凌云！"这里已从自然界领悟到一种抗恶劣环境精神，最后将松柏升华到中华民族高洁不屈精神象征。刘桢赠诗勉励其弟。是华北、西北地区、黄土高原地区防风固沙、水土保持、涵养水源、维持生态平衡的优良树种。油松脂中含丰富松香和松节油。一般松木 $1m^3$ 可生产 120kg 木炭，2.6kg 木精，1kg 醋酸和 63kg 木焦油，16kg 松节油。

应选 30~50 年生健壮母树，于 9~10 月果实呈淡黄或淡黄褐色时采种。球果经摊晒脱粒，取净后置于低温密封干藏。播前用 45~60℃ 温水浸种催芽或混湿沙埋藏 1 个月。春播要早，秋播宜晚。床式条播，每公顷播种量约 240kg，播后覆薄土并盖草。幼苗出土后，喷洒波尔多液预防立枯病。幼苗耐旱、怕涝，灌溉时要适当控制，及时松土，分次间苗、定苗。东北地区在 4 月进行大垄双行移植培育大苗。油松适宜在土层深厚肥沃的微酸性及中性或石灰性土壤。春季栽植，适时偏早，秋季要在土壤冻结之前。大苗带土坨栽植。

木材心边材区别略明显，边材灰黄色；心材黄褐至浅黄褐色；略有光泽，略有松脂气味。生长轮明显，宽度不均匀，轮间界以色深而窄的晚材带；早材至晚材急变。木材纹理直，结构粗，不均匀；密度小；干缩中；强度低；冲击韧性低。木材干燥容易，速度较快，易开裂；不耐久；切削加工容易，切削面较光洁，油漆胶粘性能尚好；钉钉不难，握钉力较大。木材广泛用作建筑材、细木工制品、家具、车旋制品、人造板、车辆、农具、纸浆以及矿柱等。

油　松

1.雄球花
2.球果枝
3.雌球花
4.种鳞背腹面
5.种子
6.一束针叶

黄山松 *Pinus taiwanensis*

松科 Pinaceae（松属）

常绿乔木，树高达 30m，胸径 80cm，树皮深灰褐色，裂成不规则鳞状块片，大枝平展，幼树树冠圆锥形，老树呈广伞形，小枝淡黄褐色，冬芽深褐色。针叶 2 针一束，长 6~10cm，略粗硬，树脂道 3~6 个，中生。球果卵圆形，长 4~6cm，熟时褐色，常宿存树上多年不落，鳞盾肥厚隆起，横脊明显，鳞脐具短刺。种子倒卵状椭圆形，种翅浅褐色，翅长 0.7~1.5cm。花期 4~5 月，球果翌年 10 月成熟。

黄山松为我国特有树种，产华东各省及台湾山区，垂直分布于海拔 750~2800m 地带。移植于丘陵与平原地区生长不良。强阳性树种，极喜光，侧枝趋光性强，而使树冠偏向一侧。在海拔 1200m 以上强风吹袭，黄山松枝干扭曲，侧枝向顺风一侧伸展；姿态特奇，如九华山上的凤凰松便是。喜温凉湿润多云雾的高海拔山地气候，最高气温不超过 34℃，能耐 -22℃ 的低温。要求深厚湿润，排水良好酸性山地黄棕壤。深根性，抗风暴能力强。性强健，在高峰山巅，风强土薄处或岩石裸露处的山脊或悬岩峭壁上，黄山松均能生长。侧枝斜展，状若伸臂展掌迎客，或匍匐偃卧巨石之上，形如游松，或曲干虬枝，探头悬崖之外，故黄山松多姿多彩，黄山有十大名松：迎客松、送客松、破石松……的记载。九华山有被世人誉为天下第一奇松——凤凰松，据传为晋代高僧柏渡手植，至今已有 1400 多年历史了，仍郁郁葱葱，勃勃生机，形如凤凰展翅。近代，李锟《九华山诗草·凤凰松》："毕竟人间第一松，英姿不与众松同。萋萋羽叶如翔凤，矫矫鳞枝若衮龙。几度沧桑犹郁郁，千年风雨更葱葱。喜看古树凌云志，振翅轩轩望太空"。郭沫若登黄山时曾作《黄山即景》诗一首："松从岩上出，峰向雾中消。哨壁苔衣白，云奔山欲摇"。来形容黄山松坚忍不拔，何等顽强生命力！元曲有："挂绝壁松枯倒倚，落残霞孤鹜齐飞。"何其相似李白诗句："枯松倒挂倚绝壁"。毕竟是词曲源于诗，但也应承认有创新，所谓"各领风骚数百年"。江泽民同志登黄山作诗一首，其中"倚客松"则是气象万千："遥望天都倚客松，莲花始信两飞峰。且持梦笔书奇景，日破云涛万里红。"在山谷土层深厚处，黄山松则能长成高大乔木林，形成茫茫林海，松涛浩瀚，令人流连忘返。黄山松树形自然优美，雄伟壮观，是黄山"四绝"之一，宜作为高、中山自然风景区美化树种。

应选 30 年生以上健壮母树，于 10~11 月果实呈栗褐色时采种。采回的果实放在阴湿处浇水或 2% 石灰水沉清液，盖草堆沤，再摊晒 1 周球果开裂，翻动脱粒，晒干后袋装放置干燥处低温贮藏。圃地施硫酸亚铁消毒。播种前用 30℃ 温水浸种 24h，再用 0.5% 高锰酸钾溶液消毒 30min，冲洗晾干。春季高床条播，每公顷播种量约 110kg。播后筛盖黄心土，并盖草。幼苗约 20d 发芽出土后，分次揭草、防止鸟害，注意间苗、松土、除草和追肥。黄山松喜中山气候，土层深厚、排水良好的酸性黄壤。pH4.5~5.5。秋季穴状整地，春季大苗带土栽植。

木材心边材区别明显，边材浅褐至黄褐色，略宽；心材黄褐微红至浅红褐色；有光泽；略具松脂气味。生长轮明显；宽度均匀至不均匀；早材至晚材略急变。木材纹理直，结构中，不均匀；质中重；轻；干缩大；强度中；冲击韧性中。木材干燥容易，其翘裂程度均较马尾松低；耐腐性略同马尾松；切削加工不难，切削面光洁；易于旋切；油漆胶粘性能尚好；握钉力强。木材可用于家具、建筑、室内装饰、柱桩、生活用具、农具等以及造纸。

黄山松

1.球果枝
2.种鳞
3.叶横切面
4.种子

金钱松 *Pseudolarix kaempferi*（*P . amabilis*）

松科 Pinaceae（金钱松属）

　　落叶针叶乔木，高达 40m，胸径达 1.5m，树干通直，大枝轮生而平展，树皮块状开裂如龙鳞，树冠宽塔形，枝有长短枝之分，叶在长枝上螺旋状散生，在短枝上簇生状，辐射平展如圆钱状，秋季叶色转为金黄色，故有"金钱松"之称。叶条形，柔软，上面中脉不明显，下面中脉明显，两侧有气孔线。雄球花簇生于短枝顶端，雌球花单生短枝顶端。球果椭圆状卵形，直立，种鳞木质，卵状披针形，熟时脱落，苞鳞小，不露出。种子卵圆形，上部有宽大种翅，种翅连同种子与种鳞近等长。花期 4~5 月，球果当年 10 月成熟。

　　仅 1 属 1 种，是我国特有的古老子遗物种之一，为亚热带树种，分布于大别山区及其以南至长江流域中下游地区，东至福建，西南至四川等地。多散生于海拔 1500m 以下山区丘陵地带，与其它针阔叶树种混交成林。20 世纪 80 年代末陆续在安徽大别山东麓的潜山县北部发现面积约有 35hm^2 天然纯林，以及在皖南黟县泗溪乡也发现一片天然金钱松纯林。喜光和温暖湿润气候，能耐短时间 -18℃ 的低温，不耐干旱瘠薄，亦不耐水涝；适生于土层深厚湿润、肥沃疏松、排水良好的酸性土，石灰性土及盐碱土上均不能生长。深根性，根系发达，菌根丰富，抗风能力强；枝条坚韧，抗雪压；少病虫害，人工林较天然林生长快。寿命长，浙江天目山有 1 株古金钱松，树高 36m，胸径 76m，树龄 300 多年，是重要的观赏树种。金钱松，干形圆满端直，挺拔高耸，侧枝平展，树冠塔形，树姿优美。唐·孟浩然诗句："松月生夜凉，风泉满清听"，则是见松月已感夜凉，听风泉又觉山幽。这里有视觉、听觉、触觉等多种感觉都表达出来，文字精炼，极具韵味。还有王维诗句："空山新雨后，天气晚来秋。明月松间照，清泉石上流。"是诗是画，情景交融。春夏时节叶色翠绿欲滴，秋叶金黄，宜植为行道树、庭荫树、园景树，成片栽植，可构成"烟笼层林千重翠，霜染秋叶万树金"的赏心悦目的迷人景观。

　　应选 40 年生以上健壮母树，于 10~11 月球果由绿色转为黄褐色时及时采种，球果采回后堆放室内数日，待果鳞开裂后，脱出种子，取净后阴干装入布袋干藏。播前用 40℃ 温水浸种 1 昼夜，捞出阴干后用 0.5% 福尔马林消毒。春季高床条播，条距 20cm，每公顷播种量约 200kg，新圃地应用菌根土垫床或黄心土拌菌根土覆盖种子，并盖草保湿。当幼苗出土后，及时揭草，筛覆细土，适度遮荫，每周喷 0.5%~1.0% 波尔多液防止立枯病。也可在发芽前，结合整枝，剪取长 10~15cm，其顶端有 3~5 个饱满芽的枝条插穗，于春季或秋季直接插入苗床。插后浇水，用 50cm 高塑料薄膜小拱棚罩在苗床上，并架设 1.8m 高的遮荫棚。金钱松喜温凉湿润的气候和深厚肥沃、排水良好的酸性和中性的沙质土。春秋季，大苗带土球栽植。

　　木材心边材区别不明显，黄白，浅黄褐或黄褐色。生长轮明显，宽度略均匀，早材至晚材略急变。木材纹理直，结构粗，不均匀；材质轻，软，脆；干缩小；强度低至中；冲击韧性低至中。木材干燥易开裂，性耐腐；切削加工容易，切削面光洁；油漆胶粘性能良好，握钉力中等。木材适宜做纸浆材、家具用材、一般建筑用材以及箱板材。另该种木材用作谷物库，不易遭受鼠害，其树皮还有一定的杀虫药用功效。

金钱松

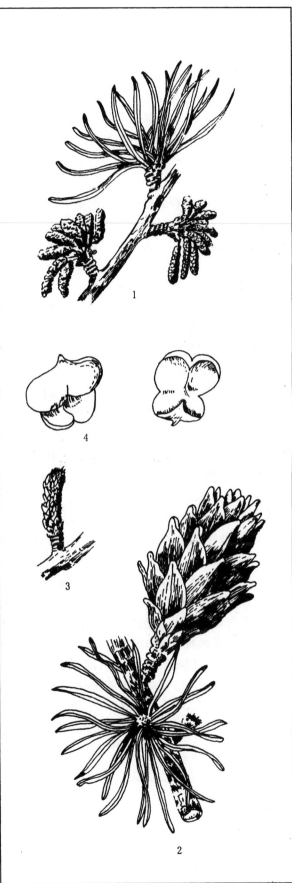

1.雄球花枝
2.球果枝
3.雌球花枝
4.雄蕊

华东黄杉 *Pseudotsuga gaussenii*

松科 Pinaceae（黄杉属）

常绿乔木，树高达 40m，胸径 1m，树冠塔形，树皮灰色，浅裂成波状、细沟纹状，小枝淡黄褐色，2~3 年生枝灰色，无毛。叶条形扁平，排成 2 列，先端凹缺，上面绿色，有光泽，下面中脉隆起，两侧各有 1 条气孔带，树脂道 2 个，边生。球果圆锥状卵形或卵圆形，中部种鳞肾形，有柄，下垂，种鳞木质，苞鳞明显露出，先端 3 裂，中裂窄长，向外反曲。种子三角状卵形，密被黄褐色毛，种子与种翅近等长。花期 4~5 月，球果成熟期 10 月。树干端直，姿态雄伟。

华东黄杉是我国特有的第三纪古老孑遗树种之一，国家二级保护植物，产安徽皖南、浙江西南部、江西东北等地区。散生于海拔 600~1800m 中、低山的山坡腹地及山脊地带天然林中，与黄山松、南方铁杉、木荷、小叶青冈、枫香、连香树、玉兰等组成混交林。1923 年南京金陵大学植物采集团来黄山在"松涛簸天响，飞泉百断续"的云谷寺遗址东侧海拔 890m 处，发现与众不同的古树。其枝叶似松非松，似杉又非杉，因生于黄山胜境，后经植物学家鉴定，定名为华东黄杉。现树高 18.4m，胸径 85.0cm，树龄有 500 余年。20 世纪 70 年代初，先后在安徽歙县、绩溪清凉峰、休宁县六股尖等地深山，陆续发现天然生长的华东黄杉小块纯林群落景观以及居于林冠上层散生林木，也有较多的古树。其中最大的 1 株生长清凉峰十八龙潭海拔 950m 的天然林中，树高 26m，胸径 51.0cm。这里峰峦叠嶂，山高林密，"森然古木复苔荫，四顾苍山一径深。"华东黄杉大小树木生长良好，自然繁衍正常。发现有小片天然纯林。喜光，耐侧方庇荫；喜温暖湿润气候，适生于深厚湿润肥沃的酸性黄壤山地，有一定的抗寒与耐旱性能，深根性，侧根发达，伸展力强。寿命可达 500 年以上。树干圆满端直，巍峨高耸，十分秀丽雅观，树冠塔形，小枝细长下垂，羽叶细密轻盈，青翠欲滴，婆娑多姿。清·邵长蘅《雨后登惠山最高顶》诗句："雨歇翠微深，山光媚新霁。柱策凌清晨，松杉吐仍翳。"骤雨初歇，放晴山色更显妩媚，翠杉青松在山岚云气下半隐半现，美不胜收。是优美的风景树，可与其它树种混植构成风景林。亦是山地水土保持、涵养水源的优良树种。

应选择 30 年生以上的优良母树，于 10~11 月果实呈深褐色时应及时采收，摊晒 5~6d 种鳞开裂，脱出种子，人工搓去种翅，取净后将种子置于 5℃ 左右的干燥环境中贮藏。播前用 60℃ 温水浸种 24h，捞出晾干后用 0.5% 福尔马林消毒。春播，3 月下旬高床条播，条距 20~25cm，覆盖火烧土或黄心土 1~1.5cm，盖草保湿。幼苗期注意洒水防旱，架设荫棚，中耕除草，适量追肥。为了促进根系发达，应对 2~3 年苗木进行换床移植培育大苗。也可采用容养钵育苗。华东黄杉适生于温暖湿润气候和排水良好酸性的黄棕壤、黄壤和黄红壤。春季大苗带土栽植。

木材心边材区别明显；边材黄白至浅黄褐色，心材黄红褐至橘红色；有光泽；具松脂气味，无特殊滋味。生长轮明显，宽度不均匀。木材纹理直，结构中至略粗，较均匀；质中重，中硬；强度中；干缩小。木材干燥容易；切削加工不难，切削面光洁；油漆胶粘性能良好；握钉力强，但间有劈裂现象。木材可作建筑、纺织器材、车船用材、胶合板、桩柱、木制品及造纸原料。

华东黄杉

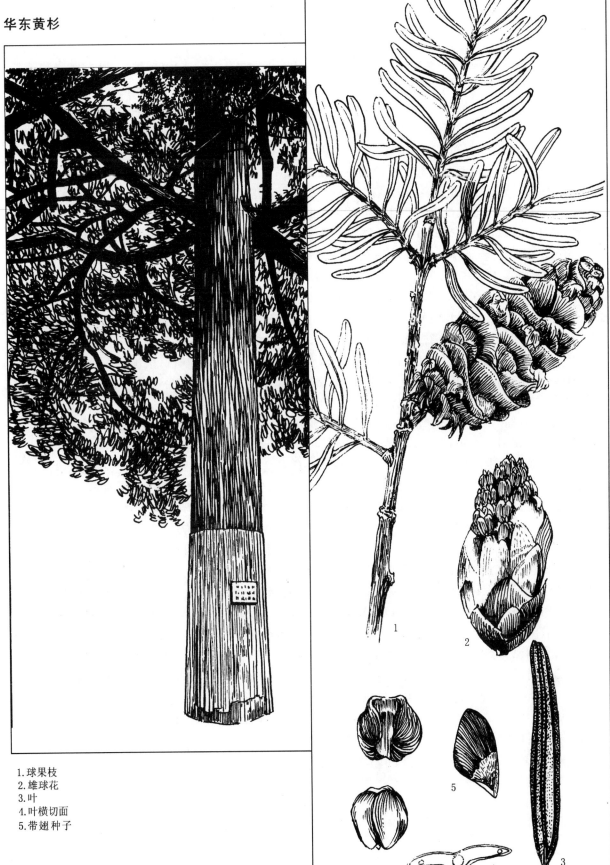

1.球果枝
2.雄球花
3.叶
4.叶横切面
5.带翅种子

火炬松（泰德松）*Pinus taeda*

松科 Pinaceae（松属）

常绿乔木，树干端直，高达 30m（原产地达 50m 以上），胸径 2m，树冠尖塔形，树皮暗灰褐色，裂成鳞块片状脱落，大枝轮生，南方每年生长数轮，小枝淡红褐色，微被白粉。冬芽褐色，近圆柱形。针叶常 3 针一束，亦有 2 针一束并存，长 12～25cm，树脂道 2，中生。球果卵状长圆形，长 8～15cm，熟时暗红褐色，鳞盾沿横脊明显隆起，鳞脐有尖刺，尖头反曲。种子卵圆形，有棱脊，深褐色，种翅长 2.5cm 左右。

火炬松原产美国东南部及东海岸平原地带，是美国南方松树中分布最广的树种之一。生长于海拔 750m 以下平原丘岗地带。我国早在 1920 年有引种栽培，20 世纪 70 年代在长江流域中下游、华南等地广为栽培。火炬松沿淮河向西到秦岭北纬 33° 一线以南的低山丘陵均能正常生长发育，特别是在长江以南亚热带低山丘陵地带生长最好。全国造林面积已达 30 万 hm²。强阳性树种，喜光照；在原产地属于亚热带湿润气候，夏季长而炎热，冬季温和，年降水量 660～1460mm，年均气温 11.1～20.40℃。一般生长在黏重和较湿润的土壤上。适生于中性或酸性黄褐土、黄壤、红壤，在深厚湿润、质地疏松、肥沃而排水良好的土壤上则表现为速生；耐干旱瘠薄，不耐水涝。主、侧根均很发达，抗强风；在中等立地条件下生长速度超过马尾松；针叶刚硬，抗松毛虫能力也比马尾松强。火炬松 1m² 叶面积能吸收富集重金属 Pb 164.803mg，Cr 16.757mg，Ni 40.607mg，Mn 1234.786mg。可分泌杀菌物质，净化空气。俄国尼古拉·鲁勃佐夫（Николай Рубцов）《松涛阵阵》诗句："纵使明日天寒路滑，纵使那时心绪不佳，不错过老松林叙述，倾听松涛久久喧哗。"也许俄罗斯人听到是风在欧洲赤松林中穿过响动，但松涛阵阵感受却是相同的。梁希老部长赠森林系毕业同学诗句："一树青松一少年，葱葱五木碧连天。和烟织就森林字，写在巴山山那边。"予以鼓励。六十年代陶铸同志发表散文《松树的风格》，更是受到当时青年学生喜爱。当然，这里说的松也许已不是分类学上某具体树种了，但却具有松常绿青翠，魁伟挺拔的共性。树姿优美，魁伟挺拔，树冠尖塔形，枝条层层上展，形似火炬，可用于绿化观赏，宜植为行道树、庭荫树、群植、片植或与其它树种混植均可构成美丽景观。

应选 20 年生以上的优良母树，于 10～11 月球果由绿色转为黄褐色时及时采种，采回的果实摊晒脱粒，取净后在 0～10℃ 低温下贮藏。播种前用 0.2% 福尔马林溶液浸种 20min，清水洗净后再用 45～60℃ 温水浸种，经 24h 取出种子晾干后播种，春季高床条播或点播，每公顷播种量约 80kg。播前床面垫上拌有菌根土的黄心土或火烧土，播后覆土盖草。幼苗出土后，及时遮荫，浇水防旱，每周喷洒 0.5% 波尔多液，以防猝倒病发生，若已发病，应喷洒 0.5%～1.0% 硫酸亚铁防治。培育大苗应换床移植 1～2 次。也可采取芽苗移植容器方法育苗。火炬松除碳酸盐土壤外，在各种土壤上都能生长，但以深厚肥沃沙质壤土生长最好。穴状整地，春秋大苗带土栽植。

木材心边材区别略明显，边材黄白色，心材浅棕色；有光泽；富松脂气味。木材纹理直，结构较粗，材质软，质量轻，干缩小，材质中等。含松脂，质量较高。木材干燥容易，易切削加工，握钉力一般。适宜作纸浆、造船、火车车厢、电杆、矿柱、枕木、胶合板等，是良好的建筑和造纸用材树种。

火炬松

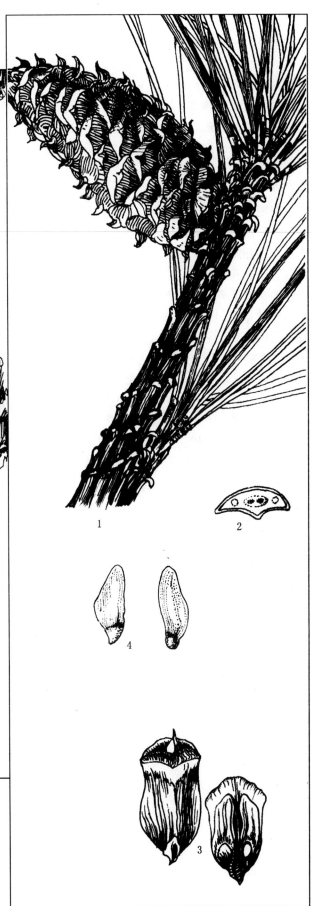

1.球果枝
2.叶横切面
3.种鳞背腹面
4.种子

湿地松 *Pinus elliottii*

松科 Pinaceae（松属）

常绿乔木，树高达 30m（原产地高达 40 m），胸径近 1m。干形圆满通直，树皮灰褐色，纵裂成鳞状大块片剥落。枝条每年生长 2 至数轮，小枝粗壮，橙褐色。冬芽红褐色，圆柱形，具白色尖细纤毛的芽鳞。针叶 2 针、3 针一束并存，长 18～30cm，较粗硬，深绿色，树脂道 2～9 个多内生。球果圆锥状卵形，通常 2～4 个聚生，长 6.5～13cm，种鳞鳞盾近斜方形，肥厚，鳞脐突出有短尖刺。种子卵圆形，略呈三角形，稍具棱脊，灰褐色，种翅长 2～3cm，易与种子分离。花期在南方为 2 月上旬至 3 月中旬；球果次年 9 月上旬成熟。

湿地松原产美国东南部，宜生长于海拔 150m 以下低丘、平原及沼泽地上。世界上亚热带和热带地区广为引种栽培。我国于 20 纪世 30 年代开始引种湿地松，以后进行了小面积引种试验。现在南方开始大面积造林。引种栽培最北到山东平邑及陕西汉中，适应广，除含碳酸盐土壤外，均能适应。强阳性树种，喜温暖湿润气候，在原产地为亚热带低海拔潮湿地带，夏季高温多雨，春秋两季较干旱，年均气温为 15.4～21.8℃，年降水量 1170～1460mm，相当于我国长江流域以南的气候指标。适生于酸性红壤、中性褐土上，耐水湿，在低洼沼泽地、湖泊、河流边缘生长尤佳；但抗雪压不如马尾松，另外积水之地则不能生长。主根粗大，侧根发达，不耐盐碱。可分泌杀菌物质。抗病虫害能力较强。生长快，松脂产量高，且品质优。树干端直，针叶深绿色，可供绿化观赏。齐白石画松并题诗赠弟鼓励："户外清阴长绿苔，闲花自长不须栽。山头山脚苍松树，爱听涛声入户来。"美国加里斯奈德（Gary Snyder）《松树树冠》诗："蓝色的夜有霜雾，天空中明月朗照。松树的树冠弯成霜一般蓝，淡淡地没入天空，霜，星光。"在淮河以南园林中植为行道树、庭荫树，尤适宜在河流沿岸沙滩地、湖泊周边、海滨沙地、低湿沼泽地带组成风景林带亦是水网地区沿海地带优良的防风林树种。但针叶树抗盐雾风潮能力弱，沿迎风面应植 2～3 行木麻黄，可防对针叶的伤害。

应选 20 年生以上母树，于 10 月球果由绿色变为褐色，果鳞微裂时采种。球果采回后摊晒脱粒，取净后稍加日晒，干藏。由于种子发芽不整齐且持续期长，应将种子与湿砂混合置于 0～5℃条件下催芽 30～40d。新辟圃地应接种菌根。早春高床条播，条距为 18～20cm，种子用 6401 农药与细土相拌撒于沟底，每公顷播种量约 50kg，播后覆盖黄心土，随即盖草。当幼芽出土 30％～40％时分批揭草，注意防止鸟害，喷 0.5％波尔多液，预防猝倒病。为了节省种子，可采取芽苗移植容器方法育苗。早春大苗带土栽植。

木材心边材区别明显，边材浅黄褐色或黄红褐色，心材浅红褐色；有光泽，具浓郁的松脂味。生长轮明显，宽度不均匀；早材至晚材急变。木材纹理直或斜，结构粗；富含松脂；材质轻、软；干缩小；强度中；冲击韧性中。木材干燥容易，速度快易开裂，不耐腐；切削加工由于木材富含松脂而较困难，但切削面较光洁；胶粘性能一般，油漆性能欠佳，握钉力强。木材适宜用作建筑材、柱杆、船壳等，也是优良的纸浆原材料，并且是生产松脂的主要树种。

湿地松

1.球果枝
2.叶横切面示树脂道

台湾油杉 *Keteleeria formosana*

松科 Pinaceae（油杉属）

常绿乔木，树高达 35m，胸径 2.5m；树皮暗灰褐色或深灰色，不规则纵裂。1 年生小枝初被毛，淡暗红色，密生乳头状突起，2～3 年生枝条淡黄褐色。叶条形，长 1.5～2cm，宽 2～4mm，先端锐尖，稀微凹，上面中脉两侧各有气孔线 2～4 条，下面淡绿色，中脉两侧各有气孔线 10～13 条。球果圆柱形或短圆柱形，长 5～15cm，径 4～4.5cm，中部的种鳞卵状斜方形或斜方状圆形，上部边缘向外反曲，鳞背露出部分无毛，苞鳞先端 3 裂；种子三角状卵形，种翅宽长，厚膜质，有光泽；种翅中下部较宽，上部较窄。球果当年成熟。

我国台湾和海南在地质上属华夏地块，到上新世晚期至更新世初期，台湾海峡和琼州海峡陷落，才使台湾和海南与大陆分离，其植物区系属于华夏植物区系的一部分，特有种植物与东南沿海大陆最为密切。油杉是比较原始的针叶树种，在 1000 多万年前，它与水杉、银杉、长苞铁杉等在地球上广泛分布，到第四纪时，地球上气温下降，出现大冰期，它的家族遭到灭顶之灾，而我国的独特的自然环境，成了它们的避难所，得以生存。现仅存于我国的油杉属 10 个树种，不仅有很高的经济、观赏价值，而且具有重大的科学研究价值。其中台湾油杉分布于台湾全岛山地，多生长于海拔 300～900m 低山丘陵地带，与常绿阔叶树混生成林，多为上层优势树种或在林缘处组成小片纯林景观。喜光，幼龄期稍耐庇荫，喜温暖湿润气候，不耐干旱与寒冷，适生于深厚湿润、疏松、肥沃、排水良好酸性砖红性红壤与红黄壤上；深根型，根系发达，抗风暴能力强；可自然更新，病虫害少，树龄长达数百年。树干高大耸直粗壮，魁伟壮观，树冠塔形，四季苍翠，是优良的绿化观赏树种，在城市中宜选用为园景树，在低山风景区可片植或与其它树种混植组成风景林，亦是台湾低山丘陵地带保持水土防止暴雨山洪冲刷，涵养水源与暴风的防护林带的优良树种。

选用 40～80 年生的健壮母树，于 10～11 月球果由青变为深褐色时采种。采回的果实摊晒，1 天后转至室内通风处摊放，任其自然开裂，经常翻动并轻击，脱出种子，取净后放在室内通风处时 2～4d，使种子含水量低于 12% 时袋干藏。冬播或春播，冬播随采随播。春播的种子播前用 45℃ 温水浸泡至自然冷却 24h，再用 0.5% 高锰酸钾溶液消毒 30min 后洗净混河沙进行催芽，待胚根露白时即可播种。高床条播，行距 20cm，每公顷播种量约 180kg，覆细土厚 1cm，盖草，浇水。当幼苗出土后揭草，架设荫棚。幼苗生长初期，间苗 2～3 次，并加强水肥管理，9 月份拆除荫棚。此外，也可容器育苗。春季栽植，穴状整地。园林绿化多用 4～7 年生的大苗带土球定植。

木材自边至心，由黄褐色逐渐转深，乃至暗色。材质较脆弱，不甚耐久，可供普通建筑、桥梁、室内装饰、文具及桩柱等用。

台湾油杉

1.种鳞腹面
2.种鳞背面
3.叶
4.果枝
5.种子
6.叶枝

柳杉（孔雀杉）*Cryptomeria fortunei*

杉科 Taxodiaceae（柳杉属）

常绿乔木，树高达 40m，胸径 2m 以上，树冠塔状圆锥形，树皮深褐色，裂成长条片，小枝细长下垂。叶锥形，螺旋状排列，长 1~1.5cm，先端略向内弯，入冬转为红褐色，来春又转为绿色。球花雌雄同株，雄球花长圆形，单生于小枝上部叶腋，多数集成穗状；雌球花近球形，单生枝顶，稀 2~3 个集生，珠鳞螺旋状排列，胚珠 2~5 个，苞鳞与珠鳞合生，仅先端分离。球果近球形，当年成熟，种鳞木质，宿存，每种鳞具 2 粒种子，种子三角状长圆形，稍扁平，边缘具窄翅。花期 4 月；果 10~11 月成熟。

柳杉为我国特有孑遗树种，产于长江流域及其以南至广东、广西、云南、贵州及四川等省区，在东部分布于海拔 1000~1400m 以下，西部可达 2000~2400m 地带，常生于山谷、山坳与缓坡台地，多组成纯林或与杉木、黄山松、马尾松、水杉、麻栎等组成片状混交林，但以海拔 600~1100m 间，夏季气候凉爽，终年云雾缭绕的群山峡谷或是海洋性气候环境，生长最佳。耐寒性，抗雪压和冰挂的能力比杉木强，在庐山黄龙寺前有 1000 年柳杉古树。日本新泻县城川村和吉川村各有一株老柳杉，半个世纪前同时流出大量含有酒精树液，白色稍浑浊，但具浓烈酒香。很多人感到稀奇，其实是树液中含糖类物质转化结果。喜深厚湿润、肥沃而排水良好的酸性土壤。为中等的阳性树种，稍耐侧方庇荫；浅根型，侧根发达，须根系强大，易移植，但抗风暴能力不强，不耐水涝；对 SO_2、Cl_2、HF 及烟尘抗性较强，每公顷柳杉林每年每公顷能吸收 700kg 的 SO_2，是吸收 SO_2 能力最强的树种。可分泌杀菌素杀死细菌。寿命长达 1000 年以上。柳杉树形高大挺拔，树冠浓密整齐，四季长青，纤枝下垂，翠叶婆娑。微风摇曳，翩然若舞，颇有春风拂柳，婀娜多姿的柔情媚态，楚楚动人，因此，人们又给它起了一个更美丽的名字，叫"孔雀杉"。《庐山志》记载：黄龙寺"三宝树"是"晋僧昙诜手植"，其中 2 株为柳杉，树高 41m，胸径 1.96m，冠幅 17m×17m，雄伟壮观为江西古树之冠，树龄可溯至 1500 年前。宋·张孝禅《万杉寺》诗："老干参天一万株，庐山佳处著浮图。只今买断山中景，破费神龙百斛珠。"是优良的园林观赏树种及用材树种，丛植或群植成林或与其他树种组成树群可构成良好景观效果。

应选 16 年生以上健壮母树，于 10~11 月果实深褐色时采种。球果曝晒裂开取出种子。种子易丧失发芽力，宜窖藏或密封贮藏。圃地宜选土层深厚肥沃湿润的砂质壤土。播前温水浸种1d，然后用 0.5%~1.0% 高锰酸钾溶液浸种 2h，清水冲洗阴干后播种。早春高床条播，条距 20~25cm，覆盖黄心土 1.5cm，盖草保湿。每公顷播种量约 100kg。幼苗出土后注意揭草、遮荫，喷洒 0.5% 波尔多液防止立枯病，及时中耕除草、追肥、灌溉。也可采用扦插育苗，截成长 15~20cm 1 年生枝条作插穗，插后洒水、遮荫，2 个月左右生根，成活率达 80%。柳杉适于土层深厚排水良好的酸性土壤。春秋季带土球栽植。因柳杉喜湿润空气，畏干燥，故移植时注意勿使根部受干，在园林平地初栽后，夏季最好设临时性荫棚，以免枝叶枯黄，充分复原后再行拆除。

木材心边材区别明显，边材黄白或浅黄褐色，心材红褐或鲜红褐色，有光泽；有香气。生长轮明显，宽度不均匀，早材至晚材略渐变。木材纹理直，结构细至中，较不均匀；材质甚软，甚轻；干缩小；强度低，冲击韧性低。木材干燥容易，速度快，有少数表裂，干后尺寸稳定，耐腐性及抗蚁性均强；切削加工容易，切削面光洁，但横切面不易刨光；油漆胶粘性能良好；握钉力弱，不劈裂。木材适宜用作一般家具、木模、车辆、盆桶、民房建筑（尤其用于室外），室内装饰以及制浆造纸原料。

柳 杉

1. 雄球花枝
2. 球果枝
3. 种子

杉木（刺杉）*Cunninghamia lanceolata*

杉科 Taxodiaceae（杉木属）

常绿乔木，树高达30m，胸径达2.5~3m，幼树树冠尖塔形，大树圆锥形，树皮灰褐色，裂成长条片，内皮淡红色；大枝平展，小枝对生或轮生，成2列状，幼枝绿色，冬芽近球形。叶条状披针形，有细锯齿，螺旋状排列，侧枝之叶常成2列，先端尖而硬，上下两面中脉两侧有气孔线，下面更多。球花单性，雌雄同株，雄球花多数，簇生枝顶；雌球花1~3个生于枝顶，苞鳞与珠鳞结合，苞鳞大。球果近球形或圆卵形，长2.5~5cm；苞鳞棕黄色，革质，宿存，每种鳞有3粒种子，种子扁平，两侧有窄翅。花期4月；果熟期10月下旬。

自然分布于我国秦岭、淮河以南温暖地区。因各地气候各异，其生长海拔高度在北部、东部常在1700m以下，在云南、四川可达海拔2500m地带，以人工纯林居多。喜光，幼龄稍耐侧方庇荫，自然整枝良好；喜温暖湿润气候，具有一定的耐寒性，绝对最低气温以不低于−9℃为宜，但也可抗−15℃的低温，不耐干旱与贫瘠土壤；在深厚湿润、肥沃而排水良好的微酸性土壤与静风谷地生长最好；浅根型，侧根、须根发达，易生不定根，再生能力强；萌芽更新良好；怕水渍，不耐盐碱；对有害气体具有一定的抗性。杉木林生态系统可吸收降雨中Pb等重金属元素净化水质，杀菌能力强。花粉为污染源植物，生长快，单产高。福建南平地区汉后大队，39年生一片高产林，每公顷活立木蓄积达1170m³。这是长期代代相传一整套最早世界无性扦插造林技术与劳动智慧的结晶。寿命长达1000年以上。杉木四季常青，叶色苍翠，树干端直修长，树冠尖塔形，秀丽壮观。唐·白居易《栽杉》诗："劲叶森利戟，孤茎挺端标。才高四五尺，势若干青霄。移栽东窗前，爱尔冬不凋。"和贾岛《咏杉》诗："但爱杉倚月，我倚杉为三。月仍不上杉，上杉难上参。"酷爱杉树、大自然，又何止白居易、贾岛、苏轼、朱熹……翻开历史，比比皆是。《善化县志·古树》（今长沙市）载："古杉树，在岳麓山下，晋·陶侃依杉结庵，后庵废杉存。"杉木最适宜在园林中排水良好的空旷地山丘、坡地片植、群植组成风景林，亦可与毛竹、枫香、酸枣、栎类等组成混交风景林。是四旁绿化的好树种。史乐著《太平环宇记》内详尽记述：安徽桐城唐开元二十二年移县出山城，后元和八年县令韩震去旧城内"栽植杉松"。这是世界上营造杉松混交林改善生态环境最早文字记载。

应选20年生以上优良类型或优良单株，于10~11月球果呈暗褐色时采种。球果经曝晒脱出种子，置于通风处干藏。圃地宜选土质疏松、湿润、肥沃的酸性土壤，pH 4.5~6.5。播前种子水选，并用0.5%的高锰酸钾溶液浸种30min或0.15%~0.3%的福尔马林浸种15min后，再将种子封盖60min即可播种。早春高床条播，行距25cm，播前播后应在苗床上覆盖火烧土或黄心土，并盖草。播种量每公顷约75kg。幼苗出土揭草至60%~70%时即全部揭完，定期喷洒波尔多液，及时遮荫、追肥、灌溉和除草。也可用杉木优树建立采穗圃，从圃地剪取萌蘖条扦插于苗床培育无性繁殖苗。杉木要求土层深厚肥沃、酸性反应的土壤。山地也可剪取根桩上1年生健壮萌芽条按上留21cm下入土24cm，于早春扦插栽植。

木材心边材区别明显，边材浅黄褐色或浅灰褐色微红，心材浅栗褐色；有光泽，具浓郁香气。生长轮明显，宽度不均匀或均匀，早材至晚材渐变。木材纹理直，结构中，均匀，质轻，软；干缩小；强度低或至甚低；冲击韧性低或中。木材干燥容易，速度快，不产生干燥缺陷，性耐腐；有香气；切削加工容易，但切面易起毛；油漆性能欠佳；胶粘性能良好；握钉力较弱。木材适宜用于建筑、门窗、船舶、室内装饰、箱板、农具、车辆、机模、家具、盆桶、以及纤维工业原料等等。

杉　木

1.果枝
2.叶示背腹面
3~4.苞鳞及种鳞
5.种子

水松 *Glyptostrobus pensilis*

杉科 Taxodiaceae（水松属）

落叶或半常绿乔木，树高 8～16m，稀达 20m 以上，胸径达 1.2m；树冠圆锥形，树皮呈长条状浅裂，干基部膨大，有屈膝状呼吸根，大枝平展或斜伸，小枝绿色。叶互生，二型：主枝之叶为条状钻状形，叶螺旋状排列，侧枝之叶为条形，基部扭成 2 列状，上面深绿色，下面有粉白色气孔带 2 条，中脉明显，冬季与同小枝同落。球花雌雄同株，雄球花单生于枝顶，椭圆形，雄蕊 15～20 个；雌球花卵圆形，有珠鳞 20～22 个，苞鳞着生于其背面，较珠鳞大，珠鳞腹面基部有 2 胚珠。球果倒卵形，种鳞木质，扁平，倒卵形，果熟后脱落；种子椭圆形，微扁，褐色，基部有向下生长的长翅。花期 1～2 月，球果 10～11 月成熟。

水松在我国古代称为樱，公元前 3 世纪《山海经·西山经》中有记载，"又西四百里樱阳之山，其木多樱，枏，豫章。"晋·郭璞注："樱似松，有刺，细理。"晋·嵇含《南方草木状》中："水松，叶如桧而细长，出南海。"仅 1 属 1 种。是第三纪的孑遗树种，亦是世界上著名的"活化石"树种之一。在白垩纪和新第三纪时曾广布北半球，第四纪冰期后几乎绝灭，现仅存于我国东南部，主要分布于华南，东南地区，广东珠江三角洲和福建北部、中部及闽江下游为其分布中心，广西、云南、四川、江西等省有零星分布。生长于海拔 1000m 以下的河流两岸，水边地带，在福建屏南县、浦城县等地尚保留有小片天然纯林。水松为强喜光树种，不耐庇荫；喜暖热湿润气候，在年平均气温 15～22℃，年降水量 1000～2200m，水热同步，生长良好，亦具有一定的耐寒性，在江西庐山海拔 1210m 溪水旁 1 月平均气温为 0.6℃，极端最低温 -13.9℃ 仍能正常生长；性喜水湿，耐水淹，但长期被水淹的水松生长缓慢。对土壤适应性较强，在中性土、微酸性土上生长尤佳，在酸性土上生长较差；抗盐碱能力强，在含盐量高达 0.38% 的广东斗门县白藤湖垦区的盐渍土上也能正常生长，3.5 年生水松平均树高 3.12 m，胸径 2.56cm。根系发达，主根明显，侧根与支根强烈发展，抗风与固土护岸能力强。寿命长，广东曲江县南华寺后山保存有 7 株古水松，其中最大 1 株树高 40.5m，胸径 1.10m，云南富宁县者桑乡百恩村有 1 株水松树高 28 m，胸径 1.3 m，树龄都为 500 余年。水松树形高大，挺拔秀丽，叶形细理，树冠春夏秋三季苍绿若绒球，冬叶橙红，树姿端庄优美，是优良的观赏树种，列植或群植于堤岸、河边及湖畔、池塘一隅都合适。亦是河流两岸护堤防风的优良树种及用材林树种。

应选 20 年生以上的母树，于 10～11 月球果由粉绿色转浅黄色，鳞片微裂时采种。采回曝晒数日，筛出种子，取净后即可播种。冬播，最好在 11 月中旬，高床式条播，并覆土盖草，每公顷播种量约 110kg。水松当年生苗高约 12～16cm，幼苗在 5～6 个月时开始移植，移植后浇水保湿，适当施肥，2～3 年生苗高约 1.5 m 以上。水松喜温暖湿润气候，适生于中性、微碱性土壤，以水分多的冲积土生长最好。本种根系发达，生于水湿地则树干基部膨大，并有屈膝呼吸根露出地面。可为我国南方江河、堤岸的防风固堤林栽培。

木材心边材区别明显，边材浅黄褐色，心材浅红褐带紫或黄褐色；有光泽；有香气。生长轮略明显，宽度不均匀，早材至晚材略急变。木材纹理直，结构中，略不均匀，材质软；干缩小；强度低。木材干燥容易；具抗蚁性；切削加工容易。切削面光洁；油漆胶粘性能良好；握钉力较弱，但不劈裂。木材可制作小鱼船、车箱板、农具、建筑用材、箱盒以及造纸原料。根部木材松软，可作瓶塞和救生圈。

水 松

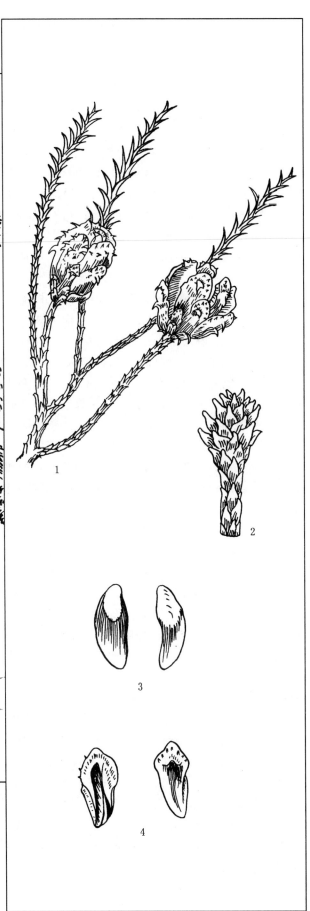

1.球果枝
2.叶枝
3.种子
4.种鳞

水杉 *Metasequoia glyptostroboides*

杉科 Taxodiaceae（水杉属）

落叶乔木，树高达 30m 以上，胸径 2.5m，树干基部常膨大，树冠圆锥形，树皮灰褐色，裂成长条片；大枝斜上伸展，小枝下垂，淡褐灰色。叶线形扁平，柔软，交互对生，淡绿色，叶在小枝上羽状排列，入冬与小枝同时脱落。球花雌雄同株，雄球花单生叶腋，多数组成总状球花序，雌球花单生或成对散生于枝上或枝顶，珠鳞交互对生，胚珠 5～9。球果矩圆状球形，当年成熟，有长柄，下垂，种鳞木质，盾形，顶部有凹槽，发育种鳞具 5～9 粒种子，种子扁平，周围有窄翅，先端有凹缺。花期 2 月；果当年 11 月成熟。

为我国特产，是世界著名的孑遗树种，被誉为"活化石"。在第四纪冰川后，先后绝迹。1941 年由干铎教授在湖北利川县发现，1946 年王战教授等采集标本，经胡先骕、郑万钧二教授1948 年定名发表，引起世界植物学界的巨大轰动。著名学者胡先骕《咏水杉》长诗："纪追白垩年一亿，莽莽坤维风景丽"，"水杉大国成曹刽，四大部洲绝侪类"，"春风广被国五十，到处孙枝郁莽苍"，"化石龙骸夸禄丰，水杉并过争长雄"。英国引种在著名皇家《丘园》的水杉，已是数人围抱百年巨树。湖南龙山县洛塔乡枹木村院子组，海拔 840m 的田埂上有三株古水杉树，其中一株高 41m、胸围 5.8m，姿态古雅，树干有两根古藤盘绕；一根胸围 1.2m，另一根 1.17m，称为"双龙抱柱"。世界上许多国家都从中国引进水杉这一孑遗的树种。由于该树种适应性强，且易繁殖，成为全球引种最广的树种。自然分布于我国四川东部石柱县、鄂西南的利川县和湘西北的龙山县、桑植县等地山区，生长于海拔 750～1500m 山谷、山麓地带，常与杉木、锥栗、枫香、响叶杨等混生。在国内南北广泛引种栽培，北至延安、北京、辽宁南部一线，南达广州，在城乡绿化中广为栽植，但以秦岭、淮河流域以南，南岭以北的广大地区生长最好。喜光，幼龄稍耐侧方庇荫；喜温暖湿润气候，具有一定的耐寒性，能耐 -25℃ 低温而不致受冻害。在北京能安全越冬；在深厚湿润、肥沃而排水良好的酸性山地黄壤、黄褐土、石灰性土壤、轻度盐碱土上（含盐量 0.15% 以下），生长良好，土层浅薄、多石砾或过于黏重的土壤上则生长不良；耐水湿，不耐干旱；萌芽性强。浅根型，侧根发达；少病虫害；寿命长，湖北利川市谋道溪水杉树高 36 m，胸径 2.3 m，树龄达 500 年。生长迅速，对 SO_2、Cl_2、HF 抗性弱，滞尘能力较强。树冠圆锥形，浑圆整齐，羽叶扶疏，轻盈秀丽，嫩叶翠绿，夏叶苍翠，秋叶橙黄至艳紫，树姿美观，色彩丰富，是优美的观赏树种，可群植成风景林，在水边、岸旁列植，别具风致。

水杉种粒小空粒多，应选 20～25 年健壮母树，于 10～11 月球果成熟时立即采种。春季高床横条播种，行距约 25cm，播幅 3cm。种子拌细沙或细土均匀播种，并覆土盖草，播种量每公顷约 22kg。播后 15d 出苗时，要分次揭草，及时遮荫，防治猝倒病。可用 1～2 年生的实生苗或插条苗干截成长 10cm 左右的插穗，于春季随剪随插，冬季采的插穗要用河沙埋藏。春季高床开沟扦插，露出地面 3cm，插后浇水、遮荫，约 2 个月后生根。水杉嫩枝可于 5～6 月进行扦插。秋季 8～9 月也可用形成冬芽的半木质化侧枝稍部剪成 12～14cm 长的插穗，进行扦插育苗。用 α-萘乙酸处理插条时，春插硬枝用 $50\mu g/g$ 处理 24h，夏插嫩枝。快浸浓度为 $300～500\mu g/g$，时间 3～5s。春秋季，大苗宿土栽植，适当深栽。

木材心边材区别明显，边材黄白或浅黄褐色，心材红褐或红褐色带紫。有光泽；略具香气。生长轮明显，宽度略均匀或不均匀，早材至晚略急变至急变。木材纹理直，结构粗，不均匀；材质甚轻；甚软；干缩小；强度低；冲击韧性低。木材干燥容易，速度快，易裂；易吸水；切削加工容易，切削面光洁；油漆胶粘性能良好，握钉力弱，易劈裂。木材适合用于建筑、箱板、室内装饰和制浆造纸。

水 杉

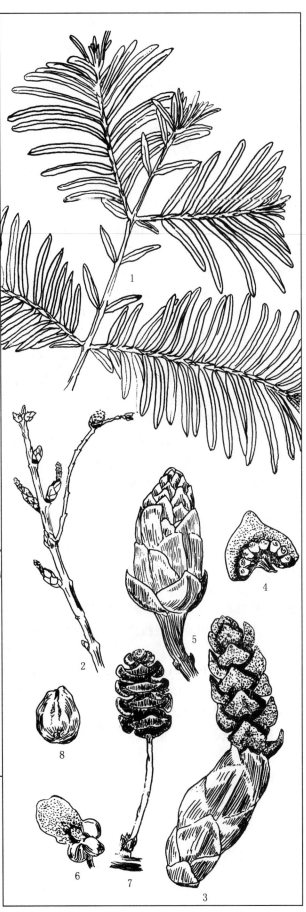

1.叶枝
2.雄球花枝
3.雌球花枝
4.珠鳞及胚珠
5.雄球花
6.雄蕊
7.球果
8.种子

落羽杉 *Taxodium distichum*

杉科 Taxodiaceae（落羽杉属）

落叶乔木，树高达 30m 以上（原产地高 50 m），胸径 2m，树干尖削度大，基部常膨大，树皮棕色，裂成长条片剥落，侧生短枝 2 列。叶条形扁平，排成 2 列，淡绿色，秋季转为暗红褐色。球果近球形或卵圆形，径约 2.5cm，种鳞木质，盾形，镶合状排列，顶部具三角状突起的尖头，发育种鳞具 2 种子。种子呈不规则三角形，有锐棱，褐色，具锐脊状厚翅。花期 3 月，球果 10 月成熟。[附：墨西哥落羽杉（*Taxodium mucronatum*）与落羽杉不同点：半常绿性乔木，叶线形，扁平，长 1cm，较落羽杉为短，排列也较紧密。侧生短枝不为 2 列，螺旋状散生。球果卵圆形。]

原产美国东南部，从墨西哥湾诸州沿海岸地带，经佛罗里半岛向北沿南大西洋沿岸平原至马里兰州，以及沿密西西比河两岸向北延伸至北纬 39°附近都有分布。90% 的落羽杉天然林生长于地势平坦，海拔不超过 30m；每年有 8 个月浸水的（季节性泛滥）沿河沼泽湿地，沙丘泻湖，河漫滩地，能适应淤泥及淹水的不良通气环境，构成世界上独特的海岸、河岸沼泽地带的沼生乔木类型落羽杉生态群落景观。落羽杉 1917 年引种到南京，1921 年引种到河南鸡公山林场。现在长江流域及华南等地都有栽培。强阳性树种，喜光；喜温暖潮湿气候，也有一定的耐寒性，可耐 -18℃ 低温。最北界在河南鸡公山栽培能正常生长；极耐水湿。土壤以深厚湿润、肥沃之地生长良好，不耐盐碱，但抗盐雾风能力强；深根性，侧根发达，树干基部具膝状呼吸根。抗风力强；萌芽力强；病虫害少。我国城市引种较多，如广州、杭州、南京、武汉及上海等大城市；公园引种有江西庐山、河南鸡公山等地均生长良好。生长较水松为快，萌生力强，生长也较快。33 年生树高 23m，胸径 46cm；寿命长达 500 年以上。落羽松树形高大挺拔，整齐美观，叶色翠绿，婆娑多姿，秋叶变为古铜色，风韵古雅，是世界著名的园林树种。最适宜在水旁岸边配植又有防风护岸功能。城市周边片植、群植或与水杉、水松、榿木等耐水湿树种组成混交林。

球果由青绿色变为黄褐色，种鳞变干未开裂时采种。果实采回后摊开日晒，脱出种子干藏或混沙层积贮藏。播前将干藏的种子用 40℃ 温水浸种 4~5d，捞出晾干，即可播种。春季高床条播，条距 25cm，每公顷播种量约 150kg，播后覆土盖草。幼苗出土后，注意揭草、遮荫、浇水、追肥。落羽杉可选取 1 年生实生苗或扦插苗的切干条作插枝，冬季采集枝条，埋藏于湿沙中，至翌春将插枝截成 10cm 的插穗进行扦插。行距 25cm，插后浇水、遮荫、追肥。喜深厚疏松湿润的冲积土和湖滨泥土或微酸性至中性土壤，可为平原水网地区及四旁绿化树种，春秋大苗带土球，适当深栽。

木材心边材区别明显；边材淡黄白色，心材黄褐色微红，略有光泽；无香气，无特殊滋味，木材纹理直，质轻，略粗，强度中，干缩小，冲击韧性中，木材干燥困难，但不易翘曲开裂，耐腐较强并耐白蚁蛀蚀，木材切削加工容易，切削面较光洁；油漆、胶粘性能良好，握钉力弱，木材适作建筑、枕木、电杆、桥梁、船舶、车辆、家具用材。

落羽杉

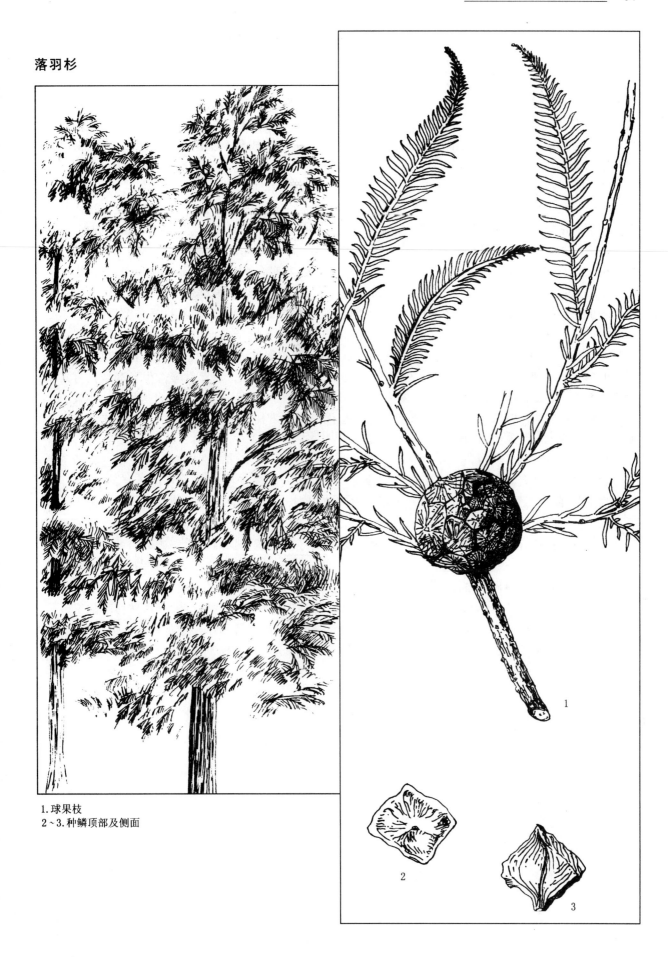

1. 球果枝
2～3. 种鳞顶部及侧面

池杉（池柏）*Taxodium ascendens*

杉科 Taxodiaceae（落羽杉属）

　　落叶乔木，树高达 25m，树干基部膨大，具膝状呼吸根，树皮褐色，裂成长条片。大枝斜上伸展，树冠较窄，呈尖塔形。无芽小枝与叶同落。叶锥形，柔软，螺旋状排列，紧贴小枝或张开。球花雌雄同株，雄球花排列成圆锥花序状，雌球花单生或数个聚生，多着生新枝顶部。球果近圆球形，径 2～3cm，深褐色，种鳞木质，盾形。种子红褐色，三棱形，棱脊上有厚翅。花期 3～4 月，球果 10～11 月成熟。

　　原产于北美东南部，南大西洋及墨西哥湾沿海地带，生于海拔 30m 以下的沼泽地及低湿地上，比落羽杉分布范围小。我国 20 世纪初引种，现长江流域各地都有栽培。江苏、浙江、湖南、湖北、安徽、江西、河南南部等地广泛引种栽培，成为平原地湿地营造农田林网首选树种。年均气温 12～20℃，年降水量 1000mm 以上，生长良好。江苏东台 20 年生树高可达 10.5～14 m，胸径 20～26cm，武汉适宜条件下，10 年生树高即可达 10m，平均胸径 23.7cm。目前已成为苏北地区主要用材林树种。喜光，不耐荫；喜温暖湿润气候，其耐寒性比落羽杉强，极耐水湿；短期积水也能适应，也颇耐干旱。在酸性、微酸性的潜育土及沼泽土上生长良好，不耐盐碱，pH 7.2 以上时，叶片即发生黄化现象，生长不良，pH 9 时，则导致死亡，但抗海潮盐雾风能力强；根系发达，枝干富于韧性，树冠又较窄，抗暴风、飓风能力强；萌芽性强，生长尚快，寿命长达 500 年以上；病虫害少，抗污染能力强，具膨大的膝状呼吸根。池杉树形自然优美，小枝细长，柔软而密集，枝叶翠绿，秋叶浅棕黄色，是优美的观赏树种。适于水滨沼泽、河流沿岸低湿地及沿海潮夕滩地大面积群植。

　　应选 15 年生以上母树，于 10 月中旬球果呈褐色时采种。球果阴干或日晒，用连枷击打球果，脱出种子，放入麻袋中置低温干藏或河沙层积贮藏。干藏种子播前用 50℃ 温水浸种催芽。早春高床条播，行距 20cm，覆土厚约 1.0cm，并盖草保湿，每公顷播种量约 120kg。幼苗出土后，注意揭草、遮荫、浇水和追肥。春季可从 1～2 年生苗木截干条剪成长 10cm 插穗，以激素处理后，进行扦插育苗，冬季插穗要置于湿沙中贮藏到翌春扦插，插后浇水、遮荫。多在沼泽地、水网地区栽植。

　　木材心边材区别明显，边材淡黄白色，心材淡黄褐色，触之有油性感，无特殊气味和滋味。木材纹理直，质轻软，结构略粗，质中重，干缩小，强度中，冲击韧性中至大，木材切削加工容易，切削面光洁；油漆、胶粘性能良好，木材干燥困难，但状况良好，耐腐朽强，抗蚁蛀，握钉力弱。木材适作建筑、家具、车船、桩柱等方面。

池 杉

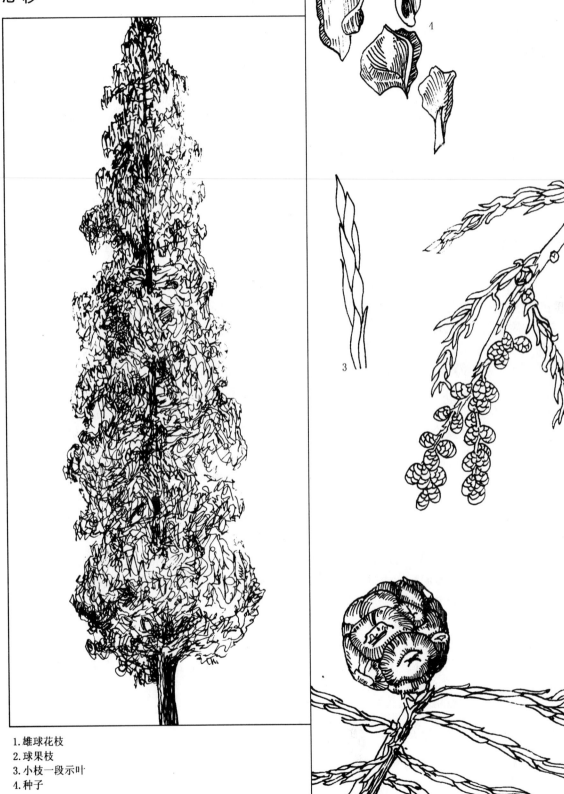

1. 雄球花枝
2. 球果枝
3. 小枝一段示叶
4. 种子

柏木（垂丝柏）*Cupressus funebris*

柏科 Cupressaceae（柏木属）

常绿乔木，树高达 30m，胸径 2m，树皮灰褐色，幼时红褐色，裂成窄条片剥落。大枝开展，小枝细长下垂，生鳞叶小枝扁平，排成一平面，两面绿色，较老小枝圆柱形。鳞叶交互对生，先端尖，背面有纵腺点。雌雄同株，球花单生枝顶，雄球花具多数雄蕊；雌球花具 4~8 对珠鳞，中部珠鳞具 5 至多数胚珠。球果两年成熟，卵圆形，种鳞 4 对，木质，盾形，熟时张开，各具 5 至多数种子。种子长圆形，稍扁，两侧具窄翅，淡褐色。花期 3~5 月，球果翌年 5~6 月成熟。

为我国特产，分布广，北起秦岭、淮河流域南至两广北部延伸至云南南部，东自浙江、福建沿海，西达四川西部大相岭以东，多生于海拔 1200m 以下低山丘陵，在云南中部海拔高可达 1800~2200m 地带，在石灰岩山地和钙质紫色土上常组成纯林，是亚热带针叶树种中钙质土的指示树种。20 世纪 70 年代以来，在贵州、湖南、湖北、浙江等省应用飞机飞播造林获得成功。喜光，幼龄稍耐荫；喜温暖湿润气候，具有一定的耐寒性，能耐 -10℃ 最低气温，也能抗 40℃ 以上的高温，为喜钙树种，在中性、微酸性、微碱性的各种石灰性土和钙质土上生长最为普遍与常见，耐干旱瘠薄，稍耐水湿，特别是土层浅薄的钙质紫色土和石灰土上，柏木能生长成林，但在酸性、强酸性土壤上生长极慢，干形不良。浅根型，侧根、须根均发达，能在石缝中伸展，易移植；枝叶浓密，挥发产生萜烯类化合物杀菌，滞尘、降噪等能力强，对 SO_2、HCl 抗性较强；20 年生树高 12m，胸径 16cm，寿命长达 1000 年以上。四川剑阁县志记有，552 年前，剑州州官李碧率民众栽树 10 万株。相传三国张飞曾在此栽柏，现存 1103 株，株株挂牌，列为当地重点保护文物。杜甫《蜀相》诗："丞相祠堂何处寻，锦官城外柏森森。映阶碧草自春色，隔叶黄鹂空好音。三顾频烦天下计，两朝开济老臣心。出师未捷身先死，长使英雄泪满襟。"王维《兰田山石门精舍》诗句："老僧四五人，逍遥荫松柏"。真是苍柏森森泪满襟，超尘出欲是冰心。生长快，用途广，适用性强，可作长江流域以南浙江及四川、贵州等地区石灰岩山地绿化树种。

应选 20~40 年生健壮母树，于 8~11 月球果由青绿色变为黄褐色或暗褐色，种鳞硬化且微裂时采种。球果摊晒数日，经常翻动，脱出种子，取净后干藏或密封冷藏。播前用 45℃ 温水浸种至 50% 以上萌动时播种。圃地应选土层深厚肥沃湿润的中性或微碱性土壤。春秋等，高床条播，条距 20~25cm，播幅 5cm，播种量每公顷约 80kg，秋播在 9~10 月，随采随播，播后覆土、盖草。幼苗初期易遭日灼，注意浇水、培土、间苗、定苗。培育大苗应换床移植。柏木在中性、微酸性和钙质土上均能生长，但以湿润、深厚石灰质土壤上生长最好。春秋等，大苗带土栽植。

木材心边材区别明显或略明显，边材黄白，浅黄褐或褐色微红，心材草黄褐色或微带红色，有光泽；具柏木香气；生长轮明显，宽度不均匀，早材至晚材渐变。木材纹理直或斜，结构中而均匀；材质较重；较硬；干缩小或中；强度中；冲击韧性中。木材干燥较慢，不易裂，但不注意可能产生翘曲；耐腐性及抗蚁性均强；切削加工容易，切削面光洁；油漆胶粘性能优良；耐磨损；握钉力在已知国产针叶树材中为最大。木材适合作文具、车木、雕刻等工艺品、船舶、家具、室内装饰、房屋建筑、机模、盆桶、农具等。

柏 木

1. 果枝
2. 鳞叶枝一段
3. 雌球花
4. 球果
5. 种子

侧 柏 *Platycladus orientalis*

柏科 Cupressaceae（侧柏属）

常绿乔木，树高达 20m，胸径 1m，树皮灰褐色，细条状纵裂，树冠圆锥形；小枝扁平，直展，两侧均为绿色。鳞叶交互对生，先端微尖，背面有纵凹槽。雌雄同株，球花单生枝顶，雄球花具 6 对雄蕊；雌球花具 4 对珠鳞，仅中部 2 对珠鳞各有 1～2 胚珠。球果长卵形，种鳞 4 对，扁平，背部上端有一反曲尖头。种子椭圆形或卵形，无翅。花期 3～4 月，球果当年 9～10 月成熟。

侧柏自然分布广泛，在东北生于海拔 500m 以下，华北可达海拔 1500m，在西北部及云南可达 2600m 地带。中国栽培侧柏已有 4000 多年的历史，是我国暖温带地区的主要森林类型之一。喜光，幼树稍耐荫，对气候与土壤适应能力强，耐干冷，也耐暖湿气候，耐干旱瘠薄及盐碱，能生于干燥阳坡或石缝中。不耐水涝；排水不良的低洼地上易于烂根死亡，钙质土，微酸性、酸性及微碱性（pH5.5～8.0）土上均能正常生长。浅根型，侧根发达；对 SO_2、Cl_2、HF 及烟尘抗性较强，并对 SO_2、、Cl_2、F 的吸收能力强，1kg 干叶可吸收 SO_2 6220mg，Cl_2 1436mg F 25.04mg，挥发性物质具有较强杀菌能力；对土壤型结核菌的杀菌作用达到 90％。寿命极长，可达 5000 年以上，黄帝陵手植侧柏树龄至今已有 4700 多年了，高 19m，胸径 2.42m。传说黄帝战败蚩龙后，部落联盟定居桥山，为改变栖居树上和洞穴，因建房需木材而伐树，后发现因毁林而暴雨成灾，并亲手栽植，臣民效仿，现在一片古柏参天。宋·范仲淹《祭黄陵》诗："高徒桥山上，关河万里长。沮流声潺潺，柏干色苍苍。"今"四老"之一的谢觉哉《黄陵古柏》诗句："五千年庙几兴废，老柏数十常青葱。蟠根怒出托负重，孙枝旁挺虬拿空。无卑为柏记年岁，开天辟地洪荒涌。武皇逐虏三千里，解甲挂树来献功。此树至今两千载，以视巨者孙从翁"。5000 年古柏就是巍巍中华文化历史见证。侧柏寿命长，树姿优美，夏叶碧翠可爱，但冬季有近 5 个月叶色变为褐土色，钙质土山地常组成大面积纯林。是黄土高原、黄河流域重要造林树种。也可在三北等地区的石质低山丘、黄土丘陵、河岸泛沙地、内陆轻盐碱与城市周边、乡镇等地组成大片混交风景林带，达到防风固沙、保持水土、涵养水源以及用材等多种景观生态功能之作用。侧柏、槐树评为北京市市树。

应选 20～30 年生以上的健壮母树，于 9～11 月球果呈黄褐色时采种，球果曝晒 5～6d，种鳞开裂脱出种子，经水选取净后干藏。播前种子可用福尔马林或高锰酸钾浸泡 1～2h，然后放入 40～50℃温水中浸种 1 昼夜，再与湿沙混合催芽，尚有 20％的种子萌动时即可播种。春季高床或垄式条播，行距 20cm，覆土约 1cm，并盖稻草，每公顷播种量约 100kg。幼苗出土后分次揭草，防止鸟兽，及时浇水、施肥、松土除草。冬季寒冷地区，应灌冻水，覆土防寒。翌年春季，可将苗木换床移植，继续培育 2～3 年。穴状整地，适当施基肥，春秋季大苗带土栽植。

木材心边材区别明显，边材黄白至浅黄褐色，心材草黄褐或暗黄褐色。有光泽；具浓郁柏木香气；生长轮明显，宽度不均匀，早材至晚材渐变。木材纹理斜，结构细而匀；材质较硬重；干缩小；强度中；冲击韧性中。木材干燥较慢，不易翘裂，干后稳定，不变形；耐腐性强；抗蚁蛀性中，切削加工容易，切削面光洁，车旋性能良好，油漆胶粘性能一般；握钉力强。木材适于制作车工制品、雕刻、文具之用；宜作柱杆，房屋建筑材料，亦可用在家具、舟车、农具、盆桶等方面。

侧 柏

1. 球果枝
2. 鳞叶枝
3. 球果
4. 雌球花
5~6. 雄蕊
7. 种子

圆柏（桧柏）*Sabina chinensis*

柏科 Cupressaceae（圆柏属）

常绿乔木，树高达 20m，胸径 3m 以上，树皮灰褐色，裂成长条片，幼树枝条斜上伸展，树冠尖塔形或圆锥形，老树下部大枝平展，树冠广圆形。叶二型，有鳞形叶和刺形叶，鳞叶小枝近圆形，鳞叶先端钝尖，背面近中部有微凹腺体；刺叶小枝三叶交互轮生，上面有两条白粉带。球花雌雄异株或同株，球花单生枝顶，雌球花具 2～4 对珠鳞，胚珠 1～2。球果翌年成熟，近圆形，种鳞合生，肉质，背部有苞鳞小尖头。种子 2～4，卵圆形，有棱脊，无翅。栽培品种：龙柏（*Sabina chinensis* cv. Kaizuca）树冠窄圆柱形，分枝低，大枝扭转上升，小枝密多为鳞叶。

圆柏在我国分布广泛，南自云南、两广北部，北至内蒙、沈阳，东起沿海西至四川、甘肃，在北方各省区生长于海拔 500m 以下，南方可至海拔 1000m 地带。喜光，幼龄稍耐荫；喜温暖湿润气候，耐寒也抗热；喜钙质土，在酸性、中性、石灰性土壤上均能生长，但以微酸性、中性土壤为最佳，在干旱贫瘠及潮湿之地也能生长，忌水湿；深根型，根系发达，抗暴风能力强；萌芽性强，耐修剪，易整形；吸碳放氧，增湿降温能力较强，对 SO_2、Cl_2、HF 具有较强的抗性、并对 SO_2、汞蒸气也有一定的吸收能力，1kg 干叶能吸收 SO_2 7560mg；每平方米叶面积吸收 Cl_2 23.94mg，HF 7.98mg；滞尘减噪效果显著。安徽宿县闵祠院内，有一株为孔子学生闵子骞手植柏，树龄已有 2500 多年，树冠半圆球形，干皮完整，坚实光洁，老根不裸，生长健壮，愈显古柏沧桑神韵，生机盎然。曲阜孔庙标有 2400 多年圆柏。圆柏树形严整端丽，枝繁叶茂，四季苍翠，萧劲古朴，老树干枝扭曲，奇姿古态，堪为独景。在庭宇、殿堂、祠庙、陵园多有栽植，是我国民族古典形式园林中不可缺少之观赏树种。唐·杜甫《古柏行》诗："孔明庙前有老柏，柯如青铜根如石。霜雨溜雨四十围，黛色参天二千尺。""崔嵬枝干郊原古，窈窕丹青户牖空。落落盘踞虽得地，冥冥孤高多烈风。"田汉《司徒庙古柏》诗："裂断腰身剩薄皮，新枝依旧翠云垂。司徒庙里精忠柏，暴雨飘风总不移。"郭沫若到云南昆明《游黑龙潭》诗："茶花一对早桃红，百朵彤云啸傲中。惊醒唐梅睁眼倦，衬陪宋柏倍资雄。"是城市周边卫生防护林、工业污染区绿化美化优良树种，也是石灰岩山地良好的绿化树种。

应选 30 年生以上健壮母树，于 10～11 月球果呈暗褐色时采收。球果晾晒开裂取出种子，取净后干藏。播前种子浸于 5% 福尔马林溶液中，30min 后用凉水冲洗后混湿砂层积于 3～5 ℃ 低温下催芽约 6～7 个月，待种子萌芽时播种。春季床式条播，行距 20cm，播后覆土盖草。每公顷播种量约 100kg。当种子 10% 发芽时分次揭草，加强水肥管理。桧木可在 6 月进行嫩枝或 10 月硬枝扦插育苗。插后遮荫、洒水。本种是梨锈病、苹果锈病、石楠锈病的越冬寄主，故不宜在这些树木的附近栽植。春秋季大苗带土球栽植。

木材心边材区别明显，边材黄白色，心材紫红褐色；有光泽；柏木香气浓郁；生长轮明显，宽度不均匀；早材至晚材渐变。木材纹理斜，结构细，均匀；质中重；中硬；干缩小；强度低；冲击韧性中。木材干燥慢，很少有干燥缺陷；尺寸稳定；耐腐朽；抗蚁性强；切削加工容易，切削面光洁；油漆、胶粘性能优良；握钉力中，不劈裂。木材可作高档家具、室内装饰、箱柜、雕刻、工艺美术制品、文具以及桩柱等用。

圆 柏

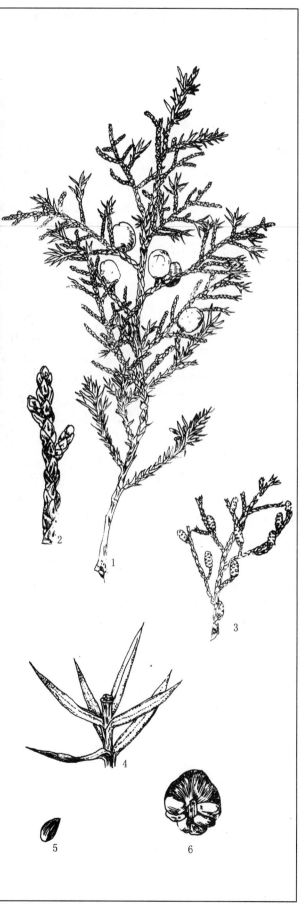

1. 球果枝
2. 鳞叶枝
3. 雄球花枝
4. 刺叶枝
5. 种子
6. 球果剖面

铅笔柏（北美圆柏）*Sabina virginiana*

柏科 Cupressaceae（圆柏属）

常绿乔木，树高达 30m，胸径 1.2m 主干通直，树皮红褐色，裂成长条片，树冠圆锥形或柱状圆锥形；着生鳞叶的小枝细，四棱形，鳞叶先端尖，背面中下部有卵形下凹的腺体；刺叶交互对生，上面凹，被白粉。球果浆果状球形，当年成熟，熟时蓝绿色，被白粉。种子 1～2，卵圆形。花期 3 月中下旬，球果 10 月成熟。栽培品种有：垂枝铅笔柏（cv. Pendula）小枝下垂。柱形铅笔柏（cv. Pyramidalis）树冠圆柱形。

铅笔柏原产北美洲的东部和中部，广泛分布在东经 100°以东的加拿大东部各省和美国的各州，在北纬 32°～50°均有分布，常组成纯林或与栎类、山核桃等混交成林。生长于海拔 2000 m 中、低山、丘陵及平原地带，从岩石裸露的干石山地到水湿的沼泽地均有生长。它的天然林常见于石灰岩和白云石地区，是分布广泛的先锋树种。自然分布区年降水量为 400～1500 mm，能耐最高气温 48℃，最低气温 - 23℃，它的最低温限为 1 月均温 - 10℃，绝对最低温为 - 30℃。天然林地土壤的 pH 值通常为 4.7～7.8。在山顶、山坡、平地都能生长，在分布区的西部，多见生长于北坡和河流沿岸地带。是美国大平原防护林针叶树中成活最高的树种，尤其在美国田纳西州生长最佳。我国华东地区有引种，多作城市观赏树种栽培。生长较圆柏为快，如南京栽培的铅笔柏，25 年生，平均树高可达 13m，平均胸径 17.4cm，且极少有被梨树锈病危害。喜光，幼龄稍耐庇荫；喜温暖湿润气候，据杭州植物园观察，铅笔柏对杭州夏季高温干旱有较强的适应性，又耐低温。适生于各种土壤，从干旱石质山岗、低湿滩地、到河岩肥沃地，微酸性、中性、微碱性及钙质土均能生长，耐盐碱较强。以在深厚、排水良好的冲积土上生长最好。萌芽能力强，耐修剪，易整形；抗污染，抗锈病能力强，具有浓郁的柏树香气，杀菌净化空气能力强，寿命长达 500 年以上。树形秀丽，树干通直，分枝低，树冠圆柱状，形似铅笔，四季葱郁，是优良的观赏树种及用材树种，可与其它树种组成风景林或卫生防护林。

选用 15～20 年以上的健壮母树，于 11 月球果呈蓝棕色时及时采种。采后用热水或草木灰水浸沤数日，捣烂球果，搓揉，去除杂质，取净后的种子晾干至含水量降至 10% 以下时，因种子有休眠习性，应将种子置于入 5～8℃ 的温度下湿沙层积 3 个月，即可播种。春季高床条播，行距 25cm，插后覆土，盖草，每公顷插种量约 100kg。此外，可用芽苗移入容器育苗或将种子播入容器内育苗。也可用扦插繁殖，插条用生根粉浸泡处理效果好。幼苗期及时遮荫并洒水保湿。穴状整地，春秋季节，大苗带土栽植。

木材心边材区别明显，边材黄白色，心材粉红色；有光泽；有浓郁的柏木气味，味微苦；触之有油性感。生长轮明显，宽度不均匀。木材纹理直，结构细，略匀；质轻、柔；强度中，干缩小。木材干燥不难，不翘不裂；耐腐性强。木材切削加工容易，切削面光洁，尤以旋切性能为佳；油漆、胶粘性能良好。木材是制造铅笔的最佳木材，也是建筑、家具、室内装饰、雕刻的上等用材。

铅笔柏

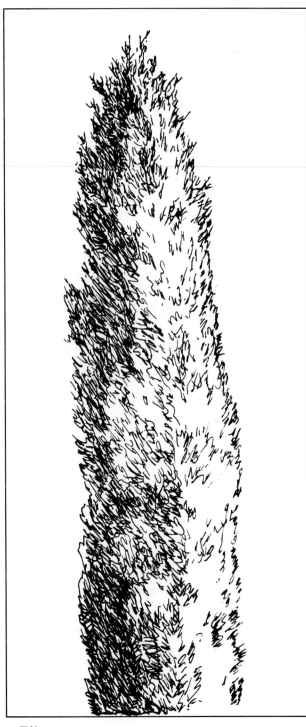

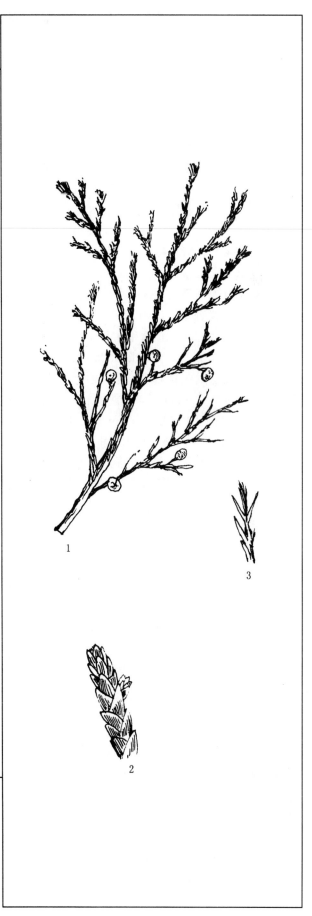

1.果枝
2.鳞叶
3.刺叶

红桧 *Chamaecyparis formosensis*

柏科 Cupressaceae（扁柏属）

常绿大乔木，树高达 57m，胸径 6.5m；树皮鳞片状开裂或有纵槽；生鳞片小枝扁平，下面有白粉。叶鳞片状，交互对生，密覆小枝，侧边鳞片对折，鳞片长 1～2mm，先端锐尖，背面有纵脊与腺点。球花小，雌雄同株，单生枝顶；雄球花长椭圆形，有 1～2 对交互对生的雄蕊，每雄蕊有 3～5 花药；雌球花球形，珠鳞 3～6 对，交互对生，每珠鳞内有直立的胚珠 2 枚，稀 5 枚。球果直立，当年成熟，有盾状的种鳞 3～6 对，木质，顶部中央微凹，有小尖头；种子有翅，卵圆形，长约 2mm，红褐色。

红桧为我国特有树种，产于台湾省北部的雪山山脉、中央山脉北部、阿里山脉及东部山脉、海拔 1050～2600m，在山地东南坡及山岭包围的溪谷处组成大面积纯林，或与台湾扁柏及台湾铁杉、台湾杉、台湾云杉、台湾黄杉、台湾果松、黄山松等树种，构成高达 40～50m 的大森林景观，红桧为上层建群树种。在北部山区 1600m 以下的红桧林常与南港竹柏、台湾罗汉松、台湾青冈、杏叶石栎等混交；在中部山地则多见与台湾青冈、杏叶石栎等混交，下层林木多为常绿或落叶阔叶树种组成。南部因进入北热带气候，不适于红桧生长。浙江、福建有引种栽培。喜光，幼龄时耐庇荫；喜温和湿润气候，要求年均气温 10.6℃，1 月平均气温为 5.8℃，7 月平均气温为 14.1℃，年均降水量 4000mm 左右，相对湿度 85%，高湿多雨。在山坡下部或低洼处土层深厚，发育成熟的黄棕壤是红桧生长最适生境；亦能生长在贫钙的沉积岩或变质岩发育不成熟、多为强酸性（pH3～4）弱育土上，以及地形陡峭、土层浅薄之陡坡上。萌芽性极强，可萌芽更新；如阿里山风景区"三代木"即为一个红桧伐桩上成三代树干同堂生长，其中第 1 代树干树龄已逾 1000 年，各代树木同根生长，生机盎然，枝繁叶茂，称为"东亚第一木"不为过誉；林下更新幼苗较多，虽耐荫性强，因上层林冠郁闭，成长的幼树一般难以进入上层林中，同时上层林木寿命长，形成林窗需时长久，因此更新进程极为缓慢，群落世代更替在 1000 年以上。如此"长寿大森林"实为世界所罕见。人工更新效果良好，幼苗生长迅速，被列为主要造林树种。树龄长达 1000 年以上至数千年，阿里山有 2 株大树，其中 1 株高 57m，胸径 6.5m，树龄达 2700 年。红桧具有很高的观赏价值，散布在各处红桧巨木群或"神木"成为当地的一大独具特色的景观，是台湾重要的"观光旅游资源"。梁希《阿里山神木》诗："生涯说是三千岁，老干无梢枝已疏。待得蟠桃重结实，不知此木又何如"。如台北三峡镇的巨大桧木群与瀑布群相辉映，甚为壮观。亦是防止山洪瀑发、保持水土、涵养水源的优良树种。阿里山日占领时所建的红桧木屋是旅游景观，也是历史教科书。

选用 30 年生以上的优良母树，于 10～11 月果实由绿色转为褐色、种鳞微裂时及时采收。采回的球果可以用 43℃ 以下的温度烘干或摊晒 3～5d，待种鳞开裂后经翻动振荡脱出种子，并使种子含水量不超过 10% 时，低温（0～5℃）密封干藏。播前用 30℃ 温水浸种 24h 或混湿沙催芽至种子露白时播种。春季 3 月高床条播，条距 30cm，每公顷播种量约 180kg，覆土厚度约 0.5cm，盖草保湿。幼苗出土后，及时揭草，遮荫，适量追肥。培育大苗，应在次年换床移植。也可将种子播入器内育苗。扦插育苗，于 3～4 月中旬进行。插穗从幼龄母树上截取 1 年生，长约 20cm 粗壮枝条，插后经常浇水，并适度遮荫。嫩枝扦插可在 6～7 月中旬和 9～10 月中旬进行。扦插苗木需经 3 年以上圃地培育。风景园林绿化可在春秋季节，大苗带土球栽植，栽后浇水，加强管理。

木材心边材区别明显，边材淡黄褐色，心材褐红色；有光泽；有柏木香气，味微苦。木材纹理直，结构粗、均匀，质柔韧。木材干燥容易，切削加工容易，切削面光洁；油漆、胶粘性能良好；钉钉不易劈裂。木材珍贵可作高档家具、室内装饰、车辆、箱盒、雕刻等用。

红 桧

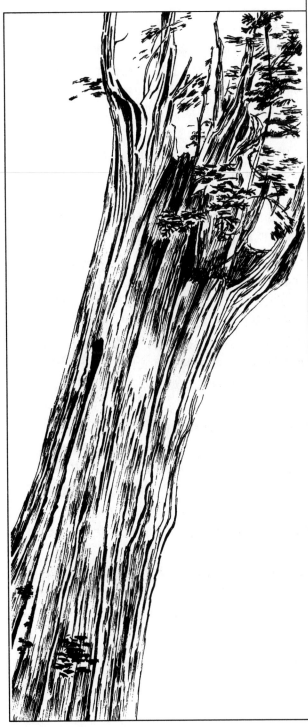

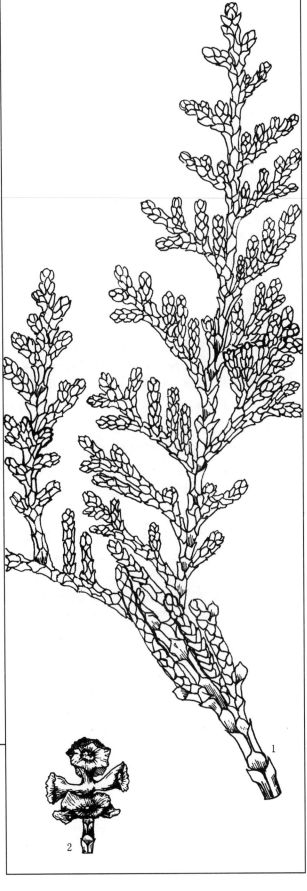

1.枝叶
2.球果开裂

台湾扁柏 *Chamaecyparis obtusa* var. *formosana*

柏科 Cupressaceae（扁柏属）

常绿乔木，树高达 40m，胸径 63m；树皮红褐色，粗厚多纤维，裂成鳞片状；树冠尖塔形；生鳞片小枝扁平，下面有白粉。鳞片较薄，不肥厚，长 1~1.5mm，先端通常锐尖。球花雌雄同株，单生枝顶；雄球花长椭圆形，有 3~4 对交互对生的雄蕊，每雄蕊有 3~5 花药；雌球花具 3~6 对珠鳞，球果稍大，径 1~1.1cm，红褐色，种鳞 4~5 对，木质，顶部四方形，中央微凹，凹中有小尖头。种子长 2.5~3mm，每种鳞有种子 2~3 粒，种子有翅。花期 4 月，球果当年 10~11 月成熟。

为我国特有树种，分布于台湾北部的雪山山脉、中央山脉及中部的太平山、三星山、八仙山、阿里山等山区，较耐干旱瘠薄，多生长于海拔 1300~2900m 地带的山坡上部和岭脊土层浅薄贫瘠之处，常组成大面积纯林或与红桧混生组成大森林群落景观。在中部山地海拔 1800~2600m 地带混生有台湾杉、台湾铁杉、台湾云杉、台湾冷杉等高大针叶树种；在北部山区海拔 1300~2000m 地带常混生有台湾杉木。台湾扁柏是中山、亚高山地区主要森林景观树种。浙江、福建两省有引种栽培，生长尚好。喜光，幼龄时稍耐庇荫；喜温和湿润气候，要求年降水量 2000mm 以上，相对湿度 70% 以上；年均气温 10℃ 左右，1 月平均气温 3~5℃，具有一定的耐寒能力，适生于深厚湿润、酸性的山地黄棕壤土或灰棕壤土上，生长速度中等；深根型，根系发达，抗风倒和雪压能力强；自然更新缓慢，人工更新表现良好，苗木生长迅速；树龄长达数百年至千年，被列为台湾主要造林树种。台湾扁柏树形高大耸直，挺拔粗壮，树冠尖塔形，姿态魁伟壮丽，是优美的风景树，宜在中高山地区大面积种植或与红桧混植组成长寿的大森林群落景观，亦可与台湾杉，铁杉、冷杉、云杉等树种组成多种森林群落景观，亦是中高山区的保持水土，涵养水源林的优良树种。

选用 25 年生以上的优良健状母树，于 10~11 月果实由绿转为深褐色种鳞微裂时及时采种。采回的球果摊晒 3~5d，种鳞开裂后经翻动脱出种子，取净并使种子含水量低于 10%，采用低温密封干藏。圃地宜选择通风凉爽、富含腐殖质的疏松壤土。春季高床条播，条距 15cm，每公顷播种量约 180kg 左右，覆土厚度为种子厚度的 3~4 倍。播后 30~40d 发芽，出土后需适度遮荫，加强肥水管理也可扦插繁殖，于 3 月上旬进行，插穗从 15 年生以下的幼龄母树上剪取 1 年生、长 15~20cm 粗壮枝条，插后经常浇水，保持床面湿润。嫩枝扦插可在 6 月中下旬至 8 月上中旬进行。春秋季节，穴状整地，大苗带土球栽植。

商品名为黄桧，木材边心材、区别分明，边林淡红黄白色，心材淡黄褐色，有光泽有柏木芳香，材质强韧耐久，为东亚软性木材中优良树种，材性与用途略同红桧。

台湾扁柏

1.叶枝
2.球果枝

罗汉松 *Podocarpus macrophyllus*

罗汉松科 Podocarpaceae（罗汉松属）

常绿乔木，树高达20m，胸径达60cm，树冠剥落；枝平展密生；树皮呈薄片，树皮灰褐色；干耸直，挺拔雄伟。叶条状披针形，螺旋状互生，长7~12cm，宽7~10mm，先端尖，两面中脉显著，上面暗绿色，有光泽，下面淡绿色或黄绿色。球花雌雄异株；雄球花3~6个簇生于叶腋，具多数雄蕊；雌球花单生于叶腋。种子核果状，卵圆形，径约1cm，成熟时肉质假种皮暗紫色，外被白粉，着生于膨大的种托上，种托肉质，椭圆形，初为深红色，后变紫色，味甜可食。花期4~5月，种子9~10月成熟。

罗汉松分布于长江流域及其以南，南至海南、西南至四川、云南、贵州等省区，常散生于海拔1000m以下低山丘陵地带常绿、落叶阔叶林中，在秦岭、大别山区以南各地均有观赏栽培，淮河流域以北多需盆栽室内越冬。中性树种，耐庇荫；喜温暖湿润气候，耐寒性较弱，喜水湿不耐旱，适生于土层深厚、疏松肥沃、排水良好的沙质壤土；耐海潮盐雾风，在海边也能生长良好。根系发达，抗风能力强；萌芽力强，耐修剪，可萌芽更新；抗病虫害能力强；对SO_2、HF、H_2S、NO_2、NO、硝酸雾的抗性强，并对SO_2具有一定的吸收能力，1kg干叶可吸收6.4mg的SO_2；树龄长，江苏江阴市马镇乡南旸歧村的晴山堂，是明代徐霞客的故居，庭内有徐霞客少年时手植的罗汉松，树高8m，树干需两人合抱，迄今已有400多年。湖南郴县华塘乡吴家村海拔230m水塘边生长1株罗汉松古树，树高8m，胸径1.81m，树龄已有1000年；安徽太湖县天台乡白云山麓海会寺内，殿前有1株唐代罗汉松，树高11.3m，胸径1.23m，为唐初建海会寺时所植，距今已有1300多年，枝叶茂盛，冠形开展，西高东低，形如翘首展翅的凤凰欲飞翔，有诗称赞："森然古木复苔阴，四顾苍山一径深。六月长廊不知暑，飞泉终日响潮音。"罗汉松树姿优美，四季青翠葱茏，虬曲古雅，满树叶间结红色小果形态奇特，酷似披红袈裟正在打坐参禅的大肚罗汉，而得名罗汉松。宜孤植作庭荫树，或对植、丛植于厅、堂之前，或作绿篱以及培养修剪成高级盆栽树桩盆景，尤以适宜在海岸地带片植组成海滨风景林与防海潮盐雾风林带以及是工矿区美化与城市卫生防护林带的优良树种。

选用20年生以上的优良母树，于8~9月肉质套被由青色至紫黑色时用竹杆敲打或上树摇动树枝，将脱落地面的种子收集。采回的果实置入水中搓揉，去除种皮和套被，取净后摊放晾干，随即播种或混湿沙贮藏。秋季随采的种子可带套被直接播种。春季高床条播，播后覆土，盖草。幼苗期注意遮荫，追肥、洒水。翌年春季换床物植继续培育。早春也可密播于沙钵内，待种子萌发后移栽于苗。还可在春秋季扦插繁殖，但以梅雨季节为好。春插在3月上旬，选1年生休眠枝，长10cm，适当去叶，插入土中1/2。秋插以半木质化嫩枝于7~8月进行。插穗均须带踵，插后遮荫，冬季薄膜覆盖。换床移植，以3月小苗带土著居为宜。春季或梅雨季节，穴状整地，施足基肥，大苗带土球栽植。

心边材区别略明显，边材浅黄褐色，心材黄红褐色。木材光泽弱；无特殊气味和滋味；木材纹理斜；结构细而匀，质轻、软；干缩小；强度小至中。木材干燥不难；耐腐性强；切削不难，切削面光洁；钉钉不难，握钉力中；油漆、胶粘性能良好。木材宜作家具、室内装饰、房屋建筑、文具、乐器、雕刻等用。

罗汉松

1~2.种子枝
3.雄球花枝

红豆杉 *Taxus chinensis*

红豆杉科 Taxaceae（红豆杉属）

常绿乔木，树高达 30m，胸径 1m，树皮灰褐色或红褐色，裂成条片状。大枝开展，小枝不规则互生；冬芽黄褐色，有光泽。叶条形，螺旋状着生，基部扭转排成二列，微弯或直，先端微急尖，下面有两条淡黄绿色气孔带，无树脂道。雌雄异株，球花单生叶腋，雄球花球形，有梗；雌球花近无梗，有一顶生胚珠，株托圆盘状。种子卵圆形，上部渐窄，先端有突起短尖头，种脐近圆形，种子当年成熟，生于杯状肉质假种皮中，假种皮红色，花期 4 月；种子 10 月成熟。[附：南方红豆杉（*Taxus mairei*）：叶较宽长，多呈弯镰状，先端渐尖；种子通常较大，微扁，上部较宽，呈倒卵圆形。]

红豆杉为我国特有的古老树种之一，是白垩纪孑遗植物，自然分布于我国秦岭、大别山以南各省区，多散生于海拔 1200m 以下沟谷、山麓地带常绿阔叶林或常绿与落叶阔叶混交林中，已列为国家 I 级保护的珍贵稀有树种。邛崃县天台山台寺生长 1 株红豆杉古树，树高 30m，胸径 1.46m，树体完整，村干丰满，枝冠开展，状貌不凡，据说植于明代，树龄有 500 多年，陕西蓝田县葛牌乡浮沱村海拔 1157m 生长 1 株红豆杉古树，高 13.0m，胸径 1.85m，树龄已有 1000 年。1981 年 9 月，河南新乡地区林科所在太行山进行树种调查时在河南济源市太行山区的黑龙沟海拔 1100m 处的溪流两边的杂木林中，发现了红豆杉野生群落景观，共 50 株，其中最大的树高 8m，胸径 17cm，树龄 100 年以上；同时并采到了种子。另外，在王屋乡林山村紫柏树庄海拔 700m 处，也发现一雄株古老的南方红豆杉（*Taxus chinesis* var. *mairei*），树高 15m，胸径 1.48m，树龄约 2000 年以上，以及在山西阳城沁水县、陵川与壶关县交界处海拔 600～1300m 的山坡杂种均发现野生红豆杉和南方红豆杉散生植株。阴性树种，幼树极耐荫；喜温暖湿润气候，喜排水良好的酸性土壤，在中性土、钙质土以及瘠薄的石崖上也能生长；深根型，根系发达，抗风力强；生长缓慢，抗病虫害能力强，寿命长达 1000 年以上。树姿巍峨，挺拔俏丽，四季苍翠，小枝纤细下垂，金秋艳红色的种实满布绿叶丛中，是珍贵稀有的观赏树种。是珍贵药材，可提取紫杉醇。

应选 20 年生以上健壮母树，于 10 月下旬，外种皮骨质，呈浅褐色，立即采收，以防鸟害。果实浸水 3～5h，搓擦洗净晾干，取净种子。种子具有深休眠习性，播种前将种子混沙后放入地窖层积 15 个月，至第 3 年春季高床条播，条距 25～30cm，播后覆土盖草，每公顷播种量约80kg。幼苗期注意灌溉、遮荫、松土、除草和追肥。幼苗生长缓慢，翌年应换床移植，因须根少，主根适当修剪。也可在春夏两季扦插育苗。本树种适生于长江以南土层深厚湿润的酸性土和钙质土。大穴整地，适量基肥，春秋季节，大苗带土球栽植。

木材心边材区别明显，边材黄白或浅黄色，心材橘黄红色至玫瑰红色；有光泽；无特殊气味和滋味。生长轮明显，宽度均匀；早材至晚材渐变。木材纹理直或斜，结构细，均匀；质中重；中硬；干缩小；强度低至中。木材干燥缓慢，有开裂倾向；耐腐性强；锯解时有夹锯现象；利于车旋；切削面光洁；油漆胶粘性能良好，握钉力强，有劈裂倾向；耐磨损。木材宜作高档家具、室内装饰、文具、雕刻、工艺美术制品、乐器、杆桩、车厢及其他妆饰品。

红豆杉

1.种子枝
2.雄球花枝
3.叶
4.雄球花
5.雄蕊

香榧（榧树）*Torreya grandis*

红豆杉科 Taxaceae（榧树属）

　　常绿乔木，树高达 25m，胸径 1m，树皮深灰色或灰褐色，不规则纵裂，小枝绿色近对生。叶条形，直而不弯，先端具凸尖头，上面亮绿色，中脉不明显，下面淡绿色，绿色边带与两条气孔带近等宽。雌雄异株，稀同株，雄球花单生叶腋，椭圆形，有短梗；雌球花无梗，成对生于叶腋，胚珠生于漏斗状珠托上。种子椭圆形或倒卵形，核果状，全部包于肉质假种皮中，熟时假种皮淡紫褐色，有白粉，顶端有小凸尖头，胚乳微皱。花期 4 月，种子翌年 10 月成熟。香榧栽培品种甚多，有寸金榧、米榧、圆榧等。

　　榧树为我国特产，间断块状分布于安徽大别山区及皖南山区、江苏南部、浙江、福建北部、西至湖南新宁、贵州松桃等地，多散于海拔 500～1400m 以下的山谷、山坳与溪边天然次生林中，常与柳杉、金钱松、连香树、香果树等混生，也有成片栽培为纯林的。栽培历史悠久，以浙江诸暨、枫桥、东阳及安徽黄山市周围地区为栽培中心。阴性树种，较耐荫；喜温和湿润气候，具有一定的耐寒性，适生于亚热带群山环抱的深山坡谷，凉爽多雾及土质肥沃深厚酸性土之地带，多沿溪边生长。数百年以至千年以上的古树仍结果累累。抗污染、滞尘能力强，少病虫害。榧树雄伟挺拔，侧枝发达，四季浓郁青翠，榧实如枣，垂挂枝头别具韵味，是优美的观赏树种。宜在山区城镇周边及风景区片植、群植组成风景林，亦是水土保持、水源涵养林优良树种。其种子为著名的干果，炒食味美香酥，也可榨油食用。宋·苏东坡在彭城（今江苏徐州市）送别友人席上见得榧果，欣然作诗："彼美玉山果，粲为金盘实。瘴雾脱蛮溪，清樽奉佳客。客行何以赠，一语当加璧。祝君如此果，德膏以自泽。驱攘三彭仇，已我心腹疾。愿君如此木，凛凛傲霜雪。断为君倚几，滑净不容削。物微兴不浅，此赠毋轻掷"。明·王圻《三才图会》中有："榧子生山合及闽、浙多有之。叶似凤尾，而子生茎中。味甘温无毒。食之益肺。"

　　应选 20～40 年生健壮母树于 8～9 月，果实呈黄褐色或紫黑色时采收，堆沤洗净阴干后湿沙层积贮藏。春季床式点播，株距 5～6cm。也可条播，条距 25 cm，沟深 1～1.5cm。播时种子要横放，浅覆土，盖草，每公顷播种量约 1000～1200kg。幼苗出土后，揭草遮荫。香榧嫁接繁殖，砧木用 2～3 年生实生苗或 10 年生大苗，接穗选 20～30 年生优良母树的第 2 级骨干枝的 2～3 年侧枝，长 10～15cm，具有 2～3 个分权。在树液萌动的 4 月上旬用皮接法进行嫁接，成活率可达80％。香榧喜温暖湿润气候，适生于土层深厚肥沃、通气性好的酸性土壤。大穴整地，春秋季节，大苗带土栽植，并适当搭配雄株，以利受粉结果。

　　木材心边材区别明显略明显，边材黄白色，心材嫩黄或黄褐色，有光泽；生长轮非常明显，宽度均匀，轮间界以黄褐色晚材带，早材至晚材渐变。木材纹理直，结构细至中，均匀；材质轻；中等硬度；干缩小；强度低。木材干燥容易；速度快，不易裂；耐腐性强；质轻柔，切削加工容易，适于车旋，切削面光洁；油漆、胶粘性能优良；握钉力中，不劈裂。木材最适合车旋加工产品如算盘珠、玩具、工艺品、雕刻，机模以及文具用品，还可作胶合板材、矿柱、房架、船舶、车辆等优良用材。其果可供干果和榨油之用，营养丰富，具有特殊香味，是著名的经济林果。

香　榧

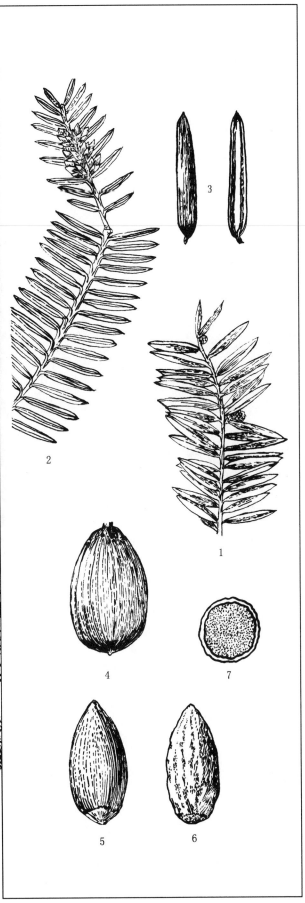

1. 雄花枝
2. 雌花枝
3. 叶
4. 具假种皮种子
5. 去假种皮种子
6. 种仁
7. 种子横剖面

被子植物
ANGIOSPERMAE
双子叶植物
DICOTYLEDONEAE

鹅掌楸（马褂木）*Liriodendron chinense*

木兰科 Magnoliaceae（鹅掌楸属）

落叶乔木，树高达 40m，胸径 1m 以上，树干端直，树冠圆锥形或长椭圆形；小枝灰色或灰褐色，有托叶痕。单叶互生，先端平截或微凹，两侧各具 1 凹裂，形似马褂状，叶柄长 4～8cm。花两性，单生枝顶，花杯状，花被片 9，外轮 3 片绿色，萼片状，向外开展，内两轮 6 片，直立，倒卵形，外面绿色，具黄色纵条纹；花药长 1～1.6cm，雌蕊群伸出花被片之上，心皮黄绿色。聚合果纺锤形，长 7～9cm，由具翅小坚果组成。花期 4～5 月，果熟期 10 月。[附种：1.北美鹅掌楸（*L. tulipifera*）与鹅掌楸不同处：树皮深褐色，树冠椭圆形；叶似鹅掌楸，两侧各具 2～3 裂片，下面无白粉；花形如郁金香（故称 tulip tree），绿黄色，具郁金香味。原产美国东南部，我国引种。2.杂交鹅掌楸（*L. Chinense × L. tulipifera*）树皮紫褐色，皮孔明显；叶如马褂状，但两侧各具 1～2 裂片，介于母本之间。生长势旺盛。为原南京林学院叶培忠教授所育。]

鹅掌楸亚科下只有鹅掌楸 1 属，在新生代时有 10 余种，到第四纪冰期后大部分绝灭，现残存仅有两个种，间断分布于东亚与北美，一为中国鹅掌楸，另一即是北美鹅掌楸。鹅掌楸为我国特有树种，为国家二级保护植物。自然分布于泰岭、大别山区及以南各省区，其地理位置在北纬 21°～30°，东经 103°～120°，散生于海拔 1700m 以下低山丘陵谷地、山坡或山麓，与常绿或落叶树混交成林或形成小片纯林，湖北通山县九宫山北坡海拔 1200m 处有一片鹅掌楸天然混交林群落景观，最大一株高 30m，胸径 30 cm；建始县龙坪古树娅有两株鹅掌楸古树，其中 1 株高 30m，胸径 1.52m；海拔 660m 以下的低山、丘陵和平原地区地多有栽培。越南北部也有分布。中性偏阴树种，耐庇荫，不耐强光直射或曝晒，喜温暖湿润气候，不耐高温日灼，能耐 -16℃ 的低温；抗冰力强，从低山到高山都能生长。在年均温度 12～18℃，7 月均温 27～28℃，年降水量 2000～2800mm，生长季节相对湿度 80% 以上的地区生长最佳。在沙岩、沙页岩或花岗岩发育的深厚肥沃、湿润、pH 4.5～6.5 的酸性或微酸性的酸性土壤上生长良好；不耐水湿，在积水地区生长不良；深根型，根系发达，抗风力强，枝干较脆，易受雪压；生长快，福建武夷山海拔 1300m 处天然林，36 年生树高 21m，胸径 41cm，安徽黄山 11 年生树高 13m，胸径 27cm，寿命长达 500 年以上；少病虫害，对 SO_2 有一定的抗性。树干圆满端直，树冠庞大，树姿优美秀丽，叶形奇特，两色叶，初夏，大型黄绿色花朵单生枝顶，花瓣微展如杯，形似莲荷，翠色秀雅；秋叶橙黄，灿烂夺目，是优美的观赏树种。宜作庭荫树、园景树，丛植群植均合适，最宜在山地风景区组成片林或混交林，呈现出"层林尽染千丈画，红黄翠绿一溪诗"的美景。

选 15～20 年生以上健壮母树，于 10 月坚果呈褐色尚未飘散前及时采摘、沙晒 2～3d，骤净后干藏。播前 20d 用温水浸种后混湿沙催芽。圃地且选肥沃的酸性土壤。春季高床条播，行距 20～25cm。每公顷播种量约 400kg，覆土 0.6cm，并稍加镇压，盖草。当苗高 4～5cm 时间苗、定苗，每米播种行留 20～25 株，苗期追肥、抗旱。也可用当年生嫩枝条随剪随扦插，插后遮荫、浇水。鹅掌楸喜温凉湿润的生态环境，不耐水湿和干旱，在深厚肥沃、排水良好的酸性土壤上生长良好。春秋季，大苗带土栽植。

心边材略明显，边材贡白或浅红褐色，心材灰黄褐或微带绿色；有光泽；无特殊气味和滋味。生长轮略明显，宽度略均匀或不均匀；散孔材。木材纹理交错，结构甚细，均匀；质轻至中；硬度中；干缩中至大；强度低；冲击韧性中。木材干燥容易，速度快，不裂，但易变形；不耐腐；切削加工不难；切削面光洁；油漆、胶粘性能良好；握钉力小，不劈裂；不耐磨损。木材宜用作家具制造、室内装饰、人造板、车辆、箱板、食品盒、机壳及纸浆原料。

鹅掌楸

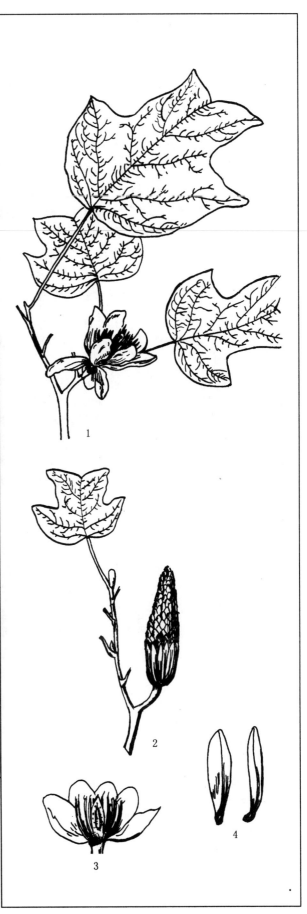

1.花枝
2.果枝
3.花纵面
4.种子

黄山木兰 *Magnolia cylindrica*

木兰科 Magnoliaceae（木兰属）

落叶乔木，树高 10m 左右，树皮灰白色，平滑；枝条紫褐色，幼枝、叶柄被淡黄色绒毛；顶芽卵形，密被淡黄色绢毛。单叶互生，椭圆状倒卵形或倒卵状长圆形，长 7~15cm，先端钝尖，基部宽楔形，上面绿色，无毛，下面苍白色，被白色平伏毛。花先叶开放，钟形，花被片 9 枚，外轮 3 枚膜质，萼片状，内两轮白色，基部紫红色，宽匙形或倒卵形，长 6.5~8cm。聚合果圆柱形，长 5~8cm，初为绿色，熟时紫红色，蓇葖木质。花期 4~5 月，果熟期 8~9 月。

黄山木兰为我国亚热带树种，产安徽大别山及皖南黄山地区、浙江北部、江西及福建武夷山区至岭南粤北山地，散生于海拔 1600m 以下中低山丘陵向阳山坡或沟谷两侧阔叶林中或林缘地带。喜光，幼龄时稍耐荫，喜温暖湿润气候，有一定的耐寒性；喜雨日多、云雾缭绕的环境；在深厚湿润、肥沃排水良好的酸性土壤上生长良好，微酸性、中性土上也能生长；深根型，根系发达，寿命长达 500 年以上。树冠开展，枝叶繁茂；春末夏初，杯状大型花朵，先叶怒放，直立于枝顶，婷婷玉立，夏叶青翠欲滴，婆娑多姿；秋后，大型冬芽直立于枝顶，宛如毛笔，直指蓝天，唐·欧阳炯有诗赞美："含锋新吐嫩红芽，势欲书空映早霞。应是玉皇曾掷笔，落来地上长成花。"明·徐渭《木笔花》"束如笔颖放如莲，画笔临射两斗妍。料得将开园内日，霞笺雨墨写青天。"还有白居易诗《木兰花》两首："其一腻如玉脂涂朱粉，光似金乃剪紫霞。从此时时春梦里，应添一树女郎花。"特别是宋·刘儗《木兰》诗，其意境又有升华："晓来随手抹新妆，丰额蛾眉宫样黄。铢衣洗就蔷薇露，触处闻香不炷香。君不见同时素馨与茉莉，究竟带些脂粉气。又不见钱塘欲语娇荷花，粗枝不叫忒铅华。何如个样隐君子，色香不俗真有味。根苗在处傲炎凉，敢与松柏争雪霜。椒桂夷荻君杂处，小窗相对无相忘"。宜丛植、群植于园林绿地、草坪一隅或在山地风景区山麓、山坡片植组成春花夏叶美丽清幽的景观。

应选 20 年生以上的优良母树，于 9 月聚合果呈暗褐色及时采种，以防鼠类、鸟类危害。果实摊放室内阴干，脱出种子，搓洗掉外种皮，晾干，并使用 0.2% 高锰酸钾溶液消毒的湿沙层积贮藏。多采用室温层积 150d 的种子，于 3 月中旬高床条播，条距 20~30cm，每公顷播种量约 250kg，覆土 2~3cm，盖草。也可采用"薄膜覆盖密播，芽苗移栽"法育苗。还可嫁接、压条、扦插繁殖。穴状整地，春秋季大苗带土栽植。

心边材区别明显，边材灰白色至浅灰褐色，心材黄褐色；木材光泽弱。生长轮略明显，宽度略均匀，轮间有浅色细线，散孔材。木材纹理直，结构细，质中重；软；干缩小；强度中。木材干燥性能尚好，略有翘裂现象；耐腐性弱；切削加工容易。切削面光洁，利于车旋；油漆、胶粘性能良好；握钉力弱，不劈裂。木材可作家具、车厢、室内装饰、箱盒、雕刻、玩具及包装箱等。

黄山木兰

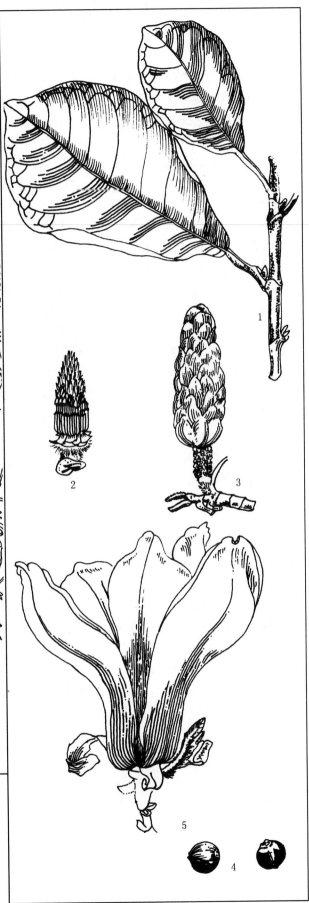

1.叶枝
2.雌、雄蕊群
3.聚合果
4.种子
5.花

广玉兰（荷花玉兰）*Magnolia grandiflora*

木兰科 Magnoliaceae（木兰属）

常绿乔木，树高达 20m 以上，在原产地树高达 30m，胸径 1.5m，树皮灰褐色，薄鳞片状开裂，树冠卵状圆锥形或椭圆形，小枝、叶背及芽均密被锈色毛。叶互生，长椭圆形或倒卵状椭圆形，厚革质，表面深绿色，有光泽，背面密生锈色绒毛（实生苗幼树叶背无毛）。花两性，单生枝顶，花白色、芳香，花径 15～20cm，如荷花状，花被片 9～12 枚，厚肉质，倒卵形，雌雄蕊多数，雄蕊长约 2cm，花丝扁平、紫色，花药内向；雌蕊群椭圆形，密被长绒毛，心皮卵形，花柱呈卷曲状。聚合蓇葖果圆柱状长圆形，密被褐黄色绒毛，蓇葖背面圆，先端具长喙。种子椭圆形或卵形，花期 5～6 月，果 9～10 月成熟。

原产北美东南部，为亚热带树种，分布沿着大西洋及墨西哥湾的沿岸，北自北卡罗里纳州的东南部，南达得克萨斯州东部，宽 160km 的狭长地带。花果与绿叶相映，被誉为"美国森林中最华丽的观赏树种"。据世界各地发掘出土的化石证实，现在的玉兰类植物在第四纪冰期前曾一度广布北半球的孑遗树种，它们几乎与银杏同样古老。我国引进种植多年，现长江流域到华南各地都有栽培，城市园林中常见。喜温暖湿润气候，有一定的耐寒力，能忍受短期的 - 19℃ 低温，但长期在 - 12℃ 低温下，则叶片会受冻害；在深厚湿润、肥沃疏松而排水良好的酸性土、中性土及微碱性土均能良好生长，不耐干旱贫瘠及石灰性土，以及在排水不良、透气性差的重黏土、碱性土上生长不良。深根型，侧根发达，不耐水湿，忌水涝，但抗风力强。对烟尘、SO_2、NO_X 抗性较强，并有吸收汞蒸气、SO_2 的能力，在 SO_2、NO_2 等混合污染下，杨树、悬铃木受污染落叶而广玉兰不受害；也可吸收紫外线。寿命长，安徽霍山县城关有一株大树，高 22m，胸径达 1.1m，树龄已 200 多年，现仍生长旺盛。树姿雄伟壮丽，四季翠绿，浓荫匝地，初夏吐蕾，怒放于枝顶，花期一月有余，花大洁白，宛如荷莲，芳香而恬淡，点缀于翠叶丛中，为珍贵的观赏树种。城市中配植行道树、庭荫树、园景树，或在宽阔的草坪上或广场上丛植，更能发挥其观赏效果，也是城市周边防风林带、卫生及防火林带的优良树种与工矿区的美化树种。

果熟期 9 月，果实呈淡紫色时采收。种子发芽力低，故以采后即播为宜。或除去外种皮进行湿沙层积贮藏于翌春播种。圃地不宜选择肥沃湿润、富含腐殖质的沙壤土或轻黏壤土，选择黏性土和碱性土。春季床式条播，条距 25cm，播后覆土盖草。幼苗生长缓慢，注意遮荫、追肥、灌溉和除草。一般培育 4～5 年后出圃。也可用容器育苗。扦插宜在夏季用嫩枝扦插。压条宜在春季就地压条，经 1 年后与母株分离培养。在气候潮湿地方也可采用高压方法。嫁接可在春季切接，砧木常用木兰或木兰根接。春季 4～5 月或 9 月栽植为好。大穴整地，施足底肥，栽植时应带土团，适量剪叶并用草绳捆扎苗干。

木材纹理直，黄白色，有光泽；质中重；抗虫耐腐，为优质用材，宜作高级家具、车辆等。与玉兰略同。

广玉兰

1.花枝
2.聚合果
3.种子

玉兰（白玉兰）*Magnolia denudata*

木兰科 Magnoliaceae（木兰属）

落叶乔木，树高达 20m，胸径 60cm；树冠宽卵形，树皮深灰色，老时粗糙开裂，小枝灰褐色，具环状托叶痕。花芽顶生，长卵形，密被灰黄色长绢毛。单叶互生，叶倒卵状椭圆形，先端宽圆或平截，具突尖小尖头，中部以下渐窄成楔形，叶背面被长绢毛，叶柄长 1～2.5cm，被柔毛。花先叶开放，白色，芳香，花径 10～12cm，花被片 9，倒卵状长圆形，雄蕊长 1.2cm；雌蕊群圆柱形，长 2～2.5cm。聚合果圆柱形，木质，褐色。种子斜卵形，微扁。花期 2～3 月，果熟期 8～9 月。

玉兰为亚热带树种，为我国特产，分布于秦岭，大别山区以南至两广北部山区，散生于海拔 1200m 以下低山丘陵常绿或落叶阔叶混交林中，安徽大别山东麓的桐城市罗岭乡洪村山场海拔 200～500m 地带，有成片天然野生玉兰纯林或与阔叶混交成林。北京及黄河流域以南至西南各地普遍有栽培，城市园林中常见。玉兰性喜温暖有侧方庇荫的气候环境，成年大树喜光，有一定的耐寒性，能在 -20℃ 低温条件下安全越冬；喜深厚肥沃、湿润疏松、排水良好的酸性土壤，中性及微碱土上也能生长；深根型，侧根发达，抗风力强，较耐干旱，不耐水湿；生长尚快，5 年生实生苗。树高 3m，干径 6cm，8～10 年即可开花，嫁接苗生长迅速。对有毒气体抗性中等至较弱。寿命长达数百年以上。古人以其千千万蕊，淡雅清香而广植于风景胜地、寺庙、庭院及显要之处，以居住地有玉兰为高雅。据《述异记》记载："木兰洲在寻阳江中，多木兰树。昔吴王阖闾（公元前 515 年）植木兰于此，用构宫殿。"至今已有 2500 多年。明·沈周《题玉兰》诗："翠条多力引风长，点破银花玉雪香。韵友自知人意好，隔帘轻解白霓裳。"以一种动感姿态描绘出玉兰花优美、春意，竟是诗中有画，画中有诗。清·吴嵩梁《看花杂诗》："玉兰古树记前朝，曾倚红妆听洞箫。"郭沫若新诗《玉兰》："亭亭挺立的枝头开出朵朵白莲，有香类似兰蕙被人们称为玉兰。玉没有我们这样纯白而柔软，兰却要比我们更加馥郁而悠闲。花开后，花瓣可以拖面粉而油煎，观赏植物与经济植物其美两全。请用化学方法来分析或者提炼，据说果实和芽还可以解热发汗。"天生丽质，早春花色如玉，硕大似荷的花朵，缀满枝头，幽香似兰，光彩照人。仿佛"绰约新妆玉有辉，素娥千队雪成围"。最宜丛植、列植、群植，亦可在城郊景区组成片林或与其它树种组成风景林。其花又可药用，又有很大的经济价值。

果实于 9～10 月呈暗紫红色时采收，采集后摊晒 2～3d，脱出种子，用清水浸种 2～3d 后阴干，装塑料袋密封贮藏在阴凉室内。播前用湿沙层积催芽，次年春季播种或采后即播。高床条播，条距 25cm，播后覆土盖草。幼苗出土后，注意揭草、遮荫、追肥、灌溉。玉兰多用木兰为砧木，多在 8 月上中旬行方块芽接，或在 9 月下旬行切接。插条育苗，宜在 6～7 月选当年生嫩枝，用 α-奈乙酸 500μg/g 浸沾插穗后，在塑料薄膜覆盖下扦插。大苗带土球，栽植，待秋季落叶或翌春再施腐熟的有机肥。

心边材区别明显，边材灰白色至浅灰褐色，心材黄褐色；木材光泽弱；生材有臭气，无特殊滋味。生长轮略明显，宽度略均匀。木材纹理直，结构细，质中重；软；干缩小；强度中。木材干燥性能尚好，略有翘裂现象；耐腐性弱；切削加工容易。切削面光洁，利于车旋；油漆、胶粘性能良好；握钉力弱，不劈裂。木材可作家具、车厢、室内装饰、箱盒、雕刻、玩具及包装箱等。

玉　兰

1.花枝
2.叶枝
3.去花被之花

厚 朴 *Magnolia officinalis*

木兰科 Magnoliaceae（木兰属）

落叶乔木，树高达 20m，树皮厚，灰色，不开裂；树冠卵形，枝粗壮而开展；顶芽大，窄卵状圆锥形，无毛。叶形大，常集生枝顶，椭圆状倒卵形，先端圆钝，基部楔形，上面绿色，无毛，下面灰绿色，具灰色柔毛，有明显白粉；叶柄粗壮，具托叶痕。花白色，与叶同时开放，径 10~15cm，芳香，花被瓣 9~12，厚肉质，外轮 3 片淡绿色，内两轮倒卵状匙形，雄蕊花丝红色；雌蕊群长圆状卵形。聚合果长圆状卵形，长 9~15cm，蓇葖具长 2~3mm 的喙。种子三角状倒卵形，长约 1cm。花期 5~6 月，果熟期 8~10 月。

厚朴之名最早用于观赏栽培见于《上林赋》："亭奈厚朴……，罗乎后宫，列乎北园，丘陵，下平原。"古代通称为厚朴。自然分布于大别山区及长江中下游地区至两广北部山地，多散生于海拔 300~1500m 沟谷、溪流两侧、山麓地带各类阔叶林中，多为伴生树种。阳性树种，幼龄时耐荫，忌曝晒与日灼，壮龄后喜光照，但仍需侧方庇荫，以免灼伤干皮。喜温暖而又凉爽湿润气候，在严寒、酷暑、久晴不雨和连绵多雨之地方，生长不良；要求年均温度 16~20℃，1 月平均气温为 3~9℃，年降水量 1000~1500mm 的气候条件，喜疏松、湿润、肥沃排水良好的微酸性、中性土或钙质土的山地沙壤土、黏壤土最适宜；在溪谷、河岸、山麓等湿润、深厚肥沃、向阳地带生长良好。深根型、根系发达，肉质根系，不耐水渍，抗风力强；萌蘖力强，萌芽更新良好，且易形成丛生树干；10~15 年生树高 10m，胸径 20cm；寿命长，少病虫害。树姿优美，干皮光洁秀丽，叶大形美，簇生于枝顶，初夏枝顶花叶同放，初生叶淡红，轮状四射，叶丛中着生白色花朵，恰似"白云离叶雪辞枝"，花与芭蕉扇似的叶在高枝上随风摇动，十分艳丽楚楚动人；蓇葖果成熟时，木质心皮裂缝中吐露出，赤如珊瑚的种子；冬季长被锦色茸毛、巨大圆锥形的花蕾，独生于枝顶，宛如枝枝大毛笔插满树冠上，银锋白毫，指向蓝天，明·张新诗："梦中曾见笔生花，锦字还将气象夸。谁信花中原有笔，毫端方欲吐香霞"。厚朴树形优美，花、果、叶、冬芽各具特色，是优美的观赏树种，宜作为庭荫树、园景树，丛植、群植或与其它树种组成树群构成风景林都甚合适。厚朴是我国特有的名贵药用树种，其树皮是传统中药材，其名最早载在《神农本草经》中。《本草纲目》称："其皮质以鳞皱而厚、紫色多润者佳、薄而白者不佳。"近代化学分析，厚朴皮含有厚朴酚、四氢厚朴酚、异厚朴酚、生物碱、木兰醇、挥发油桉叶醇、皂甙等成分。药性苦温、无毒、有温中、下气、燥湿、消痰等功效。主治胸腹痞满胀痛、反胃、呕吐、宿食不消、痰饮喘咳、寒温泻痢、寒热惊悸等症，但忌作妇科药用。另外，其果实、种子、花蕾都可入药，常用于理气、温中、消食、化湿等症。

应选 15 年生以上健壮母树，于 9~10 月果实呈褐红色时采种，采后摊晒 2~3d，脱出种子，取净后摊晾阴干，装入塑料袋中密封贮藏。播种可随采随播，春播，种子需室温层积 70d 后播种。高床开沟条播，每隔 8cm 播 1 粒，播后覆土盖草，每公顷播种量约 190kg，次年春换床移植。扦插应在早春 2 月选 1~2 年生枝条截成 20cm 的插穗，插后淋水、遮荫。分株繁殖应在立冬前或早春，挖开母树根部泥土，在苗木与主干连接处割苗茎 1/2，随即培土。也可容器育苗。春秋季大苗带土栽植。

木材心边材区别不明显或略明显，黄白微褐色，常有初期腐朽的褐色条纹；略有光泽，微有涩味。木材纹理直，结构细，质软韧，干缩小，强度中；木材干燥不难，少有缺陷；切削加工容易，切削面较光洁，油漆、胶粘性能良好，握钉力中。木材适用作图板、雕刻、乐器、漆器、机械、船具、盆桶、铅笔杆等。树皮为重要中药材。

厚 朴

1.花枝
2.聚合果

木 莲 *Manglietia fordiana*

木兰科 Magnoliaceae（木莲属）

常绿乔木，树高达 20m，树皮灰褐色，幼枝及芽有红褐色短毛。单叶互生，革质，窄椭圆状倒卵形，长 8～16cm，先端具短尖，叶背疏生红褐色短硬毛，叶柄长 1～3cm，叶脱落后在小枝上留有托叶痕。花两性，单生枝顶，花被片 9，排成 3 轮，外轮质较薄，凹弯，长圆状椭圆形，内两轮较小，白色，肉质，倒卵形，雄蕊长约 1cm；雌蕊群长约 1.5cm。聚合蓇葖果红色，卵形，露出面有点状凸起，先端长短喙。种子 1 至数枚。花期 5 月，果熟期 10 月。

木莲之名最早见于唐·白居易《长庆集·木莲树图·序》诗画中。用于观赏栽培则更早了。自然分布于长江以南各省区，东至台湾、南达海南，西南至西藏东南部，在东部常散生于海拔 1500m 以下低山丘陵沟谷地带常绿阔叶林中，在西南可达海拔 2000m 地带，是亚热带常绿阔叶林中常见树种。在江西井岗山、官山自然保护区内有天然林群落景观。喜温暖湿润气候和深厚湿润、肥沃的酸性黄壤和红黄壤，不耐干热，喜生于山谷潮湿处；深根型，侧根发达，抗风力强；不耐水渍；广东信宜 28 年生树高 18m，胸径 23cm；生长快速时期 15～30 龄级。少病虫害；寿命长达 500 年以上，安徽黄山紫云庵有一株古木莲，树龄已 500 年，枝繁叶茂，生机盎然。江西井冈山湘洲林队生长 1 株木莲，树高 27m，胸径 1.5m，冠幅 240m²，树龄 500 年，江西宜丰县宜山麻子山下 1 株木莲树，高 42 m，胸径 1m，冠幅 170m²。木莲树干浑圆，四季苍翠，高雅清秀。夏初，色白紫缕的花朵怒放于枝顶，满布翠叶之间。冰清玉洁的风姿，清香阵阵，宛如端莲，娇艳而又端庄绰约，"木莲"之名亦因此而冠。唐·白居易《题木莲》诗：三绝"如折芙蓉栽旱地，似抛芍药挂高枝。云埋水隔无人识，惟有南宾太守知。""红似燕支腻如粉，伤心好物不须臾。山中风起无时节，明天重来得在无？"又"已愁花落荒岩底，复恨根生乱石间。几度欲移移不得，天教抛掷专深山。"宋·宋祁《木莲赞》："木莲花生峨嵋山中诸谷，状为芙蓉，香亦欲之"。秋后，聚合果深红鲜艳，入冬果熟绽开枝头，种子又若珊瑚新琢。是优良的观赏树种，宜作为庭荫树、园景树，丛植、群植混交成风景林均为理想。树皮可入药，俗称"山厚朴"或"假厚朴"，主治便秘和干咳。

应选 20～30 年生以上健壮母树，于 9～10 月份果实由绿色转为淡红色至紫色时采种。采集的果实应及时薄摊于通风处，待果实开裂，取出种子并用清水浸种 1～2d，去除肉质层洗净晾干后混湿沙贮藏。秋播随采随播，春播混沙层积的种子在播种前用 0.5% 高锰酸钾浸种 30min，再用清水洗净晾干播种。高床条播，条距 25～30cm，播后覆土盖草。幼苗期要注意松土施肥和灌溉。也可容器育苗，或嫁接繁殖。穴状整地，适量基肥，春秋季节，大苗带土栽植。

心边材区别明显，边材浅黄色，心材浅黄色或黄色微绿，久则呈暗褐色微绿。木材有光泽。生长轮明显，宽度均匀，木材纹理直，结构细略均匀；质轻；软；强度中；干缩小。木材干燥不难，速度中等；不变形，稍裂；心材耐腐性强；切削加工容易，切削面光洁；油漆、胶粘性能优良；握钉力弱，不劈裂。木材适作胶合板、高档家具、车船、房屋建筑、文具、工艺美术制品、雕刻、箱盒等。

木 莲

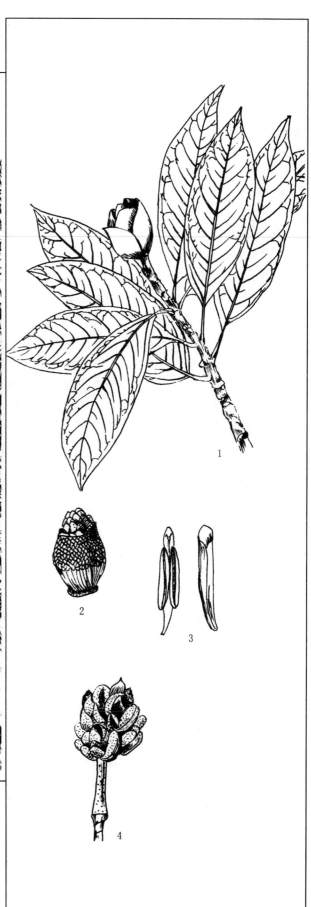

1.花枝
2.去花被之花
3.雄蕊
4.果

火力楠（醉香含笑）*Michelia macclurei*

木兰科 Magnoliaceae（含笑属）

常绿乔木，树高达 35m，胸径 1m 以上；树皮灰褐色，光滑不开裂；树干圆满通直，树冠呈塔形；幼枝、芽均密被锈褐色绢状毛，小枝具环状托叶痕和散生白色皮孔。单叶互生，倒卵形或椭圆形厚革质，叶背密被灰色或淡褐色柔毛，侧脉 10～15 对，较细，网络细，蜂窝状；叶柄长 2.5～4cm，上面具窄纵沟。花单生叶腋，白色，芳香，花被片 9～12，匙状倒卵形，长 3.5～4.5cm，内轮较窄小；雄蕊长 2～2.5cm；雌蕊群长 2～2.5cm，柄长约 2cm，密被褐色短毛。聚合蓇葖果长 3～7cm，蓇葖果 2～10，长圆形或倒卵形、疏生白色皮孔、2 瓣裂、种子 1～3、扁圆形。花期 3～4 月，果熟期 9～10 月。

为我国南亚热带树种，天然分布区的地理位置在北纬 21°30′～26°30′，东经 106°50′～117°30′，即分布于福建南靖，广东潮州、从化、怀集、封开、阳春、阳江、信宜、高州、茂名、电白，广西融水、苍梧、岑溪、容县、北流、玉林、陆川、博白、合浦、浦北、崇左、龙州、十万大山，贵州榕江、雷山等地，多散生于海拔 200～600m 以下低山丘陵山坳谷地地带较多，800～1000m 处数量较少，与橄榄、红锥、格木、马尾松等混生，间有成小片纯林景观，是南亚热带季风常绿阔叶林中常见树种之一。广西博白林场的大面积人工林生长良好，福建、湖南、浙江等省有关单位引种栽培，亦生长良好。越南北部亦有分布。喜光，具有一定的耐荫性，喜暖热湿润气候，不耐干燥，要求年积温在 6500℃ 以上，年降雨量 1500～1800mm，年平均气温 18～22℃，绝对最低气温 -6～0.5℃，空气相对湿度 80% 以上；具有一定的耐寒性，引种到湖南长沙、郴州地区栽培，在 -11.5℃ 低温下仍能正常生长，耐水湿；适生于花岗岩、沙岩发育的砖红壤性红壤、山地红壤、山地黄壤，但以在深厚湿润、肥沃疏松的微酸性沙质土上生长最好，在干燥贫瘠山顶，山坡上部则生长不良。深根型，根系发达，抗风能力强；萌芽性强，可萌芽更新，耐修剪；生长尚快，幼龄时较慢，5 年后逐渐加快；在湿润、肥沃之地，树高年生长量可达 1m 以上。滞尘能力强，抗污染；耐火烧；树龄长，百年以上大树还能大量结实。火力楠树干端直，高大挺拔，干皮光洁雅净，树形整齐美观，叶色四季翠绿、晶莹闪亮，春日满树白花若雪，风飘芳香阵阵，清·谢方端《咏含笑花》诗："娇娆曾不露唇红，多少情含雾雨中。漫向人前羞解语，倚栏偷自笑春风。"是优美的观赏树种，宜植为行道树、庭荫树、丛植、片植或组成风景林均为理想。

应选 25～60 年生健壮母树，于 10 月下旬果壳由浅绿色变为紫红色时采收。果实采回后曝晒 1～2d，置于阴凉通风室内，经常翻动，待种子脱出放入清水搓揉，去杂取净后用河沙层积贮藏。播前用 40～50℃ 温水浸种 24h，捞出阴干后，于春季 1～2 月，高床条播，条距 25～30cm，播后覆土盖草。每公顷播种量约 75～90kg。幼苗出土后注意揭草、遮荫、灌溉、间苗、追肥。大穴整地，春秋季大苗带土球栽植。

木材心边材区别明显，边材浅黄褐色，心边材浅绿色；有光泽。生长轮略明显。木材纹理斜或直，结构甚细，均匀，材质软硬适中；干缩中；强度中；冲击韧性中。木材干燥容易，少有开裂，耐腐性中，切削加工容易，切削面光洁，油漆、胶粘性能良好，握钉力强，不劈裂。木材宜作建筑材、家具材、室内装饰材、人造板、雕刻用材以及农具和日常用具材。

火力楠

1. 果枝
2. 聚合果

连香树（五君树）*Cercidiphyllum japonicum*

连香科 Cercidiphyllaceae（连香树属）

　　落叶乔木，树高达 25m，胸径 1m，幼树树皮淡灰色，老树灰褐色，纵裂，呈薄片状剥落。小枝褐色，皮孔明显。芽卵圆形，紫红色。叶近对生，圆形或卵圆形，上面深绿色，背面粉绿色，先端圆或钝尖，短枝之叶基部心形，长枝之叶基部圆形，边缘具钝圆锯齿，掌状脉 5～7，叶柄长 1～3cm。花先叶开放或与叶同放。花单性，雌雄异株，腋生，花萼 4 裂，膜质，无花瓣；雄花近无梗，雄蕊 15～20，花药红色；雌蕊具梗，离心皮雌蕊 2～6，胚珠多数。聚合蓇葖果圆柱形，微弯，暗紫褐色，花柱残存。种子多数，有翅。花期 4～5 月，果熟期为 8 月。

　　连香树为东亚地史著名的孑遗植物，为我国濒危珍稀物种，被列为国家二级重点保护树种。分布呈残遗状态，间断分布于浙江天目山海拔 450～650m 地带，安徽大别山及皖南山区海拔 700～1200m 地带；山西南部中条山、江西婺源海拔 1500～2500m 地带；陕、甘之间小陇山、西固及四川中部海拔 1000～2600m 地带；湖北神农架林区、恩施地区海拔 1300～1700m，湖南新宁县、石门县海拔 1000m 左右；贵州梵净山海拔 1500～1800m；云南镇雄生于海拔 1900m 石灰岩山坡。零星散生于深山谷地、沟旁或山坡杂木林中。喜温凉湿润气候，耐寒性较强，也耐水湿；中性土、酸性土上都能生长，在山麓、沟边土层深厚、肥沃湿润之地生长尤佳；萌蘖性强，易形成丛生干；根系发达；少病虫害；寿命长达 200 年以上，河南济源县黄楝树林场有一株树龄 140 余年古树，树高 18m，胸径 76cm。陕西眉县汤峪林场海拔 1880m 处生长 1 株连香树高 22.2m，胸径 1.82m，冠幅 165m²，已有 500 余年。树干端直，树姿优美，叶似团扇、叶柄细长，新叶紫红，秋叶黄色、橙色或红色，悦目清新，别有风趣，张正见诗："奇树舒春苑，流芳入绮钱。合欢分四照，同心彰万年。香浮佳气里，叶映彩云前。欲识杨雄赋，金玉满甘泉"。为优美的观赏树种，宜在山地风景区组成风景林，在园林上可培养成单干型或丛生型，十分优美。

　　果熟期 8～10 月份，呈棕褐色。由于连香树结实量少，种源有限，应及时采摘果穗，摊晾阴干，除去杂质得纯净种，种子宜干藏，春播，幼苗出土生长细弱，可先播在湿润沙盆内，待苗高 4～6cm 时，真叶出现后按株行距 10cm×15cm 移栽圃地。幼苗生长期需搭棚遮荫，中耕除草，适量追肥。萌蘖能力强，可用半木质化枝条扦插和压条繁殖。也可采用容器育苗。大穴整地，适当施肥，春秋季节，带土栽植。

　　木材心边材区别明显，边材浅红褐色，常有蓝变色；心材红褐色或暗红褐色。生长轮略明显，宽度均匀。散孔材。木材纹理直，结构甚细，均匀；质轻；硬度中；干缩中；强度低；冲击韧性中。木材干燥容易，速度较快，不裂，但有翘曲产生；不耐腐；切削加工容易，切削面光洁；胶粘性能很好；油漆性能欠佳；易钉钉，握钉力小，不劈裂，木材可用于建筑门窗、室内装饰、雕刻、机模、人造板、文具等方面。

连香树

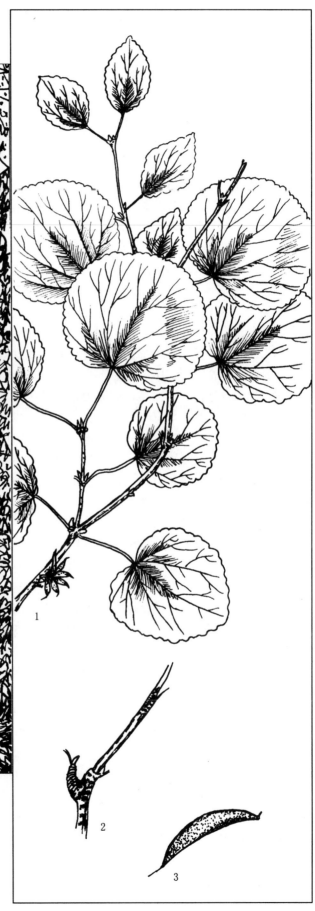

1.果枝及叶
2.距状短枝
3.菁葖果

樟树（香樟）*Cinnamomum camphora*

樟科 Lauraceae（樟属）

常绿乔木，树高达 30m，胸径 5m；树皮灰黄褐色，纵裂，树冠广卵形，枝条黄绿色，光滑无毛。单生互生，革质，卵状椭圆形，边缘微呈波状，下面微有白粉，离基三出脉，脉腋有腺体，表面深绿色，有光泽。圆锥花序腋生，花两性，花小，淡黄绿色，花被裂片椭圆形，外面无毛，内面密被短柔毛。浆果近球形或卵形，紫黑色，果托杯状。花期 4～5 月，果熟期 10～11 月。

樟树为我国珍贵用材和特种经济树种，早在 2000 年前就有栽培的记载。樟树之名古时称为豫章、章，《礼记·斗威仪》载："君政讼平，豫章常为生"；汉·司马相如《上林赋》记载："豫章女贞，长千仞，大连抱，……被山缘谷，循阪下隰，视之无端，究之无穷。"唐·张守节《正义》中称"章，今之樟木也"。唐宋年代，在宫廷殿堂、寺庙、庭院、村舍附近广为种植，各地保存有众多 1000 年以上古樟便是历史见证。樟树自然分布于秦岭、长江流域以南各省区、东至台湾、西至四川、云南，多生于海拔 300～1000m 低山丘陵，台湾中部樟树天然林可达海拔 1800m 地带；人工林大多营造在海拔 200m 以下的丘陵、岗地、沙洲、平原及村落附近。山东有引种成功记录。喜温暖湿润气候，不耐寒，在最低温度达 -10℃ 时，幼苗及大树枝叶常遭冻害；抗高温、耐湿热，气温 40℃ 时仍能正常生长；在深厚、湿润、肥沃的酸性或中性沙壤土，冲积土生长良好，黏性黄、红壤土中生长次之，在紫色页岩强酸性土壤上生长不良，不耐干旱瘠薄。深根型，根系发达，抗风力强；萌芽力强，可萌芽更新；病虫害少，抗烟尘，滞尘能力强，对 SO_2、Cl_2、HF 及 NH3 等有毒气体抗性较强；可以吸收净化臭氧，1kg 樟树叶（干叶）可吸附 2200mg。挥发性物质具杀菌、驱除蚊蝇净化空气的功效；寿命长达 1000 年以上。樟树枝繁叶茂，冠大荫浓，适应城市环境。梁·江淹《豫章赞》赋："伊南有材，匪桂匪椒，下贯金壤，上笼赤霄，盘薄广结，捐瑟曾齐，七年乃识，非曰终朝。"清·龚鼎孳《樟树行》长诗："古樟轮囷异枯柏，植根江岸无水石。风霜盘互不计年，枝干扶疏讵论尺"。"今来荒野忽有此，数亩阴雪争天风"。"寒翠宁因晚岁凋，孤撑不畏狂澜送。""自古全生贵不材，樟乎匠石忧终用。"这又是中国传统文化另一种理念。是优良的园林观赏树种，亦是优良的卫生防护林树种，最宜在城市公园、机关、学校、居住区、医疗卫生部门丛植或列植组成防护林或风景林均理想。

应选 15～40 年生健壮母树，于 10～11 月果实呈紫黑色时采种。采后浸泡 1～2d，搓去果肉，取净后混湿沙贮藏。早春播种，播前用 50℃ 温水间歇浸种，或用 30℃ 温水浸种 30 min 混沙、覆草、淋水进行催芽。高床条播，行距 20～25cm，每米长播种 40～50 粒，每公顷播种量约 170kg，用腐殖质土覆盖，厚约 1.5cm，盖草。幼苗出土后遮荫，并用草覆盖行间，长出数片真叶时间苗，苗高 10cm 定苗。穴状整地，大苗宿土栽植。樟树分枝低、冠幅大，营造混交林能促进干直节少，形成良材。

木材心边区别明显，边材黄褐色，心材红褐带紫色。光泽强；具浓郁樟脑气味，经久不衰。生长轮明显。木材螺旋纹理或交错纹理，结构细而匀；材质中等；硬度中软；干缩小；强度低；冲击韧性中。木材干燥略困难，速度较慢，易翘曲，稍有开裂；耐腐朽，少虫害；切削容易，切削面光洁，光泽性强，径切面上常具颜色深浅不同的条纹，漆后色泽尤为光亮美观；油漆、胶粘性能颇佳；易钉钉，握钉力强，不劈裂。木材可用作高档家具、雕刻、车船、乐器、体育器材、木模、纺织器材、箱板、农具、柱桩、棺椁、木屐等方面。另外全树均可提制樟脑及樟脑油，我国台湾被誉为世界"樟脑之乡"，成为一大贸易商品，为重要的经济林木之一。

樟 树

1.花枝
2.果枝
3.花
4.雄蕊

黑壳楠 *Lindera megaphylla*

樟科 Lauraceae（山胡椒属）

常绿乔木，树高可达 25m，胸径 60cm，树皮灰黑色；小枝圆柱形，粗壮，紫黑色，无毛，有凸起的近圆形皮孔；顶芽大，卵形，长约 1.5cm，被白色柔毛。叶互生，革质，常集生枝顶，倒卵状长椭圆形或倒披针形，长 10~23cm，宽 3~6cm，先端渐尖，基部楔形，叶背淡绿色带灰白色，无毛，叶柄长 1.5~3cm，无毛。伞形花序被锈褐柔毛，雄花序有花 16 朵，雌花序有花 12 朵，花被片 6，椭圆形，雄蕊 9，每轮 3 枚；雌花黄绿色，花被片 6，线状匙形，子房卵形，柱头盾形。浆果椭圆形或卵形，熟时黑色，果托浅杯状。花期 3~4 月，果熟期 9~10 月。

黑壳楠产于秦岭、大别山区及以南各省自治区、直辖市，南达广东、广西、贵州与云南。在东部地区垂直分布于海拔 1200m 以下，在西南等地区海拔可达 2200m，多生于山坡、谷地、溪边常绿阔叶林中。喜温暖湿润气候，有一定的耐寒性；适生于土层深厚、湿润、肥沃而排水良好的微酸性山地黄棕壤土，在干旱贫瘠之地生长较慢；深根型，根系发达，抗风力强；萌芽力强，易萌芽更新；枝叶、果均有芳香性挥发油，杀菌、驱灭蚊蝇能力强，抗病虫害，寿命长达 200 年以上。陕西岚皋县白杨乡武学村海拔 600m 处生长 1 株黑壳楠古树，树高达 31.0m，胸径 1.15m，树龄已有 610 年，成为当地远近闻名的一大生态景观。宋·宋祁《楠赞》："在土所宜，亭擢而上，枝枝相避，叶叶相让，繁荫可庇，美干斯仰。"陆游《成都犀浦国宁观古楠记》中："予在成都尝从事至沈犀过国宁观有古楠四，皆千岁木也，枝扰云汉，声惊风雨，根入地不知几百尺，而荫之所庇，车且百辆，正昼日不穿漏，夏五六月暑气不至，凛如九秋，成都固多寿木，然莫与四楠比者。"伟哉斯楠，荫庇百车，变暑为秋，生态之功，若古楠犹存，应是当今一大奇观！树干端直挺拔，树冠浑圆整齐，枝繁叶茂，四季青翠，是优良的观赏树种，宜植为行道树、庭荫树，或在山地风景区、疗养院等地片植成林或其它树种如枫香、蓝果树等组成风景林，也是卫生保健林、水源涵养林的优良树种。叶、果含芳香油，种子含油率 47.5%，为制香皂优质原料。

应选 15 年生以上的健壮母树，于 10~11 月果实呈黑色时采种。采后需堆沤 2~3d，置入水中揉搓，去除果肉皮杂质，再拌草木灰 1 天后搓洗，所得的种子放在室内阴干，混沙贮藏。播前用 0.5% 高锰酸钾浸种消毒 30min，再用 50 ℃温水浸种 3~4d。春季 3 月，床式条播，条距 20cm，覆土 3 cm 并盖草保湿，也可随采随播。每公顷播种量约 150 kg。小苗换床移植时剪去 15 cm 以下主根。大穴整地，适量施基肥，春季带土球栽植、栽植时应剪去 1/3 枝叶，灌足底水。

心边材区别不明显，木材灰黄褐色或灰黄白色；有光泽。生长轮明显，宽度均匀。木材纹理直至斜，结构细，均匀，质中重，硬；干缩小；强度中。木材干燥较难，常裂，少变形；耐腐性强；不抗蚁蛀；切削加工容易，切削面光洁；油漆、胶粘性能良好；握钉力中。木材可作家具、室内装饰、仪器箱盒、房屋建筑、车船、雕刻、胶合板、农具、桥梁、坑木及枕木等。

黑壳楠

1.花枝
2.果枝
3.雄蕊

红楠 *Machilus thunbergii*

樟科 Lauraceae（润楠属）

常绿乔木，树高达 20m，胸径 1m，树皮黄褐色，不裂，枝条粗大，树冠广展，顶芽卵形，芽鳞无毛。叶革质，倒卵形或倒卵状披针形，先端突钝尖，基部楔形，表面深绿色，有光泽，背面粉绿色，无毛，全缘，羽状脉，7～12 对。圆锥花序近顶生或生于上部叶腋，无毛，长 5～11.8cm，外轮花被裂片较窄，略短。浆果扁球形，黑紫色，果梗鲜红色。花期 3～4 月，果熟期 9～10 月。

现代所称各种楠木，我国有 70 种之多，均为樟科树种。楠木之名古代统称作枏和柟。《战国策·宋国》称："荆有长松文梓，楩楠豫樟"；《史记·货殖列传》载"江南出枏梓"；《本草纲目》释木称"与楠同"，"楠木生南方，而黔、蜀诸山尤多。其树直上，叶似豫樟，经岁不凋，新陈相换，其花赤黄色，干甚端伟，高者十余丈，巨者数十围，气甚芬芳，纹理细密，为栋梁器物皆佳，盖良材也。子赤者材坚，子白者材脆。"可见古人对楠木之分布、形态、用途均有深刻认识。红楠又称小叶楠、红润楠，台湾称为猪脚楠，为我国中亚热带常绿阔叶林稳定群落的优势林木，国家三级保护稀有树种，产于长江以南中下游地区，东至台湾，南至广西中部，北至山东青岛，生于海拔 200～1500m 低山丘陵阴坡湿润之地，或山谷、溪边，常组成小片纯林，或混进其它常绿阔叶树种。喜温暖湿润气候，有一定的耐寒力，是楠木类中最耐寒者，能忍耐 -4℃ 低温；也耐水湿。喜肥沃湿润的中性土或微酸性土，抗有毒气体能力强。生长快，10 年生树高 10m，胸径 10cm 以上，寿命长达 500 年以上。树干高大端直，树冠浑圆整齐，四季翠绿，绿叶红柄紫果，树姿优美，端庄俊俏，可栽培观赏。唐·严武《题巴川光福寺楠木》诗："楚江长流对楚寺，楠木幽生赤岩背。临谿插石盘老根，苔色青苍山雨痕，高枝闹叶鸟不度，半掩白云朝与暮。"史俊以诗和之："近郭城南山寺深，亭亭奇树出禅林。结根幽壑不知岁，笋干摩天凡几寻。""凌霜不肯让松柏，作宇由来称栋梁。会待良工时一盼，应归法水作慈航。"宜植为庭荫树、风景树，丛植、群植都合适。也是我国东南沿海地带良好的防风林带树种，最宜在滨海风景区组成片林或混交林。叶可提取芳香油，种子含油率 65%。

应选 20 年生以上健壮母树，于 9～10 月果实呈紫黑色，果梗鲜红色时即可采。采集的种子浸泡于含有少量苏打水中 3～5d，再用清水冲洗，取净后种子用湿沙贮藏到翌年春播。秋播宜随采随播，每公顷播种量约 225kg，高床条播，播种沟深 2～5cm，间距 20～25cm，覆土以不见种子为度，并盖草保持土壤湿润。种子萌芽期长，播后两个月左右才开始萌发，苗木地径 15～20cm 以下处用锋铲切断主根，促进须根生长。红楠也可容器育苗和扦插繁殖。穴状整地，春季带土栽植。

木材心边材区别明显，边材灰黄褐色，心材红褐色；有光泽。生长轮明显，宽度不均匀。木材纹理斜或直。结构细而匀；质轻；软；干缩小至中；强度低至中；冲击韧性中。木材干燥容易，微有翘裂现象，干后稳定性好；耐腐朽；切削加工容易，切削面光洁，板面美观；油漆、胶粘性能良好，握钉力强。木材为高档家具、室内装饰、人造板饰面、乐器、车船、雕刻等方面的上等用材。

红 楠

1.果枝
2.花枝

大叶楠（薄叶润楠、华东楠）*Machilus leptophylla*

樟科 Lauraceae（润楠属）

常绿乔木，树高达 28m，树皮灰褐色，树干端伟，枝叶茂密翠绿，小枝无毛。顶芽大，近球形，外部芽鳞被细绢毛。叶互生，薄革质，倒卵状长圆形，长 14～24cm，先端短渐尖，基部楔形，幼叶下面被平伏银白色绢毛，老叶上面无毛，下面带灰白色，疏生绢毛，后渐脱落，侧脉 14～20 对，叶柄较细。圆锥花序 6～10 集生小枝基部，总梗、花序轴和花梗均被灰色细柔毛，花被裂片几等大，外被柔毛。浆果球形，径约 1cm，果梗长 0.5～1cm。花期 3～4 月，果熟期 8～9 月。

为我国中亚热带常绿阔叶树种，分布长江流域以南各地，生于海拔 1200m 以下低山丘陵山谷，溪边或阴坡湿润之地带，大叶楠在四川、湖北海拔 1200m 以下，多在山间谷地、坡地、山麓、溪旁，常与甜槠、罗浮栲、丝栗栲、苦槠、红润楠、天竺桂、青栲、钩栲、乌楣栲等常绿树种组成常绿阔叶混交林群落。喜温暖湿润气候，具有一定耐寒性，最北界到达大别山东北坡霍山县境内；在微酸性、中性的肥沃沙质壤土上生长良好，生长较快，寿命长。宋·文同《郡学锁宿》诗："长柏高楠荫广庭，夜凉人静梦魂清。不知山月几时落，每到晓钟闻雨声。"林荫气爽，凉夜清梦，月落晓钟，雨声滴滴，是美妙生态环境，但似乎有一种冷落气氛。晋·左思《蜀都赋》中："楩楠幽蔼于谷底。"唐·欧阳詹诗句："楩楠小围瑰，松柏百尺坚"。宋·文同诗句："佛现宝幢经几劫，天开云帷待何人。"宋祁诗句："童童挺千寻，一盖摩空绿。"孙觌诗句："枯楠郁峥嵘，老干空白表。"是冠如宝幢庇广庭，林荫气爽梦魂清。树形美观，树干圆满端直，冠大荫浓，四季青翠欲滴，宜作为庭荫树，丛植群植均可，最宜在山地风景区组成片林或与其它树种构成风景林。树皮可提取树脂也可作褐色染料；种子含油率 50％，作肥皂及润滑油。

果熟期 8～9 月份，果实呈紫黑色时采收。采回的果实放入加有少量苏打的水中浸 3～5d，反复搓揉，用清水洗净，取净后种子用湿沙混拌置于 5～10℃ 的低温下贮藏越冬，以备翌年播种。每公顷播种量 220kg 左右。春季床式条播，条距 20cm，播种沟深 2～5cm，覆土 1～2cm 并盖草、灌溉，保持苗床湿润。此外，也可容器育苗和扦插繁殖。穴状整地，适量基肥，春秋季节，大苗带土球栽植。

心边材区别不明显，木材灰褐色微带黄绿；有光泽。生长轮略明显，宽度略均匀。木材纹理斜至直，结构细，均匀；质轻；软；干缩小；强度中。木材干燥容易，略有翘裂，耐腐性强；切削加工容易，切削面光洁；油漆、胶粘性能优良；握钉力强。木材可作家具、文具、室内装饰、仪器箱盒、车船与木刻等。

大叶楠

1. 果枝
2～3.雄蕊
4.退化雄蕊

紫楠（紫金楠）*Phoebe sheareri*

樟科 Lauraceaei（楠属）

　　常绿乔木，树高达 20m，胸径 50cm；树干端直，树皮灰褐色，小枝、叶柄密被黄褐色绒毛。叶革质，椭圆状倒卵形或倒卵状披针形，先端渐尖或尾尖，基部渐窄，上面无毛，下面密被黄褐色长柔毛，网脉致密，结成网格状；叶柄长 1～2.5cm，密被柔毛。圆锥花序腋生，长 7～15cm，花被裂片卵形，两面被毛，发育雄蕊各轮花丝被毛，子房球形，无毛，柱头不明显或盘状。果卵形，长约 1cm，果梗略增粗，被毛。种子单胚性，两侧对称。花期 4～5 月，果 9～10 月成熟。

　　紫楠又名金丝楠，紫金楠，金心楠，为我国珍贵用材树种。自然分布于秦岭、大别山区，及江南各省区，南达两广北部及贵州。生长于海拔 1200m 以下低山、丘陵、沟谷、溪边，以及庇荫的山坡或向阳山的密林中，要求年平均气温 13～15.3℃，1 月平均温 1～4.1℃，7 月平均温 23～26℃，最低温 -7.5～9.7℃，年降水量 1100～1500mm，年日照时数约 1200h，在空气中具明显干湿季的半湿润地区不见紫楠分布，及在深度中性，微碱土壤中均能生长，pH 值 5.5～7.5，在排水良的沙质壤土，冲积土上生长最佳；具又一定的抗涝性，喜阴湿环境，土壤分布不足，湿度偏低地带少见紫楠是分布。亦较耐寒，-11.4℃ 未见冻害，是楠木中抗寒性较强的树种，最北界可分布到陕西以南 30°以上向北。呈带状或小面积块状混生于常绿或落叶阔叶林中，与枫香、麻栎、七叶树、樟树、大叶榉、无患子、枳椇、毛竹等混交成林。阴性树种，在全光照下生长不良，喜温凉湿润气候及深厚、肥沃、湿润而排水良好之酸性、中性土壤，喜阴湿环境，亦较耐寒，南京、上海等城市栽培生长正常；深根型，根系发达，抗风力强，萌芽性强；不耐污染，抗火性强，少病虫害，寿命长。树形端正，枝繁叶茂，四季苍绿。杜甫《高楠》诗："楠树色冥冥，江边一盖青。近根开药圃，接叶制茅亭。落景阴犹合，微风韵可听。寻常绝醉困，卧此片时醒。"这也许是即兴感怀，但从生态的角度，远望近观以及调动听觉感觉，特别是将其生态功能描写极为生动、细致。易创造幽静深邃的柏森生态景观氛围，是优良的景观树种，最宜在空旷地、大型建筑前后配植成林，显得雄伟壮观。亦是良好的防风、防火林带树种。也可在风景区与樟树、木荷、枫香、檫木、毛竹等构成风景林。

　　应选 20 年生以上优良母树，于 10～11 月，果皮呈蓝黑色或黑色时采种，采回的浆果放入水中浸搓去果肉，用清水冲洗，取净后置于通风处阴干随即播种或湿沙低温（3～5℃）层积贮藏。春播，3 月下旬，床式条播，条宽 10cm，行距 20cm，每公顷播种量约 450kg，覆土 1～2cm，盖草。苗期搭棚遮荫、浇水、中耕除草、追肥、间苗，以保持苗床湿润，促进苗木生长。当年苗高约 15～25cm，可留床或换床移植继续培育。此外，也可容器育苗及扦插繁殖。栽植时适量修剪侧枝，大苗应带土球。

　　心边材区别不明显，木材浅黄褐色带绿，有光泽；新切面有香气。生长轮略明显，宽度均匀。木材纹理直或斜，结构细；均匀；质重；硬；干缩小至中；强度中。木材干燥容易，微有翘裂；耐腐性强；切削加工容易。切削面光洁；油漆胶粘性能优良；握钉力强。木材可作高级家具、胶合板、仪器箱盒、文具、机模、日常用品，室内装饰及车船等。

紫 楠

1.果枝
2.花示雌、雄蕊
3.雄蕊

楠木（桢楠）*Phoebe zhennan*

樟科 Lauraceae （楠属）

常绿大乔木，树高达 40m，胸径 1.5m 以上，树干通直，树皮灰褐色，呈不规则浅纵裂，小枝较细，被灰黄褐色柔毛。叶薄革质，椭圆形或倒披针形，长 7～11cm，先端渐尖，基部楔形，下面密被短柔毛，网脉的网格不明显，叶柄被毛。圆锥花序腋生，展开，被毛，长 7.5～12cm，花被裂片外轮卵形，内轮卵状长圆形，两面被灰黄色柔毛，内面较密。果椭圆形，果长 1.1～1.4cm，果梗微增粗。花期 4～5 月，果 9～10 月成熟。

楠木是我国中亚热带特有珍贵常绿阔叶树种，西汉·陆贾把它列居"天下名木之一"。自古受到人们喜爱。产贵州东北部、西北部、四川盆地西部、湖南、江西及台湾东部山地，散生于海拔 1000m 以下常绿阔叶林中，为常见树种。风景胜地多有大树至 1000 年以上古木。在成都平原广为栽培，杜甫草堂内栽植的楠木林就近 1000 株以上，树龄最大者达 300 年。喜温暖、湿润、多云雾、日照少、冬暖、春早、积温高、霜雪少的气候条件，适于生长在中性偏荫的环境，在深厚、肥沃、湿润排水良好的微酸性或中性的紫色土及黄壤上生长最佳；深根性树种，根系发达，根部有较强的萌生力，能耐间歇性的短期水浸；抗风力强；可萌芽更新。幼树顶芽发达，一年形成 3 次，抽 3 次新梢，即冬芽 – 春梢 – 夏芽 – 秋梢 – 秋芽 – 冬梢；夏梢与秋梢生长较快。顶端优势明显，主干端直苗壮。生长速度中等偏快，在江西海拔 400m 天然混交林中，100 年生树高 26.4m，胸径 47cm。楠木人工林初期生长则远较天然林生长迅速。13 年生的人工林与 20 年生的天然林相比，则人工林的树高，胸径的年平均生长量，分别比天然林生长快 2.3 倍和 3 倍。对 SO_2、HF 等抗性弱，不耐污染，要求清新空气环境；寿命长，四川雅安合江乡有一株树龄 1000 年以上古楠木，树高约 40 m，胸径 2.3m。楠木树干高大端直，树姿雄伟壮观，枝叶森秀，冬夏苍翠。宋·陆游《乌夜啼》词："篱角楠阴转日，楼前荔子吹花。"浙江温州楠溪江，因其古代两岸盛产楠木，故又名楠溪或楠江。扬州著名私家花园《个园》内，有一大客厅，全部为楠木建成。近时成都考古发现，以巨大楠木刳制六具船棺。据贵州省地方志记载，光绪二十八年编修者陈熙晋万分感叹：当地已是"香杉古楠今已尽"！这是清朝建皇宫与地宫广采古楠"海木"分不开。是优良观赏树种，宜作庭荫树、风景树，孤植、列植、丛植、群植均甚适宜，可构成优美的景观。

应选 20 年生以上健壮母树，于 10～11 月果皮由青绿色转变为蓝黑色时采种。采后放入水中浸泡至果肉软化，去除果肉，取净后置通风处阴干，宜随采随播，或混湿沙层积贮藏。早春床式开沟条播，行距 20cm，沟深 1cm，每米长播种约 40 粒，播后覆盖黄心土或火烧土 1cm，并盖草，每公顷播种量约 220kg。幼苗出土后及时揭草，适当遮荫，防止日灼。间苗分次进行，当苗高约 10cm 时定苗。入冬后，应搭棚防寒，苗木弱小可换床移植继续培育。苗木主根深，侧须根少，出圃时要修去部分枝叶并带土出圃。也可容器育苗。春秋季节，大苗带土栽植。

木材心边材区别不明显，黄褐色带绿；有光泽；新切面有香气。生长轮明显，宽度颇均匀。木材纹理斜或交错，结构细而均匀；质硬；重；干缩小；强度低；冲击韧性中。木材干燥性能良好，微有翘裂产生，干后稳定性好；耐腐性；切削加工容易，切削面光洁；有光泽，板面美观；油漆、胶粘性能优良，握钉力强。木材非常珍贵，用作高档家具、室内装饰、车船用材、乐器用材、体育器材、纺织器材、雕刻工艺、文具，机模用材等等方面。

楠 木

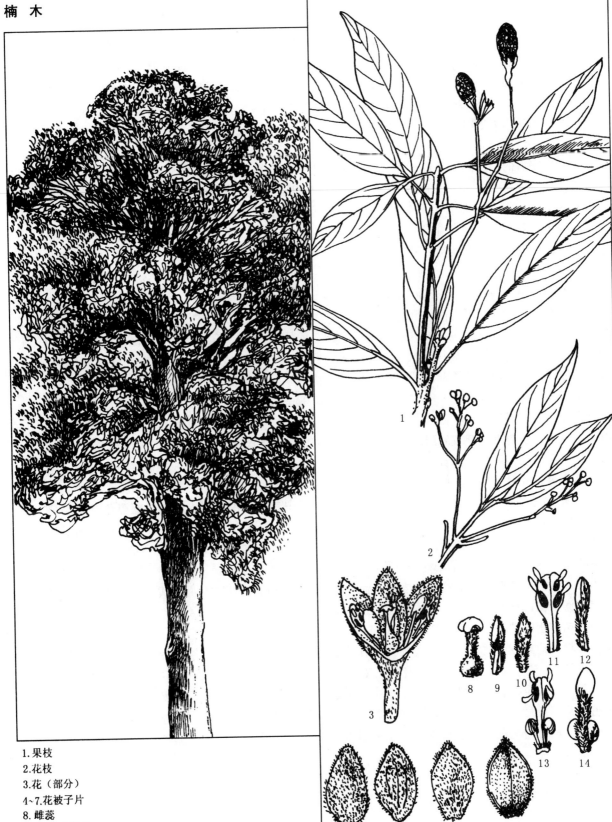

1.果枝
2.花枝
3.花（部分）
4~7.花被子片
8.雄蕊
9~10.退化雄蕊
11~12.第一、二轮雄蕊
13~14.第三轮雄蕊

檫木（檫树）*Sassafras tsumu*

樟科 Lauraceae（檫木属）

落叶乔木，树高达 35m，胸径 2.5m；树皮幼时黄绿，平滑，老树呈灰褐色，不规则纵裂，树冠宽卵状椭圆形，枝条光滑，顶芽大。叶互生，集生枝顶，叶卵形或倒卵形，全缘或 2～3 裂，背面灰绿色，有白粉，羽状脉或离基三出脉，叶柄长 2～7cm。花两性，黄色，总状花序腋生，花被筒短，花被裂片 6，花具发育雄蕊 9，排成 3 轮，花药 4 室，雌蕊子房卵形，花柱细，柱头盘状。浆果近球形，熟时蓝黑色，被白粉，果托浅杯状，鲜红色。花期 3 月，先叶开放，果熟期 7～9 月。

为我国特有的中亚热带落叶树种，自然分布于大别山区及长江流域以南 13 个省、自治区、直辖市，在东部生长于海拔 1000m 以下，广东、广西及湖北西北部海拔在 1200m，在云、贵、川海拔达 1800m 地带，多散生于天然林中，常与马尾松、杉木、苦槠、油茶、木荷、樟树、毛竹等混生组成复层林，居于上层林冠。树干通直，树姿端整。春来新叶齐发，秋后老叶经霜，透红悦目，是世界著名的观赏树种。生长迅速，有 "三檫二杉一世松" 之说。檫木与毛竹林配植，形成在碧波翠涛的竹林上方，彤彩一簇，分外悦目，"消尽林端万点霞，"恰似："丛丛绿叶衬瑶华"。人工林多栽植在海拔 800m 以下的低山丘陵地带。在豫南地区引种生长良好，抗逆性强，速生性好，已列为河南信阳地区主要推广的优质树种。在青岛崂山引种，也生长良好。喜光，但需侧方庇荫；喜温暖湿润气候，能耐 -10℃ 的最低气温，不耐高温、曝晒，干皮怕日灼及碰伤，难愈合易腐烂，有一定的耐旱性；适生于年平均气温 12～20℃，年降水量在 1000mm 以上的地区。喜深厚肥沃、湿润排水良好的酸性土壤。萌芽力极强，可萌芽更新；深根型，抗风力强；生长快，云南西畴天然林中，73 年生树高 30m，胸径 38cm，少病虫害，湖南花垣县龙潭乡古老村老桥屋海拔 500 m，一株树高 35 m，胸径 2.71 m，树龄达 800 年。寿命长达 1000 年以上。树干修长端直，挺拔秀丽，叶形奇特，早春 2 月先叶怒放，满树金黄。秋叶橙色、红色，色彩丰富，透红悦目，秀丽异常，是世界著名的观赏树种之一，宜丛植、群植或与杉木、马尾松、毛竹等组成混交片林，可构成美丽的景观 。

应选 10～30 年生以上健壮母树，于 6 月底到 8 月中旬果实由青转红再变为蓝黑色时及时采收，否则易遭鸟害。采回的果实不可堆积过厚或曝晒，除去果肉并用草木灰等脱脂后，混湿沙藏于地窖。春季床式开沟条播，条距 20～25cm，每米长播种 50～70 粒，每公顷播种量约 50kg，覆黄心土 1.5～2cm，并盖草。种子发芽出土后，应及时揭草，间苗、定苗。应注意排水，避免苗木根部腐烂，追肥宜在 7 月以前结束，后期施钾肥，促进苗梢木质化并形成稳定顶芽。喜温暖湿润气候及深厚肥沃、排水良好的酸性壤土或砂质土，不耐水湿，不耐旱。大穴整地，适当基肥，大苗带土栽植。

木材心边材区别明显，边材浅褐或带红或黄色，心材栗褐或暗褐色。木材光泽性强；有香气。生长轮明显，宽度均匀。早材晚材急变。具油细胞或黏液细胞。木材纹理直，结构中至粗，不均匀；质轻至中；软至中；干缩小至中；强度低；冲击韧性中。木材干燥容易，速度中等，少见翘裂；最耐腐，耐水湿；切削加工容易，切削面光洁；油漆、胶粘性能优良，握钉力中，不劈裂。木材是优良的造船材之一，还可用作家具、人造板、房屋建筑、室内装饰、机模、盆桶及日常用品。

檫 木

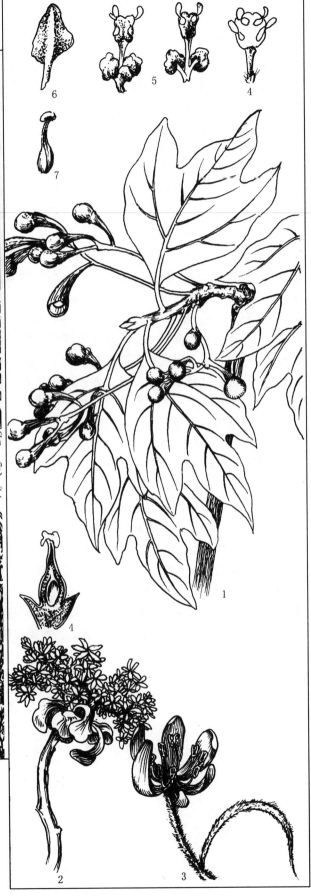

1.果枝
2.花枝
3.花
4.第一、二轮雄蕊
5.第三轮雄蕊
6.退化雄蕊
7.雌蕊

五桠果（第伦桃、木天蓼）*Dillenia indica*

五桠果科 Dilleniaceae（五桠果属）

常绿乔木，树高达 30m，胸径 1.2 m 左右；树皮带红色，树冠圆形；幼枝粗壮，有贴生丝状柔毛，后渐脱落近无毛。叶大，互生，革质，密生枝端，矩圆形或长椭圆形，先端渐尖，边缘有锯齿，长 25～30cm，表面平滑有光泽，背面中脉隆起，侧脉平行。花单生枝顶，花瓣 5 片，白色或淡黄色，芳香；雄蕊多数，心皮 4 或较多，柱头白色，作放射状裂开。果实近球形，略扁平，多汁而带酸味，包藏于肥厚的宿萼内。果成熟期 10～12 月。

五桠果科五桠果属约有 60 种，分布于亚洲热带地区至大洋洲及非洲马达加斯加岛等地。我国有五桠果等 3 种，产云南、广西、广东及海南，散生于海拔 220～900m 溪旁雨林中。在海南尖峰岭山地雨林海拔 800～900m 的山间台地的缓坡阶地上，相对湿度为 80%～90%，气温为 23.3～30.3℃，土壤深厚的山地黄壤，有机质含量丰富，pH4.5～5.0。由于自然条件优越，五桠果多散生在鸡毛松、海南薯树、海南红淡、柄果石栎、长眉红豆、海南木莲、橄榄、鸭脚木、黄叶树、水锦树、尖峰桢楠、越南山矾、东方琼楠、木莲、梭罗、木荷、芬氏石栎等树种组成乔木型混交林相，平均树高可达 24m 以上。喜光，幼龄期耐庇荫，喜暖热气候，不耐霜冻，持续 15d 5℃的低温，便使全株受冻；耐干旱，耐湿热；在湿润、深厚肥沃土壤生长最好，在砾质土或过于碱性土中生长不良。3～4 年生树高可达 3～5m，7～8 年生便可开花结果；深根型，根系发达，抗强风；少病虫害，管理较粗放，夏季生长可适当修剪枝叶；寿命长，防火性能优良。树形自然优美，叶簇浓密，绿荫如盖，叶色清绿，花单生近枝顶的叶腋，白色且肥大，夏秋间白花满树，妍丽素雅，为优良的观赏树种，树美果亦佳。街头绿地、公园、风景区、海滨均可栽植。亦是防风林带与防火林带优良树种。

选用 20 年生以上健壮母树，于 8～9 月果实由黄绿色转为淡红色时采种，采回的果实先堆沤 3～5d，除去果肉，脱出种子。再置入水中冲洗，即得净种。种子的含水率应保持在 20% 左右。不宜日晒，经处理后应随采随播。如需贮藏应混拌湿沙。床式撒播，每公顷播种量 60kg，播后覆盖薄土，上搭低棚以防雨水冲击，用喷雾器洒水。由于五桠果抗寒能力差，苗期严防霜冻。此外也可将芽苗移至容器或圃地培育。五桠果适生于土层深厚肥沃湿润疏松的酸性土壤，较耐水渍。穴状整地，适量基肥，大苗带土球栽植。

木材心边材区别不明显，红褐或红褐色带紫；有光泽。生长轮不明显。木材纹理斜，结构细，均匀；质中重；硬；干缩中至大；强度中；冲击韧性中。木材干燥略难，稍有翘裂；不耐腐；生材切削加工容易，切削面光洁，径面上射线花纹美观；油漆、胶粘性能良好；握钉力大。木材宜作家具、工艺美术制品、室内装饰、房屋建筑、农具、船舶、胶合板等。

五桠果

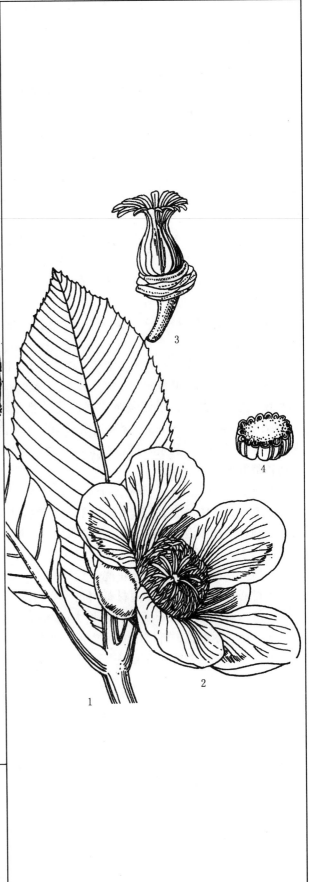

1.叶枝
2.花
3.雌、雄蕊群
4.雄蕊群横剖面

水榆花楸（花楸木）*Sorbus alnifolia*

蔷薇科 Rosaceae（花楸属）

落叶乔木，树高达 20m，树冠圆锥形，小枝圆柱形，具灰白色皮孔，幼时有柔毛，老枝暗灰褐色，无毛，冬芽具褐色芽鳞，疏生锈色柔毛。单叶互生，卵状椭圆形，先端短渐尖，边缘具不整齐重锯齿，背面沿叶脉有短柔毛，侧脉 6～10 对，直达叶缘齿尖，叶柄长 1～2cm，疏生柔毛。伞房花序着生小枝顶端，具花 6～25 朵，花白色，萼片三角形，花瓣卵形或近圆形，雄蕊 20，花柱 2，基部合生。果实近圆形，红色或黄色，具少数斑点。花期 5 月，果熟期 8～9 月。

自然分布于北温带。主产西南、西北及东北地区。我国北自东北黑龙江经黄河流域至长江流域中、下游地区，都有自然分布，散生于海拔 500～2300m 山坡、山谷、溪边、路旁以及杂木林或针阔叶混交林中，为辽东、胶东半岛丘陵地带赤松林内常见混生树种之一。在安徽黄山及大别山区海拔 1600～1700m 之间，多散生于黄栌、刺楸、四照花、米心水青冈等树种组成的群落之中，平均树高 10～15m。喜温凉湿润气候，较耐荫，耐严寒亦耐干旱；适生于土层深厚，湿润排水良好的酸性、微酸性或中性土壤上。唐·杜甫诗："楸树馨香倚钓矶，斩新花蕊未应飞，不如醉里风吹尽，可忍醒时雨打稀。"魏·曹植诗句："走马长楸间。"梁元帝诗句："西接长楸道。"可见当时花楸曾作为行道树栽植。段克已《楸花》诗："楸树馨香见未曾，墙西碧盖笼孤蓬。会须雨洗尘埃尽，看吐高花一万层。"树形高大，干皮光滑，满布白色气孔，四季可观赏，初夏密生白色小花簇，聚集成复伞房花序，"白玉梢头千点韵，绿云堆里一枝斜"风韵雅致。满树小梨果朱红圆润，聚集成束，簇生枝头，赤如珊瑚，经冬不落。"火红琐碎竞春娇，玉龙惊震上千条"为萧瑟的山林增添美色。据近代生物化学分析，花楸成熟的梨果含糖分、柠檬酸且 100g 果肉含维生素 A 8 mg，含维生素 C 40～150mg，可制果酱及酿酒。是优良的观叶、观花、观果的园林树种，宜丛植、群植组成风景林。果实富含大量纤维素，可以开发食用，药用，也为鸟雀最好饲料。

应选 20 年生以上健壮母树，于 10～11 月果实呈红色或黄色时采种。采回后立即堆沤、淘洗或将果实放在水中浸泡 2～3d 后搓掉果肉，取出种子。种子可贮放在室内阴凉干燥处或用 0.1% 的福尔马林溶液浸泡 15min，再用冷开水冲洗后进行混沙层积处理。翌春床式条播，条距 25 cm，覆土厚约 1 cm，并盖草保湿。幼苗出土后及时分次揭草，加强水肥管理。也可采用容器育苗。穴状整地，春秋季，大苗带土栽植。

木材心边材区别明显，边材黄白色，心材淡橙紫灰色；有光泽。生长轮明显。木材纹理直或斜，结构细，重硬；干缩中；强度大。木材干燥较难，易开裂；耐腐性差；切削加工容易，切削面光洁，耐磨损；钉钉难，易劈裂；油漆、胶粘性能良好。木材可用作家具、车辆、雕刻、木模、文具、室内装饰等方面。

水榆花楸

1.花枝
2.果

梅 *Prunus mume*

蔷薇科 Rosaceae（李属）

　　落叶小乔木，树高 10m，树皮暗灰色，平滑，老时粗糙开裂；1 年生小枝绿色，常具刺枝。单叶互生，广卵形至卵状椭圆形，长 4～10 cm，宽 2～5 cm，先端尾状渐尖，基部宽楔形，边缘具细锐锯齿，幼时两面被短柔毛，仅在下面沿脉腋处具短柔毛；叶柄长 1～1.5 cm，无毛，常有腺体。花单生或 2 朵并生，先叶开放，花梗短；萼筒宽钟形，被短柔毛，萼片 5，近卵圆形；花瓣倒卵形，淡红色至白色，径 2～3 cm，雄蕊多数；花柱长，密被柔毛。核果近球形，径 2～3 cm，黄色或绿黄色，被细毛；果核有纵沟。花期 1～3 月，果熟期 5～6 月。

　　梅的栽培在我国已有 3000 多年的悠久历史。分布于东起台湾，西至四川西部 15 个省区，在西南分布于海拔 1800～3300m 山地，在华中、华东地区海拔 170～1800m 中低山、丘陵地带，多散生于常绿、落叶阔叶林中。梅花的栽培以长江流域为中心，南至珠江流域，向北至黄河一带。喜温暖湿润气候，具有一定的耐寒能力，杏梅系、樱李梅系的品种能耐 -15～-20℃ 的低温，可抗 -20～-30℃ 的严寒，在长江流域花木中，仍以梅花较为耐寒，故有以"万花敢向雪中出，一树独先天下春。"的诗句；在年平均气温 15～23℃，年降水量 1000mm 以上，冬季又有一定的低温阶段的地区，生长发育最好。较能耐干旱与贫瘠，不耐水涝，在土层深厚肥沃湿润，pH5～6 的壤土或沙壤土上表现最佳。浅根型树种，根系发达；萌芽力极强，潜伏芽寿命长，耐修剪，老树也易复壮更新，亦可培育成盆景，对 HF 吸收能力强，叶片能吸 27.3～34.7mg/kg，在氟害轻污染区能正常开花结果。树龄 1000 年左右，浙江天台山国清寺 1 株隋梅，至今已有 1300 余年。梅具有古朴的树姿，素雅的花色，秀丽的花态，恬淡的清香和丰盛的果实，花开于寒冬，"已是悬岩百丈冰，犹有花枝俏。俏也不争春，只把春来报。待到山花烂漫时，她在丛中笑。"，给大地带来无限生机。几千年来，梅花的风格、梅花的精神，在中华民族历史长河中无不注入了她坚贞、高雅神韵。一代又一代地蓄芳，传芳、流芳千古。称梅、兰、竹、菊为四君子，又将松、竹、梅称为"岁寒三友"，人们种梅、育梅、赏梅、爱梅、踏雪寻梅，传诵着许多美好的佳话和咏梅诗词歌赋及画卷，从而形成具有我国独特梅文化。"望梅止渴"成语故事出在安徽含山县东南五里，昔山上多梅树，曹操行军至此，望梅止渴三军。梅经长期驯化栽培，形成了不同生态、花色品种类型。秦汉间即有观赏的梅花类型，在宫苑中种植。园林中可孤植、丛植、群植；在庭前、坡上、石际、路旁、池畔、溪岸地势高燥、阳光充足之处，或与松、竹组成以梅为主景或用不同的梅花类型、品种，建成各种形式的梅花园、梅花山、梅岭、梅峰、三友路、梅溪、梅径、梅坞等具有诗情画意的"香雪海"、"踏雪寻梅"。目前全国除植物园、公园内辟有梅花专类园外，现全国已建设成 11 处大型梅花园，融山水植被和各地风情于一体山水梅园。我国果用梅林栽培的历史久远，栽培面积更大，形成地方特色，广东博罗县罗浮山下梅花村，旧时梅树成林，村人赖以酿酒为营生。苏东坡诗句："罗浮山下梅花村，玉雪为骨冰为魂"。"不是一夜寒彻骨，哪得梅花扑鼻香"或"疏影横斜水清浅，暗香浮动月黄昏。"生动美妙而富含哲理。

　　选用 10 年生以上的健壮母树，于 5 月份果实呈黄色或绿白色时采种。采后除去果肉取净后的种子及时密播于湿沙床内催芽，待萌芽后移植到圃地。也可直接条播于圃地，覆土厚约为种子的 3～5 倍。实生苗不能保持母树的优良特性，因此常用嫁接、扦插、压条等方法进行繁殖。嫁接用的砧木多为梅、桃、杏、山杏或山桃。通常用切接、芽接、劈接、腹接或靠接，于早春砧木叶芽尚未萌动前进行。扦插选用 1 年生健壮枝，剪成 15cm 长的插穗，插前用 500mg/L 吲哚丁酸处理，插后经常喷水保湿。春季栽植，穴状整地，施足基肥，2～5 年生大苗带土栽植，栽后浇足水，加强管理。

梅

1.果实 示果核
2.花剖面
3.花枝
4.果枝

樱桃 *Prunus pseudocerasus*

蔷薇科 Rosaceae（李属）

落叶乔木，树高达 8m；树皮红褐色，具明显横条皮孔，有绢状光泽；小枝灰褐色，无毛或被疏柔毛。叶互生，长圆状卵形，尾尖，基部润楔形或近圆形。边缘有尖锐重锯齿，齿尖常有腺体，上面近无毛，下面沿叶脉或脉腋间有疏柔毛，顶端有 2 腺体，托叶披针形，早落。花为伞房总状花序。3～6 朵，先叶开放；花梗长 1～1.5cm，被疏柔毛；萼筒钟状，萼片反折；花瓣白色略带红晕，卵圆形，先端常有凹缺；雄蕊 30～35 枚，花柱无毛。核果近球形，熟时红色，味甜。花期 3～4 月，果熟期 5～6 月。

樱桃为我国原产，分布于黄河流域至长江流域，生长于海拔 2000m 以下的山地之阳坡、沟边、旷地，四川山地有成片野生纯林群落景观。北自辽宁南部、甘肃南部，南至广东，西南至云南、四川等省区广泛栽培，华北地区及长江流域为其栽培中心，其中最为著名者，当首推安徽太和县的大樱桃，果紫红色，汁多而甜美，被视为珍果，曾奉为皇家贡品，以及山东胶东、江苏南京、浙江诸暨等为主要产区。喜温暖湿润气候，但日照充足，气候干燥时，果味变酸。适生于年降水量 600～700mm 的地区，在微酸性、中性及微碱性的紫色土、红壤、黏壤、棕壤、砾质土、冲积性褐土以及沙土上都能生长，但以土层深厚、土质疏松、肥沃湿润、保水力强的沙壤土、壤质沙土和砾质壤土上生长最好。对根癌病有高度抗性，易产生流胶病，注意干皮不受损伤；浅根型，侧根发达，抗风力强；树龄长，西安市灞桥区灞陵乡龙湾村海拔 560m 处生长有 1 株樱桃古树，高 15.0m，基径 1.02m，树龄 200 年；安徽金寨县天堂寨镇后畈村有 1 株樱桃古树，树高 28m，胸径 1.02m，树龄为 300 年，如白居易诗云："鸟偷飞处衔将火，人争摘时踏破珠。可惜风吹兼雨打，明朝后日即应无。"对 HCl$_2$、H$_2$S 有一定的抗性。樱桃花如彩霞，新叶鲜红，果若珊瑚，晶莹透红。宋·赵师侠《采桑子·樱桃》："梅花谢后樱花绽，浅浅匀红。试手天工。百卉千葩一信通。余寒未许开舒妥，怨雨愁风。结子药笼。万颗匀圆讶许同。"春花夏实，"先百果而熟"，春寒刚尽，夏热初临，羞以含桃，光彩夺目，进献到你的面前，"凉液酸甜足，金丸大小匀。甘为舌上露，暖乍腹中春"，秋叶丹红满树云锦。樱桃栽培历史悠久，至少已有 3000 多年，周代《礼记·月令》（公元前 1134 年）载有："……无子乃以雏尝黍，羞以含桃，……。"《吕氏春秋·仲夏纪》载有："羞以含桃，先荐寝庙"，古人以其果实作为祭祖的进奉珍果。杜甫有《野人送朱樱》诗："西蜀樱桃也自红，野人相赠满筠笼。数回细鸟愁仍破，万颗匀圆讶许同。"农家栽培更为普遍。清·诗人黄遵宪《樱花歌》："镏金宝鞍金盘陀，螺钿漆盒携巨罗，缬帐胡蝶衣哆啰，此呼奥姑彼檀那。一花一树来婆娑，坐者行者口吟哦，攀者折者手挼莎，来者去者肩相摩。墨江泼绿水微波，万花掩映江之沱，倾城看花花奈何，人人同唱樱花歌。"这首歌写尽了日本人民春天看樱花的举国若狂的胜况。中医药学对樱桃的论述较多。唐代医学家孙思邈在《千金要方》中记述："樱桃味甘、平、涩，调中益气，可多食，令人好颜色。"近代分析证实，在水果中，樱桃含铁量是最高的，100g 鲜果肉含铁 5.9mg，比苹果、柑橘、梨等高出 20～30 倍；维生素 A 的含量比葡萄、苹果高 4～5 倍，而且 V$_B$、V$_C$ 及磷、钙含量也较丰富。《说文》考："莺桃、莺鸟所含食，故名曰：含桃。"李白有："别来几春未还家，玉窗已见樱桃花。"

选用 10 年生以上的优良健壮母树，于 5 月果实由绿色转为红色或深红色，种仁发育充实、果肉变软时采集。采回的果实置于室内堆积，待果肉软化后搓揉，经水冲洗除去杂质，后摊放于室内通风干燥处晾干，使种子含水量低于 10%，混湿沙低温（3～5℃）层积贮藏，不宜干藏。秋播的种子翌春出苗整齐。春播的种子经过层积处理后，种子微裂后播种，条播，覆土厚约 1.5～2cm，盖草。也可采用容器育苗。春季或雨季，大苗或小苗均需带土坨栽植。

櫻 桃

1.果核
2.花枝
3.果枝

枇 杷 *Eriobotrya japonica*

蔷薇科 Rosaceae（枇杷属）

常绿小乔木，树高达 10m，树皮灰褐色，小枝粗壮，密生锈色绒毛。单叶互生，革质，披针形或倒卵状长椭圆形，长 12～30cm，宽 3～10cm，先端渐尖，基部楔形，边缘有疏锯齿，表面浓绿色多皱，背面密被锈色绒毛，叶柄亦密生锈色毛。圆锥花序顶生，花多而密集，花序梗、花梗、萼筒及裂片均密被锈色绒毛；花瓣白色，基部具爪，有锈色绒毛；雄蕊 20，花柱 5，离生，无毛；子房顶端有锈色绒毛，5 室，每室有 2 胚珠。果实球形或长圆形，黄色或橘黄色，外被锈色柔毛，直径 2～4.5cm，种子 1～5，扁球形，褐色，光亮。花期 10～12 月，果熟期翌年 4～6 月。

枇杷分布北自秦岭、淮河流域一线，南至广东、广西，东起台湾，西南至四川、云南等省区，散生于海拔 1200m 以下低山丘陵地带常绿、落叶阔叶林中，在长江流域、淮河流域以及珠江流域各大支流沿河谷、山间谷地几乎到处都有成片的野生枇杷林群落景观，尤以四川境内的大渡河流域，湖北的清江两岸，以及神农架板仓乡阴山谷沿河 10 余 km，有一万余株，湖南澧水流域有成片的枇杷原始林群落，在大庸市海拔 600m 地带石灰岩山地有野生枇杷大树群落。枇杷栽培始于商周，司马相如《上林赋》中："枇杷橪柿"的记载，以及江陵发掘出土的古墓中存有枣、桃、枇杷等种子便可证实。田中芳男博士于 1887 年在《大日本农会报》上指出："批杷非我国（指日本）固有之产品，自名称考之，乃自汉土传来者。"安徽歙县的新安江沿岸的瀹潭、漳潭、绵潭的枇杷栽培已有 800 多年历史了，有"天上王母蟠桃，世上三潭枇杷"之美称。如今三潭已连成一片，形成沿新安江两岸 10km 宽、20 多 km 长的人工枇杷林雄伟景观。喜光，稍耐荫，喜温暖湿润气候，不耐严寒，忌水涝，在年平均气温 15℃ 以上，年降水量 1000mm 以上，最冷月平均气温 5℃ 以上，最低气温在 -5℃ 以上，花期、幼果期温度不低于 0℃ 的地区，均能获得丰产。-3℃ 时，幼果即受冻害，枇杷的枝叶抗寒力较其花、果以及柑橘更强。喜肥沃，富含腐殖质，排水良好的中性土或酸性土，PH 值以 5.5～6.5 为佳，在砾质壤土、砾质黏壤土上生长正常，江苏洞庭湖石灰岩山地栽培枇杷生长良好。根系分布较浅，抗旱、抗风能力差。生长尚快，一年四季均抽梢生长；萌芽力弱而成枝力强，与刺激轻重成正比；实生树，100 年后结果仍不衰退。陕西安康市河南乡高明村海拔 310m 有 1 株古枇杷树，高达 13m，胸径 60cm，树龄 300 年。对烟尘、SO_2 抗性强，1kg 干叶可净化 18.85g 的 SO_2，并有较强的滞尘能力。枇杷树形美观，四时常青，冬春白花满树，芬芳馥郁，初夏柯叠黄金丸，适应城市环境，是观叶、观花、观果、招引鸟类的优良园林树种，亦是园林结合生产的好树种。宜植为行道树、庭荫树或在风景区片植组成枇杷风景林。古代枇杷与琵琶两名通用，古人曾自嘲："枇杷不是这琵琶，只因当年识字差"，以至有"若使琵琶能结果，满城箫管尽开花"玩笑。南宋·周祗《枇杷赋》："名同音器，质贞松竹。四序一采，素花冬馥。霏雪润其绿蕤，商风理其劲条。望之冥濛，即之疏寥。"唐·白居易的诗句："淮山侧畔楚江阴，五月枇杷正满林"。宋·杨万里《枇杷》："大叶耸长耳，一梢堪满盘。荔枝多与核，金橘却无酸。雨压低枝重，浆流冰齿寒。长卿今在否，莫遗作园官"。

选用 10 年生以上的优质丰产、树势强壮的母树，于 5～6 月果实由青绿色转为黄色或橘黄色、果肉组织软化时分期分批采收。采回的果实剥开果肉即得种子，从中再选出含核少、饱满种子，用水清洗，去除杂质，捞起晾干，净后播种，不宜太深，薄覆土、盖草，搭棚遮荫。翌年春秋季进行移植，也可用 2 年生的实生苗作砧木，选择 1～2 年生的充实枝梢的中、下部作接穗，长 10～15cm，保留 2～3 芽，于 3 月中下旬行切接，成活后注意遮荫及保护。此外，还可用高空压条繁殖。春秋或雨季，苗木带土栽植，叶片剪去 1/3～1/2。

枇 杷

1.果核
2.果
3.花枝
4.雌蕊
5.花纵切面

巨紫荆（乌桑）*Cercis gigantea*

苏木科 Caesalpiniaceae（紫荆属）

落叶乔木，树高达 20m，胸径 80 余 cm；树皮黑色，平滑，老树浅纵裂；2～3 年生枝黑色，幼枝暗紫绿色，无毛，皮孔淡灰色。单叶互生，叶近圆形，长 6.5～13.5cm，宽 5～12cm，先端短尖，基部心形，下面基部被淡褐色簇生毛；叶柄长 1.8～4.5cm。花先叶开放，7～14 朵簇生老枝上，花梗长 1.2～2cm，紫红色；萼暗紫红色，花冠淡红紫色。假蝶形；雄蕊 10，分离；子房具柄。荚果扁平，条形，长 6.5～14cm，先端尖，腹缝稍具翅，紫红色。花期 4 月，果熟期 10～11 月。

巨紫荆为我国特有的树体高大的乔木树种，与在农家房前、公园中习见的灌木型的紫荆迥然不同，它是由我国著名的树木学家郑万钧教授定名为紫荆属的 1 个新种。树体硕大，单干独生，荚果长达 13cm，成熟时呈紫红色的特征，与紫荆相区别。产秦岭、大别山区及以南长江中下游，南达贵州、广东等地。散生于海拔 600～1450m 中山区上部天然林中，与柳杉、木兰、紫楠、天目木姜子、青钱柳、小叶白辛树、香果树等混生，杭州、南京等地植物园有栽培。喜光；喜温暖湿润气候，亦耐寒；适生于深厚湿润、肥沃之山涧谷地的阔叶林中，不耐水湿；萌蘖性强，耐修剪；少病虫害；寿命长，安徽大别山天堂寨海拔 1000m 山坡上有一株古巨紫荆，树高 30cm，胸径 80cm，200 多年树龄。枝繁叶茂，花于 4 月叶前开放，花形似蝶，满树嫣红，鲜艳夺目，夏日浓荫覆地，光影相互掩映。梁·江淹《金荆颂》："江南之山，巨嶂连天。既抢紫霞，亦漱绛烟。金荆嘉树，涌云宅仙。"秋冬荚果悬挂枝上，满树紫红，是美丽的观赏树种，唐·韦应物诗："杂英粉已积，含芳独暮春。还如故园时，忽忆都园人。"这是诗人看见紫荆花开时怀念兄弟而作。紫荆早在唐代之前，我国南北就广泛用于庭园观赏栽培了。南朝·周兴嗣编《千字文》中有"孔怀兄弟，同所连枝"之句。元·张雨"黄土筑墙茅盖屋，门前一树紫荆花。"诗句，表明古时，甚至连田园农家亦以栽紫荆以示家风，象征兄弟情爱，同心协力的同时，则进一步增加了我国先人崇尚花木的传统文化的寓意。宜植为行道树、庭荫树，孤植、对植、列植或群植都合适。

选用 20 年生以上的优良母树，于 10～11 月果实呈深紫红色时采种。采回的果实摊晒，待充分干燥后敲击荚果，使之脱粒，去除空籽和杂质，即得种子，干藏或湿沙层积贮藏，以供翌春 3～4 月播种。播前干藏的种子用 60℃温水浸泡 24h 或混湿沙层积处理 3 个月左右播种。床式条播，条距 20～30cm，覆土 2～3cm，并盖草保湿。幼苗出土时分次揭草。幼苗期应及时松土除草、施肥和灌溉。培育大苗应换床移植。也可容器育苗、扦插或分株、压条繁殖。春季液芽未萌动前或秋季落叶后宿土栽植，穴状整地，适量基肥，适当深栽和灌水，以保证成活。

心边材区别明显，边材乳白色或灰白色，心材深黄色或金黄褐色，木材有光泽。生长轮明显，宽度均匀。早材至晚材急变。木材纹理直，结构均匀至略均匀；质重；硬；干缩小至中；强度中。木材干燥较难，少开裂，耐腐性中；切削加工较难，易钝刀具；但切削面光洁；油漆、胶粘性能良好；握钉力强。木材可作家具、房屋建筑、室内装饰、工农具柄、农具、细木工等用。

巨紫荆

1.果枝
2.花枝
3.花

凤凰木（金凤树） *Delonix regia*

苏木科 Caesalpiniaceae（凤凰木属）

落叶乔木，树高达 20m，胸径 1m，树冠扁圆形，树皮灰褐色，粗糙，小枝稍被毛。二回偶数羽状复叶，羽片对生，10~23 对，小叶 20~40 对，长圆形，先端钝圆，基部略偏斜，两面被柔毛，托叶羽裂。总状花序伞房状，花鲜红色，美丽，萼筒短，外面绿色，内面深红色，镊合状排列，花瓣 5，圆形，具长爪，爪长 2cm，雄蕊 10，红色，子房近无柄。荚果长带形，长 25~60cm，厚木质，黑褐色；种子长圆形，暗褐色，多数，有毒性。花期 5 月，果熟期 10 月。

凤凰木原产马达加斯加岛及非洲热带，适生于年降雨量不少于 600mm 地区。树冠广展，在有漫长干旱季的地区，旱季短期落叶；在 4~5 月雨季来临之前红花盛开，极为瑰艳，绿叶凝翠相伴，足以表达热带季雨林季相变化的生态景观。花大红色，夏季密布枝头，为马达加斯加共和国的国花。凤凰木之名的由来，最初传我国，可能先引种到澳门栽植在凤凰山上，故称凤凰木。现在我国台湾、福建泉州及华南，西南等地都有栽培，城市园林中常见。福建沿海砂地引种，生长不良。喜暖热湿润气候，怕寒流和霜冻侵袭；在深厚、肥沃、排水良好的酸性、中性及微碱性沙壤土上均能生长，较耐干旱；深根型，根系发达，抗风力强；少病虫害；寿命可达 100 年。深圳市龙岗区大鹏镇凤凰木高达 30 m，胸径 86 cm，冠幅 25 m²，树龄 100 年。树形硕壮，树冠伞形，侧枝横展，冠形整齐，枝叶扶疏，羽叶翠绿，轻盈秀美，夏日花大而密集，满布羽叶丛中，鲜红似火如荼，颇富热带风光。是优良的观赏树种，可植为庭荫树、行道树、园景树或群植组成风景林或防风林带。

选用 15 年生以上的优良母树，于 11~12 月果实呈黑褐色时采种，采回的荚果置日光下曝晒数日，经过敲打脱出种子，取净后干藏。播前用 80℃ 热水浸种 24h 后播种，春季高床条播，每公顷播种量约 500kg，覆土约 2cm，并盖草。幼苗移植 1 次，株行距约 50cm。幼苗期注意修枝养干、中耕除草和施肥。穴状整地，适当基肥。大苗带土栽植。

木材黄白色，光泽弱；生长轮不明显至略明显，宽度不均匀；木材纹理直或斜；结构中至粗，均匀；质轻；软；干缩小；强度低。木材干燥容易，速度较快；不翘裂；不耐腐；易蓝变色；切削加工容易，但切削面不光洁，时有夹锯现象，导管在纵面上呈沟状；油漆性能中等，胶粘性能较好；握钉力弱，不劈裂。木材少见于工业用，一般栽培作观赏用。木材适宜造纸、箱板、人造板及一般家具用材。

凤凰木

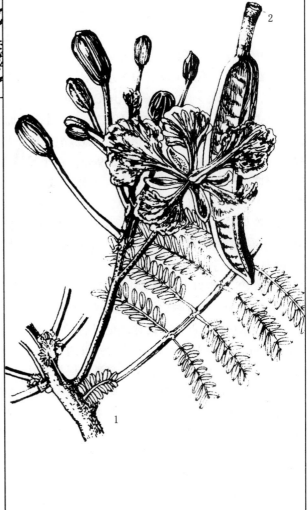

1.花枝
2.果

格木（铁木）*Erythrophloeum fordii*

苏木科 Caesalpiniaceae（格木属）

常绿乔木，树高达 25m，胸径 40cm 以上；树皮暗灰褐色，幼树皮淡灰褐色，不裂或微纵裂；小枝被锈色短柔毛。二回奇数羽状复叶，羽片 2～3 对，每小羽片具小叶 9～13 枚，小叶互生，革质，卵形，全缘，无毛。总状花序圆柱形，花白色，小而密生；萼钟形，基部合生成管，上部 5 齿裂；花瓣 5，近等大；雄蕊 10，分离；子房有柄，被毛，胚珠多粒。荚果扁平，带状，厚革质，长达 16cm，黑褐色，二瓣裂；种子扁椭圆形，坚硬，黑褐色。花期 4～5 月，果熟期 10 月。

15 种，间断分布东南亚、大洋洲北部与非洲的热带、亚热带地区。我国仅有格木 1 种，产西南、华南、福建至浙江南部以及台湾等地，散生于南亚热带海拔 800m 以下低山丘陵疏林中或林缘，与红锥、枫香、橄榄、水榕等混生，组成次生的季雨林，原生天然林已不多见，为国产著名硬木之一，国家二级重点保护树种。性较喜光，幼龄期稍耐庇荫，喜光，幼苗、幼树稍耐庇荫，中龄以后，需要充足的光照才能生长茂盛，如长期被压，生长不良。喜暖热湿润多雨气候，不耐霜冻，不耐干旱又忌积水；适生于年平均气温 21℃ 以上，1 月平均温 11～14℃，极端最低温 -3℃ 左右，大于或等于 10℃ 年积温 7500℃ 以上，年降水量 1500～2000 mm，相对湿度 78% 以上的地区。幼苗、幼树不耐寒，常因霜冻而枯梢，甚至冻死。在花岗岩、沙页岩上发育的酸性土、疏松而肥沃的冲积土上及轻黏壤土上生长良好，在低山丘陵山坡下部、山谷生长迅速，27 年生树高 14.4m，胸径 22.9cm；在干旱瘠薄的山腰中上部以及土壤干旱之地生长不良，如广西博白林场丘陵山地的格木人工林，栽植在山顶的 17 年生树高仅 1m 左右。树龄长，广州黄埔区大沙镇姬堂加庄山格木林，最大 1 株胸径 81 cm，树龄达 170 年。根系发达，有根瘤菌，具有改善与提高土壤肥力作用。树形高大，挺拔雄伟，干皮灰白，光洁可爱、枝叶郁茂、四季翠绿；春日繁英满树，羽叶扶疏，互相掩映，颇为美观，为优良的观赏树种，宜植为行道树、庭荫树以及四旁绿化树种。

应选 25 年生以上壮龄母树，于 10～11 月果实由青色转变为黑褐色时采种。采后置阳光下曝晒，脱出种子，经日晒后干藏。因种皮坚硬，播种后 3 个月至 1 年才开始发芽，故播种前可用热水浸种，然后埋于湿沙中催芽，也可将种皮磨损，使其吸水膨胀。春季或冬季高床点播，点播行距 25cm，株距 15cm，每公顷播种量约 240kg，点播时种胚芽向下，切勿平放或倒放。播后覆土 1cm，盖草。幼苗出土前及时灌溉，保持苗床土壤湿润，种子发芽出土后，分次揭草。幼苗期应及时松土、除草和灌溉。穴状整地，大苗带土栽植。

木材心边材区别明显，边材黄褐色，心材红黄褐色或深红褐色微黄，有光泽。坚实耐腐，有铁木之称。木材纹理交错，结构细，均匀；质甚重。木材干燥容易，速度快，少有缺陷产生，干后性质稳定；切割加工容易，切割面光洁；油漆、胶粘性能良好；握钉力弱，不劈裂；耐磨性差。木材适宜制胶合板、家具、室内装饰、文具和运动器材、生活用具以及造纸原料。叶可作饲料及肥料。

格　木

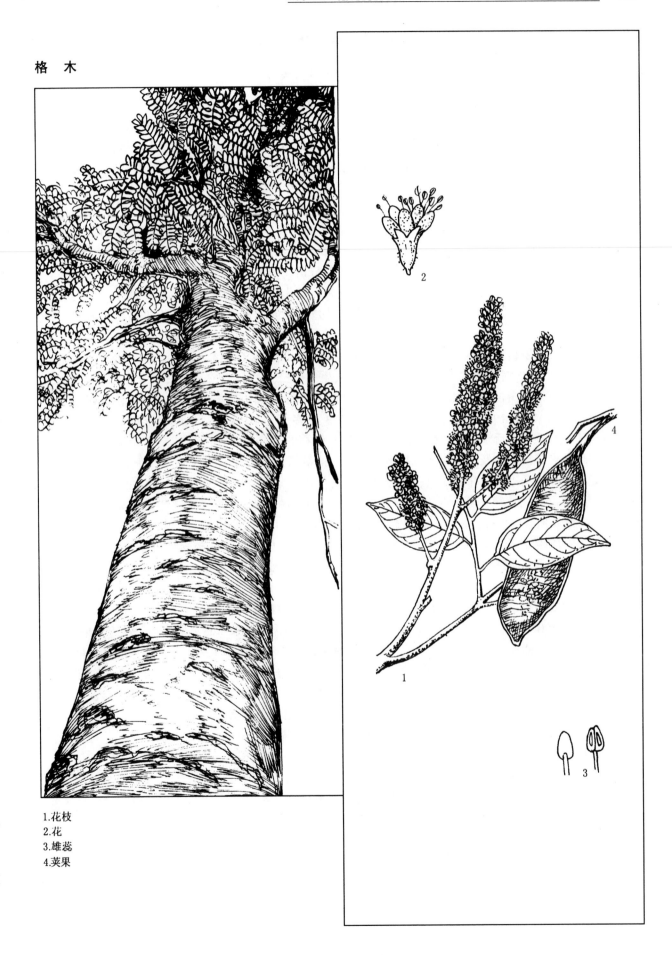

1.花枝
2.花
3.雄蕊
4.荚果

皂荚 *Gleditsia sinensis*

苏木科 Caesalpiniaceae（皂荚属）

落叶乔木，树高达 30m，胸径达 1.2m，树皮暗灰色，粗糙，且多具分枝圆刺，长达 10 余 cm，红褐色，具光泽，小枝无毛。一回偶数羽状复叶，小叶 3~7（9）对，卵形或倒卵形，长圆状卵形，长 2~8cm，先端钝或渐尖，基部斜圆形，边缘具细钝齿，叶脉、叶轴及小叶柄被柔毛。花杂性，总状花序腋生，总花梗及花梗被柔毛，花萼钟状，裂片 4，花冠淡绿色、黄白色，花瓣 4，雄蕊 6~8，子房条形，沿腹缝被毛，具短柄。荚果带状，紫红色或黑褐色，果荚木质，不扭曲，种子多数，长圆形，扁平，亮棕色。花期 4~5 月，果期 10 月。[附种：山皂荚（*Gladitsia japonica*）与皂荚不同处：①树高 15m 左右，分枝刺扁圆，长 5~10cm，较短；②羽状复叶，小叶 6~11 对，长卵形；③花雌雄异株，总状花序细长；④荚果果荚较薄，呈纸质，常扭曲。]

皂荚分布极广，产于黄河流域及其以南各地，太行山、桐柏山、伏牛山、大别山等山区有野生天然林，在西南地区可达海拔 1000~1600m 地带。安徽凤台县刘集乡山口村的硖山口，一株皂荚古树踞禹王山顶而立。硖山口濒临淮河北岸，是西淝河入淮之口，世传大禹治水，开硖石山以通淮水。北宋诗人林通诗云："长淮如练楚山青，禹凿招提甲画屏。数崦林萝攒野色，千崖楼阁贮无形。"明·傅君锡亦写到："鸟度高峰千仞窈，人行空峡几层湾。朝霞暂卷岗光霁，旭日初匀树色斓。"是旧时寿春八景之一，那时山上次生林中野生的皂荚树，生长至今，已有 400 年春秋了。山下淮水击崖石而北转，山顶皂荚古树仅与相距 2 m 的飞檐四翘的古亭为伴。每当淮水泛滥，必为水淹，1991 年水灾，淮水淹没古树 3 m 多高达 20 余天，水退而水草仍挂于高枝。古树历尽磨难，劫后余生，然而仅靠树皮传输而残存的老朽之木，不知还能望断桀骜不驯的淮水于何年。低山丘陵及平原地区多栽培，喜光，稍耐荫；喜温暖湿润气候，耐寒冷与干旱；喜深厚肥沃而湿润的土壤，在酸性土、中性土、钙质与及盐碱土、黏土或沙土上都能正常生长；深根型，根系发达，抗风力强；生长速度较慢，抗污染；对 SO_2、HF、Cl_2 抗性强，寿命长达 700 年。陕西凤翔县南指挥乡南指挥村海拔 880m 处生长 1 株皂荚古树，高 12.6m，胸径 1.77m，冠幅 238 m^2，树龄已有 940 余年，成为该乡一大历史景观。树干高大，树冠广展，枝叶繁茂，浓荫覆地，夏日黄花满树，明亮悦目，秋叶黄色，入冬，荚果长挂枝头。宋·张耒《皂荚树》诗："畿县尘埃不可论，故山乔木尚能存，不缘去垢须青荚，自爱苍鳞百岁根。"是优良的绿化树种，可植为庭荫树，亦是四旁和工矿区、防风林带的优良树种，种子可入药。

应选 30~100 年生的健壮母树，于 10 月果实呈紫黑色时采种，采回的荚果摊晒，砸碎荚果，取净后袋装干藏。播前需进行催芽处理，一是浸泡种子，每 5~7d 换水 1 次，并盖草保湿直至种皮开裂即播；二是秋后进行层积湿沙贮藏。春季高床条播，每米播种 10~15 粒，覆土 3cm，盖草，每公顷播种量约 500cm。幼苗破土能力弱，应及时松土。当苗高达 10cm 时，开始间苗、定苗，株行距 15~20cm。皂荚喜土层深厚肥沃湿润的土壤，耐干旱瘠薄，在石灰岩山地、石质山坡、中性、微酸性及轻盐碱土上均能生长。穴状整地，栽后灌水，幼树期注意修枝。

木材心边材无区别，黄褐色，有光泽。生长轮明显。木材纹理直，结构细至中，不均匀；质重；硬；干缩小；强度中。木材干燥较难，速度慢，易翘裂；稍耐腐；切削加工较难，但切削面光洁；油漆胶粘性能良好；钉钉难，握钉力强，易劈裂。木材适宜作家具、室内装饰、桩柱、上等砧板、洗衣板、农具、工艺美术制品和雕刻等用。其荚果可用于洗涤衣物，尤有利于丝织、毛纺织品。

皂荚

1.花枝
2.枝刺
3.荚果

肥皂荚（肉皂荚）*Gymnocladus chinensis*

苏木科 Caesalpiniaceae（金合欢属）

落叶乔木，树高达 25m，胸径 1m，树皮幼时灰色，平滑，老时灰褐色，粗糙。枝干无刺。二回偶数羽状复叶，羽片 3~6（10）对，小叶 20~30，长椭圆形或矩圆形，顶端圆或微凹，基部斜圆形，两面被短柔毛，托叶钻形，宿存。总状花序顶生，花杂性，淡紫色，与叶同放，萼漏斗状圆筒形，外被柔毛，裂片 5，披针形；花冠不为蝶形，花瓣 5，长圆形，雄蕊 10，5 长 5 短。着生花瓣上，子房长椭圆形，无毛，花柱粗短。荚果长椭圆形，肥厚，长 7~10cm，厚约 1.5cm，暗褐色，顶端有短喙。种子 2~4，近扁球形，黑色。花期 4~5 月，果熟期 9~10 月。

肥皂荚分布于秦岭、大别山区及其以南各地，南达广东北部、西至四川中部，生于海拔 300~1500m 林中，各地多有栽培，是乡村四旁常见的乡土树种。古代称为鸡栖，树上结的皂角，古来民间相沿用为洗濯衣物，其作用与现代的肥皂相同。多为宅旁常见栽培的乡土树种。元·方回诗："何如觅皂角，浣濯着服腻。"三国魏时就在殿中栽培用于观赏了。崔颐《答豫章王书》："鸡树腾声，鹓池播美"。杜甫诗："枸杞因吾有，鸡栖奈汝何"。刘禹锡诗："鲤庭传事业，鸡村遂翔翔"。宋·杨万里《皂角林》诗："水漾霜风冷客襟，苔封战骨动人心！河边独树知何木？今古相传皂角林。"在扬州南三十里，当年金兵南侵瓜州时，宋军埋设于皂角林中伏击，战斗的残酷历史上有记载，随后变成为"皂角林"地理之名了。寿命长达数百年以上。江西宜丰县敖上大桥生长 1 株肥皂角古树，高 25m，胸径 1m，树龄 500 年。喜光，喜温暖湿润气候及深厚肥沃、湿润的土壤，耐干旱，亦有一定的耐寒性；深根型，根系发达，抗风；耐污染，每平方米叶面积吸收 SO_2 31.28 mg、Cl_2 27.60 mg、HF 12.15 mg；少病虫害；树形高大，冠广荫浓，初夏先花后叶，满树紫玉繁英。是良好的观赏树种，宜植为庭荫树、园景树，工矿区绿化及防风林带树种。

选用 20 年生以上优良母树，于 9~10 月采种。荚果暗褐色，种子呈黑色。果实采收后摊开暴晒，干裂后取出种子或浸水软化取出种子晾干后干藏。播前用浓硫酸处理 5h，然后迅速用清水冲洗干净，经处理的种子播种，出苗快而整齐。春季床式条播，每公顷播种量约 2000kg，覆土 2~3cm，盖草。幼苗出土分期揭草。加强苗期中耕除草，追肥和灌溉。也可容器育苗。穴状整地，春秋季节，大苗带土栽植。

木材心边材区别明显，边材浅黄褐或黄褐色，心材深红褐或红褐色带紫；生长轮明显，宽度略均匀，环孔材；木材光泽强；新伐材具酸臭味；纹理直至斜，结构细至中，不均匀，材质重硬。干燥不易，易翘裂；耐腐性中。加工较难，切削面光洁；握钉力强，易劈裂。可作砧板、工农具柄、农具、洗衣板、衣架、玩具、家具、房屋建筑、室内装饰、桩柱等。荚果肥厚，富含皂素，为优良的制皂原料，荚果可药用。

肥皂荚

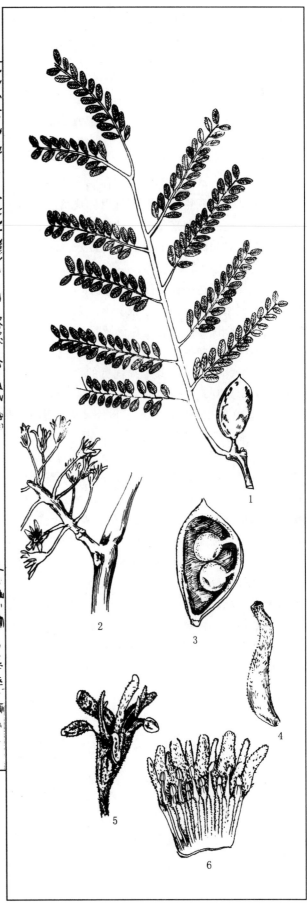

1.果枝　　4.雄蕊
2.花枝　　5.花
3.果剖面示种子　　6.展开之花

相思树（台湾相思）*Acacia richii*

含羞草科 Mimosaceae（金合欢属）

　　常绿乔木，树高达16m，胸径60cm；树皮灰褐色，不开裂，稍粗糙，枝条无刺。幼苗具羽状复叶，后小叶退化，叶柄成叶状，镰状披针形，长6～11cm，具3～7条平行脉，托叶刺状或不明显。头状花序1～3腋生，花瓣淡绿色，雄蕊金黄色，花丝分离，突出，胚珠多数。荚果扁平，带状，幼时被黄褐色柔毛，后脱落，长4～11cm，种子间缢缩。花期4～6月，果熟期8～9月。

　　原产我国台湾省南部以及菲律宾与南洋群岛。在两广、福建、江西、浙江平阳、四川雅安等地的热带和南亚热带地区广泛引种栽培。喜暖热湿润气候，生长气温20～30℃，在桂林、赣州、福州等地，寒潮来临时，枝叶常受冻害；抗高温耐干燥瘠薄，亦耐水湿与短期水淹；在微酸性或中性湿润而疏松土壤上生长最好；深根型，根系发达，枝条韧性强，抗盐雾与海潮风能力强；萌蘖性强，耐重修剪，可修剪整形各种造型树；具根瘤、具有改善与提高土壤肥力作用；树高年生长量可达1m左右。树龄长，广州市黄埔区长洲深井圣堂山公园生长一株相思树胸径1.07 m，树龄150年。树干银灰色，光洁妍雅，树冠四季苍翠，绿荫复地，夏日满树黄花，金黄灿烂，赏心悦目。梁启超在台湾时，乘晚凉，闻男女相从而歌，译其辞意为诗："相思树底说相思，思郎恨郎邝不知。树头结得相思子，可是郎行思妾时"。当时全岛多栽植相思树，遍地皆是。树性强健粗放，为低维护优良的观赏树种，宜植为行道树、庭荫树、园景树。可构成美丽的热带滨海景观，亦是沿海地区防潮风、台风、护岸固土的优良树种。

　　应选20年生健壮母树，于8月果实由青色转褐色即可采种。采种要及时，过早则种子未完全成熟，发芽率低，过迟则果开裂，种子散落。荚果摊晒开裂时取种，干藏种子含水率应降至9%～10%。因种皮外被蜡质，播前要用开水浸种2～3min，再用冷水浸种1～2d播种。可随采随播或春播。床式条播，行距20cm，每公顷播种量约75cm。经催芽种子播后3～5d则可出苗。豆象蛀食种子用氯化苦熏杀，吹绵介壳虫危害幼苗幼树可用天敌大红飘虫除治或药剂喷杀，锈病危害幼嫩叶用1%波尔多液防治。春季栽植，穴状整地。抗风能力强，可作为沿海地区防护林树种栽培。具根瘤，能提高地力，可与桉树混交种植。

　　木材心边材区别明显，边材浅黄褐或黄褐色，心材黑褐色，常杂有黑色或暗褐色条纹；有光泽。生长轮略明显，木材纹理交错，结构细，均匀；质重；硬；干缩中至大；强度中至高。木材干燥困难，速度缓慢，有端裂；性耐腐；切削加工较困难，但锐利刀具加工后切削面光洁；油漆、胶粘性能良好；握钉力强，木材宜用于桩、柱、杆、车船构件、工农具柄以及家具、车旋、雕刻、造纸等方面；树皮内树胶可用于药类、纺织、油漆及胶粘剂工业。也可用作薪材和水源涵养。

相思树

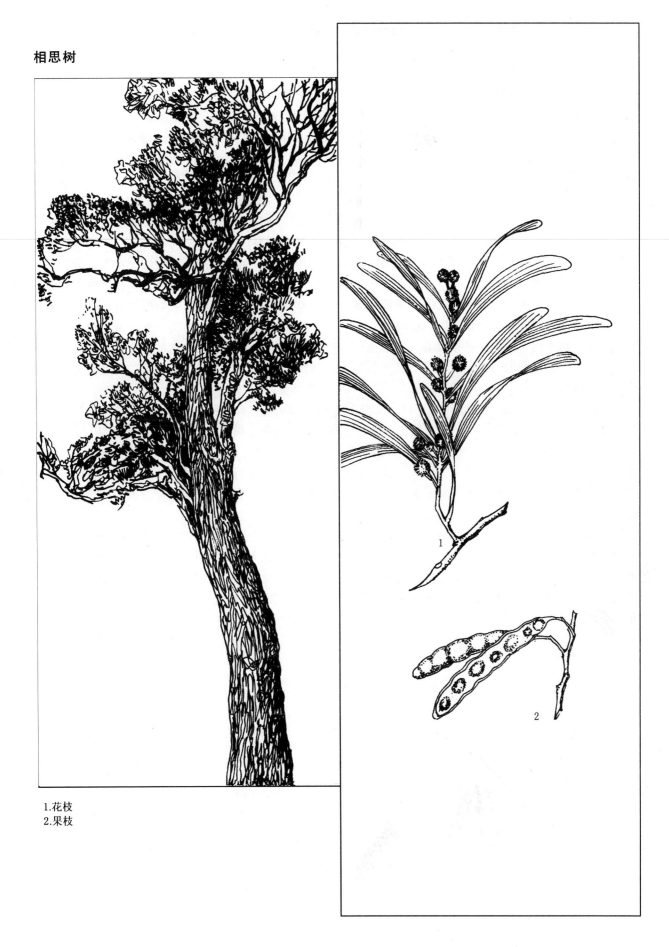

1.花枝
2.果枝

楹树（华楹、水相思）*Albizia chinensis*

含羞草科 Mimosaceae（合欢属）

　　落叶乔木，树高达 30m，胸径 80cm，树皮暗灰色，平滑，小枝被灰黄色毛。二回羽状复叶，叶总柄具腺体，羽片 8~20 对，小叶 20~46 对，窄长圆形，长 6~9mm，先端尖，中脉偏于上缘，下面粉绿色，微被毛，托叶半心形，叶轴上部具 2~4 腺体。头状花序 3~6 排列成圆锥状，花黄白色或绿白色，萼 5 齿裂，花瓣在中部以下合生，雄蕊多数，花丝细长，基部稍连合，子房被毛，胚珠多数。荚果长 7~15cm，无毛。种子 8~15。花期 3~5 月，果熟期 11 月。

　　为热带树种，产亚洲南部。我国华南至西南地区，广东、海南、四川、湖南、贵州、云南、福建等地均有分布，在 100~1000m 干热河谷地带常与木棉、香须树等组成不连续片林。浙江平阳、福建福州等地有栽培。喜热带季雨林气候，要求干湿季明显。忌严寒，能耐轻霜，也忍受短期 -6℃ 低温。抗热耐干旱，喜低湿地，耐水淹；在深厚湿润、肥沃微酸性、酸性土壤生长最好，也耐干旱瘠薄，但在板结、干燥的红土上生长较差。常生山坡、山谷和河流边旁。适生于中亚热带南部至北热带的山地、丘陵及平原地带，水肥条件中等的立地类型上均能生长。生长快，云南瑞丽海拔 940m，13 年生树高 24m，胸径 37cm。腺体产生挥发性物质具有杀菌、清洁空气作用。树姿优美，树干挺拔耸直，树冠宽广，枝叶扶疏，是优美的观赏树种，宜作为行道树、庭荫树以及低湿地与荒山、荒滩绿化先锋树种。树皮有止泻、收敛、生机功效，又为提制栲胶良好原料，亦可毒鱼。叶可作绿肥。

　　选用 15 年生以上的优良母树，于 11 月果实呈黄褐色或灰褐色时采种。采回的荚果摊放在日光下曝晒，除去果荚，取出种子混沙贮藏或袋装干藏。秋播的种子随采随播，但要用始温 40℃ 水浸泡 24h，春播在 3~4 月，干藏的种子用 80℃ 热水浸种。床式条播，每公顷播种量约 40 kg。此外，也可将种子密播在沙盆中，待发芽后移芽至容器内培育，或待苗木木质化移至圃地培育，容器苗 3 个月后出圃，圃地床式苗 1 年后出圃。春季或秋季，大穴整地，适量基肥，大苗宿土栽植。

　　木材心边材区别明显，边材浅黄褐色，心材浅栗褐色至暗栗褐色；有光泽。生长轮明显，木材纹理直或斜，常交错，结构细至中，均匀；质轻；软；干缩甚小；强度低；冲击韧性甚低。木材干燥不难，速度中等，稍有翘曲；抗虫蛀性差；稍耐腐；锯解困难，不易获得光洁切削面；油漆、胶粘性能良好；握钉力弱，不劈裂。木材可作家具、农具、箱盒、胶合板、生活用具及制浆造纸。

楷 树

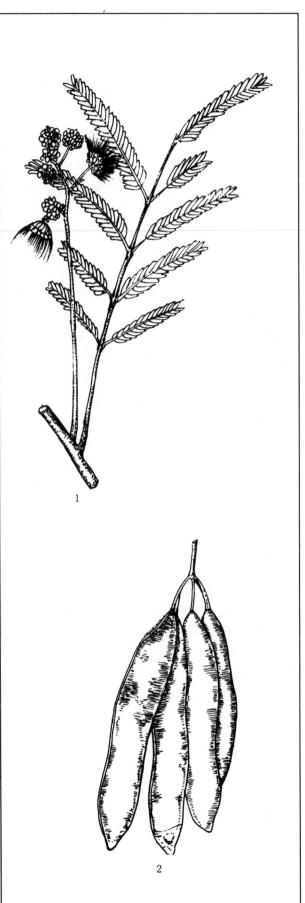

1.花序枝
2.果序

南洋楹（仁人木）*Albizzia falcataria*

含羞草科 Mimosaceae（合欢属）

落叶大乔木，树高达 45m，胸径 1m 以上，树干通直，树皮灰青色或灰褐色，不开裂。小枝微有棱，淡绿色，皮孔明显。二回羽状复叶，羽片 11～20 对，上部常对生，小叶 10～21 对，菱状长圆形，长 1～1.5cm，中脉稍偏上缘，对生，无柄，两面被毛；托叶锥形，叶柄基部具 1 腺体，叶轴上部具 2～5 腺体。穗状花序腋生，花淡黄绿色，无梗。荚果窄带形，长 8～13cm，开裂。种子 10～15，椭圆形。花期 4～5 月，果熟期 7～9 月。

南洋楹原产印度尼西亚马鲁古群岛，是世界著名的速生树种。原产地处于赤道无风带，因而形成了适应高温、多湿、静风的生境，适生于年平均气温 25～27℃，年降水量 2000～3000mm，且无明显的旱季，为荒山荒地先锋树种，自 19 世纪 70 年代以来，在亚洲热带地区已广泛引种栽培，现世界上热带、亚热带地区均引种广泛栽培，在马来西亚土壤良好的立地条件下，3 年生树高达 14～18 m；在太平洋斐济岛冲积土上，8 年生，树高 17 m，胸径 46 cm，合每公顷每年生长量 42 m³，其生长速度比杉木快 6～7 倍，被称为"植物赛跑家"。我国引入栽培已半个世纪，在广东、广西、海南、福建均有栽培。阳性树种，喜暖热多雨气候和肥沃湿润土壤，在年平均气温 20℃ 以上，年降水量 1500～2000mm 气候条件下生长良好，在砖红性红壤，砖红性沙质壤土上，pH 5～6 生长旺盛，在干旱瘠薄或黏重土壤或积水之地生长不良。但幼树易风倒，大树抗风力不强，萌芽力强，萌芽更新良好；生长极速，比桉树还要快，在海南胸径年生长量 8cm，广州 6 cm 以上，厦门达 5 cm 以上；广东农学院内 17 年生树高 32.5m，胸径 1.023m；20 年生衰老，寿命短，树龄约 25 年。树形自然优美，挺拔秀丽，树冠疏展，是优美的观赏树种，用途广泛，为荒山荒地绿化先锋树种，可作经济林木，也可作绿荫树，丛植、群植均合适。孤植或列植为行道树，要防止风倒。南洋楹侧根系发达，根瘤丰富，落叶多，易腐烂，枝叶灰分含氮 10.5%、磷 5%～6%、钾 9%～10%、钙 10%～12%，是改良土壤的优良绿肥树种。农场、茶园可作为经济作物的庇荫树。

选择 15 年生以上健壮母树，于 8 月果实呈黑褐色时采种。采后经曝晒脱出种子，用袋装干藏。因种子具有蜡质，播前应用 70～80℃ 热水浸种到自然冷却，或用沸水烫种后再于冷水中浸泡 24h，待种子吸水膨胀即可播种。春秋雨季均可播种。高床条播，行距 20cm，覆土厚不见种子为宜，并盖草保湿，每公顷播种量约 15kg。幼苗初期生长缓慢，应注意中耕除草，及时灌水和追肥。也可采用容器育苗。为了保护苗木根系和根瘤的湿度，苗根要打泥浆，春夏两季栽植。

木材心边材区别明显，边材浅黄褐色，心材浅红褐色；有光泽。生长轮略明显，木材纹理交错，结构细至中，均匀；质轻或甚轻；甚软；干缩甚小；强度低；冲击韧性中。木材干燥不困难，稍有翘裂；稍耐腐；抗蚁性弱；锯解较难，刨面不光洁；油漆、胶粘性能尚好；握钉力不强，不劈裂。木材可作家具、农具、纸浆、箱盒、生活用具及一般单板。树木可作行道树。

南洋楹

1.叶枝
2.花序
3.花
4.小叶
5.果

牛肋巴（钝叶黄檀）*Dalbergia obtusifolia*

蝶形花科 Fabaceae（黄檀属）

落叶乔木，树高达 17m，树干端直，侧枝斜直上伸，小枝近无毛。奇数羽状复叶，小叶通常 5 枚，稀 7 枚，倒卵椭圆形或椭圆形，长 5 ～13cm，先端钝圆或微凹，基部宽楔形或圆形，无毛。圆锥花序顶生或侧生，总花梗和花梗密被淡黄色柔毛；花萼齿被锈色柔毛，花冠淡黄色；雄蕊 9、单体。荚果长椭圆形，长 4~8cm，有种子 1~2 个，间有 3 个。花期 2~3 月，果熟期 4～5 月。

牛肋巴为黄檀属树种，又名钝叶黄檀、牛筋木、铁刀木、紫梗木。本属约有 120 种，广布于热带至亚热带地区，我国约 30 种，产秦岭、淮河以南各省区，是珍贵的用材树种与紫胶虫寄主树。自然分布于我国云南省西南部及缅甸北部、老挝等地。牛肋巴主产云南的中部、南部，生长于海拔 500~1600m 中山及丘陵地带，以海拔 900~1200 m 的干热河谷及半山区为多，多散生于沙质岩地区，微酸性山坡弃耕地，轮休地，次生稀树草坡和农地边。四川、广东、广西与福建等地多栽培。以萌条更新培育矮林为主，以利放养紫胶虫，但幼苗、树木枝干常受冻害。喜光，喜暖热气候，耐高温干旱，不耐霜冻，生长适温 23~32℃；在干旱瘠薄土壤上也能生长，主根发达，侧根较少，易移植，抗风力强；根蘖能力及萌芽性极强，耐重修剪，经多次砍伐，仍能萌芽更新。生长快，树高年生长量可达 1~2m，胸径约 2cm；抗污染。是空旷地、弃耕地及采伐迹地天然更新先锋树种。树叶具有较强的持水性能，蒸腾强度小，有利于增强抗旱性。牛肋巴树形健美，树冠开展，花于早春先叶怒放，满树金黄灿烂，为优美的绿化树种，宜植为行道树、庭荫树，单植、列植或群植均合适，亦是风景区的优良树种。牛肋巴泌胶量高。

应选 15~30 年生健壮母树采种，采种母树应禁放紫胶虫。于 5~6 月果实呈暗褐色时采集。果熟后易散落，应及时采收，采回的果实置于阴凉通风处晾干，取净后密封贮藏。播种期为 5~6 月，随采随播，高床条播，行距 20 cm，每公顷播种量（不带荚果）约 15 kg，覆土 1~1.5 cm，盖草。此外，可采用插条育苗，选择 1~2 年生粗 0.8~2 cm 实生苗枝条或 10 年生以内母树的萌生枝及 1 年生枝截成 20 cm 长为插穗，每节具 2~4 个芽，上端削平，下端削成马耳形，斜插，地上部分留 1~2 芽眼。春夏雨季栽植，定植时适当修剪嫩枝叶及主根，并用稀泥浆蘸根。

木材心边材区别不明显；浅黄色，有光泽，无特殊气味和滋味；木材纹理交错，结构细，质硬重，均匀；干缩大，强度中，冲击韧性高。木材干燥不难，不翘裂；较耐腐；切削加工容易钝刀具，但切削面光洁；油漆、胶粘性能良好，握钉力强。木材可用于高级家具、车辆、工农具、纺织器材、立体器材、日常用品。

牛肋巴

1.枝叶
2.花枝
3.果序部分
4.三种花瓣

红豆树（花梨木、红宝树）*Ormosia hosiei*

蝶形花科 Fabaceae（红豆树属）

常绿乔木，树高达 30m，胸径 1m，伞状树冠，树皮幼时绿色，平滑，老时灰色，浅纵裂，小枝绿色，无毛；裸芽。奇数羽状复叶，小叶 5～7（9），卵形或长圆状卵形，长 5～14cm，无毛或幼时微被毛；无托叶。圆锥花序顶生或腋生，花萼被黄棕色柔毛，花冠白色或淡红色，花蝶形，子房无毛，胚珠 5～6。荚果扁卵圆形或卵状椭圆形，果皮厚革质，长 4～6.5 cm，先端喙状，有种子 1～2 粒，鲜红色有光泽。花期 4 月。

亚热带树种，产于秦岭、大别山以南及长江流域中、下游各省，生于海拔 650m 以下低山丘陵的谷地、溪边阔叶林中，与樟树、栲树、冬青、石栎、枫香、毛竹等混生，在天然林木中常为上层林木。江苏江阴、常熟等各地有栽培，喜温暖湿润气候，具有一定的耐寒性；适生于深厚湿润肥沃之酸性土壤。深根型，根系发达，抗风能力强，具有丰富的根瘤；萌芽性强，可萌芽更新。浙江 50 年生人工林，树高 26m，胸径 58cm，江苏江阴、常熟、浙江、福建蒲城有胸径 1m 以上大树，寿命长达 500 年以上。江苏江阴市顾山镇红豆树下村周姓人家有 1 株红豆树，传说系南朝梁代昭明太子萧统所植，距今已有 1500 年。贵州息烽天台山海拔 1050m 处有 61 株红豆树林。树姿自然优美，四季苍翠，春末花开时，花粉红色，秋结种子形态似扁豆，鲜红色，久存不变色，古人常作项链、手饰、戒指等装饰物品。唐·王维《相思》诗："红豆生南国，春来发几枝？愿君多采撷，此物最相思。"还有《红豆》词："匀圆不颗争相似，暗数千回不厌痴。留取他年银烛下，拈来细与话相思。"这都是歌咏恋人情意绵绵的内心感受。红豆树的种子成了赤诚情爱的一种象征，神思妙远，意味极深长。宜丛植山石旁或亭侧水畔以衬托环境景观。李时珍称："主治：通九窍去心腹邪气，止闷头痛，风痰瘰疬杀腹脏及皮肤内一切虫。除虫毒取二十七枚研服即当吐出。"

应选 25～30 年生以上的优良母树，于 10～11 月果实呈褐色采种，采回的荚果置于室内通风处摊晾敲打，经筛选得纯净种子，装入袋中或混湿沙贮藏。播前干藏的种子用始温 50～80℃ 水烫种，并在自然冷却中继续浸种 10～24h，待种子膨胀即可播种。春季高床横行点播，条距 20cm，每公顷播种量约 850kg，每条定苗约 10 株，苗木生长期注意除草松土及水肥管理。也可采用容器育苗。大穴整地适量施肥，在春季冬芽萌动前，将苗木适当修剪部分枝叶和过长的根系并打泥浆栽植。

木材心边材区别明显，边材浅黄褐色，心材栗褐色；有光泽。生长轮不明显或略明显。木材纹理直或斜，结构细而均匀；质重；硬；干缩小；强度中；冲击韧性中。木材干燥较困难，速度缓慢，心材耐腐，边材不耐腐；切削加工容易，切削面光洁，弦面上花纹美丽；油漆、胶粘性能良好；握钉力强，木材可作高档家具、室内装饰、装饰艺术品、文具、乐器及房屋建筑等材料用。

红豆树

1. 花枝
2. 果枝
3. 三种花瓣
4. 荚果
5. 种子
6. 去瓣之花

花榈木 *Ormosia henryi*

蝶形花科 Fabaceae（红豆树属）

常绿乔木，树高达 15cm，树皮灰褐色，光滑，树冠广卵圆形；小枝有密生灰黄色绒毛，裸芽，密生锈色绒毛。奇数羽状复叶，小叶 5～9 枚，椭圆形或长圆状披针形，长 7～12cm，宽 2～5cm，先端急尖，基部圆形或宽楔形，上面无毛，下面密被灰黄色绒毛，无托叶。圆锥花序，顶生或腋生，花序轴及花梗均密被灰黄色绒毛；萼钟状，裂片与萼筒近等长。密生黄色绒毛；花冠黄白色，蝶形，子房边缘有疏毛。荚果长圆形，扁平，长 7～11cm，种子节间微缢缩，干时紫黑色，无毛，顶端有短喙；种子 4～8 颗，鲜红色，长 8～15mm。花期 6～7 月，果熟期 8～9 月。

为我国特产的亚热带树种，分布于四川东部及南部、湖北西部、陕西南部、江西南部、安徽南部、浙江、福建、湖南、广东、广西贵州、云南等省区，常散生海拔 1200m 以下的低山丘陵的山谷，山坡和溪边阔叶林中，或为"四旁"孤立木，天然资源稀少，在贵州关岭、梵净山等地呈小片状群聚，约为 5hm^2，加上散生林木全省只有 350 株左右，为国家二级重点保护树种。在北纬 33°20′的陕西有栽培。中性树种，较喜光，幼苗在乔木层郁闭度小于 0.6 的林分内天然更新良好；大树在阳光充足的条件下，生长发育旺盛。在天然林中，大树常居于林冠上层。喜温暖湿润气候，能耐 -5℃ 的极端最低气温，适生于年平均气温 17.5～20.7℃，最冷月平均气温 7.7～12.2℃，年降水量 1200～2000mm，相对湿度 70%～80% 的地区生长良好，能抗 39℃ 的极端最高温。适生于土层深厚、疏松肥沃、排水良好的酸性黄壤；以在山洼、山脚、山谷口、河边生长最好。生长快，干形好，环境较干燥的山坡上部、丘陵顶部土层浅薄之地上则生长不良，分权性强，主干低矮。萌芽性强，可萌芽更新；深根型，主根发达，抗风能力强；少病虫害；生长速度中等，树龄长，贵州关岭白水海拔 960m 处生长有 4 株花榈木大树，其中 1 株树高 30m，胸径 38cm，枝下高 20m，生长旺盛；福建柘荣县楮坪乡洪坑村生长 1 株，高 26.7m，胸径 82cm，树龄在 100 年以上。湖南洞口县石桥乡赤足新塘组水圳上首有一株花榈木，树高 20m，胸径 1.65m，树龄 300 年。树形姿态优美，主干修长耸直，枝繁叶茂，四时翠绿，羽叶轻盈婆娑，夏日白花满树，素艳华净，秋季鲜红色带形荚果，悬挂绿叶丛中，颇为美观。宜作为行道树、庭荫树、园景树，孤植、列植、丛植均适宜，或在山地风景区片植组成风景林，亦是"四旁"绿化的优良树种及珍贵用材树种，曾获得 1954 年莱比锡国际博览会木材二等奖。

选用 20 年生以上的生长健壮的母树，于 11 月果实呈黄褐色、干时紫黑时采收。采回的荚果置于室内通风处摊晾，待夹果裂开后取出种子，经筛选取净，种子忌失水，不宜曝晒，阴干即可干藏或混湿沙层积贮藏。春播，干藏的种子用 50～80℃ 热水烫种，并在自然冷却中继续浸泡 10～24h，已膨胀的种子进行播种，未膨胀的种子继续用水浸泡，直到膨胀可播种为止。条播，每公顷播种量约 250kg。播后覆土、盖草。当子叶转绿，真叶开始长出时即可间苗移植。幼苗不耐水渍，注意圃地排灌。穴状整地，施足基肥，春季或雨季，大小苗木均能带土栽植。为了防止苗木枯梢，也可采用切干栽植。

花桐木

1.果枝
2.雄蕊
3.翼瓣
4.旗瓣
5.龙骨瓣
6.荚果

槐树（中国槐、家槐）*Sophora japonica*

蝶形花科 Fabaceae（槐属）

落叶乔木，树高达 25m，胸径 1.5m，树皮灰黑色，纵裂，树冠近圆形，小枝绿色，皮孔明显，无顶芽，侧芽为叶柄下芽。奇数羽状复叶，小叶 7～17 片，具短柄，叶卵形或长圆形，先端尖，基部圆，全缘，下面苍白色，被平伏毛；托叶钻形，早落。圆锥花序顶生，花蝶形，黄白色，花 1～1.5 cm，雄蕊 10，分离或基部稍合生，子房具柄，胚珠多数。荚果念珠状，果实 2.5～8 cm，肉质不裂，经冬不落，种子之间缢缩。种子数 1～6，深棕黑色，肾形，长 6～9 mm，宽 3～6 mm。花期 6～8 月，果熟期 9～10 月。

分布自东北南部，南至广东、广西，西北到陕西、甘肃南部，西南到四川，云南海拔 2600m 以下，各地多栽培。为城乡常见树种，西藏拉萨等地早有栽培，罗布林卡有七株百龄以上的古槐树。喜温凉湿润气候，亦耐湿热及干冷气候；喜深厚、肥沃、湿润而排水良的沙壤土，在酸性土、中性土、钙质土及轻盐碱土上均能正常生长，在干旱贫瘠及低洼积水之地生长不良；深根型，根系发达，枝条韧软，抗风力强；萌芽性强，耐修剪；寿命长，在北京名园中 500 年龄以上的古槐数量甚多，山西中阳县有一棵"周槐"。安徽泗县马厂及濉溪县沈圩香山庙的"隋槐"至今已是 1300 多年的高龄了，江苏宿豫县宿城镇城南村有 1 株古槐树相传为项羽所植，故称"霸王槐"。淮北平原还有三处"唐槐"，不胜枚举。对 SO_2、Cl_2、HF 及烟尘等抗性较强，尤其是对铅蒸气吸收积累能力强，枝叶含铅量达 11.5μg/g 以上，吸碳放氧，增湿降温能力亦较强，槐花挥发产生的罗勒烯、壬醛等成分，具有杀菌、净化清洁空气作用。树姿优美，树冠庞大，枝繁叶茂，绿荫如盖，夏日黄花满树，灿烂夺目，入冬念珠状荚果，悬挂于树上，经久不落，为优美的观赏树种。我国以槐树命名地名甚多，说明了其栽植的历史悠久和广泛。白居易诗《庭槐》："南方饶竹树，惟有青槐稀；十种七八死，纵活亦支离。何此郡庭下，一株独华滋？蒙蒙碧烟叶，嫋嫋黄花枝。我家渭水上，此树荫前墀。忽向天涯见，忆在故园时。人生有情感，遇物率所思。树木犹复尔，况见旧亲知！"宜植为行道树、庭荫树，亦是四旁、工矿区及防风林带的优良树种。

选用 30 年生以上健壮母树，于 10～11 月荚果呈暗绿色或淡黄色时采种。采回后用水浸泡搓去果肉，亦可将荚果晾干或脱粒后干藏或混沙层积贮藏。干藏种子应在 20d 前用 80～90℃ 热水浸种 5h 后与湿沙混合催芽，待有 1/2 左右破胸时即播种，春季床式条播，每公顷播种量约 150kg。为培育良好主干，可在第 2 年春按 40cm×40cm 的株行距重新移植，秋季落叶后平地截干并施堆肥越冬，第 3～4 年，再按 1m 株行距移植，继续培育主干。槐树也可分蘖繁殖或萌芽更新。大穴整地，大苗带土栽植。

木材心边材区别略明显，边材黄色或浅褐色，心材深褐或浅栗褐色；有光泽。生长轮明显；木材纹理直，结构中至粗，不均匀；质重；硬；干缩中；强度中；冲击韧性高。木材干燥容易，速度中等，耐腐朽，抗蚁蛀，边材有蓝变色；切削加工容易，切削面光洁，油漆、胶粘性能优良，握钉力强。木材宜做桩、柱、工农具、房屋建筑、家具、人造板、车辆等用材。另槐花可食、入药；数姿美观，多用作行道树和庭园树。

槐 树

1.花枝
2.果
3.旗瓣
4.雌蕊、雄蕊
5.种子
6.翼瓣
7.龙骨瓣
8.花

刺槐（洋槐）*Robinia pseudoacacia*

蝶形花科 Fabaceae（刺槐属）

落叶乔木，树高达 25m，胸径 60cm，树皮灰褐色，纵裂，枝条平滑无毛，黄褐色，小枝通常具托叶刺，硬而扁。叶为奇数羽状复叶，小叶 7~19 片，椭圆形或卵形，长 1.5~5.5cm，先端圆或微凹，具小尖头，基部圆，下面淡绿色，疏被白色短毛或无毛。总状花序腋生，下垂；花萼宽钟状，有 5 齿裂；花冠白色，蝶形，芳香，旗瓣反曲，有爪，翼瓣弯曲，龙骨瓣内弯；雄蕊 10，为 9+1 两体。荚果扁平，条状长圆形，长 4~10cm，沿腹缝线有窄翅；种子黑色，3~10 粒。花期 4~5 月，果熟期 8~9 月。

原产北美的暖温带至亚热带 1400m 以下低丘陵、山间平原及河流两岸冲积平原上，现欧、亚各国广泛栽培。20 世纪初，德人将其引入青岛。在青海、甘肃可栽植至海拔 2200m 地带，河北、山东海拔在 1250m 以下，江苏在 50m 以下，但多植于平原及低山丘陵地区，而以黄河中下游、山东半岛、辽东半岛及淮河流域生长最好。强阳性树种，不耐庇荫，喜较干燥而凉爽的气候，在年平均气温 8~14℃，年降水量 500~1100mm，极端最低温 -12~-17℃，极端最高温 28~32℃地区生长最好。耐干旱瘠薄，不耐水湿，忌积水，但在土层较浅的大旱之年也会旱死。在石灰性土、中性土以及含盐量在 0.30% 以下的轻盐碱土上能正常生长，但以深厚湿润、疏松排水良好的冲积土或堆积砂质壤土上生长最好；在土壤水分过多的重黏土或地下水位过高之地方易烂根，有枯梢现象，常致全株死亡；地下水位浅于 0.5m 的地方不宜种植。浅根性树种，侧根发达，有根瘤菌，可固氮增加土壤中氮素，抗风能力较弱，在风口处易发生风倒；根蘖能力强，可萌蘖更新；对烟尘、粉尘、SO_2、Cl_2、HF、NO_2、O_3 等抗性强，1kg 干叶可吸收 SO_2 9000mg，吸收 Cl_2 3100 mg，F 37.20 mg，并对 O_3 及铅蒸气具有一定的吸收能力，$1m^2$ 叶面积可吸收 SO_2 39.59mg（Ⅱ），HF 5.18mg（Ⅲ），1kg 干叶含氟量可达 1000mg 以上，1 公顷刺槐林一年可收吸 SO_2 62.90kg；吸碳放氧、增湿降温能力亦强，$1m^2$ 叶面积年放氧量为 1647.34g，年蒸发水量为 342.21kg。刺槐树形高大，羽叶翠绿，轻盈疏展，大型总状花序，夏季垂挂树冠，花期长，碧绿相映，素雅华丽，芳香阵阵，是优良的绿化观赏树种及工矿区绿化优良的抗污吸污树种；保持水土能力强，14 年生人工林可截留降水量 28%~37%，每公顷枯枝落叶有 4200~5625kg，可吸水 3660~4500kg，根系可固水 2~3m^3，为华北、改良土壤，涵养水源和四旁绿化的优良树种；树叶可作饲料，绿肥；鲜花含芳香油 0.15%~0.2%，可食及提取香精；种子含油量 12%~13.8%。

选用 10 年生以上的优良健壮母树，于 10~11 月果实呈棕褐时及时采集，采回的荚果摊晒、碾压脱粒、风选后干藏。播前需用 50~60℃热水反复浸烫，分级催芽，分批播种。春季 3~4 月条播，条距 30cm，每公顷播种量约 60kg，覆土厚 0.8cm。当幼苗长出 3~4 片真叶时进行追肥，松土除草，间苗，定苗。还可选取种根粗 0.5~2cm，截成 15~20 cm 长的插条于春季插入苗床。也可选用粗 1cm 以上的中下部萌芽条剪成 20cm 长为插穗，而后用 2000μg/g 的萘乙酸溶液处理 5~10min，再进行扦插。为培育优良的刺槐类型，常用劈接、靠接、芽接等方法。穴状整地，春季芽苞开放时，带干栽植。秋冬宜截干栽植，截干高度不超过 3cm，栽植深度，比苗木根颈高出 5cm，干旱沙地高出 10~15cm。

心边材区别明显，边材黄白至浅黄褐色，心材暗黄褐或金黄褐色。木材有光泽；无特殊气味和滋味；纹理直；结构中，不均匀，质重、硬；干缩小；强度高，冲击韧性高。木材干燥不难，但易开裂，少翘曲，干后尺寸稳定性好；耐腐性及耐虫性均强；切削困难，切削面光洁；钉钉困难，握钉力强；油漆、胶粘性能良好。木材可作家具、室内装饰、运动器械、房屋建筑、桩柱、水工用材及工农具柄等。

刺 槐

1.花枝
2.花序
3.去花瓣之花
4.旗瓣
5.龙骨瓣
6.翼瓣
7.托叶刺
8.荚果

紫 藤 *Wisteria sinensis*

蝶形花科 Fabaceae（紫藤属）

落叶木质藤本，茎攀援高可 10 余 m；小枝暗灰色，密被短柔毛，冬芽扁卵形。密被柔毛。叶互生，奇数羽状复叶，小叶 7~13 片，先端渐尖，基部圆形，幼叶两面密被毛，老叶无毛，全缘。总状花序长 15~30cm，花紫蓝色，密集，花冠大，略有香气；花萼浅杯状，萼齿三角形；旗瓣卵圆形，先端钝圆或微凹，基部有爪，翼瓣矩倒卵形，龙骨瓣近肾形。荚果扁条形，长 10~15cm，具喙，密被黄色绒毛；种子数 1~5，扁圆形，黑色。花期 4~5 月，果熟期 9~10 月。

为层外植物，间断分布于东亚与北美。原产我国南北各地，北自辽宁、内蒙、黄河流域、长江流域，南达广东，东起江苏、浙江沿海，西至四川、甘肃等省区，散生于海拔 1200m 以下低山丘陵地带的阳坡、林缘、溪边、旷地或灌丛中，现广泛栽培于庭园中，村旁房前亦常见，多用于垂直绿化和庭园长廊"蒙茸一架自成林，窈窕繁葩灼暮阴"的优美景观。喜光，略耐庇荫；喜温暖湿润气候，耐寒性强，耐干旱瘠薄及水湿能力亦强，但在北方仍以植于避风向阳之处为宜。对土壤适应性强，酸性土、中性土、微碱性上均可生长；萌蘖性、萌芽性均强，耐修剪；深根型，主根发达，侧根少，不耐移植；生长快，对病虫害抗性强，树龄长，陕西陇县杜阳乡步湾村海拔 1010m 处生长有 1 株紫藤，藤长 10.1m，胸径 21.0cm，冠幅 57m^2，树龄 130 年；上海市闵行区紫棚藤镇上生长 1 株紫藤古树，系明代正德至嘉靖年代文人董宜阳手植，树龄已有 470 年，紫棚藤镇也就以这株古紫藤而得名。目前这株藤径达 53cm，粗壮苍劲。苏州拙政园入口左侧院内，亦有明代文征明（1470~1559 年）手植两株紫藤，基径 38cm，干高 8m，树龄也有 470 年以上，两株躯干盘绕曲结在一起，弯弯曲曲，刚劲古朴，生机盎然，独成一大景观。被称为"苏州三绝"之一。在紫藤之旁树立有青石题碑，上书"文衡山（徵明）先生手植紫藤"。紫藤吸碳放氧能力中等，增湿降温能力强，1m^2 叶面积分别为释放氧气为 1021.79g/a，蒸发水量为 338.73kg/a；对 SO_2、Cl_2、H2Cl 及重金属铬酸抗性较强。紫藤枝干粗大盘曲，势若龙蟠，或攀高树，或依棚架，或附墙垣，或缘奇石，扶摇直上，势谷凌空，伸展数十米之高，枝繁叶茂，春季先叶而花，穗大而美，花大而香，一串串淡紫色大花，长垂而下，迎风摇曳，鲜艳夺目，风姿卓绰，远处望之似群蝶纷飞，临水而上，唐·李德裕诗句："水似晨霞照，林疑彩凤来"。千姿忌态，势若凌飞。仲秋时节，扁圆形的果实，嘉实累累，犹如金铃，饶有一番情趣，自古以来，就是我国园林造园艺术的优良藤本树种。李白《紫藤树》诗句："紫藤挂云木，花曼宜阳春。密叶隐歌鸟，香风留美人。"林则徐《又题花卉》："垂垂璎珞影交加，翠幄银幡护紫霞。难得国香成伴侣，素心晨夕与天涯。"将紫藤与兰花放在一起描写，让紫藤与享有"国香"之称的兰花朝夕相伴，使艳丽的紫藤花也熏染一点兰花高洁纯正的气质，真可谓是藤兰相伴，藤艳兰芳，相得益彰，相映成趣，内容丰富，寓意深刻，令人回味无穷。江西民谣："入山看见藤藤树，出山又见树藤藤。树死藤生藤到死，藤死树生死也藤。"以表达对爱情、事业忠贞不渝。

果熟期 10~11 月，成熟的果实密生黄色绒毛，木质。荚果采回后晒干，裂开，脱出种子，袋装置于通风处贮藏。春播，播前用 60℃温水浸种 1~2d，待种子膨胀后，点播于土中，1 个月后出苗。扦插在秋季采条，捆束沙埋至翌春，剪留 2~3 节扦插。也可在秋季选取当年生的茎部枝条长 10cm 带踵扦插。压条繁殖四季均可，选取 1 年生健壮枝条压埋土中，待发育长出新根后，即可剪离母体。也可选用优良品种作接穗，接在普通品种砧木上，采用枝接、根接均可。春季 3 月栽植，穴状整地，施足底肥，移植时多带侧根和土球，栽后及时浇水。

紫藤

1.花
2.旗瓣
3~4.翼瓣、龙骨瓣
5.雄蕊
6.果枝
7.花枝

拟赤杨（赤杨叶）*Alniphyllum fortunei*

安息香科 Styracaceae（赤杨叶属）

落叶乔木，树高 15~20m；树皮暗灰色，有灰白色斑块。单叶互生，纸质，椭圆形或倒卵状椭圆形，长 8~14cm，宽 4~8cm，先端急尖或渐尖，基部宽楔形，边缘具疏锯齿，两面被星状柔毛，后渐脱落，叶背灰白色，略具白粉；叶柄 0.8~2cm，被灰色星状毛，小苞片钻形，早落。总状花序或圆锥花序，顶生或腋生，长 8~20cm，有花 10~20 朵，花序梗密被灰褐色星状短柔毛；花萼杯状，5 裂，较萼筒长，萼筒浅碟形，被毛；花冠 5 裂；裂片长椭圆形，两面密被灰黄色星状毛，雄蕊 10，花药长卵形；子房上位，5 室，花柱较雄蕊长。蒴果木质，长椭圆形，5 瓣裂，外果皮肉质，内果皮木质；种子多数，两端具膜质翅。花期 4~5 月，果熟期 10~11月。

拟赤杨属有 3 种，广布我国长江流域以南各地，南到海南岛。生于海拔 200~2200m 常绿林中，在天然林内为优势树种。福建、江西、湖南、湖北、四川东部海拔 1500m，贵州、云南南部、东南部、广东、广西海拔 1000m 以下地带有分布。在安徽牯牛降石台县境内海拔 400m 有一片拟赤杨纯林群落景观，其中有 1 株 77 年生拟赤杨，树高 18.2m，胸径 29.9cm。喜光，不耐荫；喜温暖湿润气候，亦较耐寒，抗热；适生于深厚湿润、肥沃山地谷间。耐干旱瘠薄，在荒山地天然更新良好，形成次生林。常与枫香、黄檀、山槐、翅荚香槐、灯台树、光皮桦等混生。广东海拔 700~1000m 的山地常与青冈、石栎、栲属、木荷、厚皮香、樟科树种、枫香、桦木等树种组成山地常绿落叶阔叶混交林群落。林冠繁茂，参差不齐，多呈波浪起伏，由于落叶树种存在，具有较明显的季相变化，因树种组成复杂，林相丰富多彩。在土层肥厚地方，江西武功山，28 年生树高 21.3m，胸径 34cm；寿命较长，在 100 年以上。树冠庞大，枝叶郁茂，浓荫匝地，树姿优美，为良好的绿化树种，可植为行道树、庭荫树，亦为荒山荒地绿化先锋树种。

应选 15~20 年生健壮母树，于 8~10 月果实呈由绿色转变为黄褐色至深棕色且尚未开裂时采种。采回的果实放在室内阴干，待果实开裂，脱出种子，去除杂质并晒干，用袋装密封贮藏。春季，床式条播或撒播。条播每公顷量约 30kg，撒播每公顷播种量约 50kg，覆土厚约 0.5cm，盖草，种子播后约 40d 发芽并大量出土，适时分次揭草，搭棚遮荫，中耕除草和施肥。春秋季栽植，也可与其他树种混交。有母树的荒山荒地，可用带状整地，促进天然更新。

木材心边材无区别，浅红褐或黄褐色；光泽弱，木材纹理直，结构甚细，均匀；质轻；软；干缩小或小至中；强度低；冲击韧性中。木材干燥容易，不弯形；不翘裂；不耐腐；不抗蚁蛀；切削容易，切削面略发毛；油漆性能稍差；胶粘性能尚好；握钉力弱。木材宜作胶合板、镜框、机模、家具、室内装饰、文具、包装材料及造纸。

拟赤杨

1.果枝
2.花纵剖面

灯台树（瑞木） *Cornus controversa*

山茱萸科 Cornaceae（灯台树属）

　　落叶乔木，树高达 20m，胸径 70cm；树皮灰褐色，老树浅纵裂；枝条紫红色，平展，层次分明，树冠圆锥形，树干端直。叶互生，广卵形或长圆状卵形，长 6~13cm，先端突尖，基部宽楔形或近圆形，全缘，上面深绿色，无毛，下面灰绿色，被白色丁字毛；叶柄长 2~6cm。伞房状聚伞花序顶生，花白色，萼齿三角形，花瓣 4，雄蕊 4，子房下位，密被灰白色平伏柔毛。核果球形，初为紫红色，熟后变为蓝黑色，顶端有近方形深孔。花期 5~6 月，果熟期 8~9 月。

　　灯台树南北均产，西南地区尤盛。华北、华南、华东、西南及辽宁、甘肃、陕西、台湾等地均有分布，常散生于海拔 500~1600m 山坡阔叶林中与溪谷旁。安徽大别山区金寨、霍山马家河、潜山天柱山、舒城、六安及皖南九华山、黄山、歙县清凉峰、祁门牯牛降、宣城、广德等地天然林中均有生长，常与枫香、化香、栓皮栎、黄檀、冬青、红果钓樟、野漆树、豺皮樟、青冈、光叶榉等组成落叶阔叶、常绿阔叶或针阔混交林林相，一般树高 15m 以上。喜光，稍耐荫；喜温暖湿润气候，也耐寒；适生于深厚湿润、肥沃而排水良好的土壤；生长较快，寿命百年以上。湖南龙山县水坝乡天星村有 1 株灯台树，胸径 1.40 m，树龄 150 年。陕西旬阳县赵湾乡金坪村海拔 400 m 有 1 株灯台树，高 14 m，胸径 70.1 m，树龄 210 余年。少病虫害，防火性能较好，有一定的抗污染能力。树形自然整齐美观，主干端直，侧枝层层轮生，平展延伸似灯台，初夏繁花满树似雪，素丽清雅，冬季落叶后，细长紫红色的小枝，亦颇为美观，是优良的观赏树种，可植为行道树，也是荒山绿化树种。种子含油量 22.9%，可制肥皂及润滑油。树皮含鞣质，可制栲胶。

　　核果成熟期 9~10 月，呈紫红色至蓝黑色。采集的果实堆放后熟，洗净阴干低温层积沙藏。春播需催芽处理，除湿沙层积催芽外，也可将种子用 50℃ 水浸泡 36h，取出放入竹筐，用纱布覆盖，每天用温水淋洒 1~2 次，待有种子裂嘴时播种，也可随采随播。床式条播，条距约 30cm，条幅约 10cm，播种沟深 1.5cm，每公顷播种量约 200kg，覆土 1.5cm，并盖草。春季大苗栽植。

　　木材心边材区别不明显，黄白或黄褐色；有光泽。生长轮略明显，木材纹理直，结构细，均匀；质中重；干缩中至大；强度中。木材干燥不难；不耐腐；切削加工容易，切削面光洁；油漆、胶粘性能良好；握钉力中，不劈裂。木材宜作纺织器材、家具、室内装饰、雕刻、玩具、房屋建筑、箱盒及其他农具等。

灯台树

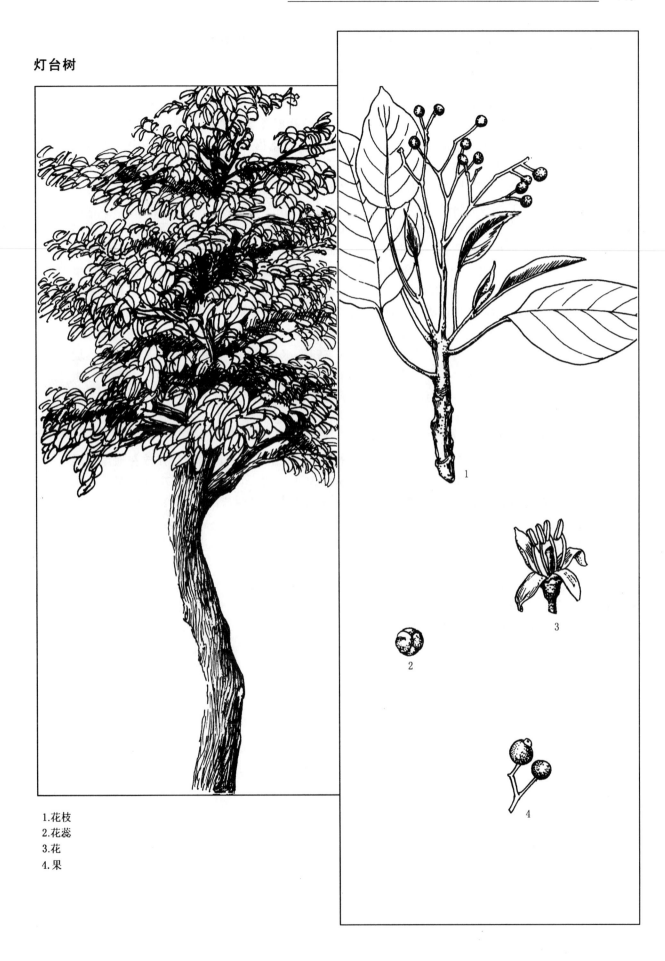

1.花枝
2.花蕊
3.花
4.果

喜　树（旱莲）*Camptotheca acuminata*

蓝果树科 Nyssaceae（喜树属）

　　落叶乔木，树高达30m，树干通直，树皮灰色，浅纵裂；小枝髓心片状分隔，1年生小枝被灰色微柔毛，2年生枝无毛，疏生皮孔。单叶互生，椭圆状卵形或椭圆形，长12～28cm，先端突渐尖，基部圆形或宽楔形，全缘或具波状钝齿，幼树之叶锯齿粗大，叶下面被柔毛。头状花序顶生或腋生，常数个组成总状复花序，上部为雌花序，下部为雄花序，总梗长4～6cm。坚果长2～3cm，具2～3纵脊。花期5～7月；果熟期9～10月。

　　仅1属1种。为我国特有树种，分布于秦岭、大别山以南至两广、云南，东自苏南、浙江沿海，西至四川等地，常生长于海拔1000m以下低山或丘陵地带的谷地、溪边以及林缘处，喜温暖湿润气候，有一定的耐寒性，在-10℃的低温下能安全越冬，在江淮地区北部，冬季有冻稍现象。幼树较耐荫，在酸性、中性、微碱性以及钙质土、冲积土上均能生长良好，在干旱贫瘠之地生长较差。较耐水湿，在河滩沙地、河岸、溪边生长最佳，萌芽性强，可萌芽更新；少病虫害；深根型，根系发达，抗风能力强；对烟尘、有毒气体抗性较弱，寿命长100年以上。树干端直挺拔，树冠整齐，枝繁叶茂。浓荫复地，夏季翠绿色球形花序挂满绿叶丛中，随风摇动，状若锤铃飞空，别具风趣，宜作为行道树、庭荫树与四旁绿化种植，亦是河滩沙地、河岸、堤边优良的护岸固堤、保持水土、涵养水源的优良树种，或与其他树种如枫杨、乌桕、水杉等组织成优美的风景林。唐·鱼玄机《临江树》诗："草色连荒岸，烟波入远楼。叶铺江水面，花落钓人头。根老藏龙窟，枝低系客舟。潇潇风雨夜，惊梦复添悉。""东风吹花千树"，"根盘树老几经春"，装点河岸、池畔，美似图画。

　　应选15～30年生优良母树，于9～11月果实呈黄褐色时采种，采回的翅果摊放在通风干燥处阴干，取净后干藏。春季床式条播，株行距25cm×35cm，每公顷播种量约70cm，覆土厚约1cm，盖草。幼苗不耐涝，水分过多易患根腐，雨季注意排水。当幼苗高约7～8cm时间苗、定苗，每米长留苗10～15株。当幼苗进入生长旺盛期，加强松土除草，追肥。起苗宜在越冬后萌芽前进行，冬季严寒时需加强保护。移植和定植宜在春季3～4月阴雨天进行。冬季栽植，苗木多枯朽。冻害地区，亦可切干栽植。

　　木材心边材区别不明显，黄白或浅黄褐色，但易变色呈浅灰褐色；有光泽。生长轮略明显，宽度均匀或不均匀，木材纹理略斜，结构甚细，均匀；质轻；软；干缩中；强度低。木材干燥容易，速度快，但易翘裂；稍耐腐，抗蚁蛀；易蓝变色；切削加工容易，切削面光洁；油漆、胶粘性能良好；握钉力弱，不劈裂。木材宜作食品包装箱盒、家具、文具、纺织用材、人造板等材料，还可用于房屋建筑、室内装饰、日常用具以及制浆造纸。

喜 树

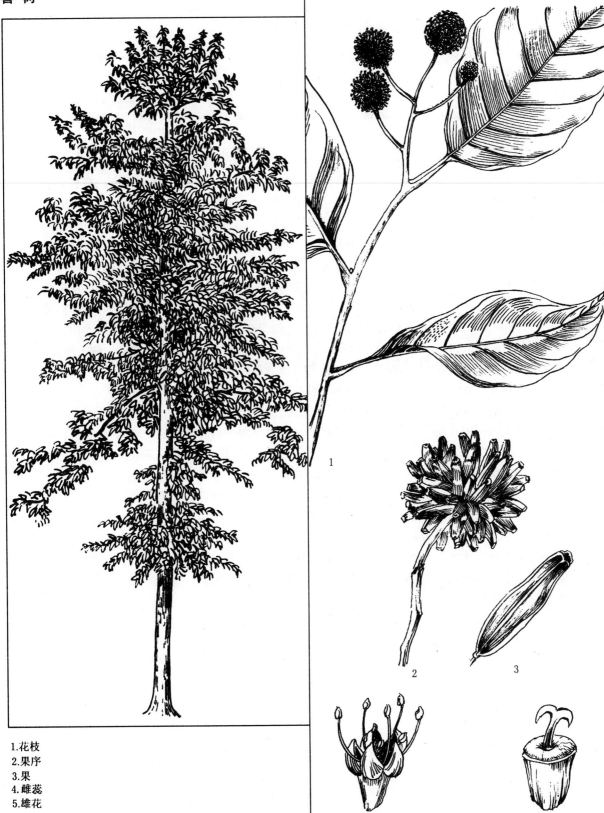

1.花枝
2.果序
3.果
4.雌蕊
5.雄花

蓝果树（紫树）*Nyssa sinensis*

蓝果树科 Nyssaceae（蓝果树属）

　　落叶乔木，树高达 30m，胸径 1m，树干通直，树皮灰褐色，浅纵裂；小枝髓心片状分隔，1年生枝淡绿色；芽淡紫绿色，长卵形，被灰色绒毛。叶互生，椭圆形或椭圆状卵形，长 8～16cm，先端渐尖，基部楔形或稍圆，全缘，下面疏生柔毛；叶柄长 1～2.5cm。花单性或杂性，雌雄异株，雄花序伞形，花梗密被柔毛，萼裂片细小，花瓣窄长圆形，早落，雄蕊生于花盘外缘；雌花序头状，基部有小苞片，花瓣鳞片状。核果椭圆形或长倒卵形，微扁，熟时深蓝色，常 3～4 个簇生。种皮坚硬，有 5～7 条沟纹。花期 4 月，果熟期 9 月。

　　本属间断分布于亚洲与北美东部，我国自喜马拉雅山脉至长江流域以南，即浙江、江西、湖北、湖南、广东、广西、云南、贵州、江苏南部等地，皖南九华山、贵池、休宁、黟县、祁门、歙县、太平及大别山区岳西、金寨、霍山、潜山、宿松、东至等地。垂直分布可达 1000m。喜生于湿润多雾、夏季凉爽的山谷溪边附近。在东部海拔 400～1000m 地带，常与香榧、银杏、金钱松等混生，在华南、西南可达海拔 1500m，常与杜英、香港楠木、山乌桕、木兰、木莲、木荷、山桐子、光皮桦等混生成林，常为上层树种。喜光，喜温暖湿润气候与深厚肥沃、排水良好酸性及微酸性土，耐干旱瘠薄；深根型，根系发达，抗风能力强；少病虫害，对 SO_2 抗性强；幼年生长速度快，在中等立地条件上，年高生长量可达 0.8～1m 以上，安徽东至县香口林场 15 年生平均树高 13.25m，胸径 15.78cm。寿命长可达 500 年以上，安徽大别山东麓潜山县龙潭乡有一株蓝果树，树龄已有 300 年，高 25m，胸径 70cm，如巨伞撑空，生机盎然。树干粗壮，魁伟挺秀，树冠广展，叶色翠绿，迎风摇曳，晶莹闪烁，霜叶紫红，色彩丰富多变化，艳丽多姿，为优美观赏树种，宜作为行道树、庭荫树以及四旁绿化种植。

　　选用 20 年生以上健壮母树，于 8～9 月核果呈紫褐色时及时采种。采回的果实后堆沤在阴凉通风地方，每日浇水，置水中清洗，去除果皮取净，待种子阴干后湿沙贮藏。翌年春季，高床条播，用火粪盖籽，约 1cm 厚，并盖草保湿，每公顷播种量约 150kg，幼苗出土后，要进行间苗，移芽补苗。穴状整地，春秋季，大苗适当深栽。

　　木材心边材区别不明显，黄白，浅黄褐或带灰色；有光泽；无特殊气味和滋味。生长轮略明显，宽度略均匀；木材纹理斜或交错，结构甚细，均匀；材质中至重；硬；干缩中；强度中至高；冲击韧性中。木材干燥容易，但易翘曲和变色；不耐腐，不抗蚁蛀；易蓝变色，切削加工容易，径切面上有带状花纹；油漆、胶粘性能良好；握钉力中，不劈裂。木材适宜旋、刨单板制作胶合板、家具、食品包装箱盒、室内装饰、车辆、砧板、雕刻、玩具、纺织用材等。同时也是造纸的上佳原料。

蓝果树

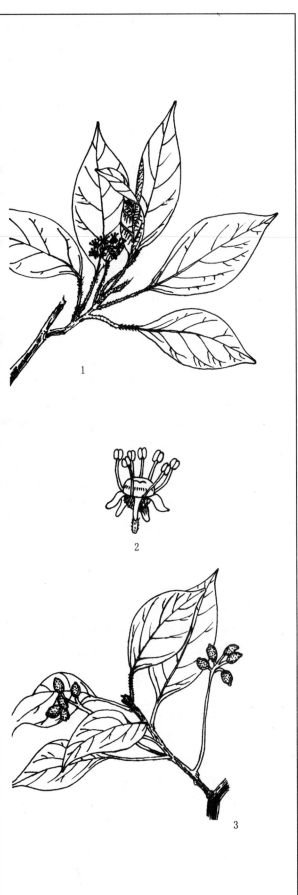

1.花枝
2.花
3.果枝

珙 桐（鸽子树）*Davidia involucrata*

珙桐科 Davidiaceae（珙桐属）

落叶乔木，树高达 20m，胸径 1m，树皮深灰色或灰褐色，不规则薄片剥落；芽锥形，芽鳞数枚卵形，覆瓦状排列。单叶互生，在短枝上集生，宽卵形或近心形，长 9～15cm，先端突渐尖，基部心形，边缘具粗齿有刺状尖头，下面密被黄白色粗丝毛，叶柄长 4～10cm。花序球形顶生，基部具 2 白色叶状大苞片，形如飞鸽；花序由多数雄花及一朵两性花组成，雄花无花被，雌蕊 5～6；子房下位，6～9 室，柱头 6～9 裂。核果单生，果核有沟纹，3～5 室，每室 1 种子，具胚乳。花期 4 月，果熟期 10 月。[附：变种：光叶珙桐（var. *vilmoriniana*）仅在叶背面脉上及脉腋有毛，其余无毛。分布与珙桐同域，常混生在一起。]

第三纪古热带孑遗树种，国家一级重点保护树种。分布于湖北西部、四川中南部、贵州东北部、云南北部，散生于海拔 1300～2500m 常绿、落叶阔叶混交林中，与丝栗、木荷、木瓜红、槭树、连香树等混生。贵州桐梓柏箐保护区有 20hm² 珙桐天然林群落景观。最大树高 40 m。南京、杭州、安徽皖南有栽培。欧洲等国家早有引种栽培。花杂性同株，初为淡绿色，后呈乳白色，向上斜展或下垂或侧生，风吹动时有特殊动感的观赏效果，似满树白鸽在飞舞，尉为奇观，正如《诗·小雅》"如鸟斯革，如翠斯飞"那种飞动之势的意境。中性树、喜半荫，成年趋于喜光，但忌阳光曝晒；喜温凉湿润气候，不耐干冷，怕热，耐水湿，要求年平均气温 12～17℃，年降水量 1000～1500 mm，相对湿度 80%～90%。适生于深厚湿润，肥沃而排水良好之酸性土，pH4.5～6.0，在干燥、瘠薄、多风、强光直射之处生长不良；在空气阴湿，云雾朦胧的山涧谷地或溪沟两侧生长最好，常与木荷、连香树，槭类等混生；深根型，根系发达；生长速度中等，少病虫害，寿命长，105 年生珙桐，树高 21.5m，胸径 32cm，现存珙桐林内多有百年以上大树。湖南桑植县天平山珙桐湾海拔 1500 m 处，生长 1 株珙桐，高 25 m，胸径 1.5 m，树龄 300 年。树形高大端庄，自然优美，枝繁叶茂，叶大如桑，花形姿态奇丽不类凡卉，春末夏初开花时，如满树群鸽飞舞，生机盎然，活泼可亲，为和平、吉祥的象征。宜在山地风景区、植物园、宾馆、疗养院种植，丛植、群植均合适，大面积群植组成风景林，为其增色添景。在中欧瑞士日内瓦湖畔、西欧英国等地生长良好，开花繁盛。开花时，人们争相去观看，被西欧人誉为"中国鸽子树"。

应选 20 年生以上优良母树，于 10～11 月果实呈黄褐色或紫褐色采种，采回的果实经堆沤、洗净，取净种子。由于种子具长休眠习性，用湿润河沙层积 1 年后，取种壳已经裂缝、胚根伸出或即将伸出的种子春季点种，株行距约 15cm，覆土 3～4cm，轻压后覆盖塑料薄膜，保持床土湿润。随采即播的种子可播入露天湿润的沙床，约经 130d 开始发芽。当幼苗长出 3～4 片叶子时，进行小苗移植，并搭棚遮荫。也可采用嫩枝扦插繁殖。大穴整地，适当基肥，春秋季节，大苗带土球栽植。

木材心边材区别不明显，黄白或浅黄褐色；有光泽；无特殊气味和滋味。生长轮略明显，散孔材。木材纹理斜或直，结构甚细，均匀；质轻至中；中硬；干缩中；强度低；冲击韧性低。木材干燥容易，速度快，不翘裂；稍耐腐；切削加工容易，切削面光洁；油漆、胶粘性能良好；握钉力弱；不劈裂。木材宜作家具、房屋建筑、室内装饰、食品包装箱盒、文具、乐器、纺织器材、雕刻、工艺美术品、胶合板以纤维原料等。

珙 桐

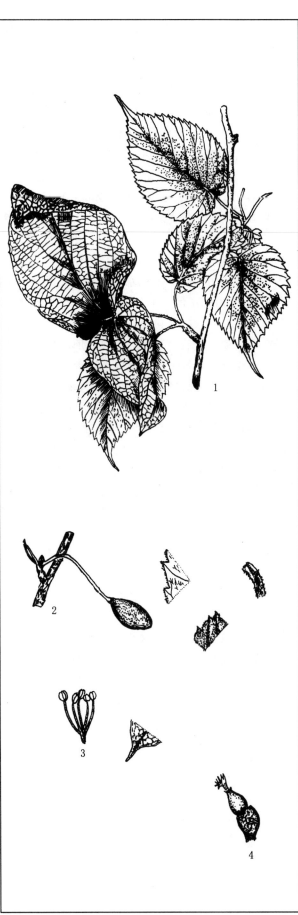

1.花枝
2.果枝
3.雄花
4.雌花去花瓣

刺楸（鼓钉刺、刺桐）*Kalopanax Septemlobus*

五加科 Araliaceae（刺楸属）

落叶乔木，树高达 30m，胸径 1m；树皮灰黑褐色，纵裂；树干及枝条具宽皮刺，如鼓钉状，小枝粗，淡黄棕色，具刺，幼枝有时被白粉。叶在长枝上互生，短枝上簇生，近圆形，5～7 掌状分裂，裂片三角状卵形，先端渐尖，基部心形或圆形，具细齿，无毛，幼时微被柔毛，5～7 掌状脉，叶柄细长，8～30cm，无托叶。两性花。伞形花序梗细，长 2～6cm，花白色或淡黄绿色，萼 5 齿裂，花瓣 5，镊合状排列；子房 2 室，花柱合生，先端 2 裂。果近球形，蓝黑色，种子 2，扁平。花期 7～8 月，果熟期 9～10 月。

为温带树种，分布较广，北自东北，南达华南及西南各省区，在四川、云南其垂直分布海拔可达 1200～2500m，多散生平原、山麓地带以及中低山地疏林中，与所在地的常绿或落叶阔叶树混交成林。喜温暖湿润气候，耐干旱，亦耐严寒；适生深厚湿润，肥沃排水良好之酸性土或中性土，不耐水湿，忌积水；深根型，根系发达；耐烟滞尘能力强，抗污染；安徽舒城查湾曹庄海拔 1400m 处有一株古刺楸，树高 27m，胸径 1.20m，树龄约 300 年，生长强健；贵州纳雍县黄家屯乡二村阿砦科地方海拔 1756m 处，生长 1 株古刺楸，树高 28m，胸径 1.5m，树龄已有 400 年，树形优美，花多且香气浓郁。金·元德明《楸树》诗："道变楸树老龙形，秋酒浇来渐有灵。只恐等闲风雨夜，怒随雷电上青冥。"骆宾王诗句："风入郢门楸。"宋·秦观诗句："珠星落梧楸。"宋·陆游诗句："摇摇楸线风初紧"又"槐楸阴里绿窗开。"宋·刘敞诗句："中庭楸百尺余，翠掩蔼叶当四隅。"可见宋时已作庭院的绿化美化树种栽培。树干雄壮挺拔，干皮灰色光洁，布满白色纵条及鼓钉状皮刺，颇为美观，树冠整齐，叶大形美，晶莹翠绿，秋叶变为黄色或红色，是优良的观赏树种，宜作为庭荫树或在风景区群植组织风景林与防风、防火林带。

果熟期 10～11 月，当果实完全呈黑色时采集。采回的果实搓揉漂洗，去除果皮杂质及空籽，即得种子，用湿沙层积贮藏，以备翌年春播。刺楸有播种、扦插和分根育苗繁殖。播种育苗时，秋末随采随播或在春季用层积处理的种子播种。扦插育苗在春夏两季均可，春插选用 1 年生枝条，夏插取当年生嫩枝，插穗长 12cm，保持 1 个芽头露出地面，盖草，保持土壤潮湿，当年苗高可达 50cm。刺楸根部具有萌芽力，春季连根挖起萌蘖，分段截取，移植苗圃进行繁殖。穴状整地，春秋季节栽植。

木材心边材区别略明显，边材黄白或浅黄褐色，心材黄褐色；有光泽。生长轮明显，宽度略均匀。木材纹理直，结构中至粗，不均匀；质轻；软；干缩中；强度低；冲击韧性中。木材干燥容易，速度中等；不耐腐，易蓝变色；切削加工容易，切削面光洁，弦切面上花纹美丽；油漆、胶粘性能良好；握钉力弱。木材宜于制作家具、车辆、室内装饰、箱盒、日常用品、人造板、水泥模板、机模以及纤维原料。

刺 楸

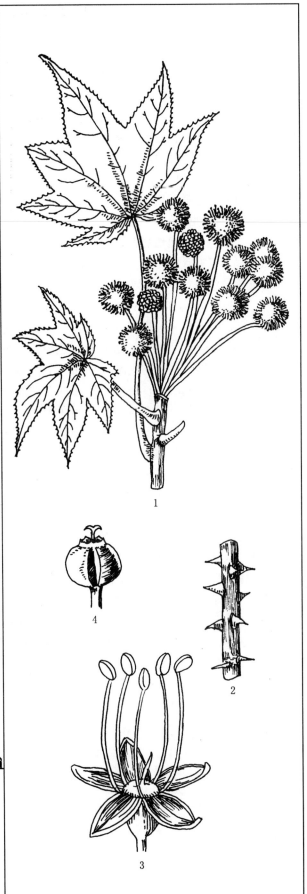

1.花枝
2.小枝皮刺
3.花
4.果

水青树 *Tetracentron sinense*

水青树科 Tetracentraceae（水青树属）

落叶乔木，树高达 40m，胸径 1～1.5m，树皮灰褐色，老时片状剥落；具长短枝，长枝细长，下垂，短枝距状，侧生；幼枝紫红色；短枝有叠生环状叶痕和芽鳞痕。单叶，单生于短枝顶端，纸质，宽卵形或椭圆状卵形，长 7～10cm，宽 5～8cm，先端渐尖，基部心形，边缘有钝锯齿，无毛，下面微被白粉，掌状脉 5～7 条；叶柄长 2～3cm。穗状花序腋生或短枝顶端，下垂，长 10～15cm，花多数，萼片 4，无花瓣，雄蕊 4，与萼片对生。花期 6～7 月，果熟期 9～10 月。

水青树现仅 1 科 1 属 1 种，为国家二级保护珍贵树种，是第三纪孑遗植物，曾广布于世界各地。在第四纪冰期侵袭下，几乎即已灭绝。在新喀里多尼亚的侏罗地层、乌拉尔、日本的白垩纪地层、格陵兰第三纪地层都有化石发现，现仅在东亚局部地区有分布。在被子植物中，它的木材无导管，仅有管胞，是第三纪古热带植物区系的古老成分，研究它的发生、侵化及亲缘关系等均有科学价值。水青树在我国分布于甘肃、陕西、湖北、湖南、四川、云南与贵州以及西藏东南。多生于海拔 1000～3000m 中山、高山常绿落叶阔叶林及混交林的密林中或溪边，常与高山七叶树、香果树、大果槭等混生。水青树在贵州梵净山约有 800hm^2，雷公山约有 600hm^2，柏箐约有 1100hm^2 等天然林群落景观。越南及缅甸北部尼泊尔也有分布。阴性树种，也喜温凉湿润气候，亦耐寒；在年均气温 7.5～17.5℃，1 月平均温 1.5～6℃，7 月平均气温 18～28℃，年降水量 1000～1800mm，相对湿度 85% 左右的地区均能生长良好。要求日照少，雾日多的生境。适生于深厚湿润、肥沃而排水良好的酸性之山地土壤，pH3.5～5.5，深根型，根系发达，抗风力强；少病虫；寿命长，湖南新宁县舜皇山庵堂海拔 1650m 处有一株水青树，树高 20m，胸径 1.51m，树龄已有 600 年，树形高大挺拔，雄伟壮观，小枝细长下垂，潇洒飘逸，姿态优美，可植为庭荫树、行道树，在山区风景区组成片林，大面积种植以构成风景林。

果熟期 8～10 月，成熟果实呈褐色或黄褐色。采回的果穗摊晾 2～3d 后放入通风干燥的室内贮藏。播种前轻揉果穗，去除杂质即得种子。春播，种子用 0.15% 高锰酸钾溶液消毒 3～5min，洗净后再用 25℃ 温水浸泡 24h，再置于布袋中催芽，早晚洒温水各 1 次，待种子开始萌发时播种。春季床式条播，用草木灰均匀拌种撒入播种沟内，覆土，以不见种子为度，搭设弓形塑料薄膜棚，保湿保温。幼苗生长缓慢，1 年生苗高约 1.5～12cm，故要换床移植或留床继续培育。穴状整地，春季栽植。

木材心边材区别不明显，浅黄褐至黄褐或浅灰褐色；无光泽或光泽弱。生长轮明显。木材纹理直，结构粗均匀；质甚轻；甚软；干缩小；强度甚低；冲击韧性低。木材干燥容易，不翘裂；耐腐蚀；切削加工不难，但不易获得光洁加工面；油漆性能差；易胶粘；易磨损；握钉力小，不劈裂。木材可做一般家具、室内装饰、胶合板以及生活用具等，树姿美观，可作观赏树用。

水青树

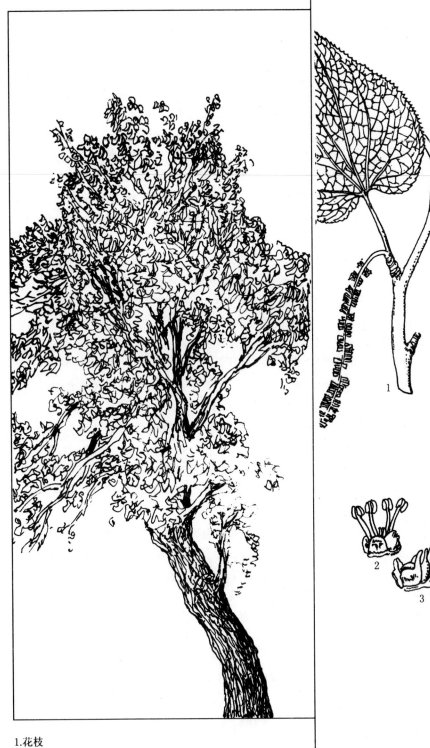

1.花枝
2.花示雄蕊
3.雌蕊
4.果
5.果横切面

枫香（路路通）*Liquidambar formosana*

金缕梅科 Hamamelidaceae（枫香树属）

落叶乔木，树高达 30m，胸径 1m，树冠广卵形或略扁平。树皮灰色，浅纵裂，老则变为灰褐色，深纵裂，方块状剥落，幼枝灰褐色，有细柔毛；芽卵形，鳞片有树脂。单叶互生，宽卵形，掌状 3 裂，先端尾尖，基部心形，下面被柔毛，后脱落；掌状脉 3～5，具腺齿；叶柄长 4～9（11）cm，托叶线形。单性花，雌雄同株，雄短穗状花序多个组成总状复花序，雄蕊多数；雌头状花序具花 24～43 朵，萼齿 4～7，针形，顶端常卷曲。头状果序球形，木质，径 3～4cm，花柱及针刺状萼齿宿存。种子多数，褐色，多角形或有窄翅。花期 4～5 月，果熟期 9～10 月。

热带亚热带树种，产秦岭、淮河以南，北起陕西、河南，南至海南岛，东起台湾，西南至云南、西藏、四川等省区，在东部一般生长于海拔 600m 以下低山、平原；在海南海拔达 1000m 地带，在西南海拔可至 1660m 中山地带，多为山野自生，成片分布或与当地树种组成混交林。喜温暖湿润气候，有一定的耐寒性，耐干旱，亦较耐水湿；适生于深厚湿润、肥沃之酸性土或中性土上。深根型，主根粗壮，侧根发达，抗风能力强；萌芽性强，可萌芽更新；生长速度中等，84 年树生高 27m，胸径 45cm。病虫害少；对 SO_2、Cl_2 有较强的抗性；抗火烧，挥发性物质能驱除蚊蝇，且具较强的杀菌作用。寿命长，陕西宁强县毛坝乡八庙河村海拔 880m 处生长 1 株枫香大树，高达 41.6m，胸径 1.05m，树龄 210 余年；镇平县曾家乡宏伟村海拔 760m 处，生长 1 株枫香古树，高 17m，胸径 1.08m，冠幅 143m，树龄已有 350 余年。树体高大魁伟，气势壮观，风姿高雅，春季嫩叶紫红，夏叶苍绿，秋叶红艳，饶富诗情画意，早在秦汉年代，帝王宫殿苑囿就植为嘉木，皇帝居住之地便有了"枫宸"之称。宋·赵成德《枫林》诗："黄红紫率岩峦上，远近高低松竹间。山色未应秋后老，灵枫方为驻童颜。"透过流丹枫叶，万山红遍，层林尽染，秋色极佳。唐·白居易《琵琶行》中"浔阳江头夜送客，枫叶荻花秋瑟瑟"，开头以"枫叶秋瑟瑟"，正是渲染凄凉孤寂气氛，也是为"天涯沦落人"那种悲愤心情宣泄作铺垫。张继《枫桥夜泊》中："月落乌啼霜满天，江枫渔火对愁眠"，景色如此，正是衬托一个"愁"字了得。杜牧《山行》中："停车坐爱枫林晚，霜叶红于二月花"则一扫以前秋萧索气息，令人心清目爽，精神一振。宜在城市园林、风景区群植或片植于山麓坡地或河、湖岸高坡与其它树种配植构成的优美秋色景观。

应选生长良好、无病虫害母树，于 10 月果序由绿色转变为黄绿色时采种。采收的果实曝晒 2～4d，去除杂质，即得纯净种子，干藏。春季 2～3 月高床条播，早播的种子出苗率高。播种沟深约 2cm，每公顷播种量约 25kg 左右。播后覆盖细土，稍加镇压，盖草，待幼苗出土 50％时揭草。苗期须注意浇水、松土、间苗。应选土层深厚肥沃红壤、黄壤红黄壤、以及冲积土栽植。因根系发达且耐干旱瘠薄土壤，可为绿化荒山的先锋树种。春秋栽植，可营造纯林或与马尾松、栎类混交。

木材心边材区别不明显，红褐或浅黄或浅红褐色；光泽弱。生长轮略明显至不明显，宽度略均匀或不均匀。木材纹理交错，结构甚细，均匀；材质中重；中硬；干缩中至大；强度中；冲击韧性中或高。木材的干燥不难，但易翘裂；不耐腐；切削加工不难，但板面不易刨光；油漆性能一般；胶粘性能良好；握钉力较强，不劈裂。木材宜作胶合板材、一般家具、食品（尤其是茶叶）包装箱盒、室内装饰、车辆、船舶以及纸浆原料等。

枫 香

1.种子
2.花枝
3.果枝
4.雌花
5.雄花

米老排（壳菜果）*Mytilaria laosensis*

金缕梅科 Hamamelidaceae（壳菜果属）

　　长绿乔木，树高达 30m，胸径 80cm；树冠球状伞形，树干通直，树皮暗灰褐色，小枝具环状托叶痕；嫩枝无毛。叶宽卵圆形，长 10～13cm，先端短尖，基部心形，全缘或 3 浅裂，掌状 5 出脉，叶柄长 7～10cm。花两性，穗状花序顶生或腋生，花序轴长约 4cm，花多数，排列紧密，萼片 5～6，被毛；花瓣长 0.8～1cm，雄蕊 10～13 枚，花丝极短；花柱长 2～3cm。蒴果长 1.5～2cm，外果皮厚，黄褐色；种子长 1～1.2cm，褐色，有光泽，种脐白色。花期 6～7 月，果熟期 10～11 月。

　　米老排为壳菜果属，仅 1 属 1 种，是我国南方速生用材树种，其分布区地理位置在北纬 20°30′～23°50′，东经 105°45′～120°，包括广东南部、广西南部及云南南部，呈小片状星散分布于广西十万大山、六诏山等地。垂直生长于海拔 1800m 以下中、低山及丘陵地带，常与竹柏、枫香、木荷、拟赤杨、海南杨桐等混生形成复层林森林群落景观。喜光，幼苗期耐庇荫，幼树则多出现在林边及阳光充足的地方。大树在山腰下部或山谷长得特别通直高大，天然整枝良好，而在山脊、山顶则枝桠繁多，干形尖削。喜暖热、干湿季分明的热带季雨林气候，要求年平均气温 20～22℃，最冷月平均气温在 10.6～14℃，年降水量 1200～1600mm；抗热、耐干旱、能耐 -4.5℃ 的低温，浙江平阳引种栽培，年平均气温 18.1℃，1 月平均气温 7.2℃，最低温为 -5℃，霜期 91d，生长良好，7 年生树高 7m，胸径 15cm。适生于深厚湿润、排水良好的山腰与山谷阴坡、半阴坡地带，低洼积水地生长不良；土壤以沙岩、砂页岩、花岗岩等发育成的酸性、微酸性的红壤系列，以赤红壤为主，石灰岩之地不能生长。天然林木 5 年前生长缓慢，人工林生长比天然林快得多，12 年生，树高 15.4m，胸径 13.2cm；萌芽性强，萌芽更新能力强，耐修剪；根系发达，抗风能力强；少病虫害，树龄较长。树干通直，分枝高，树冠呈球状伞形，枝叶郁茂，四季葱翠，树形整齐优美，适应性强，宜植为行道树、庭荫树或在风景区片植组成风景林，亦是四旁、工矿区绿化优良树种以及山地改良土壤、保持水土、涵养水源的优良树种。

　　应选 15～40 年生健壮的母树，于 10～11 月蒴果由黄绿色转为浅黄色或棕褐色，熟后尚未开裂时采种。采回后先摊晒 2～3d，待壳干缩微裂后收回室内阴干，再用清水选种，取净后混湿沙置于室内阴凉处。播前种子用 50℃ 温水浸泡 24h，捞出倒入萝筐内，盖上稻草，移入室内催芽，早晚浇温水，约 10d 种子开始发芽，即可播种。当年 11 月至翌年 3 月中旬高床条播，条距 25cm，覆土 1.5cm、盖草，每公顷播种量约 450 kg。当幼苗出土达 50% 时揭草、遮荫、松土除草和施肥。对土壤水肥条件要求较高，宜在深厚肥沃湿润和排水良好的酸性沙壤、轻黏土上生长。穴状整地，春季栽植，可与其他树种混交。

　　木材心边材区别不明显，红褐色；有光泽。生长轮略见，散孔材木材纹理略交错，结构甚细，均匀；质中重；中硬，干缩小；强度低至中；冲击韧性中。木材干燥有翘曲现象；切削加工容易，径锯板上常有带状花纹，须注意刨光；油漆、胶粘性能良好；握钉力中，不劈裂。木材宜作家具、车辆、仪器箱盒、胶合板、房屋建筑、室内装饰、雕刻、农具以及造纸。

米老排

1.花枝
2.果枝
3.种子

马尾树 *Rhoiptelea chiliantha*

马尾树科 Rhoipteleaceae（马尾树属）

落叶乔木，树高达 15~18m，胸径 40cm；树皮灰色，树形与枫杨近；小枝初有棱角，后为圆形，褐色，有苍黄色圆形皮孔。小叶 7~17 枚，纸质，披针形，先端渐尖，基部圆形或心形，边缘有小锯齿，表面亮绿色，两面微有毛，沿叶脉有腺体。花杂性，为下垂的穗状花序，合成腋生的圆锥花序状，萼片 4，覆瓦状排列，花瓣缺，雄蕊 6，分离；子房上位，2 室，每室有胚珠 1 颗，柱头 2；果为周围具膜质翅的小坚果，倒卵形，顶端 2 裂，紫色。花期 3~4 月，果熟期 7~8 月。

马尾树是 20 世纪 30 年代在贵州发现的第三纪孑遗树种而建立的单型科，仅 1 属 1 种。曾引起植物界的极大注意。在系统分类上的位置，至今尚未取得一致的看法。对被子植物的系统发育、亲缘关系、有着极为重要的研究价值，已列为国家二级保护稀有珍贵树种。因其复合柔荑圆锥花序大而俯垂于枝顶一侧，数量众多，纤细长达 32cm，酷似马尾而得名。间断分布在中亚热带，向南延伸至南亚热带，其地理位置在北纬 22°55′~26°40′，东经 103°40′~110°40′，即分布于我国云南东南部，贵州南部以及广西南部，生长于海拔 250~2500m 山坡、山谷及溪边林中，在贵州雷公山、白竹山以及雀鸟附近有小面积的马尾树占优势的群落景观。阳性树种，密林中不见更新幼苗、幼树生长。喜温暖湿润气候，年平均气温 12.3~16.2℃，能耐极端最低气温 -11.7℃。要求冬天严寒、夏无酷暑、温凉湿润的生境。对土壤要求不严，适应性强，既耐干旱瘠薄，又喜水湿。在岩石裸土层浅薄的雷公山畜牧场后山有马尾树分布；在河水能淹没的雷山猴子岩沟河旁，也有马尾树大树散生。土壤为板岩、砂页岩发育的黄壤、黄棕壤和红壤，土壤 pH4~5.5 生长最佳。马尾树生长对光照生态因子反应较敏感，在土壤条件基本一致的生态环境，生长速度受光照强度的制约。在光照较多的环境，树高生长比光照时数较少的高 20.6%，材积高出 4 倍多。树高生长曲线在 30 龄前呈直线上升，峰值可达 0.82~1.12m/年；35 龄低于平均生长量；至 54 龄开始回升，进入第二个高峰期。病虫害少，树龄长。树形姿态自然优美，冠大荫浓，羽叶婆娑，花序硕大，为优美的观赏树种，宜植为行道树、庭荫树、园景树，孤植、列植、丛植都合适，亦可在风景区大面积群植组成风景林。

应选 20 年以上的健壮母树，于 7~8 月采收。采后放阴凉处 2~3d，置阳光下曝晒脱出种子，去杂晾干后干藏。播前用 40℃温水浸种 24h 后，再湿沙混催芽至种子萌动时，于春季高床开沟条播，行距 25cm，播后覆土盖草。幼苗出土后及时揭草，适当遮荫，注意浇水，苗木生长期进行松土、锄草，适量追肥。也可将种子播入容器内育苗，搭棚遮荫，及时洒水保湿，本种适生于山谷、溪边、山土层深厚、排水良好的立地条件。穴状整地，春秋大苗带土栽植。

木材心边材区别明显，浅褐色；光泽弱；无特殊气味和滋味。生长轮明显，半环孔材。木材纹理直，结构颇细，略均匀；质轻至中，干缩小。木材干燥容易，不弯形；切削加工容易，切削面光洁；油漆、胶粘性能良好；握钉力中，不劈裂。木材宜作家具、房屋建筑、室内装饰、胶合板、箱盒、柱木、电杆、家具、日常用具以及纤维原料。

马尾树

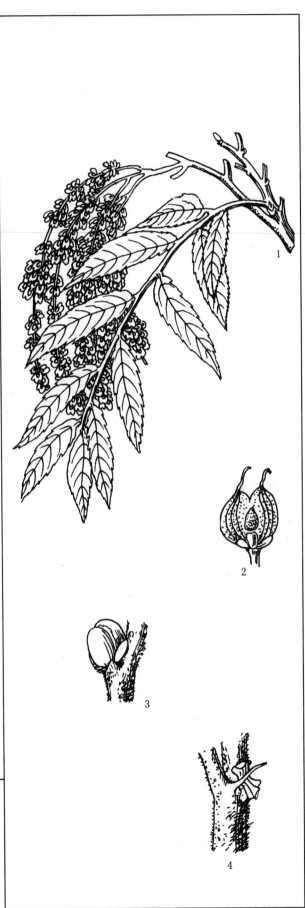

1.花枝
2.果
3.花芽
4.托叶

悬铃木（二球悬铃木） *Platanus hispanica*

悬铃木科 Platanaceae（悬铃木属）

落叶乔木，树高达 30m，胸径 1m；树皮灰绿色，呈薄片状剥落；树冠广椭圆形，幼枝及叶密生褐色星状毛，芽生于叶柄基部内，具一片芽鳞。单叶互生，叶 3～5 裂，中部裂片长宽近相等，裂片三角状，边缘有大齿，叶基宽楔形或截形。花单性，雌雄同珠，雌花及雄花各自集生成头状花序，雌花序具长柄，球形果序通常 2 个着生长柄上，由多数小坚果组成，小坚果倒圆锥形，其顶端宿存刺毛状花柱，基部周围有褐色长毛。花期 4～5 月，果熟期 9～10 月，球形果序宿存树上，至第 2 年才散落。

早在第三纪古新世时，悬铃木曾广泛分布于我国江南、北至松辽盆地，西至新疆等地。其最原始的种 *P. kerrii*，具有 10～12 个球果最原始的性状，现今还残遗生长在越带北部地带。一球悬铃木在北美原产地树高达 50m、胸径 4m，能抗大草原地带强风、严寒与干旱生境，对土壤 pH 适应范围宽，微酸土、中性土、微碱土至钙质土均能生长。二球悬铃木（*P. occidendalis* × *P. orientalis*）杂交种；约于 1640 年在英国伦敦育成，尔后陆续被引种到世界上各大城市中广泛栽培为行道树。树高 35m，胸径 4m，结实量大，常挂满树冠上，具有明显的杂种优势。每年春末夏初，球果散开，无数种毛飘飞空间，造成季节性毛污公害，对人体呼吸与健康颇有影响，其叶毛易脱落飘浮空中，易造成气管疾病。在我国黄河流域、长江流域各地栽培最为普遍。三球悬铃木（*P. orientalis*）：原产亚洲南部、西部至欧洲巴尔干半岛南端希腊境内，在南高加索山区有少量天然林。树高可达 45m，胸径 3～6m。我国新疆黑玉县也有 1 株 300 年生的三球悬铃木大树，树高 30m，胸径 2.8m。悬铃木喜温暖湿润气候，抗热耐干旱，亦较耐寒，对 pH 适应范围广，在深厚湿润、肥沃土壤上生长最佳，在干旱贫瘠沙地上也能生长，甚至钢铁厂炉渣碎屑上、垃圾、建筑垃圾、各种废弃杂土上、沼泽地、低洼之地均可以正常生长。深根型，侧根粗大，根系发达，常拱裂地面，穿适能力强，抗强风。萌芽性极强，耐截干等重修剪，树形可随意控制；愈合能力强。抗烟滞尘、隔噪、衰减噪声能力强，对 NO_x、O_3、H_2S、苯、苯酚、乙醚、乙烯等抗性强，对 SO_2、Cl_2、F、铅蒸气具有一定的吸收能力，1kg 干叶可吸 SO_2 35.7g。$1m^2$ 叶面积年放氧为 636.15g；年降温增湿蒸发水量为 187.11kg，为中等能力，因叶密被绒毛，可减少水分蒸发，为节水型树种。但叶毛易造成气管疾病。树龄长达 1000 年以上。为世界四大行道观赏树种之一，有"街树之王"的美称，故世界各国广为应用。法国弗朗西斯·蓬热（1899～1988）《法国梧桐》诗："你那朴实的身躯总是矗立在法国街市两旁，你那线条明晰的树干淡漠地舍弃了皮壳的平凡。你的枝子的大大地张开颤抖的手掌跟天空搏斗。""永远，永远是一片法国梧桐的碧绿浓荫。"

应选 10 年生以上的健壮母树，于 10～11 月球形果序变为褐色时采收。采回的果序适当摊晒干燥后置入干燥通风室内贮藏。播前用 5℃ 左右的低温层积 20～30d。春季高床条播，每公顷播种量约 150kg，播后覆土覆草。幼苗出土后注意遮荫、浇水，幼苗展开 4 片真叶时间苗。也可选健壮母树枝条或 1 年生实生苗、插条苗的苗干枝条，截成 15～20cm 长的插穗，保留 2～3 个芽，春季 2～3 月上旬扦插，深度以插穗上端芽露出地面即可。大苗宿土栽植。

木材心边材区别不明显，黄白至浅灰红褐色；有光泽。生长轮略明显。木材纹理交错，结构中，均匀；质中重；中硬；干缩大；强度低；冲击韧性中至高。木材干燥较困难，速度慢，易翘裂；不耐腐；切削加工不难，尤宜切，切削面光洁，弦、径面上均有美丽花纹；油漆、胶粘性能良好；握钉力中等。木材宜作家具、人造板及饰面、室内装饰、仪器箱盒、食品包装容器以及日常用具。

悬铃木

1.花枝
2.雄蕊
3.果基部有长毛

毛白杨 *Populus tomentosa*

杨柳科 Salicaceae（杨属）

落叶乔木，树高达 30m，胸径 1m，树冠卵圆形或卵形，树干通直，树皮灰白色或灰绿色，皮孔菱形，老树基部灰黑色，纵裂，幼枝被毛，后脱落，叶芽卵形，花芽卵圆形。长枝之叶宽卵形或三角状卵形，长 10～15cm，先端短渐尖，边缘具波状缺刻或粗锯齿，下面密被绒毛，后渐脱落，叶柄侧扁，顶端常有腺体；短枝之叶卵形或三角状卵形，先端渐尖，下面无毛，边缘具深波状缺齿，叶柄扁，稍短于叶片。花雌雄异株，雄花序长 10～14cm，雄花苞片密被长毛，雄蕊 6～12；雌花序长 4～7cm，苞片褐色，尖裂，沿缘有长毛，子房椭圆形，柱头 2 裂。蒴果长卵形，2 裂。花期 3 月，果熟期 4 月。

为我国特产，分布于北起内蒙古、辽宁南部，经黄河流域南到长江流域，东起山东、浙江，西北至甘肃东部、宁夏南部，西南至云南，生长于海拔 200～1800m 低山丘陵沟谷、山麓地带，有根蘖更新的天然林。阳性树种，喜光。喜温凉湿润气候，耐寒性强，亦较耐湿热，在年均气温 7～16℃，绝对最低气温 -32.8℃，年降水量 300～800mm 的地区生长良好。但在暖热多雨气候下，病害、虫害多，生长不良；在深厚肥沃、湿润壤土或沙壤土上生长尤佳，13 年生，树高 21.6m，胸径 37.1cm。以黄河中下游为适生区；在干旱瘠薄，低洼积水的盐碱地及沙荒地上，生长不良，稍耐盐碱，大树也耐水湿，在积水 2 个月的地方，生长正常。深根型，根系发达，抗风能力强；萌蘖性强，可萌蘖更新；耐烟滞尘能力强，对 SO_2、Cl_2 抗性中等，但在南方抗性较弱。1 kg 干叶能吸收 SO_2 10180mg，Cl_2 10080mg，F18.70 mg；吸碳放氧能力中等，增湿降温能力较弱，$1m^2$ 叶面积分别为放出氧气 920.82g/a，年蒸腾水量 114.38kg，为节水型树种；山东枣庄市龙门观生长 1 株古毛白杨，树龄 500 年以上，树高 25m，有"山东毛白杨树王"之称，陕西蒲城县东杨乡戴家村海拔 600m 处，生长 1 株毛白杨古树，树高 20m，胸径 1.49m，冠幅 151 m^2，树龄已有 1000 年。树形高大挺拔，气势雄伟，干皮灰白，皮孔横列成纹，颇为美观。元·关汉卿《别情》词，"凭栏袖拂杨花雪"。这使人联想苏东坡词："去年相送余杭门外，飞雪似杨花；今年春尽，杨花似雪，犹不见还家"、"独上高楼，望尽天涯"，别情无极。$4m^3$ 杨木可产 1t 纸，$1m^3$ 可产 200 kg 木纤维，可织成人造丝、人造毛。溶解后可制成各种工业品，水解糖化，可作单糖、饲料和酒精。是优良的观赏树种，宜植为行道树、庭荫树，最宜植于旷地、草坪之上，更能显示其特有风姿。在居民区及城市内栽植宜选用雄株，以减少花絮飞扬，污染空气。亦是四旁绿化和农田林网化及防风林带的优良树种。

毛白杨，因种源少，苗木变异大，故采用少。毛白杨常用埋条育苗，秋季或早春采取种条，横埋土中，成活较高。根据各地土壤质地不同，埋条方法有垄床埋条，点状埋条。也可用苗床根繁殖或嫁接后平埋等方法。嫁接以加杨等为砧木，毛白杨为接穗，接后扦插。也可采用芽接育苗。毛白杨栽培以壮苗、大苗为好，宜用 3～4 年生的大苗，春秋季栽植。林地注意灌溉、施肥、排水治碱，防治病虫，合理抹芽修枝。

木材心边材无区别，浅黄白或浅黄褐色；具光泽。生长轮明显，宽度均匀。木材纹理直，结构甚细，均匀；质轻；软；干缩小；强度低；冲击韧性中或至高。木材干燥时由于应力木的存在，易产生翘曲、溃裂现象；不耐腐；切削加工时有夹锯现象，刨削较难，刨切面不易光洁；油漆性能一般；胶粘性能良好；握钉力弱，但钉钉易，不劈裂。木材宜作纸浆材、人造板材、食品包装箱盒、一般家具、建筑、车辆以及日常用具。

毛白杨

1.花序枝
2.叶枝
3.雄花及苞片

银白杨 *Populus alba*

杨柳科 Salicaceae（杨属）

落叶乔木，树高达 35m，胸径 2m，树冠宽阔，树皮灰白色，侧芽开展；芽及幼枝密被白绒毛。长枝之叶卵圆形，3~5 浅裂，叶缘具凹缺或浅裂；短枝之叶卵圆形或椭圆状卵形，先端钝尖，基部宽楔形或近圆形，边缘具钝齿，叶背密被白色绒毛；叶柄稍扁，短于叶片或等长，被白绒毛。柔荑花序下垂，雄花序长 3~6cm，苞片宽椭圆形，边缘具牙齿及缘毛，花盘具短梗，雄蕊 8~10；雌花序长 5~10cm，苞片边缘有长毛，子房 1 室，柱头 4 裂。蒴果圆锥形 2 裂，种子小，基部有絮毛。花期 3~4 月，果熟期 4~5 月。

分布于我国新疆北部境内额尔齐斯河流域河谷海拔 450~750m 地带。现栽植遍及新疆的平原绿洲，以及甘肃、宁夏、陕西、内蒙古、北京等地亦多有栽培，生长良好。喜光，不耐荫，抗寒性强，在新疆 -40℃ 低温下无冻害，在南疆夏季炎热干旱气候条件下，生长良好，不耐湿热，适生于大陆性气候；能在较贫瘠沙漠及轻盐碱地上生长，在深厚湿润，肥沃或地下水位较浅之沙地生长尤佳，在黏重和过于瘠薄的土壤上则生长不良。在南疆阿克苏地区，20 年生树高 19.2m，胸径 30.5cm，40 年生高 24.7m，胸径 41cm；深根型，根系发达，根萌蘖力强，抗风，抗病虫害能力强，滞尘、抗烟能力强，树龄长，南疆策勒县奴日喀喇昆仑山脚下弋壁滩绿州上有一株银白杨古树，高 25m，胸径 4.02m，树龄已达 300 多年；陕西汉中市汉王乡新丰村海拔 550m 处生长 1 株银白杨古树高 20.7m，胸径 2.70m，树龄已有 500 余年，成为当地生态历史景观。银白杨树形高大，挺拔秀丽，枝繁叶茂，冠大荫浓，树姿优美而壮观，是优良的观赏树种。南宋·徐照《阮郎归》词：“绿杨庭户静沈沈，杨花吹满襟”。魏了翁《杨花》诗：“一丝不染湖白花，万点能回山色青。三月全明池上水，与予同是一浮萍。”是留恋、是感叹，而汪元量《徐州》诗则是另一种悲凉景象：“白杨猎猎起悲风，满目黄埃涨太空”。宜植为行道树、庭荫树，以及四旁、工矿区绿化优良树种，草坪上孤植、丛植均适宜，亦是防风固沙护堤防护林优良树种。

应选 20 年生以上的健壮母树，于 4~6 月蒴果呈黄绿色，个别开裂时及时采种。采的果穗摊在通风的室内，经抽打脱出种子，取净后需继续干燥，使种子含水量降至 5%~6% 时密封低温（0~5℃）贮藏。播前将种子平摊喷水，使其吸水膨胀，再行播种，也可随采随播，苗床灌足底水后条播，每公顷播种量约 4kg，不覆土，保持土壤湿润。也可选取粗 1cm 以上，无病虫害健壮的当年萌条，截成 20cm 长，每根保留 3~4 个芽苞的插穗。插前用清水浸泡 1~2d，再用湿沙分层覆盖 7~10d 后扦插，或用 1/10000~1/15000 萘乙酸溶液浸泡插穗茎部 24h。于早春扦插，插后适时灌水，松土，除草，适量追肥，及时摘芽修枝，防治病虫害。也可在早春用粗 3~8cm、长 2~3m 的 2~4 年生的枝干，放在清水浸泡 3d 后，直插穴内 50~80 cm，并踏实灌水。

木材心边材区别明显，边材白色，心边材褐色，有光泽，无特殊气味和滋味；木材纹理直，结构细而匀；质中重，软，干缩小，强度为杨属树种中前列，木材干燥容易，切削加工不难，加工面较光洁，油漆、胶粘性能良好，握钉力尚可，木材可用作建筑、桥梁、门窗、家具、车船、容水器具等。

银白杨

1.枝叶
2.花序枝
3.果
4.雄蕊
5.雄花及苞片

新疆杨 *Populus alba* var. *pyramidalis*（*Populus bolleana*）

杨柳科 Salicaceae（杨属）

落叶乔木，树高达 30m，树冠圆柱形，侧枝向上伸展，贴近树干；树皮灰绿色，光滑，基部浅纵裂。短枝之叶近圆形，基部近截形或近心形，边缘有缺刻状粗齿牙，表面被白绒毛。雌雄花序均下垂，先叶开花，苞片膜质，尖端分裂，花盘杯状，雄蕊 4 至多数，花药暗红色，花丝短；雌蕊子房 1 室，胚珠多数，着生于侧膜胎座上，基部有 1 花盘。蒴果 2~4 裂，种子多数，细小，基部有絮毛。

自中亚一带引进，经长期栽培已成为新疆重要的乡土树种，遍植于南疆与北疆，西北及北方诸省区多有引种栽培，生长良好。耐干旱与盐渍，适应大陆性气候，但耐寒性不如银白杨，-40℃绝对最低温时，苗木受冻害，大树基部有冻裂现象，能抗 40℃的高温，不耐湿热的气候；土壤以沙壤土、壤土最好，生长旺，病虫害少，沙土、黏土次之，砂砾土最差；稍耐盐碱，在0.2%~0.6 % 轻盐碱化土上最为合适，含盐量增加到 1%时，虽能生长，但长势差；在含盐量0.6%以上的戈壁滩地和无灌溉条件下，生长不良，病虫害较重。生长快，7 年生树高达 13m，胸径 13.6cm。根系发达，分布深，抗强风；萌芽性强；对烟尘、SO_2、Cl_2、NO_2 有一定的抗性；$1m^2$ 叶面积吸收 SO_2 80.66mg、HF 6.60mg；若嫁接胡杨（*P. euphratica*）上不仅生长良好，还可以扩大其栽培范围。寿命长达 80 年以上。树形高大挺拔，树冠圆柱形，雄伟壮观，干皮灰绿色，叶柄较长，微风摇动时，有特殊观赏效果及响声，是优美的风景树、行道树及"四旁"美化树种，也是护岸固堤、防风固沙、涵养水源的优良树种。郭沫若 1965 年赋诗："陇头种遍钻天杨，男尽传河女菊香，争取粮棉两增产，涤除盐碱几沧桑"。传河和菊香为当时当地著名造林劳模，当地常把新疆杨统称钻天杨。雌株飘絮多，故在城市中栽植以雄株为佳。

主要采用扦插育苗。种条选用 1~2 年生的实生苗枝条或壮龄树干基部 1 年生萌芽条或插条苗，于树木休眠期采集。采回的种条与湿沙层积放入地窖中贮藏。插前，截成粗 1.5~2.0cm，长 20~30cm 的插穗，并竖立在冷水中浸泡 5~10h，再用湿沙分层覆盖 5~10d 后扦插或用1/10000~1/15000的萘乙酸溶液处理插穗茎部 24h 后扦插。插后即灌水。苗木速生期，保持圃地持水量的 80% 左右。注意松土除草、施肥及修枝摘芽，防治病虫害。也可在春夏季选择 1~2 年生胡杨萌芽作砧木，新疆杨为接穗，进行套接或皮下接方法育苗。春季大苗栽植。

木材心边材区别不明显，淡褐色，略带红，有时心材颜色较深，有光泽；无特殊气味和滋味，木材纹理直，结构较细，质中重，干缩小，强度中，木材干燥不难，少有缺陷，切削加工容易，加工面尚光洁，油漆、胶粘性能良好，握钉力中，木材可用于建筑、桥梁、门窗、家具、容水器具等。

新疆杨

1.叶枝（长枝）
2.雄花
3.雄花序
4.苞片

青杨（大叶白杨）*Populus cathayana*

杨柳科 Salicaceae（杨属）

落叶乔木，树高达 30m，胸径 1m；树冠宽卵形；幼树皮灰绿色，光滑，老树皮暗灰色，浅纵裂；小枝橙黄色或灰黄色，无毛；芽长圆锥形。短枝之叶卵形或椭圆状卵形，长 5～10cm，先端尖，基部圆形，稀近心形，边缘有细钝锯齿，叶被绿白色，叶柄圆，长 2～7cm，顶端无腺体；长枝或萌枝之叶长 10～20cm，边缘有细圆锯齿，叶柄圆，无毛。柔荑花序下垂，雄花序长 5～6cm，雄蕊 30～35，苞片条裂；雌蕊柱头 2 裂。蒴果卵圆形，4 瓣裂。花期 3～5 月，果熟期 5～7 月。

青杨（救荒本草）是我国暖温带重要的落叶林树种，在北部、西北部广为分布。西南至四川北部、中部以及西藏雅鲁藏布江流域。垂直分布幅度各地变化很大，在华北海拔 2200m 以下，新疆、四川西部可达海拔 3000m，在青海玉树地区可达 3920m 地带，在海拔较高的溪流两岸常组成小面积天然纯林。喜温凉湿润气候，分布区年降水量 300～600mm，能耐 -30℃ 的低温，耐干冷，不耐水淹；在沙壤土、河滩冲积土、沙土、石砾土以及弱碱性黄土、栗钙土上均能生长，但以深厚湿润、肥沃之土生长最好，在积水地生长不良，不耐盐碱；深根型，主根粗长，侧根分布深而广，抗强风；生长快，萌芽早，展叶快；根萌蘖性强，可无性更新；寿命长。甘肃康乐县鸣鹿乡扒子沟生长 1 株古青杨树，高达 30 m，胸径 2.23 m，冠幅 624 m^2，树龄已有 400 年。树干粗大，侧枝发达，已成为当地一大历史生态景观。滞尘能力强，每公顷年滞量可达 6.10t，，对 SO_2 吸收量 42.3kg/a.hm^2。青杨早春展叶特早，新叶翠绿光亮，加之树冠卵形整齐。干高皮青，早春大地倍增绿阴千里，无限春光。唐·吴融《杨花》诗："不斗秾华不占红，自飞晴野雪漼漼。百花长恨风吹落，唯有杨花独爱风。"这里已完全脱去胭脂气，另是一种宽阔心怀，梁希（林业部老部长）《冀西沙河故道沙荒地青杨白杨林》："沧海成田不长桑，金沙古道百年黄。故应小试麻姑爪，来种兰陵青白杨。""青杨何妥白杨萧，文采风流西隽骄。才是峥嵘头角露，十分姿态向人娇。"可作为行道树、庭院树，在河流两岸、湖边池畔可片植组成风景林，亦是四旁、河滩荒地、护岸固堤、防风固沙的优良树种。

应选 15 年生以上的优良母树，于 5～6 月蒴果呈黄绿色，个别蒴果微裂，露出白色絮绒时及时采种。采后摊放于通风室内，经抽打脱粒，取净后立即播种。床式条播，覆细土约 0.2cm，洒水保湿，及时间苗、松土除草、施追肥等。青杨也可选 1 年生扦插苗干或壮龄母树的树干下部 1～2 年生的萌发条和树冠中上部 1～3 年生的枝条为种条，截成长 20cm，粗 0.8～1.5cm，含有 3～4 芽苞的插穗，春季随采随播，或秋季落叶后采条。窖藏，翌年早春扦插。插前，插穗用清水或流水浸泡 2～3d，扦插深度以高出地面 2～3cm，留 1～2 芽苞为宜。插后踏实灌水。春季大苗栽植。也可选择健壮母树的枝条，截成干长 2.5～3m，大头径粗 5～7cm，埋入土中 50～70cm。插后砸实封土。

木材心边材区别不明显，黄白色，光泽中等，无特殊气味和滋味。木材纹理直，结构细而匀、质轻、软、强度低；干缩中；木材干燥容易，速度快，易产生扭曲，切削加工容易，加工面光洁；油漆胶粘性能良好，易钉钉，不劈裂，握钉力弱，木材可用作家具、建筑、箱柜、绘图板等，也是造纸的上佳原料。

青 杨

1.枝叶
2.果序
3.雌花
4.雄花

小叶杨（南京白杨）*Populus simonii*

杨柳科 Salicaceae（杨属）

落叶乔木，树高达 20m，胸径 50cm 以上；树冠广卵形；幼树皮灰绿色，光滑，老树皮暗灰色，纵裂；幼树小枝有棱，老树小枝圆，无毛；芽细长，浅赭白色，有黏液。叶菱状卵形或菱状椭圆形，长 3～12cm，边缘有细锯齿，无毛，叶背绿白色，叶柄圆，长 2～6cm。雄花序长 2～7cm，无毛，苞片细条裂，雄蕊 8～9（25）。果序长 15cm，果小，2～3 裂，无毛。花期 3～5 月；果熟期 4～6 月。

在中国分布很广，跨温带草原、暖温带落叶阔叶林带和亚热带常绿阔叶林带 3 个植被带，产于东北、西北、华北、华东及华中至西南各地，山东、河南、陕西、甘肃、山西、河北、辽宁等省为其分布中心；垂直分布在北部及华东其海拔为 1000m 以下，在秦岭海拔最高可达 2500m，多生长于山谷、溪边、河旁土壤湿润肥沃之处。生长最高海拔可达 3000 m 地带。中国栽培小叶杨已有 2000 多年悠久历史，它长期以来被用于"四旁"及农田防护林绿化树种。为喜光树种，不耐庇荫，其林木群落不易维持较好的郁闭。一般 20 年左右即郁闭破坏。喜温暖湿润气候，能抗 40℃的高温和耐 -36℃的低温；喜肥沃、湿润之土壤，耐水湿，亦能耐干旱瘠土壤和盐碱土，雄性植株的耐盐性大于雌株；根系发达，极耐干旱与瘠薄，抗强风；萌芽力强；实生苗树寿命长，陕西黄龙县瓦子街乡央元村海拔 1300 m，生长 1 株小叶杨古树，高 16 m，胸径 2.30 m，树龄已有 1000 年。抗病害能力强。树冠广卵形，枝繁叶茂，浓荫复地，耐水湿，是河流沿岸、湖滨周围、大草原地带的优良绿化观赏树种。宋·杨万里《晚渡太和江》诗："绿杨接叶杏交花，嫩水新生尚露沙。过了春江偶回首，隔江一片好人家。"隔江而望，是落日红杏倚云栽，绿杨人家春剪裁，美不胜收。宜植为行道树、绿荫树，也是护岸固堤、防风固沙、保持水土、涵养水源、净化水质的优良树种。

选用 10 年生以上的健壮母树，于 5～6 月选用果实呈黄褐色，少数蒴果开裂时立即采种。采后的果穗摊放于通风室内，经抽打脱粒，取净后即可播种。或将种子干燥至含水量在 4%～5% 时密封干燥低温（0～5℃）贮藏。干藏的种子，播前应浸湿催芽，用 0.5% 硫酸铜溶液消毒。种子细小，整地要细微，灌足底水，适时早播，床式条播，条距 10～20 cm，每公顷播种量约 6kg。覆土以不见种子为度，稍加镇压。幼苗出土后，喷水保湿。幼苗生长期内，应加强水肥管理，防治病虫害。也可用低床落水播种，即先将种子用 30℃ 温水润湿，再拌以 2 倍湿沙，当床内灌水尚未渗透时，均匀撒于床上，种子随水落于床面。也可选 1 年生扦插苗干或幼树壮条为插条，截成长 20 cm，粗 0.8～1.5 cm 的插穗，秋季采条需窖藏。春季扦插在芽萌发前，插前可将插穗浸在水中 2～3d，插后及时灌水、施肥、摘芽修枝。秋季在落叶后、土壤上冻前进行，覆土 6～10 cm，翌春将土刨开，加强抚育管理。春季大苗栽植。

心边材无明显区别，材色浅黄褐色（纵面黄白色）；略有光泽，无特殊气味和滋味；生长轮略明显，轮间呈深色带，散孔或至半环孔材。纹理直，结构甚细，均匀；干缩通常小。锯解有夹锯现象，刨面有时发毛，不耐腐，不抗蚁蛀。木材强度中等，干燥容易，握钉力中，易钉钉，不劈裂，油漆、胶粘性能良好。木材最适宜作纤维原料如纸浆、人造丝、纤维板、包装木箱、火柴杆、盒、牙签、食品及衣物包装箱等。亦用于民房建筑、一般家具、普通胶合板及日常生活用具等。烧炭后可制火药。用单体或聚合物处理后可作枪托、地板、鞋楦及木梭等。

小叶杨

1.叶枝
2~3.花序枝
4.雄花及苞片

响叶杨（风响杨）*Populus adenopoda*

杨柳科 Salicaceae（杨属）

落叶乔木，树高达 30m，幼树皮灰白色，不裂，老树皮深灰色，纵裂；胸径 1m；小枝无毛；芽圆锥形，有黏液。叶卵圆形或卵形，长 5～15cm，先端长渐尖，基部平截或近心形，幼叶背面密被柔毛，后脱落，边缘具钝锯齿；叶柄扁，长 2～8cm，顶端具 2 腺体。柔荑花序下垂，雄花序长 6～10cm，苞片条裂，有长睫毛，雄蕊 7～9；雌花序长 5～6cm，花轴密生柔毛，子房卵形，柱头 4 裂。果序长 12～16cm，蒴果卵状长椭圆形，2 裂，种子多数，具白色丝状长毛。花期 2～3 月，果熟期 4 月上旬。

响叶杨是我国亚热带地区荒山荒地、群落演替中的先锋树种。自然分布北起秦岭、汉水、淮河流域一线，西南至四川、贵州东部、云南中部，南至湖南、江西北部、浙江中部，西至甘肃东南部，生长于海拔 200～2500m 沿溪河两岸组成块状、带状纯林或者与其它落叶栎类等树种混交成林。喜温暖湿润气候，不耐严寒，能忍受 38℃ 的高温，亦较耐干旱瘠薄；在微酸性土、中性土、微碱性土上均能生长；在荒坡、石砾多、土层薄之地或石灰岩荒地上均能天然下种成林，但以深厚湿润、肥沃的土壤生长更佳。湖南张家界海拔 400m 处红色石灰土上，55 年生，树高 55.5m，胸径 39cm，浙江杭州上天竺白云祖师基地山坡上生长 1 株孤立木～响叶杨古树，高 24 m，胸径 1 m，冠幅 288 m²，树龄已有 300 年。元·任昱《重到湖上》词："碧水寺边寺，绿杨楼外楼，闲看青山云去留。"着色浓艳，有绿杨，有碧水，有青山，又是黄寺又是红楼，还有白云朵朵，点缀其间，眼花缭乱，生态环境美极，是诗是画。树形高耸直，树冠广卵形，姿态优美，叶大荫浓，叶柄较长，风吹叶动，有响声，宜作为行道树、绿荫树，可在居民区、草坪上丛植或在河岸、湖滨片植成林，亦是防护林带的优良树种。

选用 15 年生以上的优良母树，于 4 月果实呈黄绿色，蒴果微裂时及时采种。采后摊放于通风室内，经抽打脱粒，种子继续阴干至含水量为 4% 左右，在 0～5℃ 条件下密封贮藏。可随采随播。经过贮藏的种子，播前需浸湿催芽，圃地开沟并灌足底水后，春季条播，行距 15～20 cm，播幅 3～5 cm，每公顷播种量约 15kg。播后稍加镇压，覆土以不见种子为度，及时浇水，保持床面湿润。当幼苗长出 1 对真叶时间苗，2 对真叶时定苗，及时灌溉，适量追肥，防治病虫危害。春秋季节，大苗栽植。

木材心边材区别不明显或略明显，心材黄褐色微红，边材浅黄褐色，有光泽，无特殊气味和滋味。木材结构细，生长轮明显，宽窄略均匀或不均匀，轮间有深色带。树胶道无。髓实心，小，近圆形，色浅。干燥容易，易翘曲；木材不耐腐，易遭虫蛀。加工容易，切削面光洁；油漆、胶粘性能良好；钉钉容易，不劈裂，握钉力中。用于家具、民用建筑、包装箱、农具等，用树皮、枝皮纤维可制浆造纸等。

响叶杨

1.花序枝
2.雄花及苞片
3.雌花序

胡 杨 *Populus euphratica*

杨柳科 Salicaceae（杨属）

落叶乔木，树高达 25m，胸径 1m 左右；树冠球形，树皮厚，淡灰褐色，纵裂；小枝细圆，灰绿色，幼时被毛。叶形多变化，幼树及萌枝之叶条状披针形，长 5~12cm，宽 0.3~2cm，全缘或疏生；大树之叶卵形、扁圆形、三角形或卵状披针形，灰绿色或蓝绿色，叶柄稍扁，长 1~3.5cm，顶端具 2 腺体。花雌雄异株，雄花序长 2~3cm，序轴被绒毛，雄蕊 15~25；果序长达 9cm，蒴果长卵圆形，长 1~1.2cm，2（3）裂，无毛。基部无宿存花盘。花期 5 月，果熟期 6~7 月。

为杨属胡杨组，仅 2 种，分布于亚洲中部至欧洲，非洲北部的干旱地区。杨属在东亚起源后的早期向西传播过程演化出的耐干旱的次生类群，而以胡杨分布最广，西南界在北非毛里塔尼亚境内撒哈拉沙漠的西北边缘，北界在俄罗斯高加索地区，最东界在我国内蒙古中部四王子旗，生长于海拔 200~3000m 之地带，在印度河谷至我国西藏境内，其海拔高度可达 3410m，但以海拔 800~1100m 分布最多。亚洲中部为其分布中心，即新疆、中亚及伊朗。主要生长于沙漠绿洲、荒漠河谷地带，对于干旱、盐碱、风沙有较强的抗性。喜光，耐大气干旱及寒冷与干热气候，能抗 40~45℃ 极端最高温，亦能耐 -40~ -42℃ 极端最低温，在年降水量在 10~250mm 的地区均能正常生长。；耐盐碱能力强，常在树干及大枝上因挥发结白色盐碱晶体块，称胡杨碱。适应盐分组成 $- SO_4^{-2} - Cl^{-1} - Na^{+1}$、$SO_4^{-2} - Cl^{-1} - Ca^{+2} - Na^{+1}$，pH8~11 或稍高，在河流沿岸地带生长最好，为典型的潜水旱生植物，潜水位 1~3m 深，生长良好，能根蘖更新；10~40 年为生长旺盛期，连年生长量为 0.48~0.92m，60 年后长势下降，寿命可达数百年，内蒙古乌兰布磴口县四坝乡有一株古胡杨，树高 20m，胸径 2.25 m，树龄达 200 年。胡杨是我国西北荒漠中珍贵的树种资源，分布在沙漠与绿州之间广阔冲积平原上的胡杨林具有防止河水冲刷、防风固沙、保护绿洲、阻挡沙漠移动、维护荒漠地带的生态平衡的重要作用。宋·石懋《绝句》诗："来时万缕弄轻黄，去日飞球满路旁。我比杨花更飘荡，杨花只是一春忙"。感叹：时间匆忙，人世艰辛。树形高大挺拔，枝叶郁茂，是西北黄沙半干旱地区优良的绿化先锋树种。适应城市环境，宜植为行道树、庭荫树，列植、丛植、群植都合适。

选用 10 年生以上的健壮母树，于 7~8 月果皮由绿变黄，个别蒴果微裂时及时采种。采后摊放在通风室内，经抽打蒴果，开裂吐絮时脱出种子，取净后继续干燥，使种子含水量在 4%~5% 时再密封容器低温（0~5℃）贮藏。因种子丧失萌芽力，最好随采随播。春季床式条播，播前围地灌足底水，条距 30 cm，每公顷播种量约 4.5kg。覆土以不见种子为度，播后喷水保湿。当苗高 5~10 cm 时间苗。速生期内，及时中耕除草和施肥。夏播的苗木，冬季应覆土，以免受冻害。胡杨扦插成活率仅为 40%。胡杨根部萌蘖力强，可采用断根枝条埋插，促使根条产生萌蘖苗。本种是改造干旱沙漠盐碱地和低洼盐碱地的优良树种，穴状整地，春季栽植。

木材黄白至浅黄褐色，心边材无区别，内面部分木材易受菌害呈巧克力色；有光泽；无特殊气味和滋味。木材纹理斜，结构细，质轻软，强度中，干缩中，切削加工容易，但由于胶质纤维的存在，切削面不容易刨光；油漆、胶粘性能良好，握钉力弱；木材干燥不难。木材可作农具、民用建筑、家具、门窗等用，也可作造纸的原料。

胡 杨

1.叶枝
2.果枝
3.果序

健 杨 *Populus Canadensis* cv. *Robusta*

杨柳科 Salicaceae（杨属）

落叶乔木，树高达 15m，树干圆满通直，树冠塔形，侧枝斜展，呈轮生状，幼树皮光滑，灰绿色，老树皮基部纵裂；短枝圆柱形，萌发枝及幼枝有棱脊，无毛。叶三角状卵形或扁三角形，长 8～12cm，宽 6～9cm，先端渐尖，基部近截形，叶缘有粗锯齿；叶柄扁，带红色，叶基常有 1～2 腺体，基部平或浅心形。雄花序长 7～12cm，苞片褐色，上部细裂，雄蕊 20～30 枚，未见雌株。花期 4 月。

原生长于欧洲各地，我国于 1958 年引种北京，在东北、华东、关中平原、新疆及银川等地栽培，生长良好。其中以辽宁栽培较多，生长也较快，10 年生，树高 22.7m，胸径 33.3cm，单株材积 0.7129m³；北京新河林场 11 年生，平均树高 26m，平均胸径 32cm。喜光，生长中需要足够的水分和足够的光照。喜温凉湿润气候，要求年均温 2.7℃，1 月均温 -22.5℃，年降水量 400mm 左右。且多集中在 7～8 月的地区。较耐干冷，能耐 -20～ -26℃ 的极端最低气温，以及绝对极端最低气温 -31.4℃，最高温 42.5℃。栽植的健杨均能生长良好。在肥沃湿润，疏松排水良好的沙质壤土、地下水位在 1.5～2.5m，生长最好。据山东莒县实验，1 年生健杨土壤含水量 25%～29% 比土壤含水量 10% 以下的叶面积大 4 倍，树高生长大 3.6 倍，根径生长量大 1.3 倍；5 年生健杨丰产林后 3 年连续浇水 4～6 次较不浇水的增长幅度为 26.6%。所以土壤含水量应大于 25%，不能小于 20%，或田间持水量大于 80%，不小于 70%，可见在干旱瘠薄的沙地或粗骨质土、黏土、沙礓黑土上生长不良。在乌鲁木齐、陕西渭河土壤瘠薄和气候干旱的地方，树高年平均生长量 1.5m 左右，胸径年平均生长量 1.4～1.7m，是早期速生树种，6 年前生长较快。对病虫害具有一定的抵抗能力。在辽宁如锈病、透翅蛾、潜叶蛾等传染率与为害率均低于加杨。树干圆满通直，树冠塔形，侧枝轮生，层次分明，树形自然优美，是优良的绿化观赏树种，宜作为城郊行道树及河流两岸带植、河滩荒地片植或与其它长寿树种组成防护林带。

多用插条繁殖和埋干繁殖。选择排灌方便、土层深厚肥沃疏松的沙质壤土或轻黏土，pH 6.5～7.5 的地块为圃地。结合整地进行施肥作床。选 1 年生苗木的中部，剪成长 20 cm，粗 1～1.5 cm 的插穗，于落叶后至翌春发芽露出地面。天寒地冻，不宜冬插的地方，可将插穗窖藏至次年早春扦插。插后灌水，在苗木速生期要及时灌水、施肥、松土除草，防治病虫危害。健杨也可埋干繁殖，在秋末冬初，剪取树上的长 20～25cm，粗 2～3cm 枝条，顺埋在垄内，覆土约 4cm 左右，埋后踏实、灌水，也能获得壮苗。春秋季节，用带根的全干苗造林，栽植深度 80 cm。也可在苗干 80 cm 处截断平茬深栽。

健杨材质好，洁白，松软。木材为杨木中较优的一种，干燥容易，不翘曲，油漆、胶粘性能良好，是良好建筑材、矿柱材，又是良好的纤维、火柴、造纸和胶合板工业原料及家具用材，也可作箱板及食品容器等。

健 杨

叶枝

沙兰杨 *Populus canadensis* cv. *Sacrau*

杨柳科 Salicaceae（杨属）

落叶乔木，树高达 20m，树干通直，有时稍弯，树冠卵圆形或圆锥形，枝层明显；树皮灰白色或灰褐色，基部浅纵裂；皮孔菱形，大而明显；小枝黄褐色，棱线明显，顶芽三角状圆锥形，具黏质。叶卵状三角形，长 8～10cm，宽 6～8cm，先端长渐尖，基部近截形或宽楔形，边缘具内曲锯齿，背面黄绿色，具黄色黏液；长枝叶大，三角形，基部平截；叶柄扁，无毛，先端具 1～4 腺体。雌花序长 3～8cm，子房圆形，黄绿色，柱头 2 裂，花盘浅黄绿色，苞片三角形。蒴果长卵圆形，2 裂，柄长 0.5～1cm。花期 3～4 月，果熟期 4 月下旬至 5 月初。雌株较少见。

沙兰杨是 20 世纪 30 年代德国人温特斯坦通过美洲黑杨与欧洲黑杨杂交选育的栽培品种，是杨树生长较快的优良品种。我国于 1954 年引进栽培。适于在辽宁南部、华北平原、黄河中下游、淮河流域及西南等地栽植，适生于河滩淤地、谷地、河流两岸及水肥条件较好的荒山与"四旁"。喜温暖湿润气候，有一定的耐寒性，在 -20℃ 极端最低温下可安全越冬，但在北纬 42°13′的内蒙古赤峰 -31.4℃ 绝对最低温条件下，年年受冻害；在高温多雨，年降水量 1657 mm 的气候条件下，生长良好。喜深厚、肥沃、湿润土壤，在粗沙壤土、低湿盐碱土、干瘠之地，生长较差；在积水地易根腐；生长迅速，15 年后即到数量成熟阶段，轮伐期短，寿命亦较短。沈阳栽培 15 年生，树高 18m，胸径 44cm，单株材积 1.31m³；新疆喀什 7 年生，树高 12.4m 胸径 16.9cm；山东单县 8 年生树高 19.4m，胸径 37.9cm，单株材积 0.99m³；四川凉山州的甘洛县 6 年生，树高 14.72m，胸径 21.3cm；在湖北枣阳县鄂北山岗地海拔 200 m 处，6 年生树高 16 m，胸径 24.8cm，10 年生树高 23.3m，胸径 42.5cm。树干高大，树冠宽圆锥形，生长快，是优良的绿化树种，宜在城郊植为行道树或在河流两岸荒滩片植成林带，以及"四旁"绿化选用，因寿命较短，作为防护林带树种宜与长寿树种配植。

圃地应选择土层深厚、肥沃潮湿、排水良好的地方，冬季深耕，翌春施入基肥，细微整地做床。本种为无性系，秋季落叶后至次春萌发前，选用 1 年生苗干或壮龄树上 1～2 年生的健壮枝条为种条，截取其中长 20 cm，粗 1～1.5 cm 为插穗。一般随采随插。秋后采条，贮藏越冬，以备翌春扦插。直插，插穗在地面上露出 1～2 个芽苞，插后踏实、灌水。苗期及时松土、除草，6～9 月为苗木速生期，每 15d 追肥和灌溉一次，注意防治平毛金龟子、大灰象鼻虫等危害。春秋季，大苗栽植。

木材淡黄白色，无特殊气味和滋味，纹理直，结构细，切削加工容易，油漆、胶粘性能良好，木材干燥容易。是定向培育造纸工业用材林的主要树种。木材纤维素含量高，木素含量低，酸碱缓冲容量大。木材可作矿柱、农具、家具、箱板、胶合板和建筑用材，为造纸和人造纤维的上佳原料。

沙兰杨

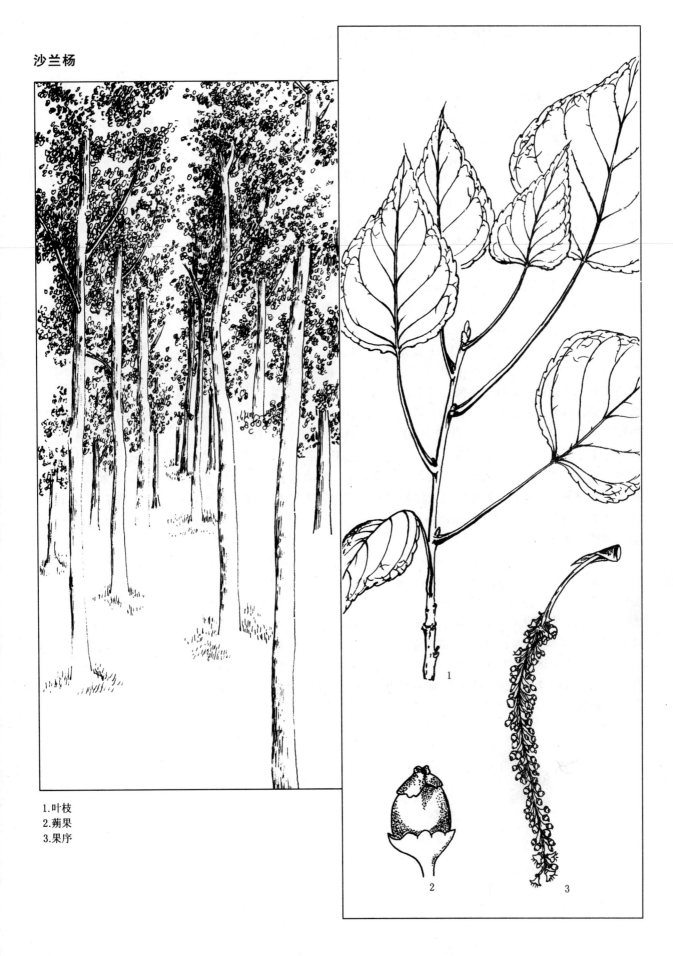

1.叶枝
2.蒴果
3.果序

I-72 杨 *Populus euramericana* cv. *San Martino*

杨柳科 Salicaceae（杨属）

落叶乔木，树高达 30m 左右，树冠浓密，树干直而稍弯；树皮灰褐色，浅纵裂；小枝黄褐色，棱线明显。叶形较大，三角形，先端长渐尖，基部楔形或稍圆形，边缘具波状钝齿，上面鲜绿色，下面灰绿色，无毛；叶柄略带红色，顶端有 2～4 腺点。花单性，柔荑花序下垂；雌花序黄绿色，无毛，子房圆形，柱头 2，花盘边缘波状；蒴果渐狭，2 裂，短圆锥形，果序长 20cm。花期 4 月上旬，果熟期 5 月中下旬。生长迅速，是杂交杨适应性较强的树种。

I-72 杨起源于欧美杨的无性系。这一类型在我国长江中、下游地区栽培最多，生长表现良好。阳性树种，喜光，喜温暖湿润气候，耐寒性较差，要求夏季炎热多雨，且温湿同步，年降水量在 1000mm 以上，冬季寒冷干燥、常导致成活率降低；耐水湿，在长江滩地上被水淹 1～1 个半月，未见有明显的不良影响，被水淹 3 个月，干基部则有不同程度的溃疡发生。对土壤要求较高，适生于土层深度在 80～100cm 以上，肥沃湿润、通气透水良好，且富含钙质，pH 值在 5.5～7.5，地下水位 1～2m，土壤质地为砂壤或轻壤的"夜潮土"上生长最佳；在黏重土上，或地下有黏盘层，透气排水性差的土壤上则生长不良。72 杨是杨树中生长最快的无性系之一，尤以在长江中、下游平原、湖区生长最为迅速。江苏泗阳县 12 年生平均树高 30m，胸径 51.5cm，单株材积达 2.504m3；在湖南汉寿县洞庭湖区 3 年生平均树高 11.5m，胸径 20.0cm。对杨树叶部黑斑病、杨叶黑星病、锈病、蚜虫抗性强，但抗花叶病毒病的能力较差。安徽淮北煤矿塌陷区垦复造林，在 2 m 深的粉煤灰（pH 8.0～9.5）中的 4 年生 I-72 杨 1hm^2 可吸收富集粉煤灰中有毒金属元素（g/hm^2）F 为 821.6 g，Pb 为 180.2 g，Cd 为 0.8g，Hg 为 14.2g。树形高大，主干通直挺拔，叶大形美，落叶迟，生长迅速，耐水淹，如果水不过树头，淹水 100 天仍然生长。是长江中、下游沿江两岸及各大支游沿岸、湖泊周边，平原水网地带的优良绿化树种，护堤防浪树种。尤适宜在钉螺滋生之滩地栽植，为"兴林灭螺"林带的优良树种，亦是平原水网地区的农田防护林、道路沟渠以及四旁优良的绿化树种，可与池杉、水杉、枫杨、乌桕、赤杨、垂柳等配置，以构成优美的风景林。

I-72 杨，多用 1 年生苗干作种条。也可建立采穗圃，培育种条。种条应选腋芽饱满、木质化充分的 1 年生苗干，穗长以 20～30cm 为好。春季，扦插前，穗条放在水中浸泡 24h 后，直插于苗床，插条（穗）切口应与床面相平，每公顷约 3 万株。当幼苗长到 20 cm 时，及时抹芽、定苗，6～8 月，加强水肥管理，修去幼嫩侧枝，防治食叶害虫等。推广 2 年生苗栽植，最好选苗高 6～8 m，地径 6～8 cm 以上的截干苗。随起苗随栽植，长途运输，宜在清水中浸泡 2～3d 或更长的时间。在地下水位不足 1m 的低湿地，可深栽到地下水位。如果地下水位超过 1m 的，可深栽到 100 cm。栽植后头两年，仅修双梢和上部长势太强且枝距近的侧枝。当枝条着生处的直径大于或等于 12 cm 时，其下部侧枝应当修除，直至枝下高 6～7m 时，便形成良好冠形。

I-72 杨

1.叶枝
2.苞片

垂 柳（倒杨柳）*Salix babylonica*

杨柳科 Salicaceae（柳属）

落叶乔木，树高 10m 左右，小枝细长下垂，淡黄绿色，柔条千缕，随风飘舞，陆放翁《春雨诗》："湖上新春柳，摇摇欲唤人"，乃指垂柳。单叶互生，线状披针形，边缘有细腺锯齿，表面鲜绿色，背面粉绿色，两面无毛；叶柄长约 1cm。花单性，雌雄异株，柔荑花序直立，黄绿色，先叶或与叶同时开放；雄花序长 2～4cm，苞片长圆形，边缘有睫毛，雄蕊 2，花药黄色。花丝基部背腹面各有 1 腺体；雌花花序长 2.5～5cm，苞片披针形，子房卵圆形，无柄，仅腹面有 1 腺体。蒴果，2 瓣裂，种子呈絮状，随风飘扬。花期 3～4 月，果熟期 5 月。

垂柳我国特产，分布于长江流域，南到广东，西南至云南、四川，海拔 2000m 以下低山丘陵、平原地区水边习见，华北、东北等地有栽培。喜温暖湿润气候，耐寒性亦较强，喜水湿，特耐水淹，有记录：4 年生树高 4.25～4.96m 的垂柳在水深 2.86～3.31m 水中被淹长达 166～168d 后仍能安然无恙正常生长，亦较耐干旱；在干燥土层深厚之地也能生长，以在潮湿深厚之酸性土，中性土上生长最好。萌芽力强，耐重修剪与截干；根系发达，再生能力强，在水中也能生长，形成庞大而密集根群，抗风，护岸固堤能力强，插条及萌条树寿命较短，30 年后渐衰退，实生树寿命长。西藏大昭寺 1 株古柳已 1300 余年，相传为文成公主所植，被人们称为"公主柳"。早在《诗经》中就有："昔我往矣，杨柳依依"的描写，折柳枝送别早在古代已形成风俗，到了汉代发展成为《折柳枝》词曲加以歌唱。刘禹锡《竹枝词》诗："杨柳青青江水平，闻郎江上踏歌声。东边日头西边雨，道是无情却有晴"。晴与情谐音，含情风趣。杜甫诗句："两个黄鹂鸣翠柳，一行白鹭上青天"。动态景物色彩，美极妙极。隋炀帝开凿运河，两岸植垂柳达 2000 余里。唐·贺知章《咏柳》："碧玉妆成一树高，万条垂下绿丝绦。不知细叶谁裁出，二月春风似剪刀。"元·白朴词："柳暗青烟密，花残红雨飞"；温庭筠"江上柳如烟"和李贺"桃花乱落如红雨。"以柳色青青，似含烟凝雾，花瓣凋残，如红雨纷飞。元·关汉卿词："春闺院宇，柳絮飘香雪。"宋·柳永词："杨柳岸，晓风残月"是留恋凄凉，而江上青烈士诗："春水绿杨思故里，秋山红叶走征途。"则是对家乡亲人思念和革命征途艰辛。咏柳最有气势莫如毛泽东同志在《送瘟神》中："春风杨柳万千条，六亿神州尽舜尧。"垂柳吸碳放氧与增湿降温能力均较强，据测定 $1m^2$ 叶面积分别达 1161.35g/a 的氧气，蒸腾水量为 321.69kg/a，对烟尘、NO_2 抗性强。1kg 干叶能吸 SO_2 1720mg，Cl_2 3590mg。广植于河流渠道、湖塘沿岸，更显示出柳垂柳姿的风采神韵，如贵阳花溪《桃溪柳岸》风光和西湖《柳浪闻莺》著名景观。作为园林及护堤固岸防浪的理想的树种。

选用 10～15 年生健壮、无病虫害的母树，于 3～5 月蒴果由绿色变为黄色或黄绿色时及时采种。采后在通风的室内摊晾，撮揉、抽打脱出种子，取净后即播，或使种子干燥至含水量 5%～6% 时密封容器冷藏。最好随采随播。干藏的种子播前常浸湿催芽，并用 0.5% 硫酸铜溶液消毒。圃地土细床平，灌足底水，条播，每公顷播种量约 8kg，覆薄土，并喷水保湿。垂柳可选生长快、无病虫害、姿态优美的雄株为采条母株，剪取 2～3 年生粗壮枝条为插穗，插后浇水，保持土壤湿润。春插在芽萌动前、秋插在落叶土壤冻结前进行。春冬季节，大苗栽植。也可用 3m 以上，粗 3～5cm 带梢的插干，于冬季开穴深插，壅土砸实，固定干条。

木材心边材区别略明显，边材浅红褐色，心材红褐至鲜红褐色，有光泽，无特殊气味和滋味。生长轮不明显或略明显；散孔材。木材纹理直，质轻、软、韧，切削加工容易，油漆、胶粘性能良好，木材干燥容易。木材可作矿柱、农具、家具、箱板、胶合板和建筑用材，也是造纸和人造纤维的上佳原料。

垂 柳

1.叶枝   6.雄花
2.雌花枝   7.雌花
3.雄花枝   8.种子
4.雄花序   9.果
5.雌花序

旱　柳 *Salix matsudana*

杨柳科 Salicaceae（柳属）

落叶乔木，树高达 20m，树冠卵圆形，树皮暗灰色，深纵裂；枝条斜展，小枝幼时黄绿色，初有绒毛，后脱落。单叶互生，披针形或线状披针形，边缘有腺齿，长 5～8cm，表面鲜绿色，背面粉绿色，托叶披针形，早落。柔荑花序与叶同时开放，黄绿色；雌雄花序均具 2 腺体；雄花序长 1～2cm，雄蕊 2，花药黄色，花丝基部有毛；雌花花序长 1～1.5cm，子房无柄，长卵圆形，无毛，柱头 2 裂。蒴果，2 瓣裂，种子细小有丝状毛（即柳絮）。花期 3～4 月，果熟期 5 月。[附栽培品种：龙爪柳（cv.Tortuosa），枝条扭曲如游龙状，姿态别致。]

是我国分布广泛，栽培历史悠久的树种之一。北起黑龙江的牡丹江、内蒙河套地区，向西至新疆的喀什、叶城、青海的格尔木、囊谦，南至两广，东到台湾。天然林生于海拔 1600m 以下，在河漫滩地，溪沟两侧分布较为集中以及黄河入海口的孤岛等地，都有面积较大的纯林群落景观，混交林较少。旱柳在我国栽培始于周朝，至今已有 3000 多年。喜温暖湿润气候，耐寒性较强，在年均气温为 2℃，－39℃绝对最低气温下无冻害现象发生；年均降水量为 38.8mm 的气候条件下，能正常生长发育。耐水湿及季节性水淹，亦耐干旱，对土壤适应能力强，在干瘠沙地，低湿河滩地和弱碱性地上均能生长。深根型，主根深，侧根与须根极发达，广布于各土层中，固土固沙，抗风能力强，不怕沙埋与沙压，被埋的枝干能萌生大量不定根，起吸水作用，寿命一般为 50～70 年，在立地条件好的地方可达 200 年以上，陕西长武县巨家乡西王村海拔 1280m 处生长 1 株旱柳古树，高 21m，胸径 2.21m，冠幅 417m²，树龄已有 700 余年。对 SO₂ 有较强的吸收能力，1hm² 旱柳每天能吸收 SO₂ 128.7kg；1m² 叶面积吸收 Cl₂ 7.80mg、HF 8.25 mg；吸碳放氧能力中等，某些旱柳品种可以蓄积 47.19mg/kg 重金属镉。降温增湿能力较强；杀菌、净化空气能力中等。丰满的树冠，柔软翠绿的枝叶，给人无限春光。宋词"月上柳梢头，人约黄昏后"一句，以柳月黄昏烘托背景，还有人相约，此景此情，难以言表，韵味极佳。苏东坡词："春来老，风细柳斜斜。"或"枝上柳，绵吹又少，天涯何处无芳草。"则是描述一种留恋和无奈。陆游诗句："山重水复疑无路，柳暗花明又一村"。柳暗花明不仅是写景，而是含有丰富哲理。《左公柳》诗中："新栽杨柳三千里，引得春风度玉关"。这里有颂左宗棠之功，同时也有柳树巨大生态功能。旱柳成为园林重要的园景树，最宜在沿河湖岸、池畔、桥头及低湿地或草坪地上丛植，亦可作行道时与四旁绿化种植。亦是护岸固堤、防风固沙的优良树种。

选用 15～30 年生优良、无病虫害的母树，于 4～5 月果实呈黄褐色时及时采种。采后将果穗摊放在室内通风处，脱出种子，取净后即播，或在干燥、密封和 0～5 ℃低温下贮藏。种子含水量应控制在 5%～6%。圃地土细床平，灌足底水，条播，每公顷播种量约 5kg，在幼苗长出第一对真叶时间苗，结合间苗移植培育大苗，当苗高 3～5cm 时定苗。旱柳也可在雨季，选用 1 年生健壮枝条，剪成 20cm 长，经清水浸泡 3d 后扦插，插穗露出地面 1cm，插后及时灌足水，7 月份施肥。早春选用 3～5 年生壮苗带土栽植。也可在健壮母树，选粗 3～8cm，长 3m 以上的干条，浸泡数天后，埋干栽植。

心边材区别略明显，边材窄，浅灰褐色到浅黄白色，边材到心材略急变，心材为淡粉红褐色到灰褐色或淡黄褐色；生长轮明显，界以色深的细线，偶有不连续生长轮，宽度不均匀。木材纹理直，结构细而均匀，略具光泽，无明显气味和滋味。木材加工性质良好。若刀锯不锋利时容易起毛，握钉力弱。干燥性好，时间短，不易产生翘裂，油漆、胶粘性能良好，不耐腐，心材易于腐朽，边材易遭虫蛀，是农村的主要建筑材之一。还可以作农具、案板、砧板、盆和桶、家具、器皿、火柴杆、盒等。

旱 柳

1.叶枝
2.带雄花序的枝
3.带果穗的枝
4.带雌花序的枝
5.蒴果（已开裂）
6.雄花（带苞片）
7.雌花（带苞片）

赤 杨 *Alnus japonica*

桦木科 Betulaceae（桤木属）

　　落叶乔木，树高达 20m，胸径 60cm，树皮灰褐色，幼枝被细绒毛，后渐脱落，小枝被油腺点，无毛；芽具柄。单叶互生，倒卵状椭圆形或椭圆形，先端渐尖或突短尖，基部楔形，上面中脉凹下，下面脉腋具簇生毛，锯齿细尖；叶柄长 1～3cm，被毛。雄花序 2～5 个总状排列，下垂。果序椭圆形，长 1.2～2cm，2～5（8）个排成总状，果序柄长 4～7mm，总柄长 2～3cm；小坚果椭圆形或倒卵形，具窄翅。花期 2～3 月，果熟期 9～10 月。

　　分布于吉林、辽宁、河北、山东、江苏、安徽、东至台湾。多生于河谷、溪旁及河岸低湿处，成纯林或与枫杨、河柳、乌桕等混生，萌芽力强，可萌芽更新；起着护岸固堤及改良土壤的作用。树干耸直，树冠广卵形；小枝具树脂点，叶亮亦有腺点，杀菌能力强。耐水湿，但也能耐干旱；喜光及温暖湿润气候，而寒性较强；能耐平均最低温 -13～-15℃、极端最低温 -42℃；适生于低湿滩地、河谷、溪边、河岸、湖畔；耐水湿，但不抗潴积死水。生长快，10 年生树胸径可达 20 cm。主根不明显，侧根发达，须根系庞大，具有根瘤菌，能增加土壤肥力，固沙保土，护岸、抗风能力强。宋·王安石诗句："杨花独得春风意，相逐晴空去不归。"是感叹人世或是对世态的贬意。孙月镜诗句："莫欺春到茶靡尽，更有杨花落后飞。"是赞扬生命的顽强吧！寿命长达 100 年以上。赤杨尤其适合北方在园林绿化、河湖岸边、池畔或低湿滩地可列植、群植。

　　应选 15 年生以上的优良母树，于 10 月果实暗褐色，果鳞初见黄褐色时及时采种。采回的种子经处理即可放在通风干燥处贮藏。播前用湿沙与种混合催芽 1 周左右播种，春季高床条播或垄播，每公顷播种量约 30kg。首先在整平的床面上浇足底水，将种子均匀地撒在垄或床上，轻微镇压，覆土 3mm 左右，再镇压 1 次覆草。播后浇水，幼苗生长中期适当减少浇水次数。当幼苗出土时，分期分次揭草，幼苗进入速生期追肥 2～3 次，同时进行间苗、松土、除草、定苗，间苗后及时灌溉。为防止苗木黑斑病，要喷洒波尔多液 4～5 次。本种适生土层较深厚湿润的缓坡、平原及江河岸边、湖滨、四旁等地。春秋大苗栽植，栽后浇水。

　　心边材区别不明显，木材灰玫瑰色至浅红褐色；有光泽。无特殊气味和滋味；生长轮略明显。树胶道无。纹理直或略倾斜；结构细，不均匀，干缩中，强度低。干燥容易，耐久性弱；加工容易；切削面光滑；握钉力弱，不劈裂，胶粘性能良好。可作细木工、家具、室内装饰、胶合板、包装箱或盒、火柴杆、机模等；在农村用作木碗、木瓢、桶、盆及农具；还可烧制木炭作黑色火药原料；也可用于造纸。果序、树皮含鞣质，可提制栲胶。

赤 杨

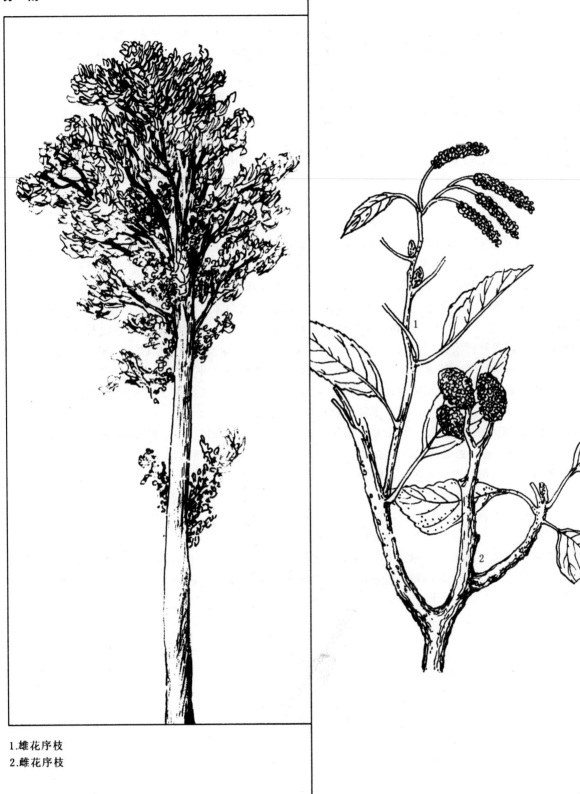

1.雄花序枝
2.雌花序枝

桤木（水冬瓜树）*Alnus cremastogyne*

桦木科 Betulaceae（桤木属）

落叶大乔木，树高达 40m，胸径 1.5m，树皮灰褐色，鳞状开裂；树干端直，圆满，小枝较细，光滑无毛。芽具短柄。单叶互生，叶椭圆状倒卵形或椭圆形，长 5.5~17cm，先端突短尖或钝尖，基部楔形或稍圆，无毛，上面叶脉凹下，下面密被树脂点，脉腋有时微有毛，边缘疏生细锯齿，叶柄长 1~2cm，无毛。花单性，雌雄同株，柔荑花序，单生叶腋。果序椭圆形，柄细，下垂，果苞木质较厚，顶端 5 浅裂，每果苞有倒卵形小坚果 2 枚，果翅为果宽的 1/2。花期 2~3 月，果熟期 11 月。

桤木分布于我国四川中部至西北部，多生于海拔 500~3000m 的溪边及河滩低湿地带，常组成纯林或与马尾松、杉木、楠木、柏木等混生。东起沿海西至甘肃南部，南至广东、贵州北部都有引种栽培。唐·杜甫《凭何十一少府邕觅桤木栽》诗中有："饱闻桤木三年大，以致溪边十亩阴。"宋祁《益部方物记》载："桤木蜀所宜，不三年为薪，疾种亟取，里人利之。"可见早在 1400 多年前，四川就有桤木栽培了。喜光及温暖湿润气候，耐水湿，能耐 -10℃ 的低温，适生于年平均气温 15~18℃，年降水量 900~1400mm 丘陵山地及平原地区，在沙岩发育的酸性黄壤、紫色沙页岩发育的酸性、中性及微碱性紫色土上均能正常生长。根系发达，具丰富的根瘤，产叶量大，9 年生树可收叶 20 多 kg，可固氮改良土壤及抗风能力强。10 年生树高 12~15m，胸径 14~16cm，结实量大，能飞播 500m 远，天然更新能力强，亦可萌芽更新，是荒山荒地、河滩地的先锋树种。树叶挥发性物质具有杀菌净化空气的作用，寿命长达 200 年以上。树干高大粗壮，魁伟挺拔，树冠广展，枝繁叶茂。唐·杜甫《堂成》："桤林碍日吟风叶，笼竹和烟滴露梢"。宜植为行道树、庭荫树，或在园林河边、堤岸、池畔片植或与其他树种混交组成风景林，亦是护岸固堤、防风固沙、改良土壤、涵养水源的优良树种。

应选 10~25 年生的优势木，于 11 月至翌年 1 月上旬果实呈暗褐色果苞微裂时采种，收回的果穗晾干或摊晒 1~3d，贮藏在低温库备用。春季高床条播或宽幅条播，每公顷播种量约 45kg，后覆土、盖草。幼苗初期生长极缓慢，幼根入土很浅，必须加强水分管理，幼苗长出 6 片真叶时间苗，苗高达 7~9cm 时定苗。苗木在 6 月下旬进入生长旺盛期应及时追肥。在酸性、中性、微碱性及干燥的荒山荒地均能生长，但以深厚肥沃湿润的土壤生长良好。穴状整地，早春栽植。

木材心边材区别不明显；木材灰玫瑰色至浅红褐色；有光泽；散孔材；无特殊气味和滋味。生长轮略明显，分布不均匀。木材纹理直，结构细而松，质轻、硬，干缩小，强度中。木材切削加工容易，油漆、胶粘性能尚可，握钉力弱，木材干燥容易，少有翘裂，耐水湿。木材适于民用建筑、家具、农具、人造板、铅笔杆、坑木、桩柱等，还可烧制木炭作黑色火药原料。

桤 木

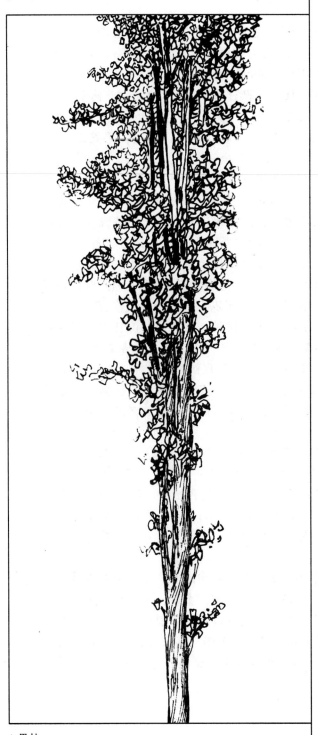

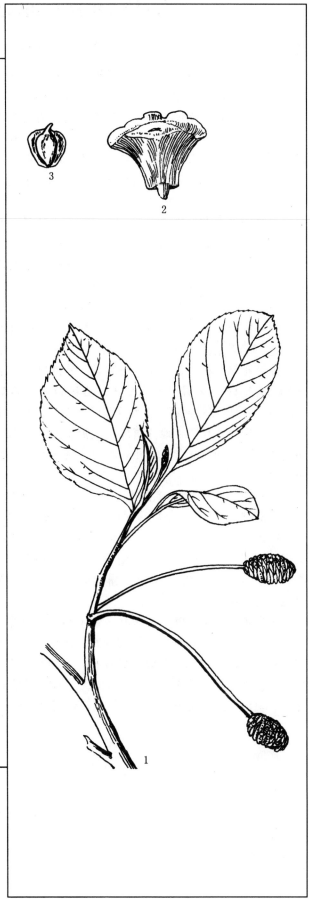

1.果枝
2.果苞
3.种子

白桦（粉桦）*Betula platyphylla*

桦木科 Betulaceae（桦木属）

落叶乔木，树高达 25m，胸径 80cm，树皮白色，树干通直，老树皮成纸质薄片剥落；小枝疏被毛和树脂。叶互生，三角状卵形或近于菱形，先端渐尖或尾尖，基部截形或楔形，无毛，下面密被树脂点，重锯齿钝尖或具小尖头，有时具不规则缺刻，侧脉 5～7 对，每对侧脉间有 1～5 小齿；叶柄细长 1～2.5cm，无毛。花雌雄同株，雄花序圆柱形，下垂，雄蕊 2，药室分离，雌花序长圆形，每苞片具 3 朵雌花。果序圆柱形，长 2～5cm，无毛；果苞长 3～6mm，中裂片三角形，侧裂片卵圆形；小坚果椭圆形，两侧有翅，与果近等宽。花期 4～5 月，果熟期 8～9 月。

白桦遍及东北、华北、西北及西南高山地带，在东北垂直分布在 1000m 以下，在华北、西北海拔 700～2700m 地带，在西南、西藏等地海拔可达 4200m。在阴坡、缓坡、谷地常形成纯林或与山杨、椴树、色木槭、榆等形成混交林，在西南等中、高山地带常生长于阴坡或半阴坡成纯林或至冷杉林缘处。喜光、喜温凉气候，耐严寒，在沼泽地、草甸地、干燥阳坡、石质陡坡、河谷及湿润阴坡均能生长。深根性，根系发达，林下枯枝落叶层厚，对保持水土、涵养水源效能高，抗风能力强；萌芽性强，结实量多，繁殖力强，为荒山荒地绿化先锋树种；1m² 叶面积吸收 SO_2 33.67mg、Cl_2 62.16 mg、HF 21.46 mg；寿命长达 150 年以上。树干挺拔修长，洁白素艳、冰清玉洁、枝叶扶疏、姿态优美，是世界上著名的观干皮树种。翦伯赞《访甘河大兴安岭原始森林》诗："九月甘河秋已深，丛林如海气萧森。春来秋去年年事，桦白松青自古今。"和《大兴安岭岭顶远眺》诗："无边林海莽苍苍，拔地松桦亿万章。"宜作为园景树，池畔、湖滨、河岸或在山地或丘陵谷地片植或组成混交林均可构成美丽的景观。桦汁能增进人体新陈代谢及多种功能，对痛风、肾结石和坏血病等疾病有治疗作用，值得专家研究开发。树皮过去曾作为书写用。

应选 20～30 年生以上的优良母树，于与前述果熟期 8～9 月不符果穗呈黄褐色时采种。采后阴干，3～5d 脱出种子，取净后低温干藏。随采随播；春播前种子要进行催芽，用温水浸种一昼夜，捞出阴干后混 2 倍湿沙，经常翻动。床式条播或撒播，每公顷播种量约 70kg，播后用细土覆盖，并盖草。幼苗出土时，要适量灌溉，防止日灼，结合松土进行间苗。喜肥沃深厚湿润的酸性或中性土壤，在山地棕壤、淋溶褐土和山地栗钙土上也可生长，但不适宜碱土栽植。穴状整地，春季栽植。

木材黄白至黄褐色，心边材区别不明显；有光泽；无特殊气味和滋味。生长轮略明显；轮间呈浅色细线；散孔材。木材纹理直，结构甚细，均匀；材质中重；中硬；干缩小；强度低至中；冲击韧性中或高。木材干燥容易，不翘裂；不耐腐；抗蚁性较弱；切削加工容易，切削面光洁；油漆、胶粘性能良好；握钉力大。木材可用于制造飞机、车船用高级胶合板、体育器材、家具、室内装饰、纺织器材、文具、日常用品、柱、桩以及制浆造纸原料。树皮可提取桦皮油。

白 桦

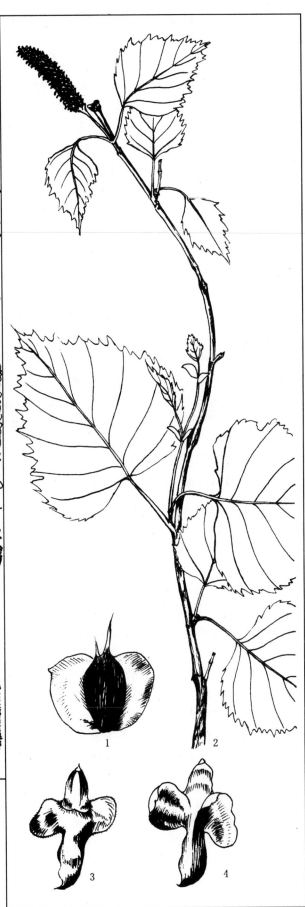

1.果
2.果枝
3~4.果苞

光皮桦（亮皮桦、亮叶桦）*Betula luminifera*

桦木科 Betulaceae（桦木属）

落叶乔木，树高达 25m，胸径 80cm，树皮红褐色或暗棕色，致密光滑，皮孔明显，枝条红褐色，初有褐黄色绒毛，后脱落，疏生树脂腺体，枝皮有清香味；冬芽无柄。单叶互生，卵圆形或椭圆状卵形，先端渐尖或尾尖，基部圆形或微心形，下面沿叶脉有微毛，网脉间密被树脂点，侧脉 10～14 对，脉腋间有簇生毛，边缘具重锯齿有毛刺状尖头，叶柄长 1～2.5cm。花单性，雌雄同株，雄花序 2～5 枚簇生小枝顶部或单生小枝上部叶腋，每苞鳞具 2 小苞片及 3 枚雄花，雄蕊 2；雌花每 3 朵生于苞鳞内，无花被，子房扁平，2 室。果序单生，果苞中裂片长圆形，侧裂三角形或卵圆形；小坚果倒卵形，果翅较果宽 1 倍。花期 3～4 月，果熟期 5 至 6 月上旬。

光皮桦为我国特有树种，分布秦岭、大别山以南、东至浙江、武夷山一线，南至广东岭南，西南至云南维西、文山等地，海拔 250～2780m 的山坡下部或缓坡地带，较集中分布于海拔 1000～1700m，常为连续片状纯林群落景观，其余多为天然混交林或零散分布。树冠卵圆形至伞形；干皮幼时青灰色，老时暗红褐色，树皮富含油脂，有清香味，易燃烧，古代以其皮做成帽子，或以其皮卷成蜡，称为"桦皮烛"作为照明之用，故有"皮堪为烛"之说。唐·白居易诗："宿雨沙堤润，秋风桦烛香。"叶背网脉间、果序、树皮、嫩枝均密被树脂点，含有挥发性芳香油，具有杀菌、清洁空气作用。喜光、喜温凉湿润气候，亦能抗 43℃ 极端最高温与耐 -15℃ 极端最低温，生长适宜温度 17～26℃。耐干旱瘠薄，对土壤适应能力强，在酸性、中性及微碱的钙质土上均能生长，但以深厚肥沃、湿润的酸性土上生长尤为迅速。生长较快，可与多种针、阔叶树混交。深根性，抗风能力强。湖南莽山有 250 年生古树，高 26.6m，胸径 61.30cm；安徽潜山县龙潭乡龙潭村，有两株 130 年生长在一起的光皮桦古树，树高均为 25m，胸径也皆是 1.28cm，俨然为一对孪生兄弟，相依为伴。光皮桦主干端直修长，挺拔秀丽，干皮光洁可爱，大枝斜展，冠如巨伞，叶色翠绿，花序早春先叶怒放，纤细柔软，悬挂满树间，宛如串串珠坠，金光灿灿，随风摇曳，饶有风采，宋·陆游《梦行小益道中》："栈云零乱驮铃声，铎树轮囷桦烛明。"是优良的风景园林观赏树种。

应选 10～30 年生的健壮母树，于 4～5 月果实为黄褐色时采种。采回的果实阴干 4～6 天去除杂质，即得纯净种子，用塑料袋密封，低温贮藏，以备播种。随采随播，或春播。播前半个月用 30℃ 的温水浸种 24h，而后将种子混以 2 倍的湿沙置于 15～20℃ 的环境条件下，约有 10% 的种子开始萌动即可播种，床式条播，播后覆土盖草。幼苗期注意松土除草、灌溉和施肥。光皮桦对土壤肥力要求不高，可在土层较瘠薄的黄壤、红黄壤或荒山、迹地上种植，是荒山绿化的先锋树种。

心边材区别不明显，木材浅红褐色或红褐色；有光泽；无特殊气味和滋味。生长轮略明显，宽度略均匀；轮间有浅色细线；散孔材，管孔略少。木材纹理直，结构细，均匀，质中重；中硬；干缩小；强度大，冲击韧性大。木材干燥容易，少翘裂；耐腐性弱；但防腐处理容易，切削加工容易。切削面光洁；车旋性能良好，油漆、胶粘性能好；握钉力中。木材可做航空用高级胶合板、家具、木模、文具、箱盒、枪托、纺织器材及造纸等。

光皮桦

1. 花枝
2. 叶枝
3. 果苞
4. 种子

鹅耳枥（见风干）*Carpinus turczaninowii*

榛科 Corylaceae（鹅耳枥属）

　　落叶乔木，树高达 15m 左右，树皮暗灰色或灰黑色，浅纵裂；枝条暗灰色，光滑无毛，幼枝有柔毛；冬芽红褐色。单叶互生，卵形或卵状椭圆形，长 2.5～5.5cm，先端渐尖，基部圆形或宽楔形，边缘具重锯齿，两面沿叶脉有长柔毛，脉腋间具簇生毛，侧脉 8～12 对；叶柄细，密被短柔毛。花单性同株，无花瓣，雄柔荑花序生于短侧枝之顶，花单生于苞腋内，无萼，有雄蕊 3～13 枚，花丝 2 叉；雌柔荑花序生于具叶的长枝之顶，每苞片内有花 2 朵。果序长 3～5cm，下垂，果苞叶状，偏长卵形，一边全缘，一边有齿；坚果卵圆形，上部疏生油腺点。花期 4 月下旬，果 10 月成熟。

　　主产东亚，间断分布于亚欧、北美至中美洲。我国鹅耳枥分布于东北南部，南至秦岭、大别山、淮河流域以北各省区，西至甘肃、东达江苏苏北沿海，垂直分布海拔 2400m 以下中低山、丘陵及平原地区，常生长在阴湿山坡杂木林中或悬岩石缝中。喜光树种，稍耐荫；喜温凉湿润气候，耐寒性较强，亦耐干旱瘠薄，常生长于花岗片岩或石灰岩山地；适生深厚湿润、肥沃钙质土，在干燥的阳坡、山顶瘠地、石灰岩石缝中、湿润沟谷、阴湿山坡密林中均能生长；根系发达，盘结岩石缝中，抗风能力强；萌芽性强，可萌芽更新；枯落物多，可形成较厚的腐殖质层，能有效的改良土壤，并对防止冲刷及水源涵养起了极好的作用。病虫害少。陕西石泉县后池乡箭沟村海拔 700m 处生长 1 株鹅耳枥古树，高达 25m，胸径 0.95m，树龄已有 300 余年。枝繁叶茂，叶形秀丽，幼叶亮红色，果穗长而下垂，形态奇特，颇为美观，可植于庭园观赏，亦可以在风景区石灰岩山地组成风景林，亦是保持水土，涵养水源的优良树种。

　　果实于 9～10 月成熟，小坚果由绿色变为褐色或淡褐色时应及时采收，并于阳光下晒 4～5d，脱出种子，混沙层积贮藏。秋播随采随播。在鸟兽危害严重地区多采用春播。层积催芽效果差的种子，再用 18～25℃温水催芽，待有 1/3 种子发芽开始播种。床式条播，行距 25cm，覆土要细，厚度约 0.5cm，稍加镇压。幼苗出土时要防鸟害。当苗高 6～8cm 时，要进行追肥、浇水、松土、除草。鹅耳枥喜肥沃、湿润中性或微酸性土壤，贫瘠的石质山地也能生长，在花岗岩、麻岩和石灰岩山地均能栽植。穴状整地，春秋截干栽植，及时除萌培育干形。

　　心边材区别不明显到略明显，边材灰黄色，心材浅红褐色。生长轮明显，宽度均匀。木材纹理斜，结构细而均匀；质坚硬、致密；光泽略明亮。无明显气味和滋味。木材加工性质较好，锯、刨、车、旋等加工较易，切削面光洁。握钉力中，钉钉不易劈裂。木材干燥易翘裂。木材不耐久，易遭虫蛀、腐朽和变色。适合于作地板、家具、农具、木制车旋制品及雕刻用材。种子榨油，皮、刺制栲胶。

鹅耳枥

1.叶枝
2.果苞
3.果

锥栗（珍珠栗） *Castanea henryi*

壳斗科 Fagaceae（栗属）

落叶乔木，树高达 30m，胸径 1m；小枝紫褐色，无毛，无顶芽。叶互生，卵状披针形或卵状长椭圆形，长 8～16cm，先端长渐尖，基部圆或宽楔形，常一侧偏斜，边缘有芒状锯齿，叶下面无毛及腺鳞。雌花序单生于小枝上部。壳斗近球形，鳞苞刺状，连刺径 2.5～3.5cm；壳斗内仅 1 坚果，卵形，先端尖，径 1.5～2cm，果高大于径。花期 5～7 月，果熟期 9～10 月。

锥栗特产秦岭，大别山及以南各地山区，散生于在东部海拔 1000m（西部 2000m）以下低山丘陵，与刺栲、苦槠、枫香、木荷、马尾松等混生。平原区多栽培。喜光，不耐荫；喜温暖湿润气候，适生于年平均气温 11～12℃，年降水量 1000～1500mm，具有一定的耐寒性，能耐极端最低温 -16℃。要求深厚湿润，肥沃而排水良好的酸性土壤，在沙页岩、花岗岩风化发育的土壤上生长最好。深根型，主根发达，抗风力强；生长尚快，寿命长，安徽歙县水竹坑林场海拔 770m 处，天然混交林中，有一株 150 余年生的大树，高 17m，胸径 77.10cm，生长健壮。湖南衡阳县岣嵝峰海拔 710m 处有 1 株锥栗高 14m，胸径 1.58m，树龄 500 年。贵州道真自治县龙桥乡下龙桥有 1 株锥栗，高 29m，胸径 1.28m，树冠覆盖面积 17 m²，主干端直，雄伟秀丽。枝叶扶疏，夏叶翠绿闪亮，是优良的果材兼用的绿化树种，宜作为风景园林树种。栗实古称"其仁如老莲肉"，不仅是健身食品，还有对人体的滋补功能，世称可与人参、黄芪、当归相媲美，价廉易得，备受历代医家推崇。南北朝·陶弘景在《名医制录》中，将栗子列为上品。唐·医药家孙思邈称栗子为"肾果也，肾病宜食之。"并指出治腰、脚不遂，宜生食。宋·苏辙《栗子》诗："老去自添腰脚病，山翁服栗旧传方。客来为说晨兴晚，三咽徐收白玉浆。"李时珍读到这首诗时，大为叹服曰："此得食栗之诀也！"宋代诗人范成大笔下栗食，更是浓彩诱人："紫烂山梨红皱枣，总输易栗十分甜"，无论生食或熟食，不仅甜美可口，而且风味隽永，胜过板栗。

应选 15 年生以上优良母树，于 10～11 月果实呈浅褐色或深褐色，略具光泽时采种。最好是充分成熟、壳斗开裂、坚果自然脱落后在地面收集。采后晾干的种子混沙层积贮藏。秋播或春播，高床条播，行距 20cm，株距 8cm，种子于播种沟内，覆土 4～5cm，并盖草，每公顷播种量约 1000kg，种子萌发后，应及时分次揭草，播后应防止动物危害。也可容器育苗，或用嫁接方法培育良种苗木。如供园林绿化，应换床移植培育大苗。锥栗能耐 -10℃ 低温，适生于中亚热带至北热带的丘陵及平原，可在土层较薄至中层的黄壤、黄棕壤和红壤土生长。穴状整地，春秋季裸根栽植，大苗应带土移植。在兽害少的地带可行穴内点播。

木材心边材区别略明显，边材浅褐或浅灰褐色，心材浅栗褐或浅红褐色；有光泽；无特殊气味和滋味。生长轮明显，环孔材。木材纹理直，结构略粗，不均匀，质中重，中硬；干缩小，强度中；冲击韧性中。木材干燥宜慢，稍有翘裂、皱缩倾向，干后稳定；切削加工易钝刀具，切削面光洁；油漆胶粘性能好；握钉力大，劈裂，木材可作家具、室内装饰、房屋建筑、胶合板、桩柱、工农具柄及其它农具。

锥 栗

1.花枝
2.雄花
3.雌花
4.果
5.具壳之果

米槠（小红栲）*Castanopsis carlesii*

壳斗科 Fagaceae（栲属）

常绿乔木，树高达 20m，胸径 80cm；树干欠圆整，树皮灰色，老时浅纵裂；小枝皮孔微凸起，枝叶无毛。叶革质，卵形或卵状长圆形，叶中部以上有锯齿，上面中脉微凹下，下面微被棕黄色鳞秕或灰黄色蜡层，叶柄长约 1cm。雌花序长 15cm 左右，花序轴无毛。果序长 5～10cm，壳斗有 1 果，球形，鳞苞刺状，有疣状凸起，基部连生成环状，无毛。坚果近球形或圆锥形，果脐较小。花期 4～6 月，果熟期翌年 9～11 月。

米槠产我国西南至东部，分布于长江以南各地海拔 1000m 以下低山丘陵常绿阔叶林中，亦林交错芽苗出常组成小片纯林或与甜槠等组成混交林。常与丝栗栲、南岭栲、甜槠、木荷、石栗等组成混交林群落景观，为常绿阔叶林中优势种或建群种，高耸于林冠之上层。为珍贵稀有树种。喜光，喜温暖湿润气候，不耐寒；喜生于深厚湿润、肥沃的向阳山坡沟谷或山麓山坳；深根型，主根发达，抗风力强；生长中速，前 10 年生长缓慢；可萌芽更新。具有较好的水源涵养功能及较强的净化水质的作用。陈步峰 1998 年对广州流溪河国家森林公园中米槠、青钩栲、黄樟等优势种的天然林区径流水化学含量的分析表明：水质（NO_2^-、N^-、Cl^-、SO_4^{2-} 等指标）达到地面水环境 I 类标准。树龄长，湖南溆浦县温水乡永胜村南山界公路边海拔 990m 处生长 1 株米槠古树，高 18m，胸径 1m，冠幅 9m×8m，树龄已有 300 余年。树形高大挺拔，枝繁叶茂，四季青翠，树皮光洁，老叶深亮绿色，嫩叶银白色，在林冠上层形成风吹绿叶泛白浪，颇有绿色海洋之意境，令人陶醉，宜作行道树、庭荫树及风景园林树种。

应选 25 年生以上健壮母树，于 11 月坚果散落时采收。种子经水选阴干，拌上杀虫剂即可混沙贮藏越冬至翌年春季 3 月播种。高床条播，条距 25～30 cm，覆土 2～3 cm，床面盖草，每公顷播种量约 100 kg。1 个月后可用锋铲斜插土中将主根 15～20 cm 处切断，促使侧根生长。幼苗需适当遮荫，在年生长高峰期中要及时进行中耕除草、追肥和灌溉。培育大苗应换床移植。也可容器育苗。此种适生于江南山地，不耐盐碱土，但以土层深厚湿润、排水良好的山麓山坡生长为好。穴状整地，春秋季随起随栽，定植时可修剪地径 40 cm 以下主根。大苗宜带土栽植。

木材心边材区别欠明显，浅红褐或栗褐色微红；有光泽；无特殊气味和滋味。生长轮略明显，环孔材。早材管孔中至略大，少数含侵填体；早材至晚材急变；晚材管孔甚小至略小。木材纹理直；结构不均匀；质轻至中；软至中；干缩小或中；硬度低；冲击韧性中。木材干燥困难，速度缓慢，易开裂，变形和皱缩；不耐腐；切削加工容易，切削面光洁；油漆、胶粘性能良好；握钉力不大。木材可作家具、房屋建筑、桩柱、车辆、农具柄及其它农具等。树皮可提取栲胶。

米 槠

1.果枝
2.坚果

甜槠（石栗子）*Castanopsis eyrei*

壳斗科 Fagaceae（槠属）

常绿乔木，树高达 20m，胸径 50cm，树皮浅裂；小枝皮孔微凸起，枝叶无毛。叶互生，革质、卵形或卵状披针形，长 5~13cm，先端长渐尖或尾尖，常弯向一侧，基部不对称，全缘或顶端疏生浅齿，两面光滑无毛，叶柄长 0.7~1.5cm。雄花序直立，雌花序短穗状，长约 10cm，花序轴无毛。壳斗具 1 果，宽卵形，稀近球形，连刺径 2~3cm 熟时 3 瓣裂，鳞苞为分枝状的针刺形，有时排列成 4~5 刺环。坚果卵圆形，径 1.2cm，无毛。花期 4~5 月，果熟期翌年 10~12 月。

甜槠产我国中亚热带山区，南至广东、广西、西南达贵州、四川，北至大别山区南坡，是分布面积大、适应性广、稳定性较强的常绿阔叶林类型之一，生于海拔 300~1700m 山地林中成小片纯林，在山坡、沟谷地带与刺槠、丝栗槠、木荷等混生，多为建群种，村庄、路口多见有栽培。喜光，喜温暖湿润气候，不耐湿热与高温；喜酸性（pH4.5~6.5）土壤，在深厚湿润、肥沃的缓坡谷地生长最好，在山脊土层瘠薄之地生长较差。深根型，主根粗大，抗风能力强；萌芽力强，可萌芽更新，甜槠群落能量净固定量为 26856.2 kJ/m$^2 \cdot$a，年能量存留量为 19176.4 kJ/m$^2 \cdot$a，占总能量固定量的 71.40%。病虫害少；寿命长，湖南桑植县赤溪乡三岔溪村肖家湾海拔 350m 处，生长 1 株甜槠古树，高 20m，胸径 1.4m，冠幅 180 m^2，已有 800 余年。宋·朱景元《双槠亭》诗：“连檐对双槠，东翠夏无尘。未肯断桃李，成荫不待春。”李时珍《本草纲目》：“甜槠子粒小，木纹细白，俗名麦面槠。”又陈藏器《仁主治》称：“食之不饥，厚肠胃，令人肥键。”树形高大挺拔、雄伟秀丽、枝繁叶茂、四季青翠，是优良的绿化树种及水源涵养林树种，最宜在山地城镇作为行道树、庭荫树种植或在山地风景区组成片林或与其他树种混交可构成风景林。

应选 25 年生以上健壮母树，于 10~11 月采收坚果。为了使种子免受虫害，先经水选晾干，再拌上杀虫剂进行混沙贮藏至翌春 2~3 月，床式条播。条距 20~25 cm，每公顷用种量约 1000 kg。覆土 2~3 cm，床面盖草保湿。幼苗需适当遮荫，以防日灼。在苗木年生长高峰期中要注意松土除草、追肥和灌溉。苗木主根发达，可在芽苗出土 1 个月后用锋铲插土中将主根 15~20 cm 处切断，促使多发侧根。也可容器育苗。此种适生于长江流域以南山地，在土层深厚肥沃湿润的黄壤、山地黄壤或黄棕壤及其缓坡谷地生长最好。春秋季随起随栽，定植时适当修剪过长主根。

木材浅栗褐色或浅褐色；有光泽；无特殊气味和滋味。生长轮略明显，宽度略均匀；环孔材。早材管孔中至略大，少数有侵填体；早材至晚材急变。木材纹理直，结构细至中，不均匀；质轻至中；硬度中；干缩小或中；强度低；冲击韧性中。木材干燥不容易，速度慢，有翘裂现象；略耐腐；易遭白蚁危害；切削加工容易，切削面光洁；胶粘、油漆性能较好；握钉力中等。木材宜作家具、人造板、车辆、室内装饰、房屋建筑、工农具柄等多方面用途。另全树均可浸提单宁用于有关工业上。

甜 槠

1.果枝
2.雌花
3.总苞及果
4.果

苦槠（苦槠子、槠树）*Castanopsis sclerophylla*

壳斗科 Fagaceae（栲属）

常绿乔木，树高达 15m，胸径 50cm，树皮深灰色，浅纵裂；嫩枝具银灰色鳞秕。叶互生，厚革质，矩圆形或椭圆形，长 7~15cm，基部圆或宽，中部以上有锐齿，下面淡银灰色，两面有光泽，叶柄长 1.5~2.5cm。花单性，雌雄同株或同序，雄花序长 8~15cm，花乳白色，有芳香；雌花序较短，花序轴无毛。果序长 8~15cm，每壳斗有 1 果，壳斗球形或半球形，全包或大部分包果，壳斗鳞片三角形或呈瘤状突起，基部常连成圆环；坚果近球形，褐色，直径 1~1.4cm，单生于壳斗内。花期 4~5 月，果熟期 10 月。

苦槠是我国亚热带常绿阔叶林重要组成树种，也是亚热带北缘常绿、落叶阔叶混交林中的建群种之一，产秦岭、伏牛山、大别山区及以南各省区，南至南岭北坡，广布长江流域中下游地区，多生长于海拔 50~1000m 低山丘陵及平原地带。各地村旁、水口、宗祠、庙宇、墓地保存不少古树。喜光，喜温暖湿润气候，适生于酸性、微酸性深厚的山地黄壤，也耐干旱瘠薄，在山脊之地也能生长。主根粗大、侧根发达、抗风能力强；萌芽力极强；少病虫害；抗火能力强；对烟尘、SO_2、Cl_2、HF 抗性强；寿命长。江西婺源县清华小学生长 1 株苦槠古树，高达 28.7m，胸径 3m，冠幅 20m×30m，树龄在 1500 年以上。湖南资兴市黄草乡枯溪村大叶垅海拔 370m 处生长有 1 株苦槠，高 12m，胸径 2.94m，树龄也有 1000 余年。唐·李嘉佑诗："子规夜夜啼槠菜，远道春来半是愁。"清·赵俞：《踏车曲》："杉槠作筒檀作轴，乌鸦衔尾声轳辘。"树干魁伟，侧枝粗壮，树冠浑圆整齐，枝叶浓郁，四季青翠欲滴，是优良的风景园林绿化树种。亦是保护环境、防风、防保持水土、涵养水源的理想树种。李时珍《本草纲目》："仁为杏仁，生食苦湿，煮炒带甘，亦可磨粉。""酸甘微寒，不可多食。"又唐·陈藏器曰："食之不饥，令人健行，止泻痢，破恶血，止渴。"

应选 20~25 年生健壮母树，于 11~12 月采种。果实成熟后，壳斗开裂，取得坚果，未开裂的果实应放置通风处摊晾，待开裂后取出坚果，经水选阴干，拌上杀虫剂混沙贮藏。春季 2~3 月，床式条播，条距为 15~20cm，覆土 2~3cm，盖草，每公顷播种量约 900kg，幼苗出土后，需适当遮荫，适量追肥，旱时浇水。幼苗主根发达，须根少，可用锹插入土中将主根 20cm 处切断，促使多发侧根。也可通过换床移植切断主根培育大苗。苦槠喜温暖潮湿生境，又能适应江南低山丘陵干热条件，但以土层较深厚的黄壤或红黄壤生长较好。适当修剪主根，穴状整地，春秋栽植。

木材心边材区别略明显；边材灰褐色，心材灰红褐色，心边材交界处常有黄变色。有光泽；无特殊气味和滋味。生长轮明显，环孔材。早材至晚材急变。木材纹理直或斜；结构略粗至中，不均匀；质轻至中；硬度中；干缩小；强度低或至中；冲击韧性中。木材干燥不容易，易翘裂，速度慢；耐腐朽；切削加工容易，切削面光洁；油漆、胶粘性能较好；握钉力中，易劈裂。木材宜作建筑、人造板、家具、车辆及室内装饰，全树可浸提单宁，为有关工业提供原料。

苦 槠

1.果枝
2.果
3.雌花
4.雄花

红椎（刺栲、红栲）*Castanopsis hystrix*

壳斗科 Fagaceae（栲属）

常绿乔木，干形端直，树高达 25~30m，胸径可达 1m；树皮灰色或灰褐色，片状剥落；幼枝疏被柔毛，2 年生枝无毛。叶互生，两则，薄革质，卵形、卵状椭圆形或卵状披针形，长 5~12cm，宽 1.5~2.6cm，全缘或顶端疏生锯齿，叶下面被棕色鳞秕，2 年生叶下面呈淡黄色，叶面中脉凹下，侧脉 10~12 对。花序直立，雄花花被 5~6 裂，雄蕊 10~12，花药近球形；雌花单生或 2~5 生于总苞内，花被 5~6 裂，子房 3 室，柱头 3。果穗长长约 15cm，壳斗具 1 果，球形，4 瓣裂，密生锥状硬刺。坚果圆锥形，1~3 个，先端短尖。花期 4~6 月，果熟期翌年 8~10 月。

分布于我国南部地区，其地理位置约相当于北纬 18°30′~25°0′，东经 95°20′~118°0′，即广东、广西、云南、贵州、福建、台湾和湖南、江西等省区的南部及西藏东南部。海南岛热带沟谷雨林和山地针叶常绿林中亦有分布。生长于海拔 1900m 以下中低山及丘陵河谷地带，保持较完整的原生林分已为数不多，仅在山脊或山顶地带有较大面积天然纯林景观，常与马尾松、檫树、木荷、栲树等 30 多种树种组成复层混交林，红锥处于上层林冠为优势树种，但往往仅占 2~3 成，最多不超过 4 成，为稳定的森林生态群落景观，20 世纪 70 年代以来营造了不少的人工林景观。中性偏阴树种，幼年耐庇荫，性喜热耐高温，适生于年均气温 18~24℃，而以 21~22℃ 的地区最为常见。最冷月平均气温 7~18℃，极端最低温 −5℃，极端最高温 40℃，性喜湿润，不耐干旱，多生于年降水量 1300~2000mm 的地区。对土壤要求较严，适生于花岗岩、砂页岩、变质岩、砾岩等母质分化发育而成的红壤、砖红性红壤、黄壤，土层厚度 100cm 以上，有机质含量丰富，pH 5~6，疏松、湿润、肥沃的之地生长良好；石灰岩地区不能生长；在土层浅薄的石砾土上生长不良，在低洼积水地则不能生长。萌芽力强，可萌芽更新；深根型，根系发达，抗风力强；生长快，广东海丰、陆丰等地，25 年生萌芽林，平均树高 15m，胸径 24cm；有较好的隔音减噪、防尘、抗有毒气体 SO_2、Cl_2、HF 的能力，并具有一定的吸收能力。红锥树体高大，主干圆满粗壮，挺拔魁伟，树冠浑厚整齐，密集重叠，夏叶浓绿苍翠，冬季黄褐青翠，季相变化明显，色彩丰富，颇为壮观，宜植为庭萌树、行道树，孤植、丛植或群植庭园，草坪之上，或在山地风景区片植组成风景林或作伴生树种组成混交林景观，也是南方低山丘陵及河谷地带保持水土、防风护岸、涵养水源改良土壤、保护生物多样性、维持生态平衡的优良树种，亦是速生珍贵用材树种。果实富含淀粉和蛋白质等，其味甘美，可食用。

选用 20~50 年生的优良健壮母树，于 11 月下旬壳斗和刺转为深褐色，壳斗开裂而坚果未脱落时采收。壳斗未开裂的果实置通风处摊晾，待开裂后取出种子，经水选阴干，混湿沙层积贮藏。冬季湿暖地区以随采随播为宜。如混湿沙层积贮藏越冬的种子可在春季 3 月播种。点播，沟距 15~20cm，沟深 3~4cm，每隔 3~4cm 点播一粒，每公顷播种量约 600kg，播后覆土 1.5~2cm，盖草。幼苗出土后揭去盖草，但需适当遮荫。冬末春初，叶芽未开放前栽植，穴状整地。也可直播种植，每穴播 3~4 粒，注意防兽害。

心边材区别明显，边材暗红褐色，心材红褐、鲜红褐或砖红色。木材有光泽；无特殊气味和滋味；纹理斜；结构细至中，不均匀，质中重、中硬；干缩中；强度中，冲击韧性高。木材干燥困难，速度缓慢，微裂；耐腐性强；切削不难，切削面光洁；钉钉困难，握钉力强；油漆、胶粘性能良好。木材可用作家具、工具、胶合板、仪器箱盒、工艺美术品、雕刻、房屋建筑、工农具柄等。是优良的船舶用材。

红 锥

1.叶枝
2.果枝
3.坚果

水青冈（山毛榉）*Fagus longipetiolata*

壳斗科 Fagaceae（水青冈属）

落叶乔木，树高达 25m，树干端直，分枝高；芽长 2cm。叶互生，薄革质，卵状披针形，长 6~15cm，先端短渐尖，基部宽楔形或近圆形，略偏斜，边缘具疏锯齿，叶背有平伏绒毛，后渐脱落，侧脉直达齿端；叶柄长 1~2.5cm。花单性，雌雄同株，雄花序为下垂的头状花序，花被 4~7 裂，钟状，雄蕊 6~12；雌花每 2 朵生于总苞内，（小苞片为短针刺形）花被 5~6 裂，细小，子房 3 室，每室有顶生胚珠 2 个，花柱 3，基部合生。壳斗 4 裂，小苞片短针刺形、线形或钻形；坚果三角状卵形，有三棱脊，顶端有细小翼状突出呈 S 形弯曲。花期 4~5 月，果熟期 8~9 月。

水青冈分布秦岭、淮河以南至粤北，西南至云南东南部，境外至越南沙巴。生长于海拔 300~2000m 丘陵及中低山地的阳坡或缓坡常绿或落叶阔叶林中，与亮叶水青冈、米心水青冈组成纯林或与栎、槠等混交。水青冈林是亚热带中山地带的森林群落景观。喜光，喜温凉湿地气候，亦能耐极端 −20~−24℃的低温；在土层深厚湿润肥沃排水良好的黄壤、山地黄壤且空间湿度大，多云雾的山谷阴湿地方，发育颇佳，山地黄棕壤也能正常生长。寿命长达数百年，安徽黄山慈光寺海拔 730m 处有 1 株水青冈古树，高 23m，胸径 70.1cm，树龄已有 300 多年，湖南古丈县岩头寨乡岩山石村有一株水青冈，高 30m，胸径 1.30m，树龄已达 300 年，依然枝繁叶茂，生机盎然。树形巍峨挺拔，主干圆满通直，枝叶郁茂，它细长的叶柄，长三角形亮绿色的叶片，迎风摇曳，在灿烂的阳光下晶莹闪烁；秋叶黄灿，均秀丽多姿，别具风韵。安徽黄山听涛居景区（海拔 640m）生长着 1 株水青冈古树，树高 18m，胸径 82.8m，冠幅 12m×14m，树龄 500余年。雄伟挺秀，"溪上山色好，夕阳分外明。"游人到此，仰观人字瀑布，脚下涛声阵阵，眼前古树巍然，道旁翠竹轻摇。山光水色，涛声，令人心旷神怡。1965 年，董必武改题 "正道居" 为 "听涛居"。古树因听涛居而备受游人赏识，听涛居因古树而备增景色。是优良的园林风景树种。

应选 15 年生以上的优良母树，于 8~9 月果实呈褐色时采种，采回的果实及时摊放在阴凉处晾干，待壳斗开裂，脱出坚果，混沙藏在阴凉处或地窖内。春季床式条播，条距 25cm，沟深 3cm，每米沟长播种约 30 粒，覆土 1cm，并盖草，每公顷播种量约 750kg。幼苗出土后，分次揭草、间苗，每米播种沟留苗 20 株，幼芽易遭日灼，应适度遮荫，防治虫害。也可采用容器育苗。本种适生于土壤肥沃、湿润、多雾的山地环境。穴状整地，修剪主根，春秋栽植。

木材心边材区别不明显，浅红褐至红褐色；有光泽；无特殊气味和滋味。生长轮明显，轮间呈深色带；半环孔材。木材纹理直或斜，结构中，均匀；质重；中硬；干缩大；强度中；冲击韧性高。木材干燥宜慢，易发生开裂、劈裂及翘曲缺陷，耐腐性弱；切削刻加工不难，切削面光洁；油漆、胶粘性能优良；握钉力强，可能劈裂。木材可作高档家具、乐器、运动器械、室内装饰、车辆船舶、人造板、文具、饭盒、坑木、枕木、工农具柄、日常用品及其它农具等。

水青冈

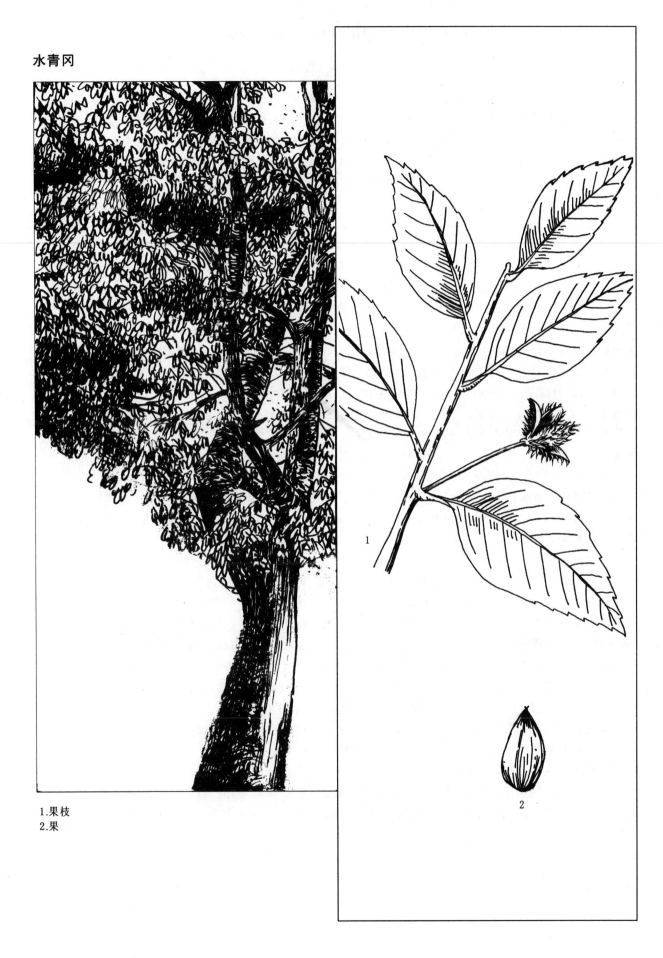

1.果枝
2.果

麻栎（橡树）*Quercus acutissima*

壳斗科 Fagaceae（栎属）

落叶乔木，树高达 30m，胸径 1m；树皮栓皮层不增厚，深裂；小枝被黄色柔毛，后渐脱落，枝有顶芽，芽鳞多数。单叶互生，长椭圆状披针形，长 8～18cm，先端渐尖，基部圆或宽楔形，边缘具芒状锯齿，背面绿色，无毛或微被柔毛，老叶无毛；叶柄长 1～3cm。雄花序长 6～12cm，花被通常 5 裂，雄蕊 4；雌花序有花 1～3 朵，穗状，直立。壳斗杯状，包被坚果约 1/2，小苞片钻形，反曲，被灰白色绒毛。果卵形或椭圆形，顶端圆形，径 1.5～2cm，高 1.7～2.2cm。花期 3～4 月；果熟期翌年 9～10 月。

麻栎，古称栩，《诗经·唐风·鸨羽》："肃肃鸨羽，集于苞栩。"南朝宋·谢灵运有《过白岸亭》："交交止栩黄，呦呦食萆鹿。"等诗句。广布于我国亚热带、暖温带平原、丘陵及中低山地区，北起辽宁南部、经华北、山西南达海南，东自福建沿海，西至陕甘，西南达川西、云南、西藏东部都有分布，黄河流域中下游及长江流域为其分布中心。垂直分布在海拔 2200m 以下常形成纯林或与所在地树种组成混交林。麻栎与栓皮栎、小叶栎、槲栎、白栎等，在古代曾构成黄河及长江流域浩瀚的森林景观。大面积的栎林以其巨大的森林生态功能，对陆地生态系统，为维护自然历史和人类社会发展起了重要作用。在唐代初期仅滁州一地每年栎林收野蚕茧 50 万 kg，是丝绸原料，并可提供可食用的大量淀粉。喜光，喜温暖湿润气候，能耐 -19℃ 的最低温，也能抗 36℃ 的高温；不耐水湿，在年均气温 10～16℃，年降水量 500～1500mm 的气候条件下，都能生长。对土壤适应性强，能在干旱瘠薄山地生长，在深厚、湿润、肥沃、排水良好的中性至微酸性沙壤土上生长最好。深根性，根系发达，能抗强风；萌芽力强，可萌芽更新。抗烟抗火能力较强，对 SO_2、Cl_2、HF、抗性中等，$1m^2$ 叶面积可吸收 Cl_2 4.44mg；衰减噪声作用显著；寿命长达 500 年以上，安徽休宁县冰潭乡有一株麻栎古树，树龄 550 余年，树高 46m，胸径 1.62m，堪称全省麻栎家族之"大王"。树干耸直、树冠平展、枝繁叶茂、夏献浓荫、秋奉橡子。橡子可食作豆腐。唐·皮日休《橡媪叹》诗："秋深橡子熟，散落榛荒冈。伛伛黄发媪，拾之践晨霜。移时始盈掬，尽日方满筐。""自冬及于春，橡实诳饥肠。""吁嗟逢橡媪，不觉泪沾裳"。是优良的园林风景绿化树种。

选用 20～30 年生健壮母树，于 8～9 月坚果呈棕褐色或黄褐色、有光泽，自行脱落于地面时及时收集。种子含水量 50% 左右，无休眠易发芽霉烂，因此种子要及时晾干并用二硫化碳密闭熏蒸 24h 杀死象鼻虫卵。混沙贮藏的种子宜在早春播种。也可随采随播。床式条播行距 20cm，沟深 5cm，种子横置沟中，覆土 3cm，每公顷播种量约 1300kg。幼苗出土后 40 天用锋铲斜插土壤 20cm 处切断主根促使侧根形成。苗期要及时对蚜虫、栎毛虫、白粉病等病虫进行防治。麻栎对土壤条件要求不严，但不耐盐碱土。麻栎是深根性树种，春季或秋冬栽植时要适当修剪主根。播种造林时注意接种菌根。可与其他树种混交。如幼树生长不良可进行平茬。

木材心边材区别略明显，边材暗黄褐或灰褐色，心材浅红褐色；有光泽；无特殊气味和滋味。生长轮甚明显，环孔材。木材纹理直，结构粗，不均匀；质重；硬；干缩中或大；强度中至高；冲击韧性高。木材干燥困难，速度慢，易翘裂；性耐腐；切削加工不容易，易钝刀具，不易获得光洁的切削面，径切面富于银光纹理；油漆、胶粘性能良好；钉钉难，握钉力强。木材宜用作体育器材、车船用材、纺织器材、盆桶、家具、箱盒、室内装饰、人造板及烧炭用材。

麻栎

1.花枝
2.果枝
3.雄花序
4.雌花序
5.雌花
6.坚果附壳斗

栓皮栎（软木栎）*Quercus variabilis*

壳斗科 Fagaceae（栎属）

落叶乔木，树高达 30m，胸径 1m；树冠广卵形，树皮栓皮层发达增厚，深裂，小枝灰棕色，无毛。叶卵状披针形或长椭圆状披针形，长 8~15cm，先端渐尖，具芒状锯齿，叶背面密被灰白色星状绒毛，叶柄长 1~3cm，无毛。雄花序长 14cm，花序轴被黄褐色绒毛，花被 2~4 裂，雄蕊通常 5 个；雌花生于新枝叶腋。壳斗杯状，包被坚果约 2/3，小苞片钻形，反曲，有短毛。坚果球形或宽卵形，高约 1.5cm，先端平圆。花期 3~4 月，果熟期翌年 9~10 月。

栓皮栎产于我国的暖温带和亚热带地区，北自辽宁，南达广东、广西、西南至云南、西藏东部，东起台湾西北至四川西部、甘肃东南部。垂直分布在海拔 3000m 以下阳坡，常组成纯林和片林或与木荷、枫香、马尾松、栎类、苦木、山杨、油松等混生成林，安徽大别山，河南伏牛山，桐柏山，陕西秦岭，湖北神农架为其中心产区。喜光、对气候适应性强，颁区内年均气温 12~16℃，能耐 -20℃ 的低温，年降水量 500~1600mm 之间均能正常生长，在年降水量 2000mm 左右的黄山地区也生长良好。对土壤要求不严，耐干旱瘠薄，在 pH4~8 酸性土、中性土、钙质土都能生长，土层深厚，富含腐殖质者尤佳。生长速度中等偏慢。深根型，主根发达，抗风。最早用显微镜观察栓皮是一个个小空间如房子一般，故有细胞 Cell 英文一词。栓皮厚，抗火烧；萌芽力强，易天然更新；对 SO_2、Cl_2、HF 抗性强；对牛型结核菌的杀菌作用达到 100%。寿命长。陕西镇安县关坪河乡东庄村海拔 980 m 处有 1 株栓皮栎，树高 35m，胸径 1.59m，树龄已有 1000 年。柞水县岳王乡焦沟村海拔 1030 m 处有 1 株树龄已达 1365 年，树高 7.5m，胸径 0.86m。主干通直粗壮、巍峨挺拔、雄伟壮观、树冠广展、浓荫匝地、夏季叶色苍绿，秋叶纯黄。唐·温庭筠《商山早行》诗："鸡声茅店月，人迹板桥霜。槲叶落山路，枳花明驿墙"。犹如马致远的《秋思》诗，具深远意境，脍炙人口千古名篇。是优良的园林绿化树种，也是防风林、水源涵养林、防火林的优良树种。

应选 30 年生以上健壮母树，于 8~10 月果实呈黄褐色时采种。采后摊晾在通风处阴干。用 50℃ 的热水浸泡 20min 以杀死潜藏的象鼻虫卵，但水温度不得超过 52℃，浸泡的种子及时摊开阴干，并置于 0~3℃ 的条件下混沙贮藏。春播、秋播均可，长江流域可采用冬播。床式条播，行距 20cm，播种沟深 5cm，每公顷播种量约 1500cm，覆土厚 3cm。因苗木主根发达，可在幼苗出土后 40d 用锹在地径以下 15~20cm 处切断主根促使侧根形成。幼苗有蚜虫、栎毛虫危害，叶片患白粉病，需喷 1% 波尔多液防治。也可采用容器育苗。栓皮栎适应性强，酸性、中性、石灰性土壤均能生长。早春或秋冬栽植，并适当修剪过长主根，如幼树生长缓慢或主干弯曲可进行平茬。

心边材区别略明显，边材暗黄褐色或灰褐色，心材红褐色至鲜红褐色。木材纹理直，结构粗，不均匀；质重；硬；干缩很大；强度中至高；冲击韧性中或高。木材干燥困难，速度慢，易翘裂；性耐腐；不易切削加工；油漆、胶粘性能良好；钉钉难，握钉力强。木栓柔软，甚厚。软木为绝缘及降低冲击的好材料；日常用于瓶塞、救生衣、垫圈、冷气砖、隔热板、软木纸、地毯、鞋垫等。原木堆置可培养食用真菌，树皮和壳斗可提取栲胶。材质硬，耐磨，花纹美丽。可作家具、体育器械、车轮、船舶、地板、胶合板、门框和其他室内装饰用材。发热量高，是优良的薪炭材。

栓皮栎

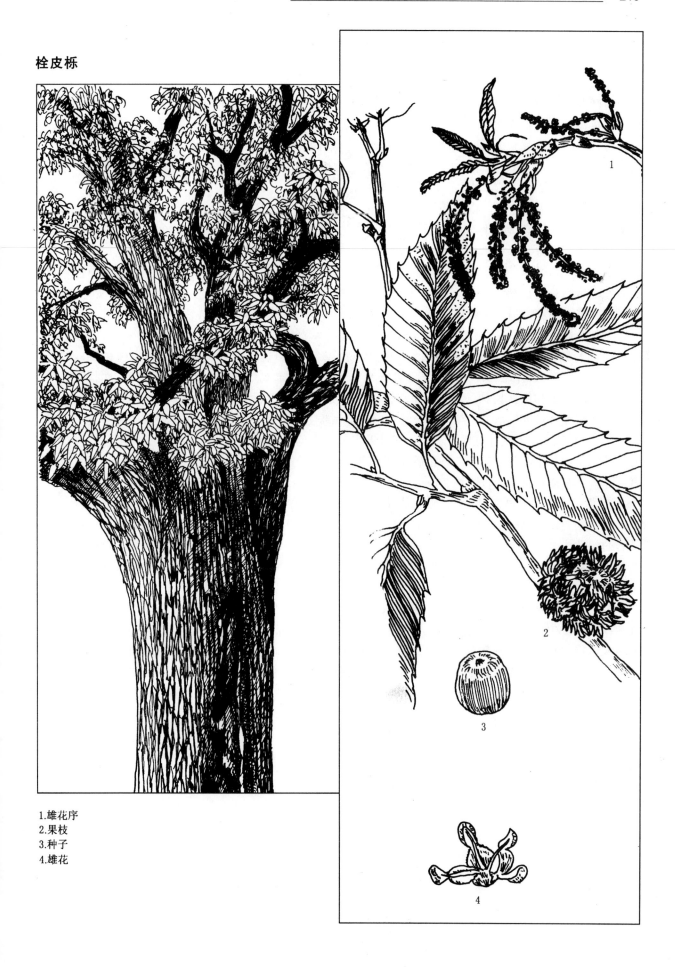

1.雄花序
2.果枝
3.种子
4.雄花

小叶栎（黄栎树）*Quercus chenii*

壳斗科 Fagaceae（栎属）

落叶乔木，树高达 30m，胸径 1m；树皮深裂，栓皮层不发达，小枝密被黄色柔毛，后渐脱落。叶宽披针形或卵状披针形，长 7～12cm，先端渐尖，边缘具芒状锯齿，叶背无毛，叶柄长 0.5～1.5cm。雄花序长 4cm，花序轴被柔毛。壳斗浅杯状，包被坚果约 1/3，小苞片线状，不反曲，中部以下小苞片长三角形，紧贴壳斗壁，被细毛。果椭圆形，径 1.3～1.5cm，高 1.5～2.5cm，顶端有微毛。花期 4 月，果熟期翌年 10 月。

小叶栎产于大别山区以南及长江流域中下游地区。广泛分布于浙江、江西、安徽、江苏、福建、湖北和 四川等地。地理位置东经 109°～121°、北纬 25°～33°。生于海拔 800m 以下丘陵地带，与石栎、枫香、麻栎、马尾松、苦槠、青冈、赤杨、毛竹等混生成林，多居林冠上层，亦有小片纯林群落景观。喜光，喜温暖湿润气候，具有一定的耐寒性；在深厚湿润、肥沃之中性至酸性土壤上长势旺盛，在湿润贫瘠红壤山地也能正常生长。深根型，主根粗大，根系发达，抗风能力强；萌芽力强，易萌芽更新，寿命长达 500 年以上。树干端直挺拔，树冠浑圆整齐、翠叶轻盈、疏影婆娑、秋叶黄灿。韩愈《山石》诗句："山红涧碧纷烂熳，时见松栎皆十围。"山花水碧色彩绚丽，沿途又是古苍栎松，何等壮观，赏心悦目。法国文豪雨果《园中橡树诗》："在橡树林荫下，只听高雅谈吐。任凭远处大路，嘈杂俚语俗言。"优良园林风景树种，亦是防风林、水源涵养林优良树种。本种叶量多，富含灰分元素，其根系发达，可吸收地下养分，加速营养元素循环，改良地力。与马尾松混生，可抑制松毛虫的发生和发展，可阻止林火的蔓延。

应选 30 年生以上健壮母树，于 9～10 月果实呈棕褐色或黄色时采种，采回的果实及时摊在通风处晾干。种子贮藏前应用二硫化碳密闭熏蒸 24h 杀死象鼻虫卵。宜随采随播或混沙层积贮藏。春秋冬季床式条播，行距约 20 cm，每公顷播种量约 1400 kg，种子横向置入沟中，覆土 3 cm，盖草。幼苗侧须根少，可在幼苗出土 1 个月后用锋铲在地径以下 20cm 处切断主根，促使侧根形成。幼苗期注意防治蚜虫、栎毛虫、白粉病的危害。可用容器育苗。小叶栎能生长于各种基岩的酸性土、中性土及石灰岩山地，但以深厚湿润中性至微酸性的土壤上生长最好。随起随栽植，长途运输注意根系保湿，春秋季定植时，可修剪地径 40 cm 以下主根，如幼苗生长缓慢或主干弯曲可进行平茬。

心边材区别略明显，边材浅黄褐色或灰褐微红，心材浅栗褐色微红。木材有光泽；无特殊气味和滋味。生长轮明显，宽度略均匀；环孔材。木材纹理直，结构粗，不均匀；材质硬而重，干缩大；强度及冲击韧性较高。干燥困难，易翘裂；略耐腐；加工困难，尤其手工加工，易钝刀具，切削面上不易光滑；油漆、胶粘性良好；握钉力强，不劈裂，但钉钉难。可作家具、车辆、农具、动力机械、纺织器材、工农具柄、单板薄木装饰材料。果壳及叶可提制栲胶。

小叶栎

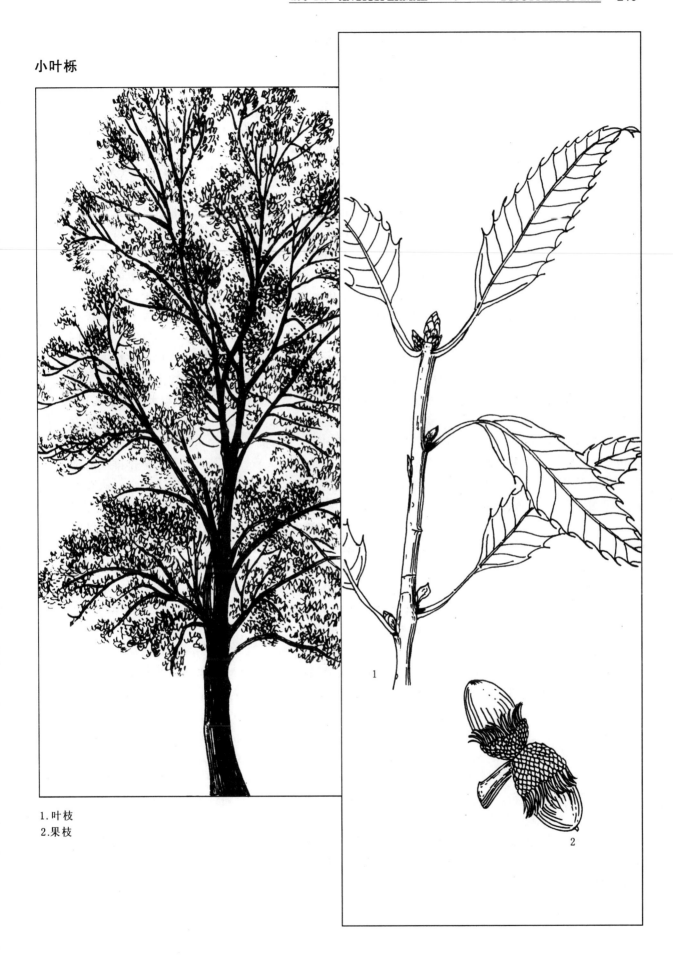

1.叶枝
2.果枝

板栗 *Castanea mollissima*

壳斗科 Fagaceae（栗属）

落叶乔木，树高达 20m，胸径 1m，树龄可数百年；幼枝密被灰褐色绒毛。叶互生，长椭圆形或长椭圆状披针形，长 9～18（22）cm，宽 4～7cm，先端尖，基部宽楔形至圆形，边缘锯齿具芒状尖头，叶下面密被灰白色星状毛层；叶柄长 0.5～2cm，托叶大，早落。花单性。雌雄同株，友花序直立，细长；雄花序着生雄花序基部，常 3 朵聚生在一总苞内；总苞（壳斗）球形，连刺直径达 4～8cm，苞片针刺状，密被柔毛，内有坚果 2～3 个，有时仅有 1 个；坚果大，椭圆形、圆形或扁圆形，直径 2～3cm，暗褐色，顶端被绒毛。花期 5～6 月，果熟期 9～10 月。

我国板栗分布很广，南起海南，北至东北的吉林、河北一线，东起台湾，西至甘肃，西南至四川、云南等共 23 个省（自治区、直辖市），均有板栗的分布与栽培；垂直分布最低在江苏的新沂、溧阳等地，海拔在 50m 以下的平原地区，在四川汉源海拔可达 1500m 地带，最高在云南维西，海拔达 2800m。但是经济栽培区则在海拔 2500m 以下地带，以低山丘陵山地、河流冲积台地及村寨附近栽培最多。在我国中部西起四川、陕西北部的长江流域山区尚有成片野生板栗林生态群落景观。喜温暖湿润气候，抗旱，耐涝，能耐 -25℃ 的低温，抗 34～39℃ 的极端最温；在年均气温 10～14℃，生育期（4～10 月）16～20℃，花期及传粉受精期气温 17～25℃，年降水量 600～1400mm 的地区生长良好；微酸性、中性的沙土、沙质壤土及砾质壤土最为适宜，在 pH7.5 以上的石灰岩风化的钙质土和盐碱土上则生长不良。深根性树种，主根粗大，侧根发达，具有外生菌根，扩展能力强，能抗暴风。陕西华阳县仙谷太观岔海拔 1200m 处生长 1 株板栗古树，高 14m，胸径 1.72m，树龄已有 1000 年；对 SO_2、Cl_2 抗生强，1kg 干叶可吸氟 200～400mg。板栗枝干粗实苍古，姿态宏伟，夏季栗花香气阵阵，入秋一串栗苞绽开，一排排红色坚果半露，晶莹透红。板栗几与农业文明同始。西安发掘的新石器时期的半坡村遗址中，就有大量栗、榛等坚果；《诗经·鄘风》有："树之榛栗"，其中有栽培的板栗片林的描写。《论语·八佾》中有孔子的弟子宰予对答于鲁哀公曰："夏后氏以松，殷人以柏，周人以栗"，记述周代不仅广植栗，而且似乎把栗树当成了立社之本和氏族的象征。栗实，古称"其仁如老莲肉"，不仅是健身食品，而且还有药疗功能，陶弘景在《名医别录》中，将栗子列为上品。唐著名医药学家孙思邈称栗子为"肾果也，肾病宜食之"。南朝陈·陆琼《栗赋》："四时逸盛，百果无芳。绿梅春馥，红桃夏香。何群品之浮脆，惟此质之长久。外剌同夫拱棘，内洁甚於冰霜。伏南安而来清，列御宿而悬房。荐盖则机枏榛并，则加迺则菱芡。同行金盘分丽色，玉俎兮鲜光，周人以之战慄，大官称於柏梁。"

选用 15 年生以上的优良类型中的优良单株为采种母树，种实自然脱落后，在地面汇集。混湿沙层积贮藏，但坚果的含水量和湿沙的含水量应分别控制在 40%～50% 和 15%～20%。秋播于 10 月下旬至 11 月下旬，春播可在 3～4 月。床式条播，行距 20cm，每公顷播种量约 1000kg，播时将种子每隔 8cm 平放在播沟种内，覆土，盖草。当幼苗出土时分次揭草。同时防治动物危害。也可选用 2～3 年生的实生苗或 5～6 年生的野生板栗为砧木，接穗应选结果多，品质好，树冠外围发育充实的 1 年生枝条作接穗。采用芽接和枝接，芽接适期在秋季 9～10 月，枝接在砧木树皮易剥开的时候进行。夏季搭棚遮荫。春秋栽植时，因板栗自花授粉结果率低，主栽品种 4～8 行，配置一行花期相同的优良品种作为授粉树种。

心边材区别略明显，边材浅褐色或浅灰褐色，心材浅栗褐色或浅红褐色。木材有光泽；无特殊气味和滋味，生材有奇臭；纹理直，结构中至粗，不均匀，质重、硬；干缩小；强度中，冲击韧性中。木材干燥宜慢，易开裂；耐腐性强；油漆、胶粘性能良好。

板 栗

1.坚果
2.果实(示刺状壳斗)
3.雄花序枝

蒙古栎 *Quercus mongolica*

壳斗科 Fagaceae（栎属）

落叶乔木，树高达 30m；树皮暗灰色，较厚，纵裂；小枝粗壮有棱，栗褐色，无毛。叶常集生枝端，倒卵形，长 7～20cm，先端钝圆，基部窄锲形或近耳形，边缘具圆钝粗锯齿或波状缺刻，侧脉 8～15 对，仅背面脉上有毛；叶柄短，疏生绒毛。雄花序为多条下垂；雌花单生坚果卵形，壳斗浅碗形，包被坚果 1/3～1/2，总苞鳞片呈瘤状突起，密生灰白色短绒毛，坚果当年成熟，果脐微突起。花期 4～5 月，果熟期 9～10 月。

蒙古栎主要分布于东北、内蒙、华北、西北各地，华中亦有少量分布，垂直分布在大、小兴安岭为海拔 200～800m，山西、河北为 800～2000m，长白山海拔 1300mm 以下，内蒙古东部，山东半岛海拔 1000m 地带，在天然林中多为混交林。喜光；喜凉爽气候，能抗 -60℃ 的严寒，是栎属最耐寒、耐干旱的树种，广布寒温带、温带和暖温带，单株分布至华中地区。耐瘠薄，通常多生长于向阳干燥山坡，喜中性至酸性土，在深厚湿润、肥沃土壤上及年降水量 500mm 以上生境下，常长成大树。深根型，主根粗壮，侧根发达，抗强风；具强烈的萌芽性，更新能力强，耐修剪；抗病虫害；树皮厚，抗火烧；对烟尘、有毒气体抗性强；树龄长达 500 年以上。树形高大，魁伟壮观，叶片粗大厚实，簇生枝顶，冠大荫浓。清·乾隆《古栎歌》诗："古栎不知其岁月，盘空绿云蓊栉栉。不火宁同枫柏焚，非材更宜斧斤伐。""与云霞护鹿豕游，凤为羽仪龙作骨。我每旬与憩其下，飒沓清籁爽毛发。"帝王也发现老栎树的生态功能，并有此雅兴，长诗歌咏。适应城市环境，宜植为行道树、庭荫树以及四旁、工矿区绿化种植，亦是我国北方防风固沙、防火林带的优良树种与绿化荒山、沙地的先锋树种，其种实橡子含淀粉高达 50%～75%，可作为饲料、工业淀粉，叶饲养柞蚕。

应选 30 年生以上的健壮母树，于 9～10 月果实由绿色变为黄褐色时及时采种，种子自行脱落，采种应在脱落盛期从地面上拾取，为了防止象鼻虫危害，用 50℃ 温水浸泡 20min 后，及时摊开阴干，经混湿沙置于 0～3℃ 的条件下贮藏。秋播或春播，床式开沟条播，行距 20cm，将种实横放在沟底，每公顷播种量约 1500kg，覆土 2～5cm，盖草。在幼苗长出 2～3 片真叶时用锋铲自 20cm 处切断主根或换床移植。蒙古栎对基岩、土壤质地及 pH 要求不严，能耐干旱瘠薄土壤及石质山地，但以土层深厚肥沃湿润、排水良好的沙壤土或壤土生长最好。穴状整地，春季栽植。

心边材区别明显，边材浅黄褐色，较窄；心材黄褐或浅暗褐色。木材有光泽；无特殊气味和滋味。生长轮明显，环孔材；纹理直；结构略粗，不均匀；花纹美丽；材质重硬；干缩中至大，强度及冲击韧性高。干燥不难，需时较短，少翘裂；加工容易，切削面光洁；油漆、胶粘性能良好；钉钉困难，握钉力强。可用于家具、地板及室内装饰、车辆船舶、运动器械、胶合板、曲木木制品、贴（饰）面薄木、农具等。树皮含鞣质约 7%，壳斗为 10%，均可提制栲胶。叶为柞蚕饲料。

蒙古栎

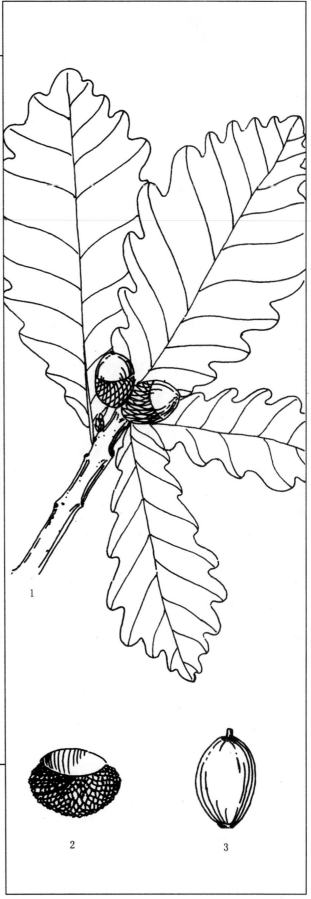

1.果枝
2.壳斗
3.坚果

山核桃 *Carya cathayensis*

胡桃科 Juglandaceae（山核桃属）

落叶乔木，树高达 30m，胸径 60cm；树冠开展，呈扁球形。树皮灰白色，平滑；小枝髓心充实；裸芽被褐黄色腺鳞，小枝亦密被锈褐色腺鳞。奇数羽状复叶，小叶 5~7 片，椭圆状披针形或倒卵状披针形，长 7.0~22cm，先端渐尖，基部楔形，具细尖锯齿，叶缘有毛，下面密被褐黄色腺鳞，叶柄无毛。雄花序 3 枚集生，长 7.5~12cm，雄蕊 5~7，苞片、小苞片及花药被柔毛；雌花 1~3 个生于枝顶，无花被。核果状果实卵状球形或倒卵形，长 2.5~2.8cm，密被褐黄色腺鳞，具 4 纵脊，4 瓣裂；果核卵圆形，长 2~2.5cm，壳厚。花期 4~5 月，果熟期 9 月中下旬。

山核桃为我国特产，分布于大别山区以南至南岭以北长江流域中下游广大的山区、丘陵地区，生长于海拔 200~1200m 地带，常组成小片纯林群落景观，或与枫香、麻栎、杉木、香榧、响叶杨、化香、乌桕、马尾松等混生，在大别山金寨天堂寨镇、渔潭乡、关庙乡海拔 400~1000m 山地有大面积天然野生山核桃纯林或混交林群落。喜温暖湿润气候，能耐 -13.3℃ 的低温。适生于土层深厚湿润、肥沃而排水的中性或微酸性沙壤土，以石灰岩风化的黑色沙土、山地黄壤生长最好，在黏重或强酸性土壤上生长不良，不耐积水。树龄长，安徽宁国县南极乡施村海拔 420m 山坡尚有林相整齐的山核桃人工林，其中最大 1 株树高 18m，胸径 55.1 cm，树龄 110 多年；歙县周家村乡司口村村口海拔 440m 处山核桃片林中耸立 1 株树高 21m，胸径 73.3 cm，树龄已达 220 余年的巨树，树形高大、树冠宽广、枝叶扶疏、婆娑多姿。宜在山地风景区片植或与其它树种配植构成风景林。山核桃果实出仁率 43%~49%，出油率 70%~74%，为优良的食用油，具有滋补、润肺、润肠、乌发之功效。

果实于 9~10 月由绿变褐色时采收。采后堆放数日，脱出种子，取净后混沙层积贮藏。春秋均可育苗。秋季随采随播。春播应在冬季混沙层积催芽，床式开沟点播，沟距 25~30cm，沟深 5~7cm，覆土、盖草，每公顷播种量约 230kg。嫁接可用核桃楸、野核桃、枫杨作砧木。春季采用枝接法，夏季采用芽接法。枝接应在萌芽后进行，芽接以 8~9 月为宜。本种适生于土层深厚肥沃湿润的黄壤、黄棕壤及山地黄棕壤土，在盐碱地、地下水位高的地方生长不良。栽植密度视立地条件和经营目的而定，幼林注意树体整形修剪。

木材心边材区别明显，边材黄褐或红褐色，心材暗红褐色；有光泽；无特殊气味和滋味。生长轮明显，环孔材。木材纹理直，结构细至中，不均匀；质重；硬；干缩大；强度中；冲击韧性中。木材干燥不易，速度慢，易开裂和变形，耐久性中；切削加工容易，切削面光洁；油漆性能良好；胶粘性能中等；握钉力强，但易钉裂。木材宜作军工材、体育器材、家具、车辆、室内装饰、农具等。

山核桃

1.花枝
2.果枝
3.雌花
4.雄花
5.果实

薄壳山核桃（美国山核桃）*Carya illinoensis*

胡桃科 Juglandaceae（山核桃属）

落叶乔木，树高达 45m，胸径 2m 许；树干通直，树皮灰色，深纵裂，树冠长圆形或广卵形，小枝被灰色柔毛；鳞芽芽鳞 4～6，镊合状排列，被灰色柔毛。奇数羽状复叶，小叶 11～17 片，长圆状披针形，常镰状弯曲，长 4.5～18cm，先端渐长尖，基部一边宽楔形，一边窄楔形，具锯齿；叶轴被簇毛，叶柄被腺毛。雄花序 3 枚集生，雄蕊 3～5，苞片、小苞片及花药疏被毛。果 3 至数个集生，长圆形，长 4.4～5.5cm，具 4 纵脊，黄绿色，被灰黄色腺鳞；4 瓣裂；果核长卵形，长 3～3.7cm，平滑，淡褐色，被暗褐色斑点，壳较薄，种仁大。花期 5 月，果熟期 10～11 月。

原产北美南部及墨西哥北部，天然林分布于密西西比河流域的北纬 25°～40°地区，以北纬 30°～35°生长最好。我国约于 20 世纪初引种，先后在南京、江阴、杭州、厦门、南昌、北京等地栽培，现北起北京、南到厦门以及长江流域中下游地区城市绿化中多有栽培。喜光，喜温暖湿润气候，最适宜的生育温度 20～30℃，1 月均温 5～10℃，年平均温度 15～20℃，年水量 224～1626mm，亦能耐 -25℃极端最低温；喜光，适生于河潮土、潮土和海潮的泛积地，pH 值 5.0～8.0，耐轻盐碱，在苏北沿海海堤上土壤含盐量在 0.15% 以下的地段生长良好，不耐干旱瘠薄，深根型树种，有菌根共生，主根发达，侧根、须根密集。生长快，南京 21 年生平均高 21m，胸径 26cm，52 年生树高 25m，胸径 70cm；病虫害少，抗污染、适应城市环境；寿命长，在原产地可达千年以上。安徽屯溪博村林场生长 1 株薄壳山核桃树高 22m，胸径 62.1 cm，枝叶茂盛，高挺秀丽；舒城县城关镇鼓楼街有 1 株树高 21m，胸径 79.3cm，枝下高 5 m，生长健壮。树干端直高大，树冠长圆形，枝繁叶茂，羽叶青翠欲滴，可为风景园林绿化树种。是园林结合生产的观赏树种，亦是护岸固提、防风林的优良树种。

果熟期 10～11 月，成熟的果实采收后堆放数日，裂开取出坚果，取净后晾干干藏或混沙贮藏。春季高床开沟点播，沟距 30cm，株距 15cm，播后覆土盖草，每公顷播种量约 750kg。苗期需遮荫。根插宜选 2～4 年生的实生苗，结合起苗，将修剪的主根截成 3～4cm 根段，大头在上小头在下插入土中，天旱灌溉。分蘖育苗宜在冬季起苗时，将苗木主根地下 10cm 处截断后覆土萌蘖，然后剪截萌蘖移栽，培育成苗。此种适生土层深厚肥沃湿润而排水良好的微酸性、中性土壤，pH4～8 均可，而以 pH6 最宜。在瘠薄、盐碱及地下水位过高处生长不良。春秋栽植，以早春 2～3 月为宜。穴状整地，施足基肥，大苗带土，适当深栽。

心边材区别明显，边材稍白至浅灰褐色，心材微红褐色，时有一部分浅而暗的彩色条纹；有光泽；无特殊气味和滋味。生长轮明显，宽度不均匀；半环孔材。木材纹理直，结构中，略均匀；质重；硬；强度及冲击韧性中至高。木材干燥较困难，速度慢，会产生开裂、变形；耐腐性中；不耐虫蛀；切削加工容易，切削面光洁；油漆、胶粘性能较好；握钉力强。木材宜作军工材、运动器材、家具、室内装饰、纺织器材、雕刻、农具等。

薄壳山核桃

1.雄花序枝
2.雌花
3.果壳
4.果核横切面

青钱柳（摇钱树）*Cyclocarya paliurus*

胡桃科 Juglandaceae（青钱柳属）

落叶乔木，树高达 30m，胸径 80cm，树皮灰色，老时深裂，枝条深褐色，密被褐色毛，髓部呈片状分隔；芽裸露，被褐色腺鳞。叶互生，奇数羽状复叶，小叶 7～9 片，长 15～25cm，小叶椭圆形或长椭圆状披针形，先端渐尖，具细锯齿，表面青绿色，有腺体，背面淡绿色，网脉明显，被灰色腺鳞，叶脉及脉腋被白色毛。花单性，雌雄同株，雄柔荑花序下垂，常 3 条或 2～4 条集生于总梗上，花序轴被白色及褐色腺鳞；雌花序长 21～26cm，具花 7～10 朵，花序单生枝顶，花被片 4，着生子房上端，柱头淡绿色。果翅圆形，形如铜钱，被有腺鳞。花期 5 月，果熟期 9 月。

分布于秦岭、大别山及以南各地，生长于海拔 420～1100m（东部）、2500m（西部）山区或石灰岩山地的土壤深厚、湿润、肥沃处，散生或组成片林；在混交林中常为上层林木，树干通直，与银杏、毛竹、榧树、柳杉、金钱松、枫香、玉兰等混生。喜光，喜温暖湿润气候；萌芽性强，抗病虫害。杀菌能力强，滞尘和抗二氧化硫能力较强。树龄长，湖南衡阳县岣嵝峰海拔 740 m，有 1 株青钱柳，树高 30m，胸径 1.10m，树龄已有 250 年。安徽休宁县汪村乡下大连村海拔 490 m 处，有 1 株树龄 500 余年的青钱柳，树高 27m，胸径 1.20m。树形高大、气势雄伟、枝叶繁茂、浓荫复地、钱串满树，引人注目，玲珑可爱，扣之欲响。诗云："只恐天女散无迹，小铃风动玉丁咚。"为优良的园林观赏树种，在西南地区汉墓出土的器皿上，有摇钱树图案。《燕京岁时记》载："京城旧俗，松柏枝大者，插于瓶中，缀以古钱、元宝、石榴花等，称为摇钱树。"

果熟期 8～9 月，成熟的果实由青色转为黄色时采种。采回的果穗必需放在通风室内阴干再摊晒 3～4d，去除果翅，即得种子。由于种子具有深休眠习性，必需混沙层积至第 3 年春播。高床条播，条距一般 30～40cm，每公顷播种量约 180kg，播后覆土 1cm，盖草。幼苗期注意中耕除草及水肥管理，1 年生苗高可达 80～140cm。青钱柳适生于山间溪谷地低、湿地或石灰岩山地及土层较深厚湿润地方栽植。宜采取穴状整地，春秋季栽植，也可与其他耐荫树种混交。

心边材区别不明显，木材浅灰黄色或浅黄略带微褐色；有光泽；无特殊气味和滋味。生长轮明显，宽度略均匀，半环孔材。木材纹理直或斜，结构细，不均匀，质中重，软；干缩小；强度中。木材干燥容易，易翘曲；耐腐性弱；切削加工容易，切削面光洁；油漆、胶粘性能优良，握钉力弱。木材可作家具、雕刻、食品箱盒、包装箱盒、木船及纸浆等。树皮含纤维及鞣质，可作造纸及提取栲胶原料。

青钱柳

1.花枝
2.雄花侧面
3.雄花背面
4.雌花
5.果

枫杨（溪沟树、大叶柳）*Pterocarya stenoptera*

胡桃科 Juglandaceae（枫杨属）

落叶乔木，树高达 30m，胸径 1m；幼树皮红褐色，平滑，老树皮深灰色，深纵裂；小枝灰绿色，被柔毛；裸芽密被锈褐色腺鳞。羽状复叶之叶轴有翼叶，小叶 9～23 枚（10～28 枚），长椭圆形，长 4～11cm，先端短尖，具细锯齿，上面被腺鳞，下面疏被腺鳞，沿脉有褐色毛。雄花序生于去年生枝叶腋，长 5～10cm，雄花无柄，雄蕊 6～18，基部具 1 苞片及 2 小苞片；雌花序生于新枝顶端，花序轴被柔毛。果序长 20～40cm，坚果具 2 斜展之翅，翅长椭圆状披针形，长 1～2cm，无毛。花期 4～5 月，果熟期 8～9 月。

枫杨在我国南北均有分布。在长江流域和淮河流域最为常为，而以海拔 500m 以下分布最多，在湖北、四川、云南、等省山区，其海拔可达 1000m 以上，在秦岭山区可至 1500m 地带都有生长，且以沟谷、溪边、池畔岸边生长最好，常形成河滩低湿地条带状纯林群落景观。各地多有栽培，成为四旁绿化的主要树种。喜光，不耐荫；喜温暖湿润气候，耐水湿，但不耐长期积水。亦耐干燥与寒冷。酸性土、中性土及轻度盐碱土均能生长。生长快，年平均高生长达 1.5～2m，胸径达 1.5～3cm。深根型，主根明显，侧根发达，抗风、固土护岸能力强；萌芽力、成树力、萌芽更新均强。寿命长，甘肃康县朱家沟有 1 株麻枫杨，树高 30m，胸径 1.84m，冠幅 28m×30 m，树龄 600 余年。叶上有腺毛，分泌鞣质气味，杀菌能力强；茎皮、叶煎水或制成粉剂，可灭钉螺、杀虫。枫杨生态系统钉螺死亡率高达 62%，具有防治血吸虫病的作用。对二氧化硫、氯化氢、臭氧、二氧化氮、苯、苯酚、乙醚等抗性较强，抗重金属污染能力也强。$1m^2$ 叶面积可吸收 SO_2 28.80mg、Cl_2 38.48 mg。树形高大、树冠宽广、树叶繁茂、翠叶轻盈，结实极多，串串果序随风摆动，翅果两翅斜展似元宝，别有情趣，又称为元宝枫。宜作城市水网化、林网化以及护堤、防风林以及工矿区绿化重要树种。

应选 15 年生以上优良母树，于 8～9 月果实呈褐色时采种。采回果实晾干，去杂后干藏。冬播可免去种子贮藏，次年春季发芽早而整齐。干藏种子，播前用 45～60℃温水浸种至冷却后换清水再浸泡 2d。春季 2～3 月，高床开沟条播，行距约 30cm，播后覆土、盖草，每公顷播种量约 150kg。幼苗长出 3～4 片真叶时间苗，每米长留苗 6 株左右，间出的苗木可进行移植培育。秋冬移植注意苗木枯梢，春季应在苗木萌芽前出圃。培育大苗，应换床移植，为了防止主干弯曲和侧枝过旺生长，应当密植，待苗高 3～4m 时，再次移植扩大株行距，培育树冠，并在苗木展叶时修枝整形。春季或冬季，大苗栽植，如苗干弯曲可截干栽培。

木材心边材区别不明显，浅黄褐或灰褐色；光泽弱；生长轮略明显至明显，半环孔材至散孔材。木材纹理常交错，结构细、略均匀；质轻；软；干缩小；强度低；冲击韧性低或中。木材干燥不难，但易翘曲；不耐久；切削加工容易，切削面光洁；油漆、胶粘性能优良；握钉力弱，不劈裂。木材宜作家具、箱盒、茶箱、火柴杆、雕刻、农村用具、义肢以及造纸工业原料。树皮纤维韧性强，可供制绳索、人造棉原料。

枫　杨

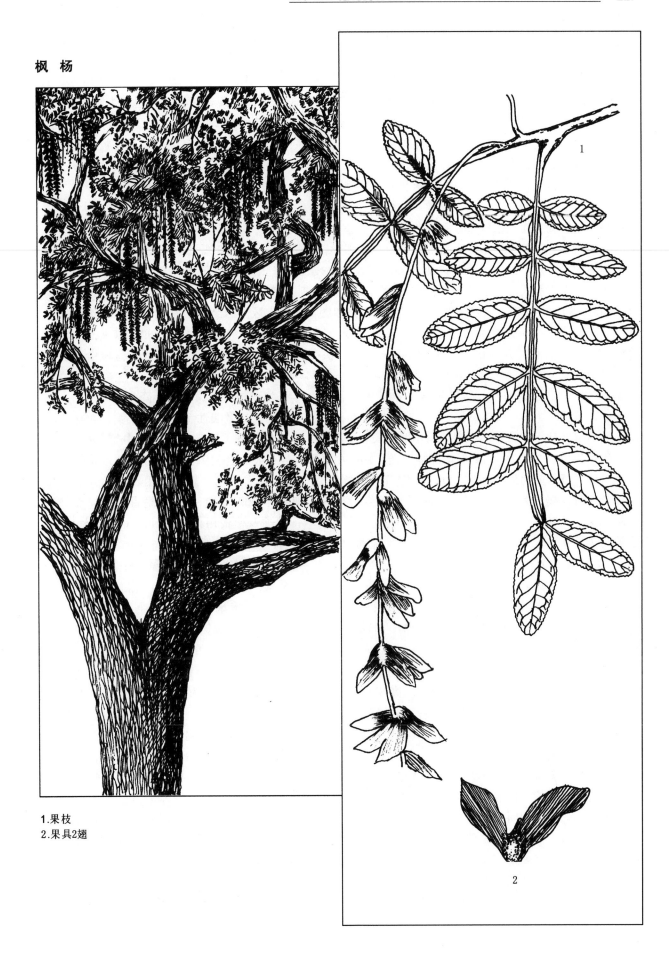

1.果枝
2.果具2翅

胡桃（核桃）*Juglans regia*

胡桃科 Juglandaceae（核桃属）

　　落叶乔木，树高达 25m，树皮灰色，幼时不裂，老时浅纵裂；枝条具片状髓心，芽为鳞芽。叶为一回羽状复叶，小叶 5~9 片，椭圆状卵形或椭圆形，先端钝圆或微尖，全缘，叶背脉腋间簇生淡褐色毛。花单性，雌雄同株，雄柔荑花序长 13~15cm，花被片 1~4，雄蕊 8 至多数；雌花集生枝顶，总苞被白色腺毛，柱头淡黄绿色，羽状。果序轴长 4.5~6cm，绿色，被柔毛；核果球形，幼时被毛，熟后无毛，皮孔褐色，果皮肉质，不裂，内果皮骨质，有刻纹及 2 纵脊。花期 4~5 月，果熟期 9~10 月。[附种：野核桃（*Juglans calthayensis*）与核桃不同处：①顶芽大，被黄褐色毛；新枝粗，被淡黄色腺毛及星状毛。②小叶 9~17 片，具细锯齿，上面密被星状毛，下面密被柔毛。③核果卵形，密被毛，果核球状卵形，褐黑色，有 6~8 纵脊，壳厚，种仁小。

　　胡桃为古地中海沿北岸分布类型，在新疆天山海拔 1300~1500m 地带山地和帕米尔~阿赖山地区有较大面积天然林群落景观，向西至境外哈萨克斯坦境内的西天山，另外在喜马拉雅山海拔 900~3000m 高山上（从阿富汗到不丹境内）和缅甸北部山区，西至中亚到欧洲东南端希腊境内均有分布。我国有 2000 多年栽培历史，现各地广泛栽培，辽宁、华北海拔 1000m 以下，秦岭 2000m 以下，西北新、甘、青海拔 1500m 以下，西南至西藏海拔 2600m 以下，长江流域中下游、华南、东南沿海等山区、丘陵、平原均有栽培，但以西北和华北为主要产区。喜湿凉湿润气候，能耐 -25℃ 的低温，不耐湿热与 40℃ 的高温；在年平均气温 8~14℃，年降水量 400~1200mm 气候条件下，均能正常生长。喜深厚湿润，肥沃而排水良好微酸性至微碱性土壤，在盐碱、酸性强及地下水位过高低湿地均不能生长；深根性，抗风能力强，吸碳放氧能力中等，1m² 叶面积 1 年放氧 750.49g，降温增温能力强，1m² 叶面积年蒸发水量达 319.85kg，亦是耗水量较大的树种。杀菌能力强，其花、叶、果均可产生挥发性气体，具有杀菌、杀虫作用。对 SO_2 等有毒气体抗性弱。寿命长。陕西宁陕县新矿乡核桃坪村海拔 1100m 处有 1 株核桃古树，树高 23m，胸径 1.70m，树龄已有 950 余年。胡桃是重要的本木粮油及珍贵用材林树种，树冠庞大，主干挺拔雄伟，干皮灰白洁净，枝繁叶茂，绿荫匝地，亦是优美的观赏树种。清·黄钺《核桃》诗："青肤著手欲烂，玉瓢对面同皴。自是中有傲骨，不惜碎身求仁。"核桃仁营养极为丰富，人体易吸收。每百克可食部分含脂肪 63.0g，蛋白质 15.4g，碳水化合物 10.7g，维生素 B_1 0.32mg，维生素 B_2 0.14mg，中医书记载有："通经脉，润血脉，常服骨肉细腻光润。"核桃油中富含亚油酸，能软化血管，阻滞胆固醇的形成并使之排出体外，这对预防及治疗心血管疾患均有良好作用。

　　果熟期 9~11 月，果实由绿色变黄褐色时采种，采后堆放数日，脱出的种子放在日光下晾晒后干藏。播前混湿沙层积催芽 30 余天，高床开沟点播，行距 25~30cm，株距 15~20cm。沟垄育苗，在垄上按 15~20cm 的株距播种。春播覆土 3~5cm。秋冬播种覆土 5~7cm。播种时，核果的合缝线与地平面垂直。嫁接繁殖，在优良单株上采集接穗，砧木为核桃楸、野核桃、枫杨等。枝接宜在萌芽后进行，芽接以 8~9 月最好，套芽接多在 6 月进行。接后注意适时解包、修砧抹芽，复绑解绑。春秋季栽植，穴状整地，适量基肥，栽正砸实。注意幼树越冬防寒，整形修剪，防治黑斑病、核桃黑等病虫。

　　木材心边材区别明显，边材浅黄褐或浅栗褐色，心材红褐色或栗褐色，有时带紫色，间有深色条纹；有光泽；生长轮明显，半环孔材。木材纹理直或斜，结构细致，略均匀；质中重；中硬；干缩中；强度中；冲击韧性高。木材干燥较不易，速度慢，易开裂；但干后稳定，不变形；性耐腐；切削加工容易，切削面光洁；油漆、胶粘性能良好；握钉力强。木材宜作军工材、航空器材、人造板材、车船用材、室内装饰、雕刻、机模、箱盒、桩柱等方面用途。

胡 桃

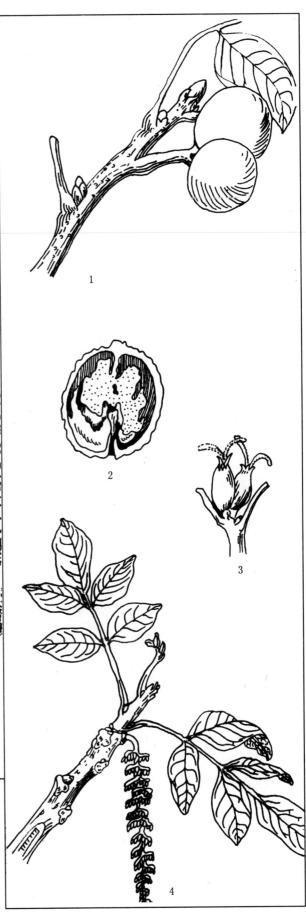

1.果枝
2.果核纵剖面
3.雌花
4.雄花枝

木麻黄（短枝木麻黄）*Casuarina equisetifolia*

木麻黄科 Casuarinaceae（木麻黄属）

常绿乔木，树高达 30m，胸径 70cm；树干端直，树皮暗褐色；窄长条片状脱落。小枝长 10～27cm，多节，节间短，长 4～8mm，每节上有鳞片叶 6～8 枚，花单性，无花被，雄花组成纤细的穗状花序，每朵雄花由 1 枚雄蕊和 1～2 枚花被片组成；雌花紫红色组成 1 球形的头状花序，无花被，但有小苞片 2；子房上位，1 室，2 胚珠。果序球果状，由多数小坚果组成，小坚果扁平，顶具膜质薄翅。花期 5 月，果熟期 7～8 月。

原产亚洲东南部、马来半岛、马来群岛、菲律宾群岛、澳大利亚北部、东北部等沿海地带，靠近海滩、沙地与沿河岸两侧呈带状延伸生长，我国最早于 1919 年由华侨从印尼泗水引种到福建泉州栽培的。新中国成立后，在广东湛江地区营造 800km 长的沿海木麻黄防风林带，如今形成南至广西沿海、经广东、福建至浙江温州湾以北的玉环岛的北纬 28°以南，沿着这漫长的曲折海岸线及台湾、海南以及沿海大小岛屿都有大面积带状片林，纵横交织，绵亘数千里海岸防风林带。昔苏东坡坐讪谤贬惠州时，西丰湖上有长桥，屡作屡坏。曾作《两桥引》："栖禅寺僧希固，筑进两岸飞阁九间，尽用石盐木，坚若铁石。"又《西新桥》诗"千年谁在者，铁柱罗浮西，独有石盐木，白蚁不敢跻。"赵朴初词《满庭芳—木麻黄赞》："坚比贞松，柔同细柳，稠同千里云平。含烟笼月，无际挟涛声。尽许来禽啄粒，殷勤意，落叶添薪。非素昧，东坡诗里，千载记初名。真才今刮目，风前重镇，海上长城。看洲退，田畴极望青春。待教万牛回首，要梁栋更见经纶。君不信？固缘际会，大地献奇珍。""以其状考之，所谓石盐木，殆即此树耶？"强阳性树种，喜炎热气候，不耐霜冻，耐干旱、抗高温；耐瘠薄，抗盐碱与海潮盐雾风能力强，亦耐水湿；适生滨海沙地，pH 6～8，也适应其他土类的酸性土，被誉为征服海岸沙荒的勇士。深根型，主根深长，侧根发达，具有丰富的根瘤菌，可以固氮提高土壤肥力，改良土壤结构，加上树冠均匀透风，枝韧材坚，抗台风固沙护岸能力强；但在不同土壤条件，其生产量不同，广州栽培，15 年生树高 20m 以上；萌芽性强，耐修剪；抗病虫害，抗污染；木麻黄林带生物量平均为每公顷 141.7t，净初生产力每年每公顷 24.396t。粗枝木麻黄具有特殊的生理生化功能，鳞片特别多，自身具有盐腺细胞。树龄长达百年以上，深圳市龙岗区大鹏镇有 1 株木麻黄，树高 25m，基部 4 分枝，地径 1.8 m，树龄已 80 年。树形高大，挺拔秀丽，树冠圆锥形，枝条密集纤细，长而柔软下垂，迎风摇荡，潇洒轻盈，四季青翠欲滴，袅娜多姿，是优美的观赏树种，在华南、福建沿海地带宜植为行道树、庭荫树、园景树，在滨海沙地片植组成滨海森林景观均合适，亦是沿海地带防盐雾海潮风、防台风、护岸固沙的防护林带优良树种。

应选 10～12 年生健壮母树，于 8～11 月果实呈黄褐色或灰褐色鳞片微裂时采种。采回的果实摊放于阳光下曝晒 2～3d，种子自行脱出，取净后即插或用布袋贮藏和密封贮藏。秋播或春播，以秋播效果较好。春播前用 45～50 ℃温水浸种，冷却后捞出种子混合湿沙层积 2～3d，种子萌动后播种。撒播或条播，每公顷播种量约 45 kg，播后覆细土，并浇水保持苗床湿润。当苗高 15 cm 时，可移植于苗床或营养杯、营养篮中。木麻黄喜炎热气候，不耐寒，能耐短期 0℃ 低温，也耐潮汐盐渍，在滨海深厚湿润砂质盐碱土上生长旺盛。春夏雨季，穴状整地，适当深栽。

木材心边材区别不明显，红褐色；有光泽；生长轮略明显，轮间呈深色带，散孔材。木材纹理斜，结构中，均匀；质甚重；硬；干缩甚大；强度中至大。木材干燥易干裂，弯形；性耐腐，抗蚁性中；切削加工较难，易钝刀具，切削面光洁；油漆、胶粘性能优良；握钉力强。木材可作桩柱、船舶用材、民房建筑、农具以及造纸原料。树皮含鞣质 11%～18%，可提取栲胶。

木麻黄

1.枝条
2.果序
3.雄花序
4.果
5.雌花序
6.雄花
7.雌花
8.小枝放大

糙叶树（糙叶榆）*Aphananthe aspera*

榆科 Ulmaceae（糙叶树属）

落叶乔木，树高达 20m，胸径 1m，树冠圆头形，树皮深灰色，小枝红褐色，密被贴生毛。单叶互生，卵形至狭卵形，长 5~11cm，顶端渐尖，基部圆或宽楔形，边缘具细尖锯齿，上下两面被平伏硬毛，粗糙，叶基三出脉，侧脉直达叶缘齿端，叶柄长约 1cm，有贴生毛，托叶条状，宿存。花单性，雌雄同株，雄花着生新枝基部的叶腋，成伞房花序状，花被 4~5 深裂，雄蕊 4~5；雌花单生于上部叶腋，有梗，花被 5 裂。核果近球形，径约 8mm，熟时紫黑色，花柱宿存。种子球形，灰黑色，表面粗糙。花期 5 月，果熟期 9~10 月。

糙叶树主产长江流域及以南各省区，北到山西，东至台湾都有分布。多散生于海拔 600~1000m 山间平地、山谷或溪旁，常与榉树、朴树、枥树等混生组成混交林群落景观。在广西各地的石山、土山都有生长。平原和四旁多有栽培。村头、河岸颇适生长。因树体高大，枝繁叶茂，根系庞大，山区多作为护村防风、固坡护岸而加以保护，各地保存的古树较多。喜光，稍耐荫；喜温暖湿润气候与深厚、湿润、肥沃酸性土壤；耐水湿，亦耐干旱；不耐严寒，在中性土及钙质土上亦能生长良好。深根型，根系发达；寿命长，可达 500 年以上。崂山下清宫有千年古糙叶树，名曰"龙头榆"，高约 15m，胸径 1.24m，传为唐代李哲玄所植。湖南永顺县小溪乡大坪岗村海拔 800m 处生长有 1 株糙叶树，树高 30m，胸径 1.12m，树龄已有 800 年。少病虫害，滞尘、抗烟能力强，抗污染，对有毒重金属有固定与吸收能力。宜植为绿荫树、行道树、四旁及工矿区绿化树种以及防护林带树种。茎皮富含纤维，可供人造棉、造纸及绳索等用；叶可制防治蚜虫的农药；种子可榨油，供制皂，茎皮富含纤维，叶可制防治蚜虫的农药。

果熟期 9~10 月，果实呈黑色时敲击树枝即可采收，落果实后采集。采回的果实经搓揉、漂洗，除去杂质和空粒即得种子，用湿沙混拌贮藏，供翌年春季播种，也可晾干后用干藏方法保存至来年使用。种子有休眠习性，播前干藏种子应在低温 5~10℃ 层积催芽，春播 3~4 月，床式条播，条距 25~30cm，播后覆土盖草，幼苗期注意浇水、追肥，松土除草。大穴整地，适量基肥，大苗带土栽植，并适当修枝养干。

木材心边材区别略明显，边材黄褐色，心材暗黄褐或红褐色，易变蓝色；有光泽；生长轮不明显，宽度略均匀，轮间常呈浅色细线；散孔材。木材纹理斜，结构细，均匀；质中重；中硬；干缩中；强度中。木材干燥容易，干燥质量好；不耐腐；切削加工容易；切削面光洁；油漆、胶粘性能良好优良；握钉力中等。木材坚实耐用，宜作家具、工农具柄、农具、秤杆、纺织器材等。树皮为纤维原料，叶面粗糙可摩擦金属、骨角等，并可制药。

糙叶树

1.果枝
2.花枝
3.雄花
4.雌花
5.核果

朴树（沙朴）*Celtis sinensis*

榆科 Ulmaceae（朴属）

落叶乔木，树高达 20m，胸径达 1m；树冠圆形树皮灰色，平滑，小枝具柔毛，皮孔明显；冬芽内部芽鳞无毛。叶卵形或卵状椭圆形，长 4～8cm，先端渐短尖，基部歪斜，边缘中部以上有锯齿，上面无毛，下面沿脉及脉腋有毛，叶三出脉，叶柄长 5～10mm，微被毛。核果近球形，腋生，通常单生或 2 个并生，橙黄色或橙红色，果柄与叶柄近等长，疏被毛；果核具网纹和棱脊。花期 4～5 月，果熟期 9～10 月。［附种：珊瑚朴（*C.julianae*），与朴树不同处：①幼枝及叶背密被黄色绒毛，冬芽内部芽鳞密被长柔毛；②核果常单生叶腋，果较大，果梗长于叶柄。］

朴树之名最早见于《诗经·大雅·棫朴》"芃芃棫朴，薪之槱之"（芃 peng 音蓬，茂盛；槱 you 音酉，积木成堆）。赞美 3000 年前周文王用人有方，贤人众多，犹如棫朴一样茂盛而济济。《说文》："朴，柀也。"南朝梁·沈约《昭夏乐》："玉帛载升，棫朴斯燎"。朴树产秦岭、淮河流域以南经长江中游至广东广西与台湾。分布于热带至北温带。除新疆、青海外，各省均有分布。多生于海拔 1000m 以下低山、丘陵、溪沟边杂木林中，平原地区村旁、路边多见栽培。朝鲜、越南、老挝亦有。阳性树种，喜光、稍树荫；喜温暖湿润气候，耐水湿；亦有一定的抗旱与耐旱能力；喜深厚、湿润、肥沃中性黏壤土，在酸性土、中性土、钙质土及轻盐碱土上均能生长。对高钙、干旱的石灰岩生境有良好的适应性。生长尚快；深根型，庞大的根系错结蟠连，汉·崔骃"肤如桑朴，足如熊蹄"。保持水土很有作用，抗风；抗烟滞尘能力强，对二氧化硫、氯气、氟化氢具有一定抗性与吸收能力；防火性能亦较好。少病虫害；树龄可达 500 年以上。湖南沅陵县火场乡政府门前海拔 280m 处，生长有 1 株古朴树，高 26m，胸径 1.5m，冠幅 240m^2，树龄已 350 余年；贵州道真自治县龙桥乡庆丰村大房子赵天恩家有 1 株古朴树，树高 36m，胸径 1.11m，冠幅 289m^2。为朴树中最高大者，宛若悬空华盖，势凌霄汉。本种树形美观，树冠宽广，绿荫浓郁，宜植为庭荫树，行道树、孤植、列植、丛植于公园、草地一隅或池畔、路侧，亦可在丘岗坡地与常绿树混生组成风景林，亦可选作四旁、工矿区绿化树及沿海防风固沙、护堤树种。可与木麻黄混交种植，缓解木麻黄退化危机。

果熟期 9～10 月，核果呈橙红色时采收，采回的果实堆放或浸泡 2～3d 后搓揉除去果肉漂除杂质后，阴干混沙层积或干藏。冬播或层积后春季条播，行距 20～25cm，覆土约 1cm，每公顷播种量约 50cm，播后盖草。幼苗期注意整形与修剪及除草松土和水肥管理。如果供园林绿化，应换床移植 1～2 次。用 4～5 年生大苗，带土球栽植。

木材心边材区别不明显，黄褐，灰黄褐或栗褐色；易变色；有光泽。生长轮明显，环孔材。木材纹理直或斜，结构中，不均匀；质中重；中硬；干缩中；强度中；冲击韧性高。木材干燥不易，速度慢，易翘裂；耐腐性中；切削加工容易，切削面光洁；油漆、胶粘性能良好；易钉钉，握钉力强，有劈裂。木材宜作家具、室内装饰、车辆、箱盒、人造板、体育器材、乐器、农用及建筑用材。

朴 树

1.果枝
2.果核
3.雄花
4.两性花

白榆（榆树、家榆）*Ulmus pumila*

榆科 Ulmaceae（榆属）

落叶乔木，树高 15～25m，胸径 1.5m；树冠近圆形；树皮暗灰色，纵裂，粗糙，小枝细长，柔软，灰色，微被短毛。单叶互生，椭圆形或长椭圆形，长 2～7cm，顶端渐尖或钝，边缘有单锯齿，稀重锯齿，表面深绿色，背面浅绿色，两面无毛或幼叶具毛，托叶披针形。花两性，早春先叶开花，簇生或聚伞花序，花被钟形，4～5 裂；雄蕊 4～5，花药紫色，伸出花被之外，子房扁平，花柱 2。翅果宽倒卵形或近圆形，顶端有凹缺，无毛；种子位于中央或近上部。花期 3 月上旬，果熟期 4 月上旬。

榆科榆属，间断分布于亚欧与北美，约 40 种。我国有 25 种，南北均产之。白榆最为常见，主产东北、华北、西北；多生于海拔 1500m 以下山麓、平原、河岸、丘陵及沙地。西藏拉萨、曲水及长江中下游广泛用于城乡绿化美化栽培。白榆学名为 *Pumila*，字义为低矮，因为外国学者第一次发现白榆地点在东北，因寒冷呈矮生状态而定名。俄罗斯远东地区及朝鲜也有分布。河北赤城县四道沟和黑龙沟天然散生古榆，其中一株为 420 年生，高 24m，胸径 1.89m。萌芽力强，耐修剪。喜光，喜湿润、深厚肥沃土壤，但也能生长于干旱瘠薄固定沙丘及栗钙土，以及 −40℃ 严寒地区和年降水量不足 200mm 干旱地区。耐盐碱性较强，在含 0.3% 盐土及含 0.35% 苏打盐土上均能生长，pH9 时尚能生长。4 月份在最适条件下白榆单株耗水量为 7.6 kg，主根深，侧根发达，抗风、保土固沙能力强。树龄长，甘肃甘谷六家墩有 1 株白榆古树，树龄约 700 年。对烟尘、氯气、氟化氢、铝蒸汽抗性强，并有一定的吸收、降解及固定能力，1kg 干叶能吸收 SO_2 8220 mg，Cl_2 8470mg，F 53.53 mg。树形高大，树干圆直，枝细长飘洒，浓荫覆地，自然优美；适应性强，生长快，是优良的绿荫树。宜作庭园树、行道树、四旁及工矿区绿化、防护林带树种。据《汉书》记载："蒙恬为秦侵胡，辟地数千里，累石为城，树榆为塞。"说明秦时已出现了"累石"与"树榆"并举的国防工程。当时依长城栽培的榆树防护林带，规模之大，气魄之雄伟，史无前例。唐·骆宾王诗："边烽警榆塞，侠客度桑乾。"在东北地区也常修剪成绿篱。清·朱鹤龄《连理榆》诗："白榆历历种无谁，影落人间并干奇。发籁韵兮弦律各，衡星光映匣雄雌。合欢灵卉原同性，生命仙禽许压枝，者益婆婆情不少，劳生何事苦分离"。颇有风味，人世间情意。过去灾年，没吃时常以榆皮充饥。正如清·魏象枢《剥榆歌》长诗："榆皮疗我饥，那惜榆无衣，我腹纵不果，宁教我儿肥。嗟呼，此榆赡我父若子，日食其皮，皮有几。今朝有榆且剥榆，榆尽回来树下死，老翁说罢我心摧，回视君门真万里。"过去北方榆树很多，以榆命名地名，比比皆是。

应选 15～30 年生健壮母树，于 4～5 月果实呈黄白色并有少量开始飞落时及时采种。采后置于通风处摊开晾干，清除杂物，随即播种，如不能及时播种应密封贮藏。播种期 5～6 月，播前施足底肥，灌足底水，开沟条播，行距 20cm，每公顷播种量约 40kg，覆土厚 1cm，稍加镇压，保持苗床湿润。当苗高 3～4cm 时间苗，8～10cm 时定苗，为了防治病虫为害，每周用 1% 的波尔多液喷洒 1 次。白榆可扦插、嫁接进行繁殖。该树种喜土壤湿润肥沃深厚，能生长在干旱瘠薄的固定沙丘和栗钙土上，耐盐碱性和抗风力强，pH9 时也能生长。春秋季节，大苗栽植，穴状整地，适当密植，可与其他树种混交。

木材心边材区别明显，边材黄褐或黄褐略带绿色，心材暗红褐色或浅酱褐色，有光泽；无特殊气味和滋味。生长轮明显，环孔材。木材纹理直，结构粗，不均匀；质中重；中硬；干缩中；强度低至中；冲击韧性高。木材干燥不容易，速度慢，易产生翘曲开裂，耐久性中；切削加工不容易，不易获得光洁的切削面，弦切面花纹美丽；油漆、胶粘性能良好；钉钉难，握钉力强，易劈裂。木材宜作家具、文具、运动器材、乐器、人造板、车辆、室内装饰等。

白　榆

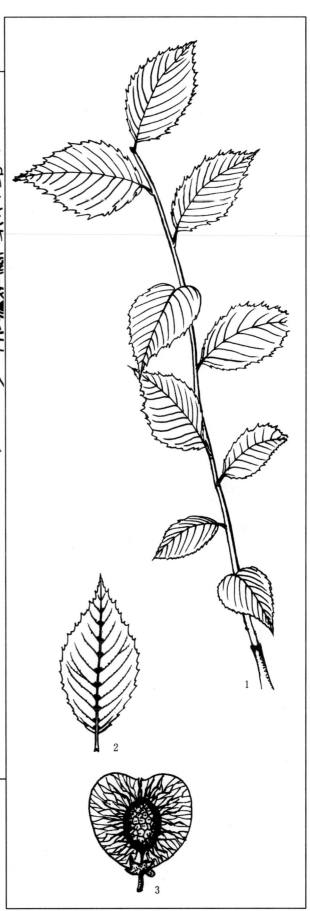

1.叶枝
2.叶片
3.翅果

琅琊榆 *Ulmus chenmoui*

榆科 Ulmaeae（榆属）

　　落叶乔木，树高达 20m，胸径 40cm；树皮暗灰色，纵裂，小枝灰色或暗灰色，幼枝密被绒毛。单叶互生，椭圆状倒卵形或长椭圆形，长 4~10cm，先端尾尖，基部近心形或钝圆，歪斜，边缘具重锯齿或单锯齿，侧脉 12~22 对，上面微被毛，下面密被白色绢毛。早春先叶开花，簇生。翅果倒卵状椭圆形，长 1.3~2cm，两面疏生柔毛，果核有长柔毛，位于翅果上部接近凹缺处。花期 3 月中下旬，果熟期 4 月下旬。

　　自然分布区域极为狭小，数量稀少，呈现很强的残遗性质，仅分布于安徽滁州市琅琊山，生长于海拔 200m 以下的石灰岩山地石缝中，与青檀、五角枫、榉树、朴树、黄连木、侧柏等形成成"万树将青绕，千峰拥翠来"的天然森林景观。直到 1948 年，我国著名林学家郑万钧教授到琅琊山考察时，这一安徽特有的珍稀树种才得以发现，并很快闻名于世。现琅琊寺南侧的祇园后山以及从"琅琊胜境"至南天门古道两侧山坡，有数十株树龄都在 150 余年以上的大树扎根巨石岩缝间，耸出林表。在森然群树中，尤为醒目。《琅琊榆》词："乍一见，塞生毛发，错节盘根岩石上，更挺身欲与青天接。枝荼韧，干如铁。鱼龙变幻云千叠，历浴桑，就身体味，最知凉热。落叶萧之西片冷，空寺塞泉鸣咽。"江苏句容宝华山、南京等地有栽培，生长良好。喜光，幼树稍耐荫，喜温暖湿润气候，具有一定的耐寒性与耐旱性。极为喜钙，在土层深厚、肥沃的石灰性土上生长更佳，亦能在中性湿润黏土上生长。深根型、根系发达，抗风能力强，对烟尘、SO_2 抗性强；树龄长。安徽滁州琅琊山十八盘生长 1 株琅琊榆，树高 20m，胸径 69cm，树龄 150 多年。琅琊榆树干端直，树形端庄秀丽，绿荫婆娑，性强健、根盘岩石，耸立林表之上，古雅别致，是优良的绿化观赏树种。

　　应选 15 年生以上健壮母树，于 4 月下旬至 5 月上旬果实为浅黄或黄白色时采摘或地面收集。采集的种子经风选去杂后放在通风处阴干至含水量约 8% 时密封贮藏。种子不宜曝晒，当含水率在 14% 时，1 个月后其发芽率迅速下降，因此宜随采随播。播前用凉水浸泡至种子充分吸水，然后再与湿沙混合催芽至种子露出白芽即可播种。春季高床条播，行距 30cm，播后覆薄土并盖草，每公顷种量约 50kg。当幼苗高达 3cm 时间苗，10cm 时定苗。培育大苗应在第 2 年换床移植，移植时苗根和侧枝要适当修剪。春秋季节，带土栽植。

　　木材心边材区别明显，边材灰黄褐色，心材暗红褐色或栗褐色；中等光泽；生长轮明显，轮间界以色浅的早材带；环孔材。木材纹理直，结构中，不均匀；质中重；中硬；强度中或高；冲击韧性甚高。木材干燥较难，速度慢，易翘裂、皱缩；耐久性中；切削加工不难，切削面光洁；油漆、胶粘性能优良；钉钉略难，握钉力强。木材适于造船、建筑用材、车辆材、高档家具、人造板、运动器材等。

琅琊榆

1.果枝
2.叶背面一部分,示白绢毛
3.翅果

醉翁榆（毛榆） *Ulmus gaussenii*

榆科 Ulmaceae（榆属）

落叶乔木，树高达 15m，胸径 30～50cm；树皮深灰色，纵裂；小枝深褐色或暗灰色，密生硬毛。单叶互生，椭圆形或卵状椭圆形，长 4～10cm，先端钝或渐尖，边缘有单锯齿或重锯齿，两面密被短硬毛，甚粗糙。花两性，簇生，于早春先叶开放；萼筒密被锈色绒毛。翅果近圆形或倒卵状圆形，长 2～2.5cm，顶端凹缺。种子位于翅果中部，密被纤毛。花期 4 月中旬，果熟期 4 月下旬。

自然分布区域极为狭小，仅见于安徽滁州市琅琊山风景区醉翁亭附近 10hm² 地范围之内，散生于醉翁亭沟谷沿线的石灰岩山麓溪边及附近山坡杂木林中，与栾树、青檀、柏木、黄连木、铜钱树、朴树、黄檀等混生，是极为稀有的濒危植物，数百年来，游人只慕其醉翁亭，而不识其树。1948 年，经郑万钧教授鉴定为榆属的新种，因生在醉翁亭旁而得 "醉翁榆" 之名，故有 "琅琊山中醉翁亭，醉翁亭前醉翁榆。醉翁之意不在酒，绿水青山有真情。" 赞誉欧阳修《醉翁亭记》中表达热爱自然，醉心山水高尚情操。因此，也成为千古不朽名作。现已列为国家三级重点保护树种。南京寺地有栽培。性喜光，喜温暖湿润气候，具有一定的耐寒性，能耐极端～23.8℃的低温。亦耐干旱。为喜钙树种，特生长于石灰岩地石缝中与溪旁。生长速度中等；深根型，根系发达，抗风力强；对烟尘、SO₂ 及病虫害抗性强，树龄长。现生长在酿泉池上方，立根苍崖的醉翁榆大树，参差不等有 30 余株，皆为先代遗物。"琅琊谷口泉，分流漾山翠，使君爱清泉，每来泉上醉"。据调查测定树龄在 180 余年以上，其中最大 1 株树高 23 m，胸径 84 cm。主干、侧枝修长，树形昂然挺立。尤其春夏时节，叶色深绿，枝叶扶疏，与园中的欧梅仅一墙之隔，"长从清影伴，不与暗香违"，高树浓荫，榆梅相应，野鸟齐鸣，将醉翁亭景区装扮得潇洒清秀，风韵回环，"酿泉秋月"，此情此景，令人陶醉。是优良的园林绿化观赏树种。

应选 20 年生以上健壮母树，于 5 月上旬果实呈黄色时采集或在地面收集。种子经风选清除杂物后，置于通风处晾干至含水量 8% 时密封贮藏。种子曝晒易失去发芽力，故宜随采随播。播前用凉水浸 3～4h，待种子吸水膨胀后，再在湿沙中催芽至种子露白时播种。春季高床条播，条距 25～30cm，覆土 0.5～1cm，并盖草保湿，每公顷播种量约 50kg。当幼苗长出 2 片真叶时间苗，高 10cm 进定苗。培育大苗应在第 2 年春季换床移植。也可采用容器育苗。整地规格因地制宜，春秋季节，大苗带土栽植。

木材心边材区别明显，边材浅黄褐色，心材栗褐色至泛红栗褐色；中等光泽；生长轮明显，轮间界以色浅的早材带；环孔材。木材纹理直，结构中，均匀；质中重；硬；干缩中；强度中；冲击韧性甚高。木材干燥尚易，但时间长，要缓慢，否则易翘裂、皱缩；耐久性略强；抗虫害性强；切削加工不易，易钝刀具，切削面光洁；油漆、胶粘性能优良；钉钉不易，握钉力强。木材适于作高级家具、室内装饰、工艺美术制品、体育用材、仿古建筑、家具，雕刻、农具等等。树型美观，为优良的观赏树种。

醉翁榆

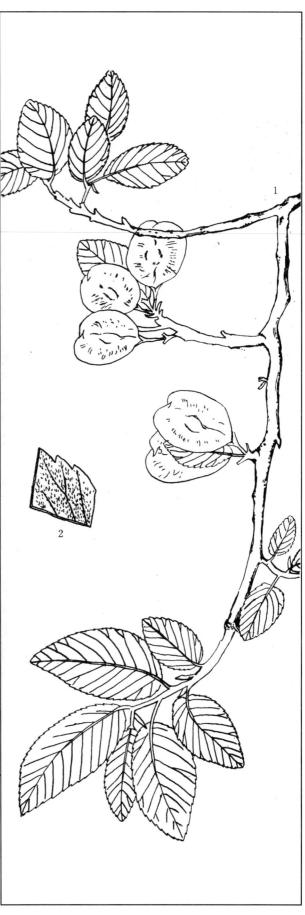

1. 果枝
2. 叶表面一部分,示密被硬毛

榔榆（小叶榆） *Ulmus parvifolia*

榆科 Ulmaceae（榆属）

落叶或半常绿乔木，树高 25m，胸径 1 m。树皮灰褐色，成不规则鳞片状脱落，小枝红褐色，被柔毛。单叶互生，叶小，质硬，椭圆形或椭圆状倒卵形，长 2～5cm，顶端钝尖，基部偏斜，边缘具单锯齿，表面深绿色，光滑，背面浅绿色，初有毛，后渐脱落，托叶早落。花两性，秋季开放，簇生于当年生枝条的叶腋，花被 4 裂，雄蕊 4 枚；子房 1 室，柱头 2 裂，向外反曲。翅果卵圆形或椭圆形，长约 1cm，顶部有凹缺。种子位于中央，边缘有翅。花期 9 月，果熟期 9～10 月。

分布于黄河流域及以南至西南各省区，常散生于河岸、路旁、沼泽周围，在广西的河池、桂林、柳州、南宁等地区的石山上常见。我国中部及南部地区已广泛栽培。喜光，稍耐荫；喜温暖湿润气候，耐 - 20℃ 短期低温。中性土、钙质土及山地、水边均能生长，具有一定的耐干旱瘠薄能力。生长速度中等偏慢。萌芽性强，耐修剪，可塑造各种造型。深根型，根系发达，抗风；少病虫害。树龄长达数百年。陕西周至县楼观台海拔 550 m 处，有 1 株榔榆，树高 25m，胸径 1.34m，树龄已有 1200 余年。对二氧化硫、烟尘以及有毒重金属抗性强。树姿古朴典雅、树干具鳞片斑纹，故人们又称为豹皮榆，小枝纤细下垂，翠叶细理而轻盈，秋季开花，花期长。晋·陶潜《归田园居》中有："榆柳荫后檐，桃李罗堂前。""久在樊笼里，复得返自然"可见从晋时陶渊明就已经把榆树作为绿化树种，不仅起到美化环境而且是荫凉气爽生态功能，甚至想"复得返自然"，这与现代回归自然，何其相似乃尔，不知可受庄老"入兽不乱群，入鸟不乱行"或是"天人合一"影响。优良行道树、庭荫树、防风树。孤植、列植、丛植均佳。在池畔、渠边配植更可发挥出其优美的树姿，亦可养成名贵盆景或造型树。我国古典园林中常配置于水边或山石旁，饶有雅趣。

果熟期 10 月份，成熟果实呈黄色或褐色时及时采收。采后置于通风处晾干几天，用风选或筛选去除杂质，即得纯净种子，阴干后的种子密封贮藏备用。种子有休眠习性，在播种前将种子置于 0～5℃ 下混湿沙层积 40d 后再行播种。春季床式条播，行距 25kg，每公顷播种量约 80kg，覆土约 1cm，浇水，保持苗床湿润。穴状整地，春秋季栽植，纯林虫害严重，应与其他树种混交。

木材心边材区别明显，边材浅褐或黄褐色，心材红褐或暗红褐色；有光泽。生长轮明显，环孔材。木材纹理直或斜，结构中，不均匀；质重；硬；干缩中；强度中；冲击韧性高。木材干燥困难，易翘曲，耐腐性中；切削加工困难，易钝刀具，切削面光洁；油漆、胶粘性能优良，握钉力强，有劈裂。木材适宜作家具、车辆、农具、日常用具、船、桩柱、房屋建筑、文体用具等。

榔　榆

1.花枝
2.果枝
3.花示雄蕊
4.雌蕊

大果榆（黄榆）*Ulmus macrocarpa*

榆科 Ulmaceae（榆属）

落叶乔木，树高达 10m，胸径 30～40cm；树皮灰褐色，浅裂；树冠扁球形；小枝淡黄褐色，常具 2（4）条木栓质翅；幼枝有毛。单叶互生，叶倒卵形，长 5～9cm，先端突尖，基部歪斜，边缘具不规则重锯齿，质地粗厚；上面有硬毛，粗糙；下面稍被毛，羽状脉，侧脉 8～16 对，叶柄长 0.5～1.5cm，有白色柔毛。花两性，簇生于去年枝侧；花萼筒钟形，4～5 浅裂，雄蕊 4，伸出萼筒之外；子房扁平，上有 2 裂的花柱。翅果阔倒卵形，长 2～3.5cm，宽 2～2.7cm，两面及边缘有毛，果核位于翅果中部。花期 3～4 月，果熟期 5 月。

分布于东北、内蒙、西北、华北、南至秦岭、湖北神农架、大别山以北一线，西北至青海等地，生长于海拔 1000m 以下山区、谷地、固定沙地及岩石缝中。在山西五台山可达海拔 1600m 地带以及平原地带大果榆也是先锋树种，形成以大果榆为优势的森林群落景观。喜光，喜温凉湿润气候，耐严寒，可耐绝对最低气温－40℃而无冻害现象；也耐炎热和高温，在极端最高温 47℃，而不受危害；要求年降水量为 600～800mm，亦耐干旱瘠薄，在降水量不足 200mm，空气相对湿度 50% 以下的荒漠地区也能生长。在平原、山麓、阳坡、半阳半阴坡、沙地、岩石间均能生长；稍耐盐碱；在含 0.16% 苏打盐渍土或钙质土上亦能正常生长；pH 值 8.7 时仍能正常生长，在深厚湿润，肥沃之地生长最好。如黑龙江绥陵县阁山林场，11 年生大果榆平均树高 12m，胸径 6.5cm。深根型，侧根发达，根系穿透能力强；抗强风；萌蘖性强，萌蘖更新良好，根蘖性也强，耐修剪；少病虫害，寿命长。大果榆的落叶腐烂速度较慢，且落叶多，在林地上可形成较厚的枯落物层，具有良好的保土、涵养水源功能；叶面粗糙，树冠密集，截持降雨防止冲刷，护土功能较好，粗糙叶表面，其滞尘能力亦强。本树种枝繁叶茂，冠大荫浓，性强健，抗逆性强，耐修剪，适应城市环境，秋叶深红，点缀园林颇为美观。唐·张籍诗句："风林关里水东流，白草黄榆六十秋"指宁夏西北一带由于民族之间长期争斗，已是草折榆黄满目荒凉。元·丁鹤年《暮春》诗："杨花榆夹搅晴空，上界春归下界同。"宋诗《村居》中"水绕波田竹绕篱，榆钱落尽槿花稀"。榆花后结实，旧称榆夹，其形扁园成串又称"榆钱"，又如"春尽榆钱堆狭路"。有古淡风味，既有自然画意又融入诗情。可植为行道树、庭荫树，以及四旁、工矿区绿化，亦是岩石山地保持水土、涵养水源、以及风沙地区防风固沙防护林带的优良树种。树皮柔韧，含纤维素 54.85%，可代麻用，制绳索、麻袋和人造棉。

应选 15～30 年生健壮母树，于 5～6 月果实由绿色变为黄白色时采收。采后置于通风的地方阴干，风选或筛选清除杂物，即得纯净种子。最好随采随播，也可在种子含水量为 7%～8% 时，置于不高于 5℃ 环境中进行贮藏或密封贮藏。春季床式或垄式播种，播种前 1 年秋季，深翻圃地，施足基肥，撒敌百虫粉剂杀死地下害虫。行距 20cm，覆土 0.5～1cm，稍加镇压，并保持土壤湿润，每公顷播种量约 40kg。当幼苗长出 2～3 片真叶时间苗，苗高 5～6cm 时定苗，幼苗生长期应中耕除草、施肥、灌溉。春季穴状整地，大苗带土栽植。

心边材区别略明显，边材浅黄褐色；心材浅栗褐色。木材有光泽；无特殊气味和滋味。生长轮明显；环孔材，宽窄略均匀。纹理直，结构中，不均匀；重量、硬度中；干缩中；强度低至中，强度、硬度比白榆略高。干燥较难，易翘裂；稍耐腐；加工较难；油漆、胶粘性能优良，握钉力强，但钉钉难，易劈裂。可用于家具、胶合板、乐器、文体用品、室内装饰、枕木、坑木、工农具柄、车辆及农具等。

大果榆

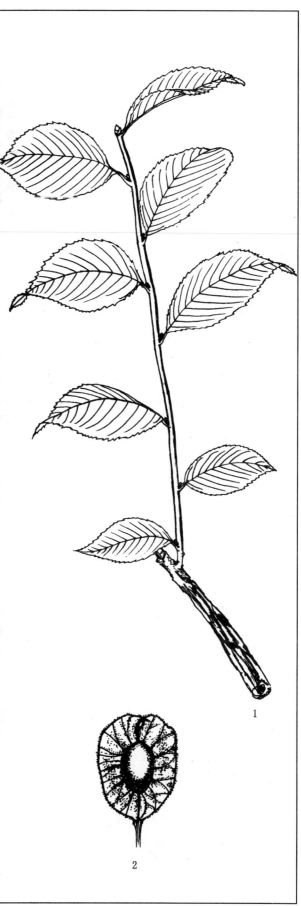

1.叶枝
2.翅果

大叶榉（榉树）*Zelkova schneideriana*

榆科 Ulmaceae（榉属）

落叶乔木，树高 25m，树皮深灰色或棕褐色，光滑，老树基部浅裂，常呈块状薄片剥落，小枝红褐色，疏生柔毛。叶厚纸质，长椭圆状卵形或椭圆状披针形，长 2～9cm，先端渐尖，基部斜圆形，边缘具小桃尖形锯齿，上面粗糙，下面密被灰色柔毛；具短叶柄，有柔毛。花单性，稀杂性，雌雄同株，雄花簇生于新枝下部的叶腋，雌花单生于上部叶腋；花被片 4～5，宿存；雄蕊与花被同数；雌蕊 1 枚，花柱 2，偏生。核果上部歪斜，几无梗。花期 4 月，果熟期 9～10 月。[附种：光叶榉（*Z. serrata*）与榉树不同处：①叶下面无毛；②核果顶端不歪斜。]

榉树属树种约有 10 种，分布于东亚至西亚，延伸至高加索等地。我国产 4 种，其中大叶榉又名榉树，古代统称为"椐"。《诗经大雅·皇矣》曰："启之辟之，其柽其椐"；《尔雅释木》曰："椐、樻（ju 音举）。分布于秦岭、淮河流域及以南各省区，东至台湾，西南至西藏察隅地区。多生长于海拔 1000m 以下低山丘陵、平原地区，常与青冈、樟树、黄檀、马尾松等混生。安徽滁县的琅琊山和皇甫山有榉树野生群落景观，老龄树心材多带浅红色，故有称"血榉"、"红榉树"，材质优良，用途较广，为珍贵用材树种，列为国家二级保护珍稀树种。中等喜光树种；喜温暖湿润气候及肥厚湿润土壤。在酸性土、中性、钙质土以及轻度盐碱土上均能生长。忌积水地，亦不耐干瘠之地。深根型，侧根广展，抗风。抗烟尘与污染，并对氟化氢具有一定的吸收能力，亦抗重金属污染。生长速度中等偏慢。树龄长，安徽歙县天目山西侧金川乡仁丰村有 1 株大叶榉树，树高 36m，胸径 1.66m。村民们说，这株古树坚硬无比，刀斧难入，传说 200 多年前仁丰村建村时，"铁壳楠"就是很高大了。那时已是值得称道的"古树"，现今不仅生长健壮，魁伟坚挺，而且其高树强枝，浓荫屏障的生态效应，的确为仁丰村的兴旺发达起到了无可比拟的积极作用。亦是石灰岩山地绿化先锋树种，以及保持水土、涵养水源、防风抓带的优良树种。浙江长兴县长潮乡李家村有 1 株大叶榉树，树高 25m，胸径 1.14m，树龄 400 余年。安徽庐江且城东 9km 冶父山，旧传春秋吴越冶师欧冶子曾在此铸剑，山上铸剑池由古及今名播大江南北。"长剑欲一淬，夜寻冶父山。揽衣望奇气，直在牛斗间。"现生长在冶父山国家森林公园大门内侧一株高大的大叶榉挺立道旁，长枝摇曳，浓荫匝地，身姿突出，秀于群木，自成一景，树高 29m，胸径 1.03cm，超众瞩目。冶父山自秦汉以来屡建有祠庵，寺庙，清初顺治年间，福建僧人释道雄住持冶父山寺，为寺前姿态彬彬的大榉树时写诗道："古树龙蟠势接天，绿云遥映冶溪边。枝匕秀拔堪图画，几度回春不记年。"少病虫害，防火性能较好。树形高大挺拔，姿态优美，枝叶细密，叶色多变，春叶翠绿带红，盛夏浓荫如盖，入秋艳丽多彩，经冬枝干萧条，为优良园林绿化观赏树种。在园林绿地中孤植、列植、丛植皆宜，三五株点缀于亭台池边，饶有风趣。亦可制作树桩盆景。

选用 20 年以上健壮的优良母树，于 10～11 月果实呈暗绿色或灰黑色时采收，采回的果实晾晒、揉搓，取净后，装入容器干藏。可随采随播，或翌春"雨水"至"惊蛰"时播种，干藏种子要浸水 2～3d，除去上浮瘪粒，取出下沉种子，晾干后高床条播，行距 20cm，每公顷播种量约 80～100kg。播后覆土盖草，种壳出土防止鸟害。幼苗期要间苗、定苗、松土除草和灌溉及施肥，防止蚜虫和袋蛾为害。幼苗顶部分权应及时修整。也可换床移植培育大苗，株行距 20cm×3cm。穴状整地，春秋季节，大苗带土栽植。

木材心边材区别明显，边材黄褐色，心材浅栗褐色带黄；有光泽。生长轮明显，环孔材。木材纹理直，结构中，不均匀；质重；硬；干缩大；强度中至高；冲击韧性甚高。木材干燥较困难，速度慢，易产生翘曲、开裂；切削加工较困难。切削面光洁，弦切面上花纹美丽；油漆、胶粘性能优良；握钉力强。木材宜作高档家具、室内装饰、车船材、纺织器材等。

大叶榉

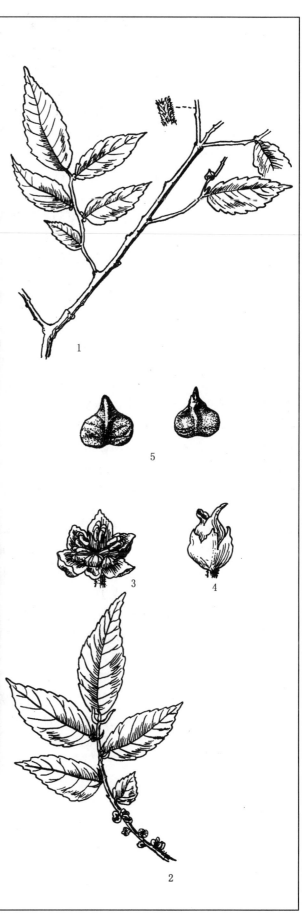

1. 果枝
2. 花枝
3. 雄花
4. 雌花
5. 果

榕树（小叶榕）*Ficus microcarpa*

桑科 Moraceae（榕属）

常绿乔木，树高达 20~30m，胸径达 2m；树冠扩展很大，具奇特板根露出地表，宽达 3~4m，宛如栅栏。有气生根，细弱悬垂及地面，入土生根，形似支柱；树冠庞大，呈广卵形或伞状；树皮灰褐色，枝叶稠密，浓荫覆地，甚为壮观。叶革质，椭圆形或卵状椭圆形，有时呈倒卵形，长 4~10cm，全缘或浅波状，先端钝尖，基部近圆形，单叶互生，叶面深绿色，有光泽，无毛。隐花果腋生，近球形，初时乳白色，熟时黄色或淡红色，果径约 0.8cm。花期 5~6 月，果熟期 9~10 月。

榕树，产长江以南各地。在广东雷州半岛和海南岛北部台地及丘陵地带常与小叶白颜树、割舌树、胭脂，海南菜豆树等组成半常绿热带季雨林群落景观。栽培历史悠久，今福州市别称榕城，早在宋代治平年间（964 年）在城内就遍植榕树而得名。为南方城市重要的美化、绿化树种。喜光，能耐半荫；喜温暖多雨气候和深厚、湿润、肥沃之酸性土壤，耐水湿，亦有耐旱能力；根系发达，气根能深入土壤中，形成"独树成林"景观，抗风力强；耐修剪，能造型为各种剪型树；少病虫害，抗污染能力强；对 SO_2、Cl_2、HF、粉尘有较强抗性。研究表明，榕树细胞汁液 pH 值较高，呈碱性，抗酸雨能力强，并具有吸收能力，1 kg 干叶可吸收硫 2150 mg，吸收 Cl_2 3680 mg；寿命长达 1000 年。俗话："五木为森林，独木不成林"。据印度文字记载，一株榕树居然可纳凉六七千人，气根树干 4300 根，其中粗大竟有 1300 根。广东新仓县 300 年一榕树，树上布满鸟巢，称为"小鸟天堂"。唐·柳宗元《柳州二月榕叶落尽偶题》诗："宦情羁思共凄凄，春半如秋意转迷。山城过雨百花尽，榕叶满庭莺乱啼。"元·许有壬《晚过韶州》词："溪寒清见底，榕老乱垂根。"明·汤显祖《送袁生谒南宁郡》诗句："千山落月无人语，榕树萧萧倒挂啼。络绎气根，清荫鸟鸣，真是别出机杼。"印度文豪泰戈尔《榕树》诗："喂，站走池边蓬头榕树，可曾忘记了那小小孩子，就像那在你枝上筑巢又离开的鸟似的孩子。"可见古今中外诗人心意相通。宜植为行道树、庭荫树、园景树，亦可修剪造型各种剪型树供街头绿地、公园绿地栽植及养成盆景，亦是四旁、工矿区绿化与河湖堤岸防护林的优良树种。

榕树的花果期全年。果实为淡黄或淡紫褐色时采摘，采回的果实可堆沤数日后装入布袋，置水中搓揉，去除杂质，下沉部分即为种子。多用扦插育苗，早春 3 月树液萌动前选取粗 1cm、具有饱满腋芽的健壮枝条，截成 15cm 长的插穗，株行距为 20cm，经常保持苗床湿润，扦插苗生长快，分枝多，当年可成苗。播种育苗多为高床条播，行距 20cm，每公顷播种量约 50kg，覆土约 1cm，并盖草保湿，幼苗期适度遮荫，中耕除草，追肥、浇水、防治病害。春秋季整地，适当深栽。

木材心边材区别不明显，黄褐色；光泽弱。生长轮缺如。散孔材。木材纹理交错，结构中，均匀；质重；硬；干缩小；强度低。木材干燥容易，不裂，但易翘；不耐腐；不抗虫害；锯解时易夹锯，板面发毛，不易刨光，油漆性能欠佳；胶粘容易；握钉力弱，不劈裂。木材只作一般家具、砧板、包装箱、木屐、纤维原料等用。

榕　树

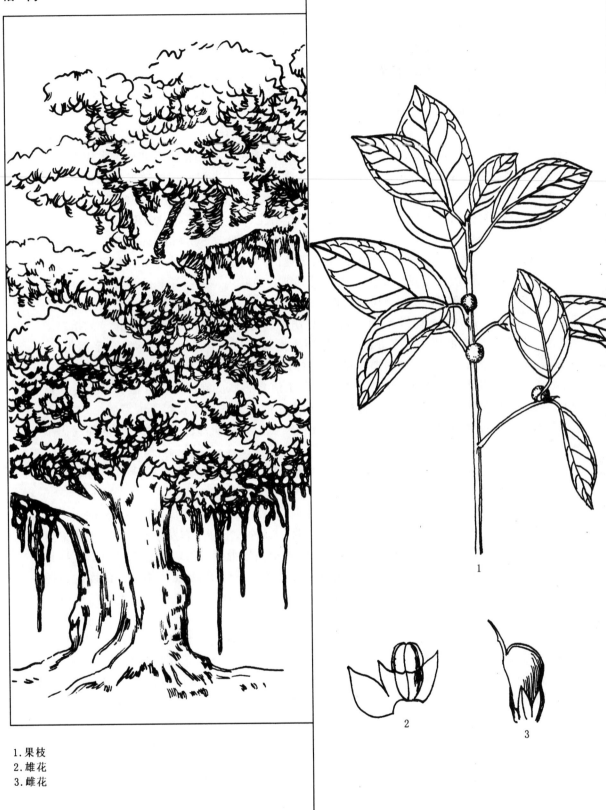

1.果枝
2.雄花
3.雌花

菩提树 *Ficus religiosa*

桑科 Moraceae（榕属）

常绿或落叶乔木，树高达 20m，树冠圆形或倒卵形，树皮黄白色，枝生气根如垂须，树干凹凸不平。分枝较多而密，枝叶扶疏，浓荫覆地。单叶互生，卵圆形或心脏形，长 15～20cm，边缘为波状或全缘，上面亮绿色，有光泽，叶柄细长。花为隐头花序，花小，多数生于肉质的花序托的内壁上，通常雌雄花共生其内。果为花序托发育形成，无柄，扁平圆形。熟时呈黑紫色。花期 6～7 月，果熟期 11～12 月。

分布亚洲热带地区，以及我国西南、华南各省区，散生于海拔 400～600m 平原及村寨附近。在云南瑞丽、莲山、思茅、南峤江城等县海拔可至 1200m 地带与高山榕、毛麻楝、木棉、云南黄杞等组成混交林。华南各地多栽培，寺庙中保留较多的大树、古树，在佛教界视为圣树。菩提在梵语中是道的意思，也有译作思维，称之思维树。传说当年佛祖释加牟尼在树下修行得道，佛教盛行后，才称为菩提树。喜光，喜高温高湿，20℃ 时生长迅速，越冬时温度要求在 10℃ 左右，不耐霜冻；对土壤要求不严，抗污染能力强，1kg 干叶可吸收 SO_2 4540 mg，吸收 Cl_2 4680 mg，少病虫害，根系发达，能适应城市环境，生长迅速，3 年生树平均高 3.2 m，树龄长达五六百年。树形高大，枝繁叶茂，冠幅广展，叶宽大而有细长的叶尾，色翠绿，极为优雅可爱。是优良的观赏树种，宜植为庭荫树及行道树。菩提不是它的本名，《西阳杂俎》中说它的本名称为阿湿曷他（Asvatha）、婆力议。在华南地区多作为庭荫观赏树及行道树。在广州市位于六榕路上有座六榕寺，因苏轼于 1100 年 9 月来寺游览，见环植榕树 6 株，欣然题"六榕"二字而得名。如今，苏轼所欣赏的于公元 537 年植的那 6 株菩提树虽然早已终其天年，但"六榕"二字，端庄朴拙，苍劲浑厚，令人念及苏子生平际遇，颇有仓桑正道之感慨。佛教禅宗五祖弘忍要传衣钵时要各个门徒依自己的修为心德，各写一首禅语。门人中的神秀依其体验和所悟写道："身是菩提树，心如明镜台；时时勤拂拭，忽使惹尘埃。"而另一位门人慧能却针对神秀的这四句写出下面的偈语："菩提本无树，明镜亦非台。本来无一物，何处惹尘埃？"结果慧能取得了禅宗衣钵。但是，今人真实人生而言，神秀的体悟才是切合实际的人生。要保持本性的清白，的确需要"时时勤拂拭"，才可不惹世俗的尘埃。

应选 15 年以上健壮母树，于 11 月果实呈黄红色时采种。采回的果实反复搓擦漂淘除去肉渣皮屑取出种子，稍加晾干即可播种。因种子无休眠习性，播种后 10d 左右发芽出土。一般先采用沙床撒播，每平方米播种约 4g，待幼苗生长木质化时移植圃地继续培育。可在春夏雨季选择具有饱满腋芽健壮枝条截取长度约 15cm 的插穗进行扦插繁殖，株行距 20cm×20cm，深度约为插穗长度 3/4，插后洒水保湿。也可采用插木法繁殖，于春夏雨季植于沙土内，待生根后进行分栽。春夏雨季均可栽植。

木材心边材区别不明显，材色较深，浅褐或粟褐色；无特殊气味和滋味；生长轮不明显，散孔材；纹理交错，结构中，重量轻，干缩小，强度低，握钉力小。木材干燥容易，不耐腐，易遭虫蛀。锯解时夹锯严重。板面起毛，不易刨光。油漆后不光亮，容易胶粘。适宜做砧板、包装箱板和纤维板原料。

菩提树

1.果枝
2.果

黄葛树 *Ficus lacor*

桑科 Moraceae（榕属）

常绿乔木，树高达 20m，胸径 3~5m；树皮黑褐色，树冠广卵形，庞大如伞盖，枝叶稠密，枝上气根，丛生如须，渐次肥大，下垂及地，入土生根。叶互生，革质，卵形或卵状长椭圆形，先端短渐尖，基部圆形或近心形，长 8~16cm，边缘为波状锯齿，表面深绿色，平滑无毛，有光泽。花生于隐头花序内，果实球形，腋生，带白色，熟时呈黄色。花期 5~6 月，果熟期 10 月。

分布于西南、华南及浙江、福建、台湾等省区。散生于低山丘陵疏林中、溪边与路旁，广东中部地区的石山山腰至山麓部分，坡度较缓，土壤较湿润肥沃的地方，与榕树、翻白叶树和倒吊笔、青冈、化香、黄连木组成石灰岩常绿落叶阔叶混交林相，每逢秋冬，季相变化明显；在海南尖峰岭国家森林公园海拔 848 m 的天池有 1 株黄葛古树，树高 34 m，胸径 1.5 m，浓荫盖地，约 1333m²，有大大小小 40 多条气根及支柱根，形成了尖峰一特景~独木成林；在云南大理、保山等地生长于海拔 1500~2000m 地带，在暖热低地、平坝之处常见，村头、宅旁多栽植。强阳性树种，喜光；根系庞大，穿透力强，耐干旱瘠薄，亦耐水湿，在岩石裸露与滨河地带均能适应；树龄长，云南水富县两碗乡大坝村有 1 株黄葛树，树高 29 m，胸径 2.83 m，树龄已 250 年，江川县路居乡下坝村有 1 株黄葛树，树高 27 m，胸径 4.09 m，树龄已 400 余年。《峨眉山志》载："黄楠树自宜昌溯江而上，直达川境，桥畔路侧，到处皆是。嘉树在罗目县，东南三十里，阳山江溉，皆有所植，围各二、三尺，上引横枝，亘二大，相援连理，阴庇百夫"。乃西蜀绿荫树中最普遍者。少病虫害；管理粗放；抗污染。对 Cl_2 抗性中等，1kg 干叶吸收 Cl_2 84.4mg。树体形宏大，树冠荫浓，适应性强，为优良的蔽荫树。光绪二十八年，编修贵州《仁怀志》的陈熙晋，见到为建造皇宫陵寝将深山老林古楠大杉采伐荡然无存，不禁万分感叹："香杉古楠今已尽，却教黄葛管山川"。宜作为庭荫树、四旁绿化、工矿区防护林、河湖沿岸护岸、固土、防浪防护林带树种，也是优良的风景树，在风景区、岩石公园配置 1~2 株，能尽显其雄伟、壮观气势，达到独木成林，鸟语常鸣，万古长青生态及艺术境界。

应选 20 年生以上健壮母树，于 10 月果实呈浅红色或紫红色时采种。采回的花序托堆沤到软熟后置于水中搓擦漂淘除去肉渣皮屑和空瘪粒等杂物，以在水中下沉的瘦果作为种子。种子无休眠习性，播种后 10d 左右开始发芽出土，约在 30d 左右长出初生叶。因种粒小，一般采用沙盘撒播，稍盖细土，待沙盘中的幼苗生长到木质化时移至苗圃继续培育。也可采用扦插或压条育苗。于春夏雨季，选择腋芽健壮枝条截成长 15cm 的插穗在苗床上按 20cm×20cm 株行距进行扦插繁殖。春秋季节，大苗栽植。

心边材区别不明显，无光泽；无特殊气味；生长轮不明显，散孔材；木材质柔，纹理交错，结构不匀，难以利用。木材干燥容易，不开裂。不耐腐，易虫蛀。锯解困难，加工面不光滑。重量轻，硬度甚软，强度甚低。适于做瓶塞。

黄葛树

1.花枝
2.雌花
3.雄花

桑树（家桑）*Morus alba*

桑科 Moraceae（桑属）

落叶乔木，树高达 10～20m，胸径 1 m；树皮黄褐色，韧皮纤维发达，不规则浅纵裂；树皮富乳浆；树冠扩展成圆形。单叶互生，卵形或宽卵形，纸质，长 6～15cm，宽 4～8 cm，萌条枝之叶更大，先端尖基部近心形，叶缘具粗钝锯齿，上面鲜绿色，下面沿叶脉疏生毛，掌状 3～5 出脉；单性花，雌雄同株，腋生假穗状花序，花绿色，具缘毛，子房圆柱形，柱头 2 裂。聚花果长 1～2.5cm。熟时紫黑色，种子小，黑色。花期 4～5 月，果熟期 5～7 月。

桑树原产我国中部及北部，分布在海拔 1200m 以下低山丘陵及平原地带，在西部可达 1500m 地带。现广泛栽培。阳性树种，喜光，幼龄时稍耐庇荫。喜温暖湿润气候，耐寒、耐干旱瘠薄，亦喜水湿，但畏涝；在微酸性、中性、石灰质和轻盐碱土中均能生长。以土层深厚湿润、肥沃、排水良好之地生长最佳。深根型，根系发达，抗风能力强，生长迅速，萌芽性强，耐修剪及复壮更新，对烟尘 SO_2、Cl_2、HF、NO_2、H_2S、硝酸雾、苯、苯酚、乙醚等抗性强，并对 SO_2、HF、Cl_2、汞蒸气、铝蒸气具有一定的吸收能力，$1m^2$ 叶面积吸 SO_2 达 315.98mg，吸 F 17.76mg；1kg 干叶可吸 Cl_2 1400mg。放氧和增湿降温能力中等，$1m^2$ 叶面积放氧 1348.85g/a，蒸腾总水量 241.82kg/a；对杆菌和球菌杀菌能力均极强。安徽利辛县孙营村孙国乾的家门前有一株古桑树，树高 15.7m，胸径 1.03m，树龄已有 400 余年。树冠宽广，枝繁叶茂，初夏满树暗红桑葚，秋叶黄灿，颇为美观。最适于工矿区、车行道两旁及污染地区绿化种植，是医院、住宅以及卫生防护林的优良卫生防护林带树种。宋·陆游诗："桑柘成会百草香，缫车声里午风凉"。桑树又是重要的经济树种。在房前屋后栽培桑树和梓树在古代便已形成传统。我国是世界蚕桑生产起源国，早在新石器时代，就有养蚕业的存在，传说中黄帝轩辕氏之妻嫘祖，治丝纺织。甲骨文就有桑丝帛等字《夏小正》中有："三月撮桑"、"三月妾始桑"等蚕桑生产的记载。《诗经》中也多处有桑蚕及桑田之描述，到春秋时，孔子曾说："麻冕，礼也，今纯（丝）俭，吾从众"。"从众"已是普遍衣着。南宋·谢灵运《种桑》诗："诗人陈条柯，亦有美攘剔。前修为谁故，后事资纺绩。常佩知方诫，愧微富教益。浮阳骛嘉月，艺桑迨间隙。疏栏发近郭，长行达广场。旷流始滤泉，涵途犹跬迹。俾比将大成，慰我海我役"。李时珍称："皮泻肺，利大小肠，降气散血，桑葚汁饭解酒毒，酿酒利水气消肿……"长期"农桑为立国之本"思想，中国人在古代综合深广开发桑蚕是世界一大创造，一大典范，汉唐盛世，亚欧大交流，莫不与此相关，值得总结，再创新。

果实期 5～6 月，果实呈紫黑色时应分批采收充分成熟的桑堪，采后及时置于桶内揉搓，经水冲洗，取净后晾干即可播种，如贮藏至翌年的种子含水量应在 5%～7% 时放入阴凉通风处密封贮存。夏播或秋播应随采随播。春播前种子用 45℃ 湿水浸种后播种。高床条播，行距 25cm，每公顷播种量约 7.5kg，覆土厚 0.5cm，盖草，保持床面湿润。当幼苗长出 2～4 片真叶时间苗、定苗。5～6 片时进入苗木速生期，应加强肥水管理。还可用嫁接、插条等方法进行繁殖。以 1 年生实生苗为砧木，从优良母树上选取粗约 1cm 无病虫害的 1 年生枝条为接穗，嫁接前 20d 左右，芽尚未萌动时采集，沙藏于室内阴凉处，于 3 月下旬至 5 月中旬用袋接法或芽接法进行嫁接。此外，在休眠期采集 1 年生木质或半木质化枝条，剪成 15cm 长的插穗，插条上下端削成斜面，于春季直插或斜插于土中，踏实，盖土、遮荫，保持土壤湿润。

木材心边材区别明显，边材黄白或黄褐色，心材橘黄至金黄色；光泽强，无特殊气味。木材纹理直，结构细，质中重、硬；干缩小，强度中。木材干燥慢，干后稳定性好，耐久性强，切削加工容易，切削面光洁，利于车旋；油漆、胶粘性能良好；握钉力强。木材可用于桩柱、坑木、工农具柄、农具、砧板、扁担、轿杠、文体器械等。

桑 树

1. 雄花
2. 雌花
3. 果枝

杜 仲 *Eucommia ulmoides*

杜仲科 Eucommiaceae（杜仲属）

落叶乔木，树高达 20m，胸径 1m；树冠圆球形，树干端直，枝条斜展，树冠广卵形，幼树时树皮不开裂，有明显皮孔，成龄树皮孔消失，开始开裂，褐色。单叶互生，卵状椭圆形，先端渐尖，基部圆形或宽楔形，长 6~15cm，下面脉上有毛，老叶有皱纹，叶缘有不整齐锯齿。花单性，雌雄异株；花生于当年生枝的基部；雄花花梗无毛，苞片 1 枚，匙形，早落，雄蕊 3（6~10），花丝短；雌花单生，苞片倒卵形，子房无毛，1 室，先端 2 裂，柄极短。小坚果扁平，长椭圆形，长 3~3.5cm，周围有翅，熟时黄褐色；种子扁平，两端圆。花期 3~4 月，果熟期 10 月。

杜仲为我国亚热带特有单型科树种，仅 1 科 1 属 1 种，是第四纪冰川之后幸存的孑遗植物之一，为重要的木本中药材，可提炼硬橡胶的经济树种，已列国家二级重点保护植物。在 2000 多年前古代称为思仙而载入《神农本草经》中，列入上品，《名医别录》又称它恩仲。我国著名药学家李时珍在所著《本草纲目》中，又考证了杜仲之名的由来。自然分布于秦岭、黄河以南、岭南以北、云南高原以东地区，其地理位置在北纬 22°~42°，东经 100°~120°，陕西、湖北、四川、云南、贵州等省为其分布中心。垂直分布于海拔 300~1300m 山地，中心产区多在 500~1100m，在云南最高海拔可达 2500m。各地广泛栽培以药用，北至东北吉林、北京、南至广东、东至福建、江苏。早在 1896 年，我国杜仲就已传入欧洲，目前法国巴黎、英国伦敦、日本东京等都有我国的杜仲生长。喜光，不耐庇荫；喜温暖湿润气候及深厚湿润，肥沃而排水良好之土壤，亦能耐 -20℃ 的低温。对土壤适应强，在酸性土、中性土、微碱性及钙质土上均能生长，在土壤含盐量 0.15% 以下的盐碱土也能成林。在深厚湿润，肥沃排水良好，pH 值 5.0~7.5 的山脚、山中下部、山冲之处生长最好，在岩石裸露的石灰岩山地也能较好地生长；在干燥瘠薄或过于潮湿土壤均生长不良。主根较浅，侧根发达；萌芽力、萌蘖力均强，可萌蘖更新；生长快；抗病虫害能力强；寿命长达 200 年以上。杜仲树皮入药可补肝肾，治腰痛，治疗各期高压症，颇有疗效。杜仲树皮、果实、叶均含有杜仲胶，树皮含有 22.5%，干叶含 4%~6%，鲜叶含 2.25%，干果含 12.1%。杜仲胶是制做各种硬性橡胶制品及海底电缆必须的绝缘材料。杜仲树干端直挺拔，树皮光结华净，枝繁叶茂，树姿自然优美，适应城市环境，是优良的绿化观赏树种。

应选 20~30 年生健壮母树，于 10~11 月果实呈紫褐色时适时采种。采后应筛选去杂、阴干，用湿沙层积贮藏。冬播期 12 月，随采随播。春播期 2~3 月，种子需低温层积 30~35d 进行催芽，或用 45℃ 温水浸种 3~4d。床式条播，条距 20cm，条幅 20cm。沟深 2cm，将种子均匀地播入沟内，覆细土 1.5cm，盖草浇水，每公顷播种量约 75kg。出苗后分批揭草并搭棚遮荫，幼苗长出 3~5 片真叶时需进行间苗、定苗。也可容器育苗。扦插于初夏用嫩枝插，压条在春季树液开始流动时进行，埋根将根条截成 20cm 于春季埋入土中。春秋季节，大苗带土栽植。

木材心边材区别不明显，黄褐色微红；光泽弱。生长轮略明显，轮间呈浅色细线，半环孔材。木材纹理直，结构甚细，均匀；质重；干缩小；顺纹抗压强度中等。木材干燥容易，少翘裂；耐腐性中等；抗虫蛀；切削加工容易；切削面光洁；油漆、胶粘性能良好；握钉力中，钉钉易，不劈裂。木材可用作家具、工艺美术制品、雕刻、日用器皿、农具及造纸。

杜 仲

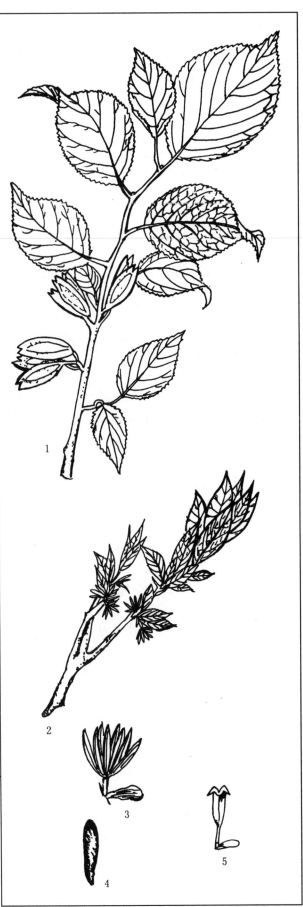

1.果枝
2.雄花枝
3.雄花
4.种子
5.雌花

山拐枣 *Poliothyrsis sinensis*

大风子科 Flacourtiaceae（山拐枣属）

落叶乔木，树高达 15m；树皮灰色，小枝有柔毛，冬芽具 2～4 枚芽鳞，被灰黄色短柔毛。单叶互生，卵形或卵状长圆形，长 6～17cm，先端渐尖，基部心形或近圆形，边缘具疏钝锯齿，上面无毛，下面有短柔毛，基部掌状脉 3～5；叶柄长 2～7cm，有短柔毛，无腺体。花单性，雌雄同株，圆锥花序顶生，直立，疏松，长 10～20cm，密生灰白色短柔毛，小花梗密被绒毛；萼片卵形，密生灰黄色绒毛，无花瓣，雄花雄蕊 20～25 枚；雌花子房卵形，有毛，胚珠多数。蒴果，椭圆形，长约 2cm，成熟时 3 瓣裂，外被绒毛；种子多数，周围有翅。花期 6～7 月，果熟期 9～10 月。

山拐枣是我国特有树种。分布于我国西南部至东部贵州、四川、云南、河南、湖南、陕西、湖北、广东、安徽、江苏、浙江等地石灰质的山地，多散生分布于秦岭、大别山及以南各省区，散在于海拔 400～1500m 山地疏林中，与水青冈、甜槠、毛枳椇、光皮桦等混生。阳性树种，喜光，不宜在林冠下生长，喜温暖湿润气候；要求年平均温度 14～20℃，最热月平均温不超过 28℃，最冷月平均温不低于 0℃ 的环境生长。年降水量不低于 800mm，而高于 2000mm 的地区生长最好。根系发达，抗风力较强。能在较干旱瘠薄的山地生长，但在湿润、肥沃、深厚、排水良好的中性至微酸性或酸性土壤上生长迅速。不耐水湿，地下水位过高或低洼积水的地方，则会引起根系腐烂。叶量多，可在林地形成较厚的枯树落叶层，具有良好的水保功能；根系发达，亦有固土效用。适生于土层深厚湿润，肥沃之土壤，pH5～8.0。林地天然更新不良，应保护母树。为我国特产、珍贵稀有树种，宜植为庭荫树、行道树及山地风景区栽植组成风景林，也可作水土保持林树种，它也是石灰岩荒山荒地绿化先锋树种。花具蜜腺，为蜜源树种。

应选 20 年生以上的健壮母树，于 9～11 月果实呈灰棕色顶端微裂时采种，整穗采下晾晒，蒴果充分开裂后敲打脱出种子。取净后干藏，置于通风之处或用清洁河沙进行层积贮藏。干藏的种子在自然变温条件下于 4 月中旬至 6 月陆续发芽，即可播种。春季床式条播，条距 25～30cm，覆土厚 1 cm，盖草保湿。出苗后分次揭草，适当遮荫，中耕除草、施肥和灌溉。幼苗木质化时，可移植容器内继续培育或移植圃地培育大苗。大穴整地，适量基肥，春秋季节，大苗带土栽植。

心边材区别不明显，木材浅黄褐色或黄白色，易蓝变色，光泽弱。无特殊气味和滋味。生长轮略明显，宽窄略均匀。木材纹理直，结构略细；质轻软，强度低。干燥容易；耐腐性弱；加工容易，切削面光滑；油漆后光亮性稍差；胶粘容易；握钉力差，不劈裂。可作家具、火柴杆及盒等用途。花具蜜腺，可作蜜源树种。

山拐枣

1. 果枝
2. 雌花
3. 子房
4. 雄花
5. 蒴果
6. 种子

山桐子 *Idesia polycarpa*

大风子科 Flacourtiaceae（山桐子属）

　　落叶乔木，树高达 20m，树皮灰褐色，平滑，不开裂，有显著的褐色皮孔；幼枝绿色，老枝灰色。单叶互生，厚纸质，卵圆形或卵状心形，长 8～20cm，先端锐尖或短渐尖，基部常为心形，边缘有钝锯齿，表面深绿色，无毛，背面粉白，掌状基出脉 5～7，脉上有毛，脉腋密生柔毛；叶柄与叶等长，紫红色，无毛，柄端有 2 突起腺体。花为下垂圆锥花序，长 12～20cm，花黄绿色，芳香，有细梗；花雌雄异株；无花瓣，萼片通常 5，雄花具多数雄蕊；雌花子房球形，1 室，有胚珠多数生于侧膜胎座上，花柱 5。浆果球形，熟时红色；种子无翅，多数。花期 5～6 月，果熟期 9～11 月。

　　分布于东亚，我国产秦岭、伏牛山与大别山以南至西南、华南，东至台湾，散生于海拔 500～3500m 向阳山坡疏林地、林缘或谷地、溪边；与青冈、杜英、拟赤杨、楠木、椴树等混生。喜光，不耐荫；喜深厚湿润，对温度适应范围为 -10～38℃，也能耐 -14℃ 低温，土壤酸碱度以 pH6.5～7.5 最为适宜。生长中速，4 年生幼树即能开花结果，江西怀玉山有 78 年生大树，高 20.5m，胸径 25.7cm。能抗土壤中重金属污染。要求有充沛的降水和较高的相对湿度，不耐水涝。喜肥沃疏松之酸性土或中性土，寿命长达 100 年以上；杀菌能力较强。由于树干端直，皮灰白色，树冠开展，风转动绿叶翻白浪，初夏满树黄花扑鼻香，累累秋果红艳，为优美的观赏树种。楚国宋玉在《高唐赋》中有"双椅垂房，纠枝还会"诗句，说明楚宫殿前列植有山桐子、树冠相接。山桐子古时称为椅；《诗经·庸风·定之方中》："树之榛栗，椅桐梓漆，爰伐琴瑟。"唐·李白《赠饶阳张司户燧》"宁知鸾凤意，远托椅桐前。"南朝齐·谢朓《芳树》："椅桃芳若斯，葳蕤生纷可结。"宜植为行道树、庭荫树及工矿区美化栽植，是良好的防火树种。茎皮纤维可作绳索和麻袋，果肉和种子含油，可代桐油，也可制作肥皂和润滑油。

　　应选 15 年生以上的健壮母树，于 9～10 月果实为深红色时采种。采回的浆果堆放 1～2d，放入水中搓揉，去除果皮和杂质，得到纯净种子，再用草木灰水中浸 1～2h，擦去种皮外的蜡质，晾干，袋装干藏或混沙贮藏。播前用温水浸种 24h，拌细土或草木灰播种，春季床式条播，条距约 30 cm，播种沟深 3 cm，覆土 1.5 cm，盖草，每公顷播种量约 20 kg。可留床或换床移植继续培育。大穴整地，春秋季节，大苗带土栽植。

　　木材心边材区别不明显，黄褐或黄白色；光泽弱。生长轮略明显至明显，宽度略均匀；轮间呈深色线；散孔材。木材纹理直，结构甚细，均匀；质轻，软；干缩小；强度低。木材干燥容易，不耐腐，不抗蚁蛀；外部木材易蓝变色；切削加工容易，切削面光洁；油漆性能较差；胶粘性能良好；钉钉易，握钉力弱，不劈裂。木材宜作箱盒、桶盆、火柴杆、家具以及造纸等。种子油，可作润滑油。

山桐子

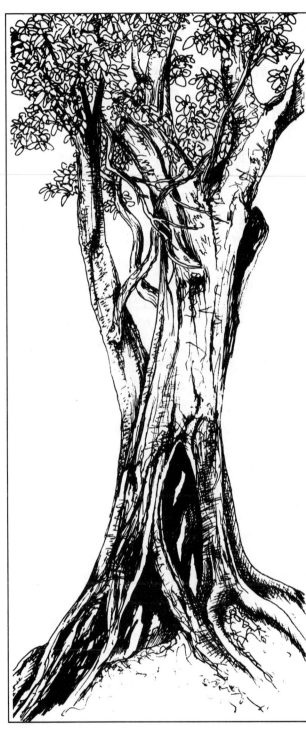

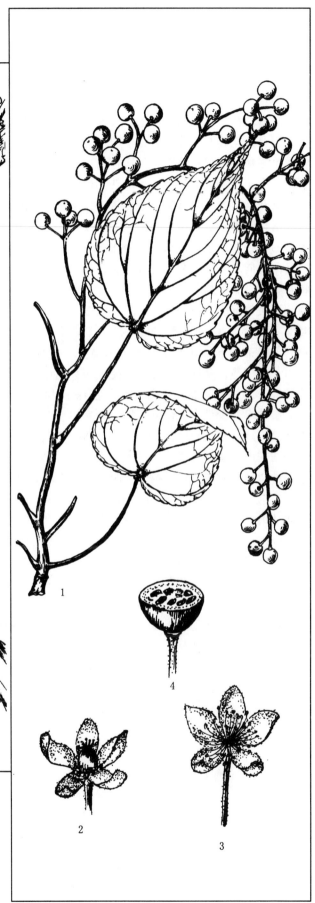

1. 果枝
2. 雌花
3. 雄花
4. 子房横切面

天料木 *Homalium cochinchinense*

天料木科 Samydaceae（天料木属）

常绿大乔木，树高达 40m，胸径 80～100cm，树灰褐色，平滑不剥裂；小枝褐色，单叶，互生，革质，椭圆状矩圆形，长 6～9cm，宽 2.5～4cm，边缘全缘或波状，侧脉 8～10 对，叶柄长 1cm 左右。花为总状花序腋生，长 5～15cm，粉红色；萼管陀螺形，与子房基部合生，裂片 4～12，宿存，花瓣与萼片同数；子房 1 室，半下位，花柱 1～7；胎座与花柱同数，每个胎座有胚珠数至多颗。蒴果纺锤形，为宿存的萼片和和花瓣所包围，顶部 2～6 瓣裂，种子有棱，种皮硬而脆，有丰富胚乳。种子 1 年 2 熟，即 7 月和翌年 1 月，以 7 月间结实较丰，质量好。

红花天料木又名母生，为热带山地雨林及沟谷雨林林种，分布于海南中部和南部海拔 100～1100m 以下低山、丘陵地带的山涧、溪边、河旁成 3～5 株小群生长或星散分布，或是有大块岩裸露的沟谷和山坡中下部及其外围丘陵，是海南岛热带山地雨林特有树种，人工栽培林遍布海南岛，并向北扩展至两广、福建、云南南部等地，是我国热带雨林代表树种之一。常生于常绿阔叶林中，为上层林木，枝下高可达 20m 以上。阳性树种，幼龄时能耐侧方庇荫，大树趋光性强。喜暖热湿润气候，年平均气温 22～24℃，年水量 1500～2400mm 以上，相对湿度 75%～85%。最冷月（1 月）平均气温在 15℃ 以上，极端最低气温 0℃，海拔 750m 以上地带有短期轻霜的气候条件下可以生长。在深厚湿润之酸性、中性之山地砖红壤、黄色砖红壤上均能生长，不耐干旱瘠薄；萌芽性极强，能持续萌芽更生 4 代以上，故名"母生"。生长较快，天然林中初期较慢，10 年后加快，年高生量可达 1m，胸径 1.0cm，根系发达，抗风性强；作为橡胶园防护林上层林木，少见有被台风吹折，少病虫害，对重金属镍富集能力强，被称为镍的"超富集植物"，部分体内含镍量高达 1157～14500μg/g 之多。树龄长达数 100 年以上。树形高大耸直，干皮光洁灰白，颇为美观，树冠高挺如伞状，四季青翠，满树轻红，是热带、南亚热带优良的绿化观赏树种，宜植为行道树、庭荫树，或在风景区河流两岸、溪边、池畔片植组成风景林。

应选 15 年生以上的健壮母树采种，种子 1 年 2 熟，即 7～8 月和 12 月至翌年 1 月，以 7～8 月间结果多，种子品质好。果穗由青绿色变为暗褐色时采收。果实采回后稍晒或阴干，取净后干藏或密封贮藏。播前用水浸泡 24h，捞出晾干后混火烧土或草木灰播种，春播或秋播，床式撒播或条播，每公顷播种量约 60kg，播后覆土，以不见种子为宜，并盖草保湿，幼苗出土后，分次揭草，搭棚遮荫。苗高 5～7cm 时移植，株行距 15cm×20cm，保持床面湿润，加强肥水管理，及时中耕除草。也可扦插育苗。穴状整地，适量基肥，春秋季及雨季，大苗宿土栽植。

木材心边材区别略明显，边材灰黄褐色，心材纯褐至暗红褐色；有光泽。生长轮不明显。轮间呈深色带；散孔材。木材纹理斜或交错，结构细，均匀；质重；硬；干缩中至大；强度中至高。木材干燥难，有劈裂、表裂现象，耐腐性强；抗蚁性强；锯解困难，切削面光洁；油漆、胶粘性能良好，握钉力强，不劈裂。木材为南方最好的渔轮材之一，常用于桥梁、码头建筑、杆柱、车梁、车轴、房屋建筑以及家具等方面。

天料木

1.花序枝
2.花纵剖面
3.花

银 桦 *Grevillea robusta*

山龙眼科 Proteaceae（银桦属）

常绿乔木，树高达 30m 以上，胸径 1m，树干端直，树冠圆锥形，小枝带赤褐色绒毛。叶互生，奇数二回羽状复叶，深裂，长 20~27cm，裂片 5~12 对互生，狭长渐尖，长约 10cm，表面深绿色，平滑，背面有银灰色绢毛；叶似羊齿植物，易识别。花为总状花序，黄色，花两性，具柄，通常成对着生于花序轴上，萼管细长，裂片 4，线形，花药生于萼片凹陷处，无花丝；子房具柄或近无柄，花柱伸长，柱头常偏于一侧，盘状，胚珠 2，横生于子房室的侧面。蓇葖果木质，自中轴开裂，种子 2，有时 1 粒，扁平，圆形，常有翅。花期 4~5 月。其变种：红花银桦（var. *forsteri*）花为红色。

分布于大洋洲至亚洲东南部，多生于干旱草原疏林地区、与蓝桉、灰桉等混生。现在全世界热带、亚热带地区广泛种植，供作遮荫树、行道树、防护林树种以及庭园观赏。在非洲印度斯里兰卡等地多用作为茶园、咖啡园的上层蔽荫树种。我国引入银桦 1 种，在西南、华南、江西、浙江、福建与台湾等省区栽培于海拔 500~2000m 地带，而以 100~1900m 地带生长最好。在四川盆地海拔 500m 以下县市多有零星栽培，在西星一带可至海拔 1500~2000m，昆明、厦门作为重要行道树。喜光，苗期耐荫；喜温暖及较凉爽气候，不耐重霜和 $-4℃$ 以下低温，过于炎热也不适宜，较耐旱；广泛栽植到热带混农林制的地区，被认为是最好的遮荫树。成都等地只开花不结实，而在云南楚雄地方则结实很多。在深厚湿润、肥沃疏松而排水良好之微酸性（pH5.5~6.5）沙壤土上生长最好，在黏重、排水不良的胶泥土、石质土、积水洼地生良不良，以至死亡。深根型，主根发达；生长迅速，昆明 20 年生树高 20m 以上，胸径 35cm；对 SO_2、Cl_2、HF 抗性强至中等，1 kg 干叶可吸收硫 5~9g，吸收 Cl_2 13.7g，可吸收 F 0.5g 以上。萌芽力强，耐修剪，少病虫害。干形通直、圆满，树冠高大整齐，叶形似羊齿类植物，叶面深绿，叶背银白色，风吹叶片，似白浪滚滚，颇具碧海蓝天之气势，初夏橙黄色花序缀满枝头，亮丽夺目，是优良的园林绿化树种，亦为蜜源树种。

果于 7~9 月成熟，果实呈褐色而果壳尚未裂开时采收。采回果实经晾晒取净后干藏。由于种子生活力不易保存，宜随采随播。播前用温水浸种至自然冷却，经 1 昼夜后播种，春季床式条播，条距 25~30cm，播后覆土，盖草。每公顷播种量约 80kg，出苗后及时揭草、浇水、遮荫，当幼苗长出 3~4 片真叶时间苗。应换床移栽，株行距为 80cm×100cm 培育两年。如培育大苗，需进行第 2 次移植，株行距 2m×2m，再培育两年。7~8 月雨季，大苗带土栽植。并适当疏枝、摘叶。

木材心边材区别欠明显，从外向内材色逐渐加深，边材黄褐色，心材红褐色；有光泽。生长轮不明显，散孔材。木材纹理直，结构粗，均匀；质中轻；干缩小；强度甚低至低；冲击韧性中。木材干燥宜慢；心材略耐腐，边材易遭虫蛀及蓝变色；切削加工容易，切削面光洁度欠佳，径切面上具银光纹理，十分美观；油漆、胶粘性能良好；易钉钉，不劈裂。木材宜作家具、室内装饰、人造板及其表面装饰、房屋建筑、箱盒、车辆以及造纸。本种为极好的观赏树种。

银 桦

1. 果枝
2. 花
3. 雄蕊
4. 花被裂片顶部及雄蕊

糠椴 *Tilia mandshurica*

椴树科 Tiliaceae（椴树属）

落叶乔木，树高达 20m，胸径 50cm；树冠广卵形或扁圆形，树皮暗灰色，老时浅纵裂；1年生枝黄绿色，密生灰白色星状毛；2 年生枝紫褐色，无毛。叶为卵圆形，长 7～15cm，先端渐尖，基部心形或斜截形，边缘疏生锯齿有长尖头，表面有光泽，近无毛，背面有灰白色星状毛，脉腋无簇毛；叶柄长 4～8cm，有毛。花为聚伞花序，花 7～12 朵，黄色，下垂，苞片倒披针形。核果近球形或椭圆形，密被黄褐色星状毛，有不明显 5 纵脊。花期 6～7 月，果熟期 9～10 月。

分布于东北、内蒙古、华北至河南、山东、江苏等省区，在小兴安岭、长白山区生长于海拔 200～500m 地带，常与色木、紫椴、水曲柳、黄檗、辽东栎等组成混交林，是温带针阔叶林区分布面积和经济价值最大的森林群落景观；在华北太行山和燕山册系生长于海拔 1000m 以下地带，与色木辽东栎等组成混交林景观；喜光，也耐荫，喜温凉湿润气候，适生于年降水量 600～700mm 的山地，抗严寒，能耐 -40℃ 的低温；在低海拔干旱地区的阴坡、半阴坡，高海拔地区的阳坡、半阳坡的土壤，耐严寒，深厚湿润、肥沃土壤以及酸性、中性土或钙质土上均能生长良好，但在干瘠、盐渍化或沼泽化的土壤上生长不良，喜生于潮湿山地或干湿适中的平原地带。深根型，根系发达，抗风力强。1m^2 叶面积吸收 Cl$_2$ 44.40 mg。生长速度中等，萌蘖力强，寿命长达 200 年以上。抗重金属污染能力和杀菌能力强。树形自然优美，树冠整齐，叶大荫浓，夏日满树黄花，亮丽悦目，芳香馥郁，是北方优良的园林树种。枝叶茂密，叶大量多，具有良好的截留降雨功能，同时可形成较厚的枯枝落叶层，具有防止雨水冲刷、改良土壤、涵养水源作用。因此，是山地一个很好的水源涵养树种。

应选 15～30 年生健壮母树，于 8～9 月果实呈黄褐色时采收。采回的果实经日晒或阴干，去除杂质，即得种子。播种前 2 个月左右种子进行湿沙层积或高温处理法催芽。苗床要进行土壤消毒。春播或秋播。床式条播或垄播，每公顷播种量约 100kg，播后覆土厚 2cm，盖草，浇水，保持苗床湿润。幼苗出土 20d 后，开始间苗，松土除草，适量追肥，第 1 次追氮肥，第 2 次以磷钾为主，1 年生苗高 15～25cm。可留床或换床移植培育大苗。穴状整地，春秋季栽植。也可与其他树种混交。

木材心边材区别不明显，黄白色略带淡褐色；有光泽。生长轮略明显，散孔材。木材纹理直，结构略细，均匀；干缩小；强度中；冲击韧性中。木材干燥容易，不易开裂，但易翘曲；不耐腐；切削加工容易，切削面光洁；油漆、胶粘性能优良，握钉力不大，但不易劈裂。木材宜作胶合板、食品包装箱盒、雕刻、木模、家具、文具、运动器材、纺织器材以及日常用品等。

糠 椴

1. 果枝
2. 苞片
3. 果序

椴 树 *Tilia tuan*

椴树科 Tiliaceae（椴树属）

落叶乔木，树高 15~20m，胸径 50cm，树干直，树皮暗灰色，光滑，枝条平展，树冠近圆形或卵形，小枝幼时有毛，老则无毛。单叶互生，广卵形或卵形，先端渐尖，基部斜楔形或心形。长 10~12cm，边缘疏生锯齿，通常在中部以下全缘，表面光滑，背面有白色绒毛；具有长叶柄，托叶为舌状，早落。花为聚伞花序，顶生或腋生，苞片形大呈叶状，花序着生苞片中部。果实球形，有棱脊。花期 6~7 月，果熟期 10 月。

椴树分布于长江流域及其以南各省区，散生于海拔 1300~2100m 山区阔叶林中。鄂西南利川市星斗山一带海拔 1200~1500m 的山谷中。林内相对湿度 80% 以上，土壤为黄棕壤。由于小地形条件较好，椴树散生于多脉青冈、珙桐、山楠、钟萼木、红枝柴、野漆树、扇叶槭、油柿等树种组成春夏两季郁郁葱葱，树冠相互重叠，高低不一的群落外貌。阳性树种，耐侧方庇荫；喜温凉湿润气候。喜生于肥沃、湿润、疏松之土壤，以山腹、谷间发育最盛。深根型，根系发达，抗风能力强；萌蘖性强；滞尘抗污染能力较强；少病虫害。由于树干端直，枝繁叶茂，夏日黄花满树，亮丽悦目，花香宜人，花序形态奇特，为优良的风景树，宜植为庭荫树、行道树、四旁及工矿区美化树种以及防护林树种与水源涵养树种，亦是优良的蜜源树种。椴树茎皮纤维可制麻袋、绳索、人造棉；花可提取芳香油；根入药，主治跌打损伤、风湿等。

应选 15 年生以上的健壮母树，于 10 月果实呈褐色时采种。采回后经日晒或阴干，取净后密封瓶中置于低温室中贮藏。播前种子需变温层积催芽，先用低温（0~5℃）层积后，再用高温（10~20℃）层积或先高温层积再低温层积 5 个月，这样度过后熟期后才能播种。春季高床条播，每公顷播种量约 220kg，覆土厚 2cm，幼苗生长期及时松土除草，加强水肥管理。留床或换床培育大苗。春季栽植，挖大穴，施基肥，浇足水，为提高苗木成活率，大苗移栽时应剪去部分枝叶。

木材心边材区别不明显，材色较深，浅红褐至红褐色，有光泽。生长轮略明显，宽度均匀，轮间呈浅色细线，散孔材。木材纹理直，结构甚细，均匀；质中重；中硬；干缩小；强度低。木材干燥容易，速度快，无缺陷产生；耐腐，抗蚁性弱；切削加工容易，切削面光洁；油漆性能一般；胶粘性能良好；握钉力弱，但不劈裂。木材宜作胶合板、家具、文具、运动器材、乐器、室内装饰、车辆、箱盒、造纸以及日常用具。

椴 树

1. 果枝
2. 苞片及果序

南京椴 *Tilia miqueliana*

椴树科 Tiliaceae（椴树属）

　　落叶乔木，树高 15～20m，树皮灰黑褐色，纵裂；小枝密被星状毛。叶卵圆形或三角状卵形，长 6～12cm，先端短渐尖，基部斜心形或截形，边缘具短尖锯齿，表面深绿色，近无毛，背面密被灰色星状毛；叶柄长 2.5～5cm，有星状毛。聚伞花序长 7～10cm，有花 10～20 朵，花序轴有星状毛，苞片长椭圆形，长 5～10cm，下面密被星状毛；萼片 5，有毛，花瓣无毛。核果近球形，密被星状毛，基部有 5 棱。花期 5～6 月，果熟期 9 月。

　　分布于江苏、浙江、江西、安徽至河南西部，混生于海拔 1100m 以下山坡及山沟阴湿处杂木林中。安徽大别山 1000～1200m 沟谷溪边，相对湿度达 80%，土壤为山地棕壤，母岩为变质的岩系，花岗岩侵入体。何在着南京椴与小中青冈、短柄枹、君迁子、灯台树、白蜡树、长叶木姜子、川陕鹅耳枥、红果钓樟、四照花、茅栗、鸡爪槭、五角枫、大叶朴、黄山木兰、香榧、米心水青冈等树种组成的乔木型混交群落，平均树高 14～17m。林层复杂，具有良好的水源涵养功效。阳性树种，喜光，稍耐荫。喜温暖湿润气候，喜生于潮湿的山地或水分适中的丘陵及平原，在排水良好的酸性土、钙质土上均能生长良好，在瘠薄干旱的土壤上生长不良；生长较快，高生长 1 年可达 50cm 以上，萌芽林更快，年高生长 1m 以上。深根性，根系发达，抗风能力强；萌芽力强，可萌芽更新。叶大量多，可形成较厚的枯枝落叶层，能吸收大量降水，并且有固土能力，对改良土壤物理性状，增加降水的渗透速度具有良好的功效。是山地丘陵的良好的水源涵养林树种。寿命长，少病虫害，杀菌能力强，抗重金属污染和滞尘能力强。树干端直，冠大荫浓，叶大形美，夏季黄花满树，芳香馥郁，亮丽悦目，花序形态奇特，颇为美观，为优良的园林树种、宜为庭荫树、行道树、景园树及四旁，工矿区美化，防护林带之用树种，花为优良的蜜源。

　　应选 20 年生以上健壮母树，于 9～10 月果实呈棕灰色熟时采种。种子有长休眠习性，只有度过后熟期破除休眠才能播种。一般采取湿沙处理 1 年或更长时间至种子破除休眠并发芽 20% 以上时方能播种。春季床式条播，条距 25～30 cm，覆土约 2～3 cm，并盖草保湿。芽苗出土后要适度遮荫，防止日灼。幼苗生长期要中耕除草，适量追肥和灌水。苗干弯曲、萌蘖应及时除去。为了培育健壮苗木，宜在圃地留床或换床移植继续培育大苗。也可采用容器育苗。穴状整地，适量基肥，除去萌蘖，春秋季节，大苗带土栽植。

　　心边材区别不明显，木材浅黄褐色微红或浅红褐色；有光泽。生长轮略明显，宽度略均匀；散孔材。木材纹理直，结构甚细，均匀；质中重；软；干缩小；强度中至大；冲击韧性中。木材干燥容易，不翘曲，少开裂；耐磨性弱，切削加工容易，切削面光洁；油漆胶粘性良好；握钉力弱，不劈裂。木材可作胶合板、家具、乐器、体育用具、绘图板、室内装饰、房屋建筑、箱盒以及造纸等。

南京椴

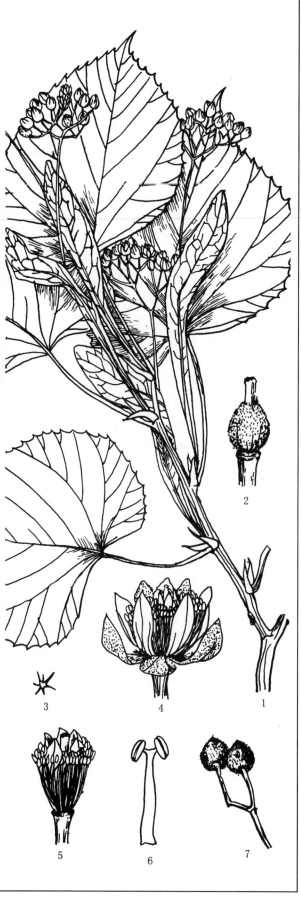

1.花枝
2.雌蕊
3.星状毛
4.花
6.雄蕊
5.去花萼及花瓣后,示雄蕊和退化雄蕊
7.果序一部分

紫椴 *Tilia amurensis*

椴树科 Tiliaceae（椴树属）

落叶乔木，树高达 30m，胸径达 1m，树冠卵形；幼时树皮黄褐色，老时暗灰色或灰色，浅纵裂，呈片状剥落；内皮富纤维；小枝呈"之"形曲折。单叶互生，宽卵形或卵圆形。先端尾尖，基部心形，边缘锯齿近三角形，叶下面脉腋有簇生毛；叶柄与叶片近等长。花两性，复聚伞花序，具有 3~20 朵花，黄白色，苞片带状，花序柄从苞片中部（1/2 处）抽出。果实椭圆状卵形或近球形，褐黄色，长 5~8mm，果皮薄，密被灰褐色星状毛层，无纵脊。花期 6~7 月，果熟期 8~9 月。

分布于黑龙江、吉林、辽宁、河北、山东、山西等省，其中以长白山和小兴岭林区为最多，是东北地区优良的用材林树种之一。在长白山区生于海拔 500~1200m，以 600~900m 分布最多，1200m 以上亦有零星分布，常生于山谷坡地针阔叶混交林中或红松林内，为优势林木或次优势林木；在河北雾灵山区冀北山地，海拔可至 1800m 地带。在东北东部常与红松、鱼鳞松混生，或与水曲柳、黄檗混生。喜光，稍耐荫；喜冷凉湿润气候，耐寒性强，不耐干旱，亦不耐盐碱与水湿；在干旱、沼泽、盐碱地和白浆土上生长不良；喜肥沃湿润与排水良好的砂壤土，在微酸性及钙质土上均能生长，最适于生长在半荫半阳坡的中部，抗烟尘与有毒气体能力强，对 Cl_2、HF 具有一定的吸收能力，$1m^2$ 叶面积吸收 $Cl_2$197.21mg，HF 9.62mg。能固定土壤中重金属污染。深根型，根系发达；萌蘖力强，耐修剪；虫害少。树形高大，枝繁叶茂，冠大荫浓，夏日开花时满树金黄，亮丽悦目，香气袭人，是优良的园林树种，宜植为绿荫树，庭园树、行道树以及四旁、工矿区绿化美化及防护林带之树种，亦是优良的蜜源树种。树皮富含优质纤维，可作造纸、人造棉的原料。种子可榨油，供制肥皂及硬化油。

紫椴于 9 月下旬坚果呈灰褐色时采种。采回的果实经日晒或阴干，去除杂质，取净后，使种子含水量为 10%~12% 时，密封瓶中，置于低温条件下贮藏。播前 4~5 个月进行低温层积催芽，先用 0.5% 硫酸铜或高锰酸钾浸种 2~3h，消毒后用清水洗净，再用清水浸种 2~3 昼夜后与清洁河沙混合，置于 0~5℃ 的环境中，湿度应在饱和含水量的 60%，当种子有 30% 裂嘴时播种，春季床式或垄式条播，播后覆土约 1.5cm，每公顷播种量约 180kg，并盖稻草。幼苗出土后分次揭草，适时间苗，每米垄长留苗约 35~40 株。也可用压条或根蘖育苗。多用 2~3 年生苗木于春秋季栽植。也可与其他树种混交，还可进行萌芽更新。

木材心边材区别不明显，黄褐或黄红褐色，有光泽。生长轮略明显，轮间呈现浅色细线；散孔材。木材纹理直，结构甚细，均匀；质轻；甚软；干缩中；强度低；冲击韧性中。木材干燥容易，速度快，少有缺陷产生，干后性质稳定；不耐腐，抗蚁性弱；切割加工容易，切削面光洁；油漆、胶粘性能良好；握钉力弱，不劈裂；耐磨性差。木材适宜制胶合板、家具、室内装饰、文具和运动器材、生活用具以及造纸原料。树皮富含优质纤维，可作人造棉的原料，种子可榨油，供制肥皂及硬化油。花芳香，为蜜源树。

紫 椴

1. 花枝
2. 果枝
3. 叶背面脉腋的簇生毛
4. 花

蚬木 *Burretiodendron hsienmu*

椴树科 Tiliaceae（柄翅果属）

落叶大乔木，树高达 40m，胸径 3m 以上；树皮灰色，平滑，老时灰褐色，片状剥落。叶纸质，幼时有黏质，叶卵圆形或椭圆状卵形，先端尾尖，基部圆形或近心形，上面脉腋有腺体，下面脉腋有簇生毛，边缘全缘或波状，离基三出脉。花单性，雌雄异株，聚伞花序，雄花有苞片 2~3 枚，萼片 5，基部略连合，被星状毛；花瓣 5，具短柄；雄蕊约 30 枚，花丝基部连生成 5 束，花药 2 室，纵裂；雌花子房具柄，5 室，每室有胚珠 2，着生中轴胎座上。蒴果卵圆形，具 5 纵翅，成熟时室间开裂，分离为 7 果瓣，每果瓣有种子 1 粒。花期 2~3 月，果熟期 6~7 月。

主要产于云南南部、东南部，广西西南部右江谷地以南，向北延伸至广西弧形山地西翼外缘低峰石林山区北缘，跨北亚热带季雨林、雨林地带和南亚热带季风常绿阔叶林地带。桂西南石山山原外围西南部的低峰石林山区是蚬木的现代分布中心，成为当地的原生性森林景观的优势种群。生长于海拔 900m 以下开阔的南坡、盆地、宽谷中的石峰残丘地带，与常绿、落叶阔叶树种组成混交林。一般只要有母树下种，经封山，也易迅速恢复蚬木林。蚬木以珍贵硬木著称于世。喜光树种，稍耐荫，能适应不同林层光照条件的变化。适生于年均气温 19.1~22.1℃，极端最低温在 0℃ 以上，1℃ 时幼苗出现寒害，叶凋枯，−3℃ 时大部分植株受冻梢枯，部分植株死亡；年降水量 1100~1630mm。喜钙多生长在淋溶石灰质之土层浅薄的重壤或轻黏壤上，其土壤呈微酸性至中性，有机质含量丰富，N、P、K 含量较高，钙含量特别多，达 3000~5400mg/kg。耐水湿、耐干旱、忌水涝，在洼地之处不能生长；深根型，根系发达，而盘旋于裸岩石隙间，抗风能力强；幼年生长缓慢，5 年后速度加快；少病虫害，树龄较长。云南马关县木厂乡堡寨海拔 880m 生长有 10 余株蚬木，树高 45m，胸径 2.64m，树龄已 900 年。广西龙州弄岗自然保护区陇呼片有株"蚬木王"，人们称为"千年巨蚬"，树高达 48.5m 板根以上的直径达 2.99m。滞尘、抗污染能力较强。树形高大挺拔，雄伟秀丽。四季青翠，浓荫匝地，是华南石灰岩喀斯特地貌地区城乡优良的绿化观赏树种，宜植为行道树、庭荫树，在石灰岩地区片植组成风景林。蚬木年落叶量大，易腐烂，对涵养水源，提高土壤肥力作用大，为石灰岩山地的水源涵养林、保持水土林的优良树种以及石峰山地绿化的先锋树种。

种子 6 月初开始成熟，蒴果熟后开裂。因此在果壳由青变黄时及时采收，采回的果实放在通风的地方摊晾 1~2 日后开裂，取出种子即可用河沙贮藏。夏季高床条播或开沟点播，条距 15cm，每公顷播种量约 375kg，播后覆土以不见种子为宜，并盖草、灌水，保持床面湿润。幼苗出土后，及时分批揭草，搭棚遮荫，除草松土，追肥、间苗。大穴整地，适当基肥，早春季节，大苗栽植。

木材心边材区别明显，边材黄褐色微红或浅红褐色，心材红褐至深红褐色；有光泽。生长轮不明显，轮间呈浅色或深色带；散孔材。木材纹理交错，结构细，均匀；质甚重；甚硬；干缩甚大；强度极高；冲击韧性极高。木材干燥困难，速度缓慢，易裂，少翘曲；耐腐、耐虫性强；抗蚁蛀；切削加工极困难，径面极难刨光，有带状花纹。油漆性能优良；钉钉极难，但握钉力甚强，不劈裂。木材宜作高档家具、装饰、雕刻、乐器、船舶、枕木、桥梁、码头木桩等用材。

蚬木

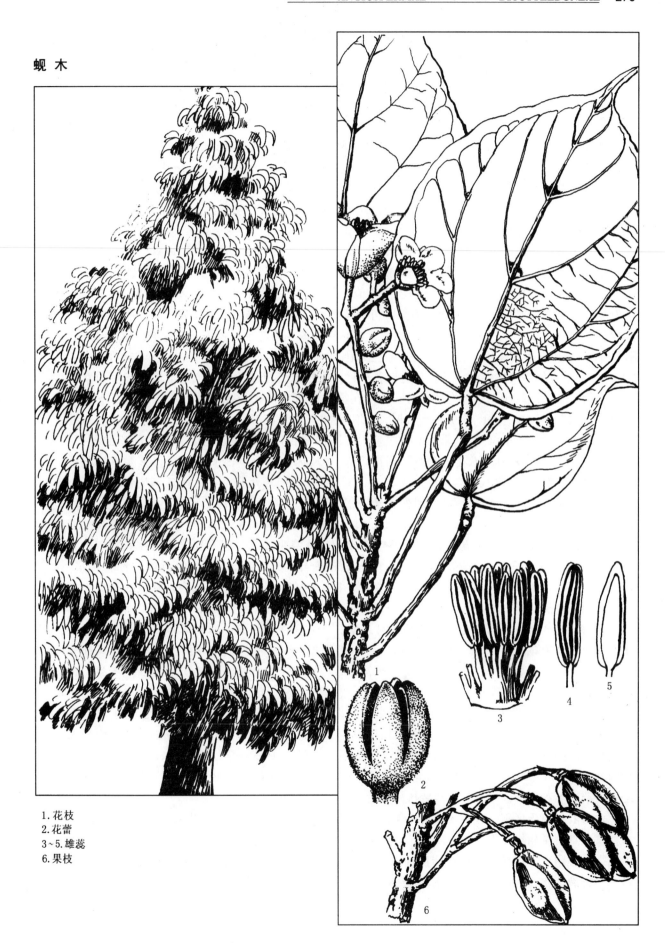

1. 花枝
2. 花蕾
3~5. 雄蕊
6. 果枝

青桐（梧桐）*Firmiana simplex*

梧桐科 Sterculiaceae（梧桐属）

落叶乔木，树高达 20m，胸径 50cm，树干挺直，树皮灰绿色，平滑，韧皮纤维极发达；小枝粗壮，绿色，芽球形，被深褐色毛。叶互生，掌状 3～5 裂，裂片三角形卵形，全缘，先端渐尖，基部心形，表面深绿色，平滑，叶背密被星状细绒毛，叶柄与叶近等长，基部膨大。落叶早，有"梧桐一叶落，天下尽知秋"的诗咏。顶生圆锥花序，长 20～50cm，花单性，无花瓣；花萼淡黄绿色，裂片带状披针形，向外反卷；雄花的雄蕊花丝合生成柱状，花药 15；雌花子房基部有退化雄蕊 5。蓇葖果的膜质果皮开裂，匙形，每果皮边缘有球形种子 2～4 粒。花期 6 月，果熟期 9～10 月。

分布于我国黄河流域以南，东至台湾，西南至四川，云南、贵州，南至海南，而以长江流域栽培最为普遍。喜光，喜温暖湿润气候，也能耐寒，耐干旱；适生于深厚湿润，肥沃而排水良好之土壤，在酸性土、中性土及钙质土上均能生长，在石灰岩山地习见；不耐水湿，受涝后 3～5 天即可致死，亦不耐盐碱。萌蘖力强，可萌芽更新；萌芽力弱，不耐修剪；深根型，主根粗壮深长，抗风力强；生长快，寿命长，湖南桑植县空壳树乡莲花台村生长 1 株青桐，树高 25 m，胸径 1.20 m，树龄 300 年。对 SO_2、HF 抗性较强，并且有一定的吸收能力，1kg 干叶吸收 SO_2 30.6g。对重金属铬酸抗性强。一是蓇葖果裂开时，往往散落棕色汁液，二是木虱会产生白絮状的分泌物，二者溅落或飞落时均易沾污衣物，在绿化配置中应加注意。梧桐主干端直，皮翠枝青，叶缺如花，分枝有序，蓇葖果展开时，犹如满树凤凰竞相开屏，摆尾展翅，十分壮观，赏心悦目，故有"梧桐招凤"，凤非梧不栖之传说，因此自古以来就被认为是吉祥、昌盛的象征。从李白诗："人烟寒桂柚，秋色老梧桐"到崔曙诗："故林归宿处，一叶下梧桐"。人生落叶归根或归隐林泉感慨。"扬州八怪"之一汪士亥《桐》诗："疏雨已过梧叶凉，晚风满院桐花香，小披衫蒿不知暑，自扫清阴上竹床"。闻桐花清香，赞桐叶清阴，那种惬意和满足难以言表。唐·白居易《孤桐》诗："一株青玉兰，千姿绿云委。亭亭五丈余，高意犹未已。""四面无附枝，中心有通理，寄言立身者，孤直当如此"。绿叶有高意，立身当如此。还有现代苏雪林散文《秃的梧桐》，对梧桐有一种特殊感悟，散文虽短，但非常感人。历代帝皇宫苑，百姓庭院都喜种植，被誉为"庭前嘉木"。古人又传梧桐知秋，立秋之日，必有一叶先坠，被认为是临秋的标志，故有"梧桐一叶落，天下尽知秋"的诗句。或"寒日萧萧上锁窗，梧桐应恨夜来霜。"清·朱鹤龄《碧梧》诗："青梧掩荫读书堂，百尺高枝引凤凰。新翠欲浮纱幌碧，秾阴深幂宝炉香。凉侵象簟先秋觉，叶附银床带露光。但得东园承早旭，托根何异峰山旁。"《本草纲目》："古称凤凰非梧桐不栖，岂亦食其实乎，又子粒味甘、平、无毒。主治小儿口疮，和鸡子烧存性，研掺，又捣汁涂拔去白发，根下必生黑者"。

8～9 月果熟，果实呈黄褐色时采种。采集的果实应摊开晾干，去除杂质，取出种子湿沙层积贮藏。因种子属强迫性休眠，所以播前用层积催芽过的种子经浓硫酸处理 15min，然后用清水冲洗晾干后播种。冬播或春播，以春播为好，播期 2～3 月，床式条播，条距 30cm，每公顷播种量约 220kg，覆土约 1.5cm。青桐幼苗在常规管理下，当年苗高可达 40～60cm。可留床或移植培育大苗。春秋季节，用 3 年生苗栽植，栽后灌水。

木材心边材无区别，浅黄褐或黄褐色；有光泽；无特殊气味和滋味。生长轮明显，环孔材。木材纹理直，结构粗，不均匀；质轻；轻至中；干缩小；强度低；冲击韧性中。木材干燥容易，少翘裂；不耐腐，边材易黄变；切削加工容易，切削面不光洁；油漆、胶粘性能良好；握钉力弱，不劈裂。木材宜作一般木制品、普通家具、乐器、箱板以及造纸原料。

青 桐

1. 花叶
2. 果实
3. 雄花部分
4. 雌花

木棉 *Gossampnus malabarica*

木棉科 Bombacaceae（木棉属）

落叶乔木，树高达 40m，枝轮生，水平开展，树干直立，树皮灰白色，树冠呈伞形。叶互生，掌状复叶，长 25～40cm，小叶 5～7 枚，长椭圆形至椭圆形披针形，长 10～20cm，先端渐尖，全缘，平滑无毛；叶柄较小叶为长。花红色，簇生于枝端，先叶开放；花萼厚，杯状，常 5 浅裂，花瓣 5，雄蕊多数，花药肾形；雄蕊合生成短管，排成 3 轮，最外轮集生为 5 束。蒴果木质，卵圆形，长 10～15cm，5 瓣裂，果瓣革质，内有绢形棉毛。花期 2～3 月，果熟期 6 月。

木棉产西南、华南及福建南部与台湾等省区，在海拔 400～1700m 以下低山、丘陵和干热河谷常组成片林生长。也常散生于村边、路旁。喜光，喜暖热气候，耐热，亦耐干旱，耐瘠薄；萌芽性强，不需修剪；树皮厚，耐火烧；速生，广西南宁，20 年生，树高 28m，胸径 90cm；深根型，根系发达，抗风；对烟尘、有毒气体抗性强；有隔噪、滞尘、起净化空气作用。光合作用能力强，1 株中等大小（15～20 年树龄）的木棉叶片总面积约有 400m^2，通过光合作用每天能吸收 CO_2 48kg，释放 O_2 35kg，足够 50 个成人呼吸之用。1m^2 木棉叶面积每天每小时蒸腾 24g 水。树龄长，广州市黄埔有 1000 年以上古树。树形高大，挺拔气势雄伟，开花极为壮观，酷俏山茶，如万盏华灯，烧红半空，宋·杨万里写道："姚黄魏紫向谁除，郁李樱桃也没些。却是南中春色别，满城都是木棉花"。诗人屈大约（翁山）咏木棉诗："十丈珊瑚是木棉，花开红比朝霞鲜。"是对木棉形态纪实描写。宋·刘克庄《潮惠道中》诗句："几树半天红似染，居人云是木棉花"。和清·惠老埼《韩江》诗句，"木棉开遍芭蕉展，肠断春风风水头。"以及朱光《望江南》词："落叶开花飞火凤，参天擎日舞丹龙。"这都是典型南国春色奇特神采。贺敬之《南国春早》诗句："红豆相思子，木棉英雄花"，"相思心结子，英雄情著花。"被人们称为南国英雄树、广州第一花。为优美的观赏树种，多栽植为行道树、庭园树，以及工矿区美化种植。因有木刺，幼儿园、小学校园应避免栽植。《本草纲目》："子油气味辛、热、微毒，主治恶疮疥癣。燃灯，损目"。

选用 15 年生以上的优良母树，于 6～7 月果实呈棕黄色或暗棕色时采种。由于种子易随棉絮飞散，故要在果开裂前采收。采回的果实在室内堆放 3～5d，置于阳光下晒裂时从棉絮纤维中拣出种子，种子忌日晒，不耐久藏，一般在当年雨季播种。随采随播的种子不需处理，可裸露存放几天或经沙藏的种子，播前用清水浸泡 3～4h，捞出晾干即可播种，床式条播，条距 25～30cm，播后盖细土及稻草。每公顷播种量约 80kg。幼苗期注意松土除草及水肥管理。此外木棉可进行扦插繁殖。春秋季节，大苗栽植。

木材心边材无区别，浅灰黄褐或浅黄褐色；微有光泽。生长轮明显，宽度不均匀，轮间常呈深色或浅色带；散孔材。木材纹理直，结构黏，均匀；质甚轻；甚软；干缩甚小；强度甚低。木材干燥容易，速度快，不翘裂；稍耐腐；不抗蚁蛀；切削加工容易，能获得光洁切削面；油漆性能欠佳；胶粘性能良好；握钉力差，不劈裂。木材宜作缓冲材料、救生带、浮子、热电绝缘材料、纸浆、食品包装箱盒、普通家具、胶合板等。果皮棉毛纤维直，可作垫褥或枕头填充物，种子含油脂，可供工业用油，此外木棉也是药用材料。

木 棉

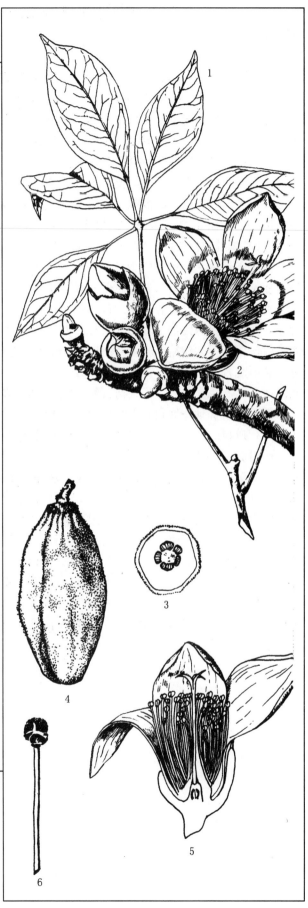

1.叶枝
2.花枝
3.果横切面
4.果
5.花纵切面
6.雄蕊

重阳木 *Bischofia polycarpa*

大戟科 Euphorbiaceae（重阳木属）

落叶乔木，树高达 20 余 m，大枝斜展，树冠宽卵形，老时呈球形，树皮灰褐色，有纵裂纹，干形直。掌状复叶，小叶 3，卵圆形或椭圆形卵形，长 5~11cm，先端尾状渐尖，基部圆形，边缘有钝锯齿，两面无毛。花雌雄异株，无花瓣，淡绿色；总状花序腋生或侧生，雄花雄蕊 5；雌花子房 3 或 4 室，每室胚珠 2，花柱 3。果实球形，浆果状，成熟时红褐色。种子小，长圆形，有光泽。花期 4~5 月，果熟期 10~11 月。

重阳木分布于秦岭、淮河流域及以南至华南北部地区，在长江流域中下游平原与农村四旁习见。喜光，略耐荫；喜温暖湿润气候，耐寒性较差；喜深厚湿润，肥沃的酸性土壤，微碱土中也可生长，耐水湿；深根型，根系发达，抗风；寿命长；湖南芷江县岩桥乡小河口村海拔 210m 处有 1 株树龄 2000 余年的重阳木，树高 15m，胸径 3.94m，冠幅 30m×25m，成为当地一大古树生态景观。抗污染能力较强，对 SO_2 也有一定抗性。重阳木，树姿优美，树形高大，树势雄伟，侧枝斜展，重重叠叠，形成多层树冠，远望如重楼，近观有层次，枝叶茂密，荫质好，早春嫩叶鲜绿光亮，夏叶深绿，秋叶变红色；累累红果满枝梢，颇为美观。重阳木何以“重阳”为名？我国古代神话：“谓天有十日，九日居大树的下枝，一日居上枝，尧使后羿射击九日之说”。晋·傅玄《杂诗》：“阳谷发精曜，九日栖高枝。”又《易经》中称阳爻为九。九，阳之变也，农历九月而又九日，日月皆值阳数，故称为“重阳”。屈原《楚辞·远游》：“集重阳入帝宫兮，造旬始而观清都。”汉·张衡《西京赋》：“消雾埃于中宸，集重阳之清澂。”三是秋日重阳，人们郊游登高赏景，见到此树此景时，联想到神话故事，因而也就有了“重阳木”之名了。可列植为行道树，配植为庭荫树、护堤树以及防风林带。

选用 20 年生以上的健壮母树，于 10~11 月果实呈棕红色或紫黑色时应及时采种。采回的果实置入潮湿处堆放后熟，搓揉果皮果肉，洗净晾干，混沙层积贮藏。春季 3 月，高床条播，行距 20cm，条幅 3~5cm，沟深 3cm，每公顷播种量约 30kg，覆细土 0.5cm，稍加轻压后洒水、盖草。播后约 30d 幼苗发芽出土，及时揭草，适当间苗，适时追肥，1 年生苗高约 50cm。要及时剪除苗干下部侧枝，使苗干在一定高度分枝。春季苗木萌动时于低丘、平原、山麓地段栽植。

心边材区别明显，边材浅黄褐色或灰褐色，心材暗红褐色，木材有光泽。生长轮不明显，散孔材。木材纹理斜或直，结构细，均匀，质中重；软，干缩小；强度中。木材干燥不难，速度中等，易端裂，耐腐性中，切削加工容易，切削面光洁；油漆、胶粘性能良好。握钉力中。木材可用于造船、家具、建筑、室内装饰、雕刻及乐器等。种子含油率高，可为工业用油，果肉可酿酒。

重阳木

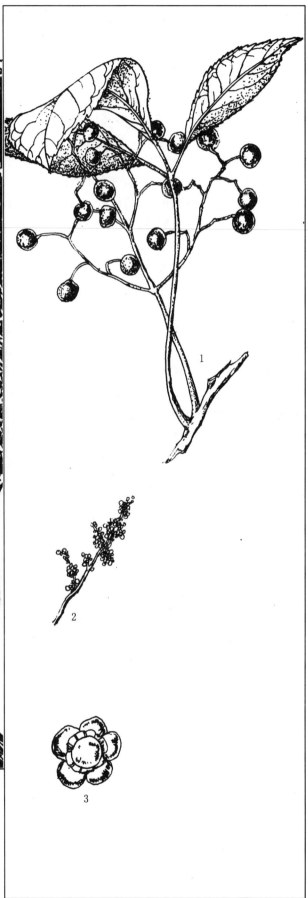

1.果枝
2.雄花序
3.雄花

秋 枫 *Bischofia javanica*

（大戟科 Euphorbiaceae）

常绿或半常绿乔木，树高达 40m，胸径 2.3m；树干圆满通直，树皮褐红色。小叶卵形或卵状长椭圆形，长 7~15cm，宽 4~9cm，先端短尾尖，基部宽楔形，叶缘锯齿较疏，无毛；托叶长约 8mm，早落。圆锥花序，雄花序长，萼片膜质；雌花萼片边缘白色，膜质，子房无毛。果径 0.6~1cm，成熟时蓝黑色。种子长约 5cm。花期 4~5 月，果熟期 8~10 月。

分布于长江以南及台湾等省区，散生于海拔 1300m 以下山区、丘陵地带疏林或混交林中，在四川南部生长于海拔 800m 以下，山区疏林中；在云南东南部生长于海拔 600~1300m 地带，常与滇木花生、云南蕈树、红荷花、山韶子、美脉杜英、苹婆等树种混生，为伴生树；在湿地与沟谷处，高山榕，毛麻楝，槭叶翅子树等组成混交林群落景观；在南部、西南部铁刀林中，秋枫也有零星分布。砖红壤或赤红。各地平原多有栽培。喜暖热湿润气势。抗热，耐寒性较差，耐水湿；喜深厚湿润、肥沃的酸性土壤。深根型，根系发达，抗风能力强；生长快，树龄长。深圳市龙岗区大鹏镇半天云生长有一株秋枫，高 35m，胸径 2.04m，树龄已 500 余年；在江西莲花县南村生长有一株 800 余年生古秋枫树，高 27m，胸径 2.3m；抗污染，病虫害少。树形高大耸直，气势雄伟壮观。唐·刘长卿《余干旅舍》诗句："摇落暮天迥，青枫霜叶稀。"摇落、萧瑟、深秋，使人感到凄凉、沉郁。唐·顾况《小孤山》诗："古庙枫林江水边，寒鸦接饭雁横天。大孤山远小孤山，月照洞庭归客船。"不着一字情语，但都是"一切景语皆情语"耐人寻味。贾至《泛舟洞庭湖》诗："枫岸纷纷落叶多，洞庭湖水晚来波"。联想《楚辞》中"湛湛江水兮上有枫"，似乎是抚今追昔，伤已念古。春季嫩叶淡红色，夏季叶色翠绿，晶莹闪亮，浓荫匝地，是优良的绿化树种。宜植为行道树、庭荫树，亦是四旁、工矿区、护堤固岸、防风、防火林带的优良树种。

果实 9~10 月成熟，成熟时呈棕褐色或蓝黑色。果实易遭鸟害，应及时采收。采回的果实堆沤数日，置水中搓揉，取净阴干后干藏或湿沙贮藏。春季 2~3 月，高床条播，条距 20cm，条幅 3~5cm，播种沟 3cm，每公顷播种量约 80kg，播后覆细土，轻微镇压并浇水、盖草。幼苗出土后揭草、间苗，松土除草，灌溉、追肥，保证苗木生长健壮。秋枫对土壤要求不严，耐水湿，可选低山丘陵的谷地、冲地和平原的湿润土壤上栽植。城市绿化，春秋季节，大苗带土栽植。

木材心边材区别略明显，边材灰红褐色，心材紫红褐色，常杂有暗色条纹；有光泽。生长轮不明显，散孔材。木材纹理略斜或至交错，结构细，均匀；质中重；硬；干缩小至中；强度中；冲击韧性中。木材干燥较困难，速度慢，易翘裂和蜂窝裂；性耐腐；切削加工容易，切削面不光洁，材色、花纹鲜艳美观；油漆、胶粘性能优良；握钉力好，不劈裂。木材宜作高档家具、船舶用材、室内装饰、房屋建筑、茶盒等。果肉可酿酒，种子含油脂，可榨油供工业用。

秋 枫

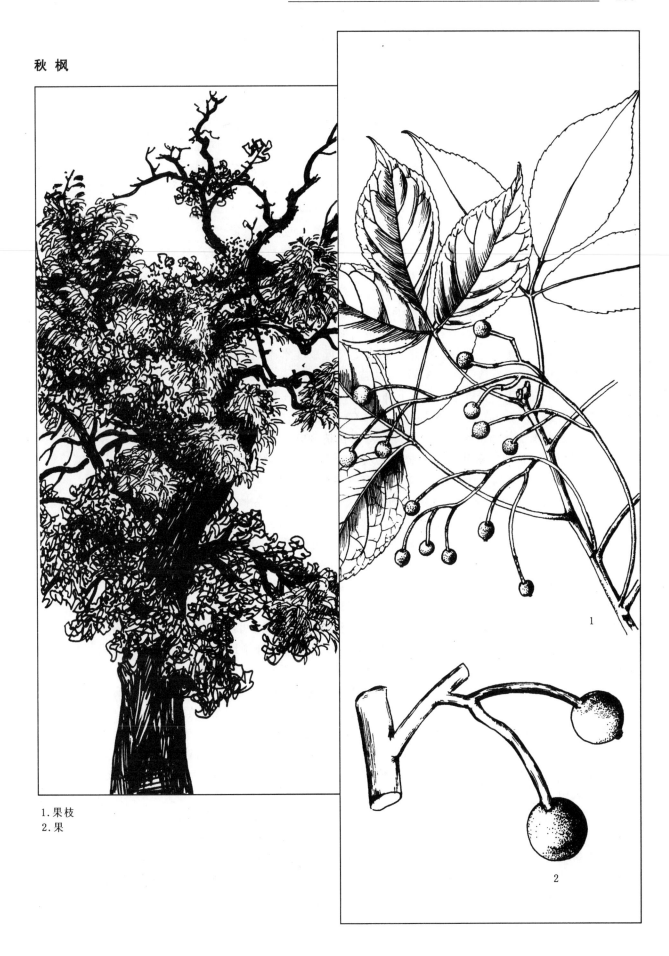

1.果枝
2.果

乌 柏 *Sapium sebiferum*

大戟科 Euphorbiaceae（乌柏属）

落叶乔木，树高达 15m，树冠圆球形，树皮暗灰色，有纵裂纹，枝展开，嫩枝叶折断有白色乳汁。单叶互生，叶菱形或宽菱状卵形，长和宽各为 3～9cm，先端长渐尖，基部宽楔形，全缘，秋季叶转为红色；叶柄细，长 2.5～6cm，顶端有 2 腺体。花雌雄同株、同序，穗状花序顶生，长 6～12cm，稍向下弯曲，雄花每 3 朵形成小聚伞花序，密集于花序上部，花萼杯状，3 浅裂，雄蕊 2；雌花生于花序基部，具梗，花萼 3 深裂，子房光滑，3 室，花柱基部合生，柱头反卷。蒴果木质，近球形，灰黑色，熟后 3 瓣裂，种子近圆形，外被有白蜡层。花期 5～7 月，果熟期 10～11 月。

乌柏，古称乌果木，清·王士祯《召伯斗野亭怀古寄于皇》："蟹舍萧条枫柏外，渔蛮烟火荻芦中。"为亚热带树种。分布极其广阔，分布自秦岭、淮河流域至山东渤海之滨的一线以南，西南至云南、四川等省区，地理位置在北纬 18°30′（海南岛）～26°，东经 99～121°40′，主要栽培区在长江流域及其以南各省区。多散生于海拔 1000～2000m 以下山谷、溪边、村庄四旁。取其果的脂蜡，制造蜡烛、肥皂等原料，种子榨油可制油漆、油墨的原料。喜光，喜温暖湿润气候及深厚肥沃土壤；耐热，稍耐寒；耐旱，耐水湿及间歇性水淹；在酸性、中性、钙质土或沙壤土、黏质土、砾质土以及含盐在 0.3% 以下的盐碱地均能正常生长；主根发达，抗风能力强；少病虫害，乌柏生态系统中钉螺糖原含量下降 27.5%，总蛋白下降 54.5%，死亡率升高 41%，是良好的抑螺树种。对 SO_2、HF 的抗性强，并具有一定的吸收能力。1 kg 干叶含氟 420 mg，仍能生长繁盛，大大超过其他植物，如女贞等。寿命长达 300 年以上，耐火烧。树冠整齐，枝繁叶茂，叶色四季变化多样，新叶红绿交替，夏浅绿至深红，入秋时渲染的乌柏红叶、赤于丹枫，一林霜叶万点红，半入霞彩半画中。宋·陆游有"乌柏赤于枫"，林逋诗句："巾子峰头乌柏树，微霜未落已先红"。可见红叶耐人观赏。杨万里《秋山》诗："乌柏平生老染工，错将铁皂作猩红。小枫一夜椅天酒，却倩孤松掩醉容。"以拟人对比将乌柏、秋山写得如此绚丽，这段生机和耐人寻味妙趣。清·徐完超《枫林秋景》诗："家住枫林罕见枫，晚秋闲步夕阳中。此间好景无人识，乌柏经霜满树红"。落叶之后果壳裂开，白色的柏籽又缀满枝头，似珠肌玉碎，素姿雪映的景象，"前村乌柏熟，疑是早梅花"，为优良的园林绿化树种。柏脂、柏油亦是我国有广泛的用途的重要工业油料。宋·慕容百才《大剑山》："阶走枫林叶，窗催柏烛花。"《齐民要术》中有"其味如猪脂。"《本草纲目》中，具通便、解毒功能。柏脂制取可可脂，用以取代一直依赖进口的可可脂，为生产巧克力和人造奶油等高级食品。叶有毒，有抑制血吸虫寄主钉螺的功能，也是重要蜜源树种，在我国已有 1000 多年栽培历史，培育出许多油用型优良品种。

乌柏 11 月果熟连小枝采下，日晒 4～5d 即播种，或连壳混沙贮藏至翌春播种。播前将种子浸在草木灰水或 60℃ 温水中 1d 后除去蜡层，并经水选晾干即可播种。春播宜早不宜迟。高床开沟条播。行距约 25cm，每米长播种量约 25 粒，每公顷播种量约 90kg，覆土 1.5cm，洒水、盖草，并经常保持土壤湿润。当苗高 15cm 时间苗，定苗，雨季可将间拔幼苗进行圃地移植。起苗留在圃地残根可就地萌发成苗。实生苗作砧木嫁接优良类型的乌柏培育良种苗木。春秋季节，大苗带土栽植。

木材心边材区别不明显，浅黄褐色；光泽弱。生长轮略明显，轮间呈深色带，半环孔材，间或呈散孔材。木材纹理斜，结构细至中，略均匀；质中重；中硬；干缩小；强度低；冲击韧性中。木材干燥不难，速度快，易翘曲；不耐腐，不耐虫；切削加工易夹锯，不易获得光洁加工面；油漆性能欠佳；胶粘容易；握钉力弱，不劈裂。木材可制木屐、木盒、雕刻等。

乌 柏

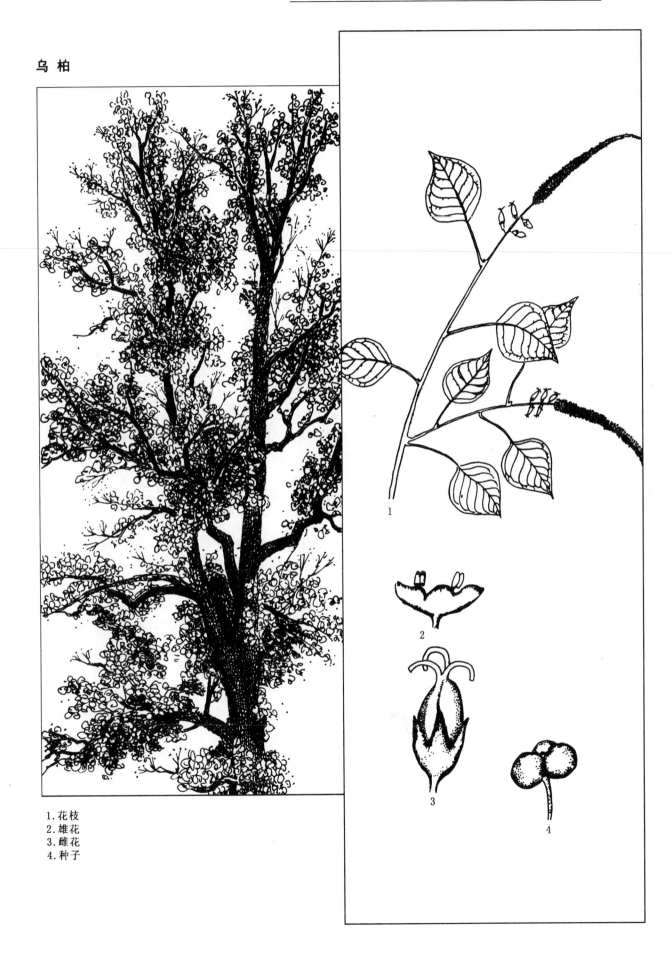

1.花枝
2.雄花
3.雌花
4.种子

木 荷 *Schima superba*

茶科 Theaceae（木荷属）

常绿乔木，树高可达 30m，胸径 1m；树干端直，树皮灰褐色，纵裂；小枝暗灰色，皮孔明显；树冠广圆形。单叶互生，厚革质，长椭圆形，长 4~9cm，先端渐尖，基部楔形，表面深绿色，平滑而有光泽，边缘有钝锯齿，叶柄长 1~2cm，花白色，芳香，单生叶腋或在小枝顶部排成短总状花序，花梗粗壮，萼片 5，宿存，花瓣 5，较萼片大，倒卵形，雄蕊多数，子房上位，5室，密被丝状绒毛。蒴果近球形，5 裂；种子肾形，扁平，周围有翅。花期 5~7 月，果熟期 9~10 月。

木荷为我国珍贵的用材树种，是纺织工业中的特种用材。分布于长江流域以南各地，南至两广、海南、云南等省区。生长于海拔 150~1500m 低山丘陵及山区坡地、沟谷，常组成上层林木或与常绿阔叶或与常绿、落叶阔叶组成混交林。亚热带树种，幼树耐荫，大树喜光；喜温暖湿润气候，耐热，能耐短期 -10℃ 的低温。在年均温 16~22℃，1 月份平均气温高于 4℃，春夏间多梅雨，夏季炎热多雨，冬季温暖，年降水量为 1200~2000mm 的地区均可生长良好。喜深厚湿润，肥沃酸性土壤，如红壤、红黄壤、黄壤、黄棕壤均可生长，疏松的沙壤土，pH5.5 最适，在干旱瘠薄生境也能生长；生长尚快，30 年生树高达 20m，胸径 25cm；深根型，主根发达，抗风；萌蘖力强，萌芽更新与天然下种更新均良好；叶厚革质，且含水量高，不易燃烧，可防火，阻隔林冠火蔓延："孟冬草木枯，烈火燎山坡。疾风吹猛焰，从根烧到枝。"纵使如此，四时常绿，叶厚阻燃的木菏，并非自身无力与山林火灾相抗，而是"不悲焚烧苦，但悲采用迟。"与马尾松组成混交林，不仅能起防火，而且能防松毛虫危害的作用。少病虫，树龄长。江西井冈山行洲村生长有 1 株木荷，高 30m，胸径 2.87m，树龄 1000 余年；树体高大雄伟，主干耸直挺拔，姿态优美壮观，冠大荫浓，叶色变化丰富，花大而芳香，夏日开花且花期长，是理想的观赏树种。宜植为行道树、庭荫树、园景树以及在风景区组成风景林与防火林带；3 年生木荷林地地表枯落物混草层营养元素 N、P、K、Ca、Mg、Mn、Cu、Zn 比对照多积累 1.48、2.55、14.05、18.41、1.01、0.55、0.0065 和 0.0193kg/hm²。土壤有机质、全 N、水解 N、有效 P、速效 K 的含量均有明显提高，是改善土壤结构、提高肥力、涵养水源的优良树种。

选用 12 年生以上的健壮母树，于 10~11 月果实呈黑褐色时采种，采回的果实放在阴凉处 2~3d，置阳光下曝晒至开裂，脱出种子，去杂晾干后干藏。播前种子进行 0~5℃ 低温层积催芽 4周。早春播种，高床条播，条距 25cm，沟深 1.5~2cm，宽 10~15cm，每公顷播种量 40kg 左右，覆土 0.5cm，盖草。幼苗出土后揭草、遮荫，苗木生长期需及时进行松土除草和施肥。1 年生苗高 80cm 则可换床移植培育大苗。春秋季节，大苗带土栽植。

木材木材心边材区别不明显，浅红褐至暗黄褐色；有光泽。生长轮略明显，轮间呈深色带；散孔材。木材纹理斜，结构甚细，均匀；质中重；硬干缩中；强度中；冲击韧性中。木材干燥时易裂，尤易翘曲，稍耐腐；抗蚁性弱；切削加工易伤刀具，切削面光洁，干木材锯解时对皮肤有刺激，有使人呼吸困难的感觉，因此荷木宜在湿材时锯解。油漆、胶粘性能良好；握钉力中，有劈裂。木材可供家具、人造板、房屋建筑、室内装饰、编织器材、车辆、箱盒、玩具、工农具柄及其它农具之用。

木 荷

1.花枝
2.果

茶 树 *Camellia sinensis*

茶科 Theaceae（茶属）

常绿小乔木，树高 1~6m，栽培茶树多为灌木状；幼枝有细柔毛。叶互生，薄革质，卵状椭圆形或卵状长椭圆形，长 4~10cm，宽 2~3.5cm，先端钝尖，基部楔形，边缘有细锯齿，叶背面微被柔毛，侧脉明显而下凹；叶柄长 3~7mm。花单生或 2 朵腋生，花白色，直径 2~5cm，花梗长 6~10mm，下弯，苞片 2~8 枚，萼片 5~6 枚，圆形，具缘毛；果时宿存；花瓣 5~8 枚，圆形，雄蕊多数，子房 3 室，花柱合生，柱头 3 裂。蒴果球形，果皮较厚，每室有种子 1 粒，圆形，直径 1~1.16cm，淡褐色。花期 10~11 月，果熟期翌年秋季。

分布南自北纬 18°的海南岛至北纬 38°的山东蓬莱山区，东起东经 122°的台湾东南部，西至东经 95℃ 的西藏米林地区，达 19 个省区。在东部多生长于海拔 1000m 以下山地，在西南部海拔可至 2300m 地带。云南勐海县巴达乡曼瓦村大黑山密林中有十多株大茶树，其中最高可达 32.10m，胸径为 80cm，为世界最大的茶树。国外有人誉称我国为"茶的祖国"。喜温暖湿润气候，能耐 -6℃ 的低温及短暂的 -16℃ 的极端最低温。适生于年平均气温 15~25℃，年降水量 1000~2000mm，相对湿度在 80%~90% 以上；喜峰峦环抱，泉水潺潺，雾蒙露滴，云烟冉冉的高山环境，故有"高山云雾孕好茶"，"名山名水出好茶"。不耐干旱及水涝；pH 值以 4.0~6.5 为宜，氧化钙含量在 0.05% 以下为合适；在土层深厚、肥沃湿润的坡地上生长旺盛。深根型树种，根系发达，主根可达 4m 深的土层中；耐修剪，可台刈更新；对 SO_2 抗性强，对氟的吸收能力也强，叶中含氟量可达 1000μg/g 以上。树龄长，陕西城固县东乡高北村海拔 650m 处有 1 株古茶树，高 4.6m，胸径 13cm，冠径 15m²，树龄 140 年；云南西双版纳原始森林中有 1 株树龄长达 1700 多年的野生古茶树，高 32.11m，胸径 1.03m，这也是世界上最古老的大茶树。云南勐海县巴达乡贺松村山区生长有茶树的变种——普洱茶（Var. *assamica*）野生古树群落，其中 1 株树高 14m，基径 1.1m，树龄有 1700 多年。茶树优美，在百花凋零的秋冬季开花，1 株树可开数千朵白花，素艳华净，令人陶醉，是优美的风景树。《神农食经》："茶久服，令人有力悦志。"华佗在《食论》中说："苦茶久食益意思。"唐·卢仝称："碧云引风吹不断，白花浮光凝碗面。一碗喉吻润，两碗破孤闷；三碗搜枯肠，惟有文字五千卷；四碗发轻汗，生平不平事，尽向毛孔散，五碗肌骨清，六碗通仙灵；七碗喫不得，唯觉两腋习习清风生。《老残游记》中，"茶碗呷了一口，觉得清爽异常、咽下喉去，觉得一直清到胃脘里，那舌根左右，津津沿价翻上来，又香又甜，连喝两口，似乎那香气又从口中反窜到鼻子上去说不出好受"。卢仝茶是同陆羽《茶经》齐名。几千年来的茶事，已经形成为一门艺术，以诗词、绘画、书法、歌舞、茶道戏曲等多种文字艺术形式表现茶的魅力。元稹《宝塔诗》；"茶。香叶，嫩芽。慕诗客，爱僧家。碾雕白兰，罗织红纱。""铫煎黄蕊色，碗转曲尘花。夜后邀陪明月，晨前命对朝霞。洗尽古今人不倦，将至醉后岂堪夸"。宋·范仲淹《和章岷从事门茶歌》诗："商山丈人休茹芝，首阳先生休采薇。长安酒价减千万，成都药市无光辉。不如仙山一啜好，冷然便欲乘风飞。""祁红"名茶曾获万国博览会金质奖章，茶已成为世界性受欢迎最佳保健饮料。唐·鉴真大师将茶带到日本，已有 1200 多年，期间日本国很多高僧和学者进行传播，发扬。如利休提倡茶道，讲"和敬清寂"，因此惨遭不幸，当局者责令剖腹自尽。宋元时即有茶专著 17 部，同时茶也成为出口贸易大宗商品。

花期 10~11 月，果实期翌年 10~11 月，果实由黄绿色转为黄褐色，接近开裂时采集。采回的蒴果置荫凉通风处摊开晾干脱粒，清除果壳后继续晾干，混湿沙层积贮藏。秋冬播或春播。条播或点播，条距 20cm，条幅 10cm，每米长播种 12~15 粒。点播时行距 20cm，穴距 15cm，每穴播种 3~5 粒。条播每公顷播种量约 450kg。覆土，盖草。也可将种子密播于沙盆内，发芽后移至容器，每容器 1 粒。

茶 树

1.种子
2.果
3.花枝

红厚壳（胡桐）*Calophyllum inophyllum*

山竹子科 Clusiaceae（红厚壳属）

常绿乔木，树高 15m，胸径达 60 cm；树皮厚，暗褐色；树皮含单宁；嫩枝圆，无毛。叶对生，椭圆形或倒卵状椭圆形，长 10～20 cm，宽 4～8 cm，顶端钝，圆或微凹，无毛，下面灰绿色，中脉粗，侧脉细密，叶柄粗，长约 1～2 cm，无毛。花两性，总状花序腋生，长约 10cm，花白色，径 2～2.5 cm，有香气；花梗长 2.5～4 cm，花萼及花瓣 4，雄蕊多数，花丝基部连合成 4 束；子房 1 室，1 胚珠。核果球形，径 2.5～3 cm，外果皮薄，熟时黄褐色，种子含油脂。花期 3～6 月，果熟期 9～11 月。

红厚壳为热带海洋性树种，亦是台湾附近珊瑚岛、海南及南海诸岛上珍贵的用材树种，分布于台湾滨海地带及沿海附近的珊瑚岛和海南岛以及南海诸岛屿上，常组成滨海地带或岛屿上纯林群落景观。阳性树种，极喜光；全日照或半日照均能生长；喜暖热湿润的海洋性气候，抗高温耐干旱、亦耐水湿，生长适温 22～32℃，在年平均气温 20℃ 以上的地区生长良好，在 4℃ 时即受冻害，适生于土层深厚的沙质壤土，喜钙质土，在石灰质的壤土或沙质壤土上生长最佳。根系发达，穿透能力强，能扎根盘结于岩石裸露海岛礁石上，抗强风和海浪冲击能力强，细根少，不耐移植。耐盐碱，抗海潮盐雾风；抗病虫害；树皮厚，耐火烧，防火能力强；树龄较长，自然更新能力强。叶大形美，枝繁叶茂，四季苍翠，初夏白花缀满绿叶丛中，清香阵阵，性强健，适应岛礁环境，是南海诸多岛屿的优良绿化观赏树种，可在岛上海滨地带组建海滨风景林以及防台风、抗盐雾风、防风固沙护岸林带以及国防林带，亦是岛礁上涵养水源增加淡水储备的优良绿化树种。

选用 20～40 年生的优良健壮母树，于 10～11 月和翌年 3～4 月果实由青转为黄褐色时采种。采回的果实在水中浸泡 2～3d，经搓揉，除去果皮果肉，洗净后晒干即得种子，或者把果实置于阳光下曝晒得到的干缩果实也可作为播种材料。春末夏初播种，播前种子浸泡 2～4h 或将带外果皮的干果放入清水中浸泡 2 昼夜再播种。高床条播或点播，每公顷布种量为 700～1300kg。覆土厚约 2cm，并盖草保温。出苗后，注意揭草和施肥。也可采用容器育苗。本种耐高温干旱，在红壤、滨海沙地及盐碱土上均可栽植。

为台湾附近珊瑚岛，海南及南海诸岛上珍贵的用材树种，木材纹理交错，结构细密，材质坚硬、耐腐、耐磨，不易虫蛀。可供造船、桥梁、农具等用。

红厚壳

1.叶枝
2.果枝
3.花

青 皮 *Vatica astrotricha*

龙脑香科 Dipterocarpaceae（青梅属）

常绿乔木，树高达 30m，胸径 1.2m，分权高；树冠小，集中于顶部，圆锥状椭圆形；树皮青灰色，有淡绿色斑块，近光滑；幼枝灰黄色密被星状小绒毛，老枝无毛。单叶互生，革质，矩圆形，长 5～13cm，宽 2～5cm，先端短渐尖，基部宽楔形，全缘，上面深绿色，下面淡绿色，新发幼叶紫红色，两面均被星状小绒毛，老时脱落，羽状脉，叶柄长 2～1.5cm，密被灰黄星状绒毛。花两性，腋生或顶生的圆锥花序，萼管短，与子房基部合生，裂片 5，花瓣 5，长于萼片 2～3 倍，雄蕊 15，子房 3 室，每室有胚珠 2。蒴果革质，3 瓣裂，有种子 1～2 颗，下托以增长的宿萼，其中 2 裂片常扩大成翅。树脂淡黄色，半透明，有龙脑香味。果熟期 8～9 月。

青皮是典型的热带雨林树种，也是珍贵的硬材树种，国家二级保护树种。产海南、广西及云南南部。据历史记载，过去曾遍布整个海南岛。从海岸林带外侧与红树林相接，内侧与生长在台地上的青皮林相连。生长于海拔 800m 以下丘陵、沟谷、台地、沙滩地带，常组成由青皮占60%～95% 的混交林或纯林热带雨林群落景观，是海南低海拔最主要的森林植被，在生境良好，土层深厚的低山地带常形成混交青皮林。在生境恶劣、土层浅薄、瘦瘠之地，则形成纯林。在海拔 800～1000m 地带常发育成热带沟谷雨林和高山针阔常绿林群落生态景观。青皮为热带雨林的上层阳性树种，喜暖热湿润气候，畏寒冷，在 0℃ 以下幼树出现冻害，夏天惧阳光直射。在年降水量 1200～2500mm 以上生长良好，在局部小地域不及 1000mm，也能正常生长。耐干旱，亦耐水湿；在海南的自然条件下，任何生境条件下都适于青皮生长。对土壤适应性亦强，肥沃的红壤、瘠薄的石山、排水良好的壤土、沙壤以及海滨沙地均能生长。萌芽能力极强，甚至有人为干扰，诸如滥伐、火烧等，也阻挡不了青皮的更新成林。深根型，主根、侧根系发达、密集，穿透能力强，抗强风；抗病虫害能力强；抗污染；树龄长 300 年以上；树形高大耸直，树冠广展，叶色四季青翠，种子形态奇特；性强健，适应城市环境，是优良的绿化观赏树种，宜植为行道树、庭荫树，亦可在低丘起伏地带或在海滨沙滩片植组成风景林与海岸防护林带。

选择用 20 年生以上的健壮母树于 8～9 月果实由青绿色变褐色，萼片由紫红色变淡白色时及时采集。采回的果实忌曝晒，种子不耐贮藏，易失水，新采种子含水量约为 40%，发芽率可达95%，存放 5d 降至 80%，7d 为 26%，10d 以后完全丧失发芽能力。因此边采边播为好。如不能及时播种，应混湿润沙中催芽，沙中萌发，带芽播种。也可将种子摊放在阴凉处，经常浇水，保持种子湿润，种子发芽可延迟 5～10d，但发芽率下降至 70% 以下。播种前去除种翅，床式条播每隔 20cm 开沟 4～5 cm，每沟播种 20～30 粒，不需覆土，稍加镇压即可。播后盖草，幼苗完全出土时揭草，搭棚遮荫。幼苗生长过程中注意水肥管理。也可用容器育苗。由于青皮苗期生长缓慢，多用 2～3 年生苗木，于 8～9 月雨季栽植，穴状整地，大苗宜带土移植。

木材心边材区别明显，边材黄褐或灰褐色，心材暗黄褐色，有油性感；有光泽。木材纹理斜，结构甚细、均匀；质重；硬；干缩中至大；强度高；冲击韧性高。木材干燥不难，略有开裂；耐腐朽，抗虫蛀，锯解较难，有夹锯现象；切削面光洁；油漆性能良好；胶粘不容易；钉钉困难，握钉力强。木材为优良的渔轮材之一，可作高级家具、房屋建筑、室内装饰、纺织用材、工艺术制品、工农具柄、日常用品及其它农具。

青 皮

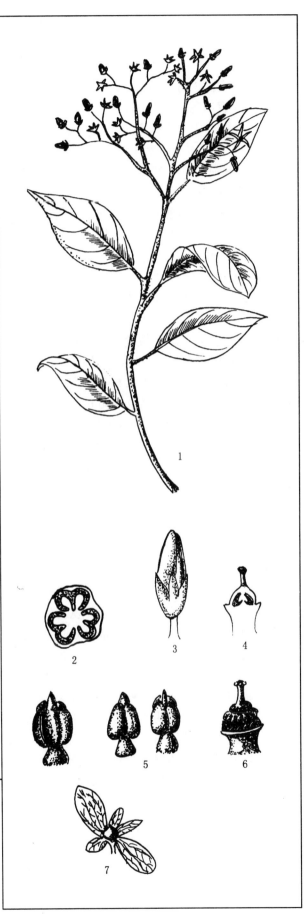

1.花枝
2.子房横切面
3.花
4.雌蕊
5.雄蕊
6.雄蕊和雌蕊
7.果

大叶桉 *Eucalyptus robusta*

桃金娘科 Myrtaceae（桉属）

常绿乔木，树高达 30m，胸径约 1m；树干粗壮通直，树皮幼时深红色，长后成褐色而粗厚，纤维状，纵裂不脱落，枝条红色。单叶互生，卵状披针形，先端长尖，直而略弯，长 10～15cm，厚革质，侧脉与中脉几成直角，边脉接近叶缘。花为伞形花序，腋生，花序梗粗而扁，具棱，长 2cm 许，花 4～8 朵，帽状体肥厚，顶端呈圆锥状凸起，稍长于萼管。蒴果倒卵形或壶形，长 1.5cm，果缘薄，果瓣 3～4。花期 4～5 月，果熟期 8～9 月。

桉树在我国地质史上曾有过广泛分布，20 世纪 80 年代以来，在西藏则喀地区白垩纪中——晚期地层中以及四川理塘地区始新世地层中均发掘了大量桉树化石，桉树化石占森林化石总量达 60%，伴生化石树种有山龙眼科的帕里宾属 *Pailbinia pinatifida*、班克木层 *Baksia Paryearensis*、杨梅科的甜杨梅 *Comptonia*、榆科的刺榆属的 *Hemipelea Paradvidii*，说明当时桉树已形成优势森林群落景观。现今桉树，班克木仅在澳大利亚、甜杨梅在北美东北部有分布。而桉树化石在澳大利亚始现于新世，比川西的化石年代还晚 2200 万年，说明桉树起源并不在大洋州，而是在亚欧大陆。大叶桉现今产于澳大利亚南部，分布于南纬 23°～36°的昆士兰南部到新南威尔士南部沿海的狭窄地带，海拔可达 100m，气候为亚热带至暖温带，全年无霜，湿度高，年降水量 1000～1500mm，生长于沼泽黏土及盐水港湾边缘，少数生长于山麓。其中大叶桉是我国引种最早、栽培最广泛的树种。在长江流域以南地区最北界到陕西南部北纬 33°的阳平关，也能正常生长；四川中部以海拔 800m 以下，贵州南部、云南、海拔 1700m 以下。在我国浙江南部、福建、江西、湖南南部、四川中部以南、贵州南部、云南海拔 1500m 以下，广东、广西海拔 1000m 以下广为栽培。喜光；喜温暖湿润气候，畏寒，原产地无霜冻，绝对最低温在 2.5℃ 以上；喜深厚湿润、肥沃的酸性土或微酸性（pH 4.5～6.5）土壤，不耐旱，在干燥瘠薄多砾石土或钙质土上生长不良。深根型，根系发达，抗风，但枝桠较脆，易折断；生长迅速；萌芽力强；寿命长；抗污染，杀菌能力强，适应南方城市环境；病虫害少。由于树形高大，主干挺拔端直，树冠似帚形，枝叶细长若柳，树姿萧洒秀丽，花期长达数月，有"树中仙女"之美称，在南方地区宜选为行道树、庭园树，列植、丛植在草坪、公园一隅均合适，以及在沿海低湿地方可营建海滨风景林，护堤海护林。

应选 8 年生以上的高大通直的优良单株，于 6～7 月蒴果由绿色转为茶褐色时采种。采后摊开曝晒，果实开裂脱出种子，再用布袋包装，放在通风干燥处存放。可用苗床和容器育苗。春季高床条播或撒播，每公顷播种量约 60kg。由于种子细小，土壤必须翻整细微，施足基肥。播后覆细土，以不见种子为度，用剪断的松针均匀覆盖并洒水。幼苗出土后及时遮荫。当苗高 3cm 时间苗，根系完整的小苗可在圃地进行移栽，并及时灌水。穴状整地。由于大叶桉主根长须根发育不良，且易长出新的嫩枝产生强烈蒸腾而影响生长，故宜宿土或营养苗栽植。

木材心边材区别略明显，边材灰褐，灰红褐色，心材深红褐色；有光泽。生长轮略明显，轮间界以深色带，散孔材。木材纹理交错，结构细而匀；质中重；中硬；干缩中至大；强度低或中；冲击韧性中。木材干燥难，缓慢，易变形，有内裂和皱缩；很不耐腐；不抗尘；切削加工困难，不易获得光洁的切削面；油漆、胶粘性能尚好；握钉力强。木材仅作一般家具、农具、房屋、建筑及造纸原料之用。树叶可制农药，防治稻螟、棉蚜虫、等害虫。

大叶桉

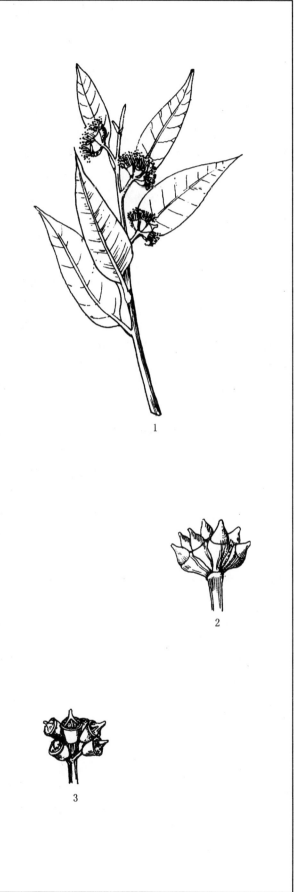

1.花枝
2.未开之花序
3.果序

蓝桉 *Eucalyptus globulus*

桃金娘科 Myrtaceae（桉属）

常绿大乔木，树高达 60～100m，胸径约 2 m，树干通直圆满，分支高，树皮灰褐色，条状剥落。幼树之叶对生，长椭圆形，无柄，老树之叶互生，镰状披针形，长 13～24cm，枝叶密被灰白色腊粉。叶革质，两面均为蓝绿色，背面中脉微凸起，叶柄长 2～2.5cm。伞形花序腋生，有花 5～7 朵，萼为蓝白色蜡粉所复被，具 4 棱脊，花梗短而厚。蒴果较大，径约 1～2cm，陀螺形或杯形，果瓣 3 裂；种子细小，多数，黑色。花期 7～9 月，果熟期翌年至第三年 1～3 月。

原产于澳大利亚南部维多利亚州及塔斯马尼亚岛上丘陵山地及沿海、平原地带。但在南纬 41°～43°的塔斯马尼亚岛的东南部生长最佳，垂直分布从海平面至海拔 450m 地带，气候温凉，无严寒酷暑，干显季分明，年均降水量 650～1400mm，且干季月降水量不少于 38mm。最适宜生长在肥沃湿润的黏壤土上，在我国华南各地有栽培，以云南、四川等地区生长最好，在广东、广西栽植生长表现不好。性极喜光，不耐遮荫，喜温凉湿润气候，要求冬无冰雪，夏无酷暑，能耐 -6℃ 的短期低温，如果在 -5℃ 以下经 2～3 天就会出现不同程度的冻害，轻则小枝枯死，重则会全株枯死。不耐湿热的气候环境。喜疏松、肥沃、湿润的酸性土壤，在钙质土上生长不良。深根性，主根深长，侧根发达，抗暴风能力强。在我国许多地区栽培表现速生。云南林科所酸性红壤土 15 年生，高 34.5m，胸径 43.4cm；四川盐源 8 年生，高 25.3m。树叶含有挥发性芳香油，在空气中氧化时产生过氧化氢，具有较强的杀菌、驱除蚊、蝇、清洁空气之功效；对 SO_2、Cl_2、HF 抗性强并具有一定的吸收能力。蓝桉在距 HF 污染源 200～400m 处，1 kg 干叶含 F 量 250 mg，距污染源 5m 处，含 F 量高达 1000 mg 以上；1 kg 干叶可吸收硫 5000 mg，对 Cl_2 的吸收：距 Cl_2 污染源 480m 处，1 kg 干叶可吸收 Cl_2 12.8mg，200m 处，为 8.31mg。同属的还有直干蓝桉（*E. maidenii*）：原产澳大利亚新南威尔士州和维多利亚州沿海丘陵地，生长于海拔 450～1000m，在土层深厚潮湿的坡地和谷地生长最好，年降水量 1000mm 或以上，为冬雨型地中海式气候。我国云南、四川、广东、广西、浙江等地有栽植，云南栽培最多，在海拔 1500m 以上地带生长最好。桉树的叶子大多含有桉叶精油，蓝桉含油率约为 1.5%～2.0%，香料、医药原料、香皂、香水、清凉油、驱油油、防蚊油都含有桉叶油的成分，用其制成止咳润喉的桉叶糖，风味别具一格。蒸过桉叶油的废叶可以浸栲胶，可用于石油钻探，浮选矿石沉淀剂，鞣制轻革，锅炉除垢剂，除垢率达 90%；作减水剂，用于湿法水泥生产等。

应选 15 年生以上树干无扭曲现象的健壮母树，于 3～5 月果实成熟时采种。采回的蒴果铺放在竹垫或薄膜上，晾晒 3～5d，待果实开裂后，脱出种子，装入布袋。放在通风干燥处贮藏。春季高床撒播或条播，每公顷播种量约 75kg。播后覆细土，以仅隐没种子为度，盖草、洒水，保持床面湿润。幼苗出土后应及时分次揭草，并搭棚遮荫。初生的幼苗纤弱，需精细管理。苗高 2cm 时，拆除荫棚，苗高 3cm 时间苗，完整无缺的幼苗进行移植培育。蓝桉要求冬无严寒，夏无酷热气候，能耐 -6℃ 短期低温，适生于土层深厚疏松的酸性土壤，不宜在低海拔及高温地区栽植。春季大苗要截干带土、裸根苗木应打浆。

木材心边材区别略明显，边材灰白色或浅黄褐色，心材黄褐或浅红褐色；有光泽。生长轮略明显，轮间杂有深色带；散孔材。木材纹理斜形交错，结构细，均匀；质重；硬；干缩大；强度高；冲击韧性甚高。木材干燥困难，速度慢，易翘裂；耐腐朽，不抗虫蛀；切刻加工难，切削面光洁；油漆；胶粘性能良好，推钉力强，握钉不易，宜事先钻孔。木材宜作柱杆材，船舶材、车辆、农具以及纤维材料。

蓝桉

1. 叶枝
2. 果横切面
3. 果

白千层 *Melaleuca leucadendron*

桃金娘科 Myrtaceae（白千层属）

常绿乔木，树高可达 30m；树皮厚，带白色，呈海绵状薄层片剥落，树冠长椭圆形，枝条密生，略下垂。单叶互生，质略厚，披针形，两端渐尖，长 6～8cm，全缘，嫩叶带红色，被绒毛，有纵向 3～7 条平行叶脉。顶生穗状花序，长 5～10cm，花序先端再生新梢，发枝叶，萼管近球形，檐部 5 裂，花瓣小而早脱，雄蕊合生成 5 束，每束有花丝 5～8，淡黄色；子房下位或半下位，与萼管合生，3～4 室，每室有胚珠多数。蒴果半球形或圆形，顶端开裂，包藏于宿存萼管内，种子小，近三角形，种皮薄。花期 1～2 月。

原产大洋洲至新几内亚岛，经大巽他群岛、马来半岛延伸至缅甸以及菲律宾群岛，分布广泛。在澳大利亚西南部海边疏林草原地带，生长着白千层属的所有种类，为该种的分布中心。如今在世界热带、亚热带的许多地方都有栽培。我国引入白千层等 3 个种，在福建、台湾、广东、广西、海南等省区南部均有栽培。阳性树种，稍耐荫。热带树种，喜暖热气候；对土壤要求不严，酸性、微酸性及中性土壤上均能生长，但以土层肥厚潮湿肥沃冲积土或低山丘陵地区长势最好。性强健，耐干旱也耐水湿，能耐极端最低温 0℃，虽有霜冻之地，仍可正常生长发育。在干旱贫瘠之土地，在热带低湿飞沙之地，虽伦为灌木状，但仍极为繁茂。具有较强的生物排水能力。生长快，主根深，侧很少，不易移植，抗风力强。树及叶芳香，含芳香油 1%～1.5%，可提制"玉树油"，杀菌能力强。是很好的兴奋剂，也是防腐剂、蛔虫药、驱风剂等医药原料。树姿豪放壮硕，皮白华净、叶形细密轻楹，芳香宜人，开乳黄色花，花穗轴无限生长，开花后能继续长出新的枝叶，萼筒近球形或钟形，花柱线形，花柱头扩大。花期长且整齐，果实咖啡色，为优良的园林树种，尤适海滨低湿飞沙地带或干燥沙地营建防风林带或组成热带滨海风景林景观。

选用 10 年生以上的优良母树，于 9 月果实呈深灰色或灰褐色时采种。采回的果实置于日光下晾晒至开裂，脱出种子，晾干置于室内通风干燥的阴凉处贮藏。因种子极细，故整地要细致，土粒筛过刮平后，浇水湿透。春季床式撒播，播后盖薄膜防雨。幼苗极纤弱，洒水宜细，防止冲倒，当苗高 3cm 时揭去防雨棚，施稀薄氮肥；7cm 时，可起苗移植。也可将种子播于透水的瓦盆和塑料盆内，出土 20d 后移植于圃地。春秋季节，大苗带土栽植。

木材心材区别略明显，边材灰褐色，心材灰红褐色；有光泽。生长轮略明显，轮间呈深色带，散孔材。木材纹理斜，结构甚细，均匀；质中重，中硬；干缩中。木材干燥时易翘裂；耐腐蚀；抗虫蛀；加工性能良好。木材可做家具、箱板桥梁、桩柱及码头修建等用。枝叶可提取芳香油，可药用和作防腐剂。

白千层

1.果枝
2.花枝
3.花

石 榴 *Punica granatum*

石榴科 Punicaceae（石榴属）

落叶小乔木，树高 5～7m，稀达 10m；幼枝具角棱，枝端通常有刺，2 年生以上小枝圆形，无毛。单叶对生，在短枝上簇生，倒卵状椭圆形至长椭圆形，长 2～8cm，宽 1～2cm，全缘，表面亮绿色，新叶红色；叶柄长 5～7mm。花两性，单生或数朵集生于短枝新梢叶腋；花萼钟状，5～7 裂，宿存；花瓣倒卵形，与萼片同数而互生，稍高出花萼；雄蕊多数，花丝细弱，子房下位，上部 6 室，下部 3 室，花有单瓣、重瓣之分，多为红色，也有粉红或黄白色，因品种而异。果近球形，果皮厚，熟时黄红色，顶端有宿存花萼；种子多数，有肉质多汁外种皮。花期 5～6 月，果熟期 9～10 月。

原产亚州的中部，我国古代称为若木、若留、丹若等，公元前 3 世纪的《山海经·大荒北经》中就有"大荒之中，有衡石山、九阴山、洞野之山，上有赤树，青叶赤华，名曰若木。"晋·郭璞注："生昆仑西，附西极，其华光赤下照地。"记述甘肃、新疆境内的昆仑山及以西，都生长有石榴。楚·屈原《离骚》中有："折若木以拂日兮，聊逍遥以相羊。"另外，从马王堆汉墓初出的古医籍中得知，早在西汉之前的战国时代，我国就有石榴的确实记录，证明在张骞之前，我国早就有了石榴的栽培和利用。目前我国各地除极寒地区外，均有石榴的栽培，以海拔 1000m 以下低山、丘陵、平原地带栽培最多，云南可至海拔 1400m，其中以黄河流域以及南至广东；东起沿海，西至四川、云南、新疆栽培较多，在极端最低温年平均值 -19℃ 等温线以北的地区，一般行盆栽，冬季需入室越冬。我国以产果石榴为主的著名产区有陕西、安徽、江苏、云南、四川、新疆的叶城、疏附等地区。喜温暖较干燥的气候，耐旱怕水，生育期需水较多；冬季 17℃ 即有冻害，果实成熟以前以干燥天气为宜。在 pH 4.5～8.2 的土壤上均能正常生长，忌盐渍化和沼泽化的土壤。耐修剪，根系发达，抗风能力强，吸碳放氧能力中等，增湿降温能力较强，1 m² 叶面积年放氧量为 827.55g，年蒸腾水量为 227.1kg；对 SO_2、Cl_2、HF、NO_2、CS_2 抗性较强，据上海分析，1kg 干叶吸硫 7.5g 以上，在铅蒸环境中，1kg 干叶能吸铅 0.02g 生长良好；1m² 叶面积可滞尘 3.66g。陕西临潼县骊山华清池边海拔 450m 处生长 1 株石榴古树，高 8m，胸径 51cm，冠幅 75m²，树龄已有 1200 多年，相传为杨贵妃手植。石榴树姿优美，枝繁叶茂，初春新叶红嫩。入夏繁花似锦，而那含苞待放花蕾，累累如同连株珊瑚，压满枝头，仲秋硕果缀满树冠，透红晶莹，鲜艳夺目；深冬扭干虬枝，浑厚苍劲，晋·张载《安石榴赋》："有石榴之奇树，肇结根于四海，仰青春以主启萌，晞朱夏以发采，挥光垂绿擢干，若群翡俱栖，烂若百枝，曜鲜翕并然，焕乎郁郁，煜乎煌煌。仰映清霄，俯烛兰堂，似西极之若木，譬东谷之扶桑，于是天迥节移，龙火西夕流风，晨激行露朝白紫房，既熟颓肤自拆，剖之则珠散，含之则冰释。"又如晋·潘尼："商秋授气，收华敛实，千房同蒂，十子如一，缤纷磊落，垂光耀质，滋味浸液，馨香流益"。盛赞"似西极若木，譬东谷扶桑"，其果"千房同蒂，十子如一"，古人以石榴多子，象征子孙满堂，是吉祥喜庆之物。

选用 10 年生以上的优良健壮母树，于 9～10 月果皮微裂时分批采收。采回的果实剥去果皮，取出种子，洗净、阴干，混湿沙层积贮藏。春季 3 月下旬播种，未经湿沙层积的种子播前浸种 4h。条播覆土、盖草。嫩枝扦插在雨季进行，选取当年生半木质化枝条，剪成长 10～15cm，带叶 4～5 片，斜插，入土深度 8～10cm。硬枝扦插春季进行，选取优良品种、生长健壮 2 年生的枝条作插穗，剪成长 15～20cm，插入土中 2/3，插后遮荫，浇水。分株繁殖在春季芽萌动时，利用根蘖苗，掘起分栽定植。压条可在春秋两季将根部分蘖枝压入土中，生根后割离母体。切接选取 3～4 年生实生苗作砧木、优良植株上的枝条作接穗，春季，芽萌动时进行。石榴在土壤酸碱度 pH4.5～8.2 均可生长。春季栽植，穴状整地，施足基肥。

石 榴

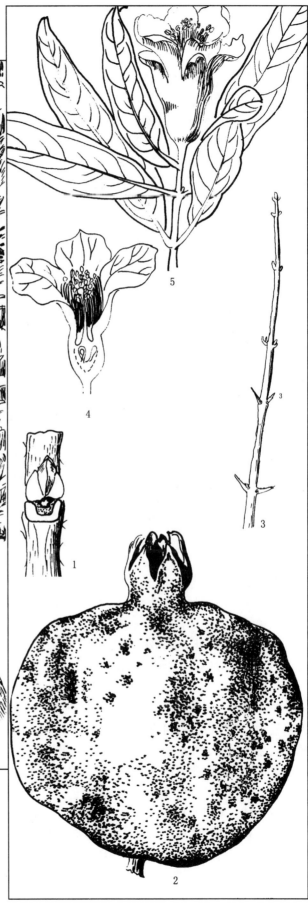

1. 小枝示芽及叶痕
2. 果
3. 小枝示刺枝
4. 花纵剖面
5. 花枝

枳 椇 *Hovenia dulcis*

鼠李科 Rhamnaceae（枳椇属）

落叶乔木，树高 15~25m，胸径 70cm；树皮灰褐色，浅纵裂，成条片状剥落；小枝红褐色，有皮孔，大枝开展，树冠广圆形或倒卵形。单叶互生，卵形或广卵形，先端渐尖，基部宽楔形或心形，长 8~15cm，边缘有不整齐粗锯齿，表面深绿色，光滑无毛，背面白绿色，脉上疏生毛，基部三出脉；叶柄红褐色长 3~5cm，无毛。圆锥状聚伞花序，常顶生，不对称；花淡黄绿色，萼卵状三角形，无毛，花瓣倒卵形；子房球形，花柱 3 浅裂。核果近圆形，暗褐色；果序梗肉质肥厚，扭曲，味甜可食；种子扁球形，暗褐色，有光泽。花期 6 月，果熟期 10 月。[附种：南枳椇（*H.acerba*）又称鸡爪树。与枳椇的区别：①叶缘有细锯齿；②二歧式聚伞花序，花柱 3 深裂，花较小。种子成熟时紫黑色。]

枳椇又名拐枣，古代名称颇多，最早称枸，《诗经·小雅》："南山有枸，北山有　。"晋·崔豹《古今注》："枳椇子，一名树蜜，一名木　，一名白石，皆一物也。"在黄河流域、长江流域及华南、西南等省区城乡广泛分布。生长于海拔 200~1400 m 的次生林中。喜光，喜温暖湿润气候，耐寒；适生于深厚湿润，肥沃的土壤；空气过于干燥则生长不良。生长快，萌芽力强；深根型，寿命长。在安徽歙县西武乡海拔 200 m 处生长一株枳椇，高 15m，胸径 1.21m，已有300 余年；安徽祁门县境内牯牛降国家级自然保护区观音台海拔 350m 处的天然林中生长着 1 株最高的枳椇古树，高达 26m，胸径 51cm，树龄已有 150 多年。主干挺拔耸直，树皮纵裂水纹状；分枝点高，枝条多聚集在树梢，横展四射，呈伞状树冠，疏影婆娑，特别是新霜彻晓报秋深时，虬曲扭拐奇特的肿状，果序由青转黄，一簇簇系集枝头，更引人称奇。抗污染，每公顷吸收氟10kg 左右。树形整齐美观，分枝匀称，树形优美，青翠长柄大叶，迎风摇曳，疏影翩翩，果梗形态奇特似鸡爪，别具一格，宜作为行道树、庭荫树以及四旁绿化与防风林带树种。枳椇与湿地松混交林可提高林木生长量，林分蓄积量，改善土壤肥力，维护地力。果序轴富含蔗糖 24%，葡萄糖 9.52%，果糖 7.92%，味甜如蜜，民间系称"甜半夜"。《礼记·曲礼》载："妇女之贽，椇、榛、脯。"，记载周代的一种礼节，女子初次拜见尊长，应需带上枳椇的果实～拐枣以及榛子、果脯、腊肉等，以示恭敬和诚意。由此可知，早在周代时枳椇即以重要的礼品而登大雅之堂，为古人赏识的历史已有 3000 多年了。唐·朱庆余《商州王中丞留吃枳壳》诗句："若交尽乞人人与，采尽商枳壳花。"元·王逢诗句："枫叶殷红枳实肥，蘋风萧飒芰荷衣。"楚国宋玉《风赋》："臣闻于师，枳句来巢，空穴来风。"明·李时珍注曰："飞鸟喜巢其上，故宋玉赋云。""枳实气味苦，寒，无毒，主治大风青皮肤中，如麻豆苦痒，除寒热结、止痢、长肌肉、利五脏、益气轻身。"均表明了因其味甘甜，雀鸟喜食，又枝虬曲鸟慕其树，而多在树上筑巢的特点，由此说明了古人对枳椇之性状研究的精细。

枳椇果熟期 10 月，成熟果实呈黄褐色或棕褐色。采回的果实晒干，去除果皮和杂质即得种子并摊晾阴干，干藏或混湿沙贮藏。种子用 0.15% 高锰酸钾溶液进行消毒。干藏的种子用 60℃温水浸种，自然冷却后用冷水浸种 48h。春季，高床条播，条距为 20cm，条幅 4cm，沟深 2cm，每公顷播种量约 50kg，播后覆土 1cm。1 年生苗高可达 1m。枳椇还可用分根、分蘖及扦插进行育苗。用于城市绿化的苗木需要换床移植培育大苗。秋季落叶后或春季发芽前，大苗带土栽植。

木材心边材区别明显，边材浅黄褐色，心材红褐色，有光泽。生长轮明显，环孔至半环孔，或半环孔材。木材纹理直，结构中，略均匀；质中重·硬；干缩小；强度中；冲击韧性中。木材干燥容易，无缺陷产生；边材有蓝变色；切削加工容易，切削面光洁，油漆、胶粘性能优良；握钉力中，不劈裂。木材宜作高档家具、室内装饰、胶合板、枪托等。

枳 椇

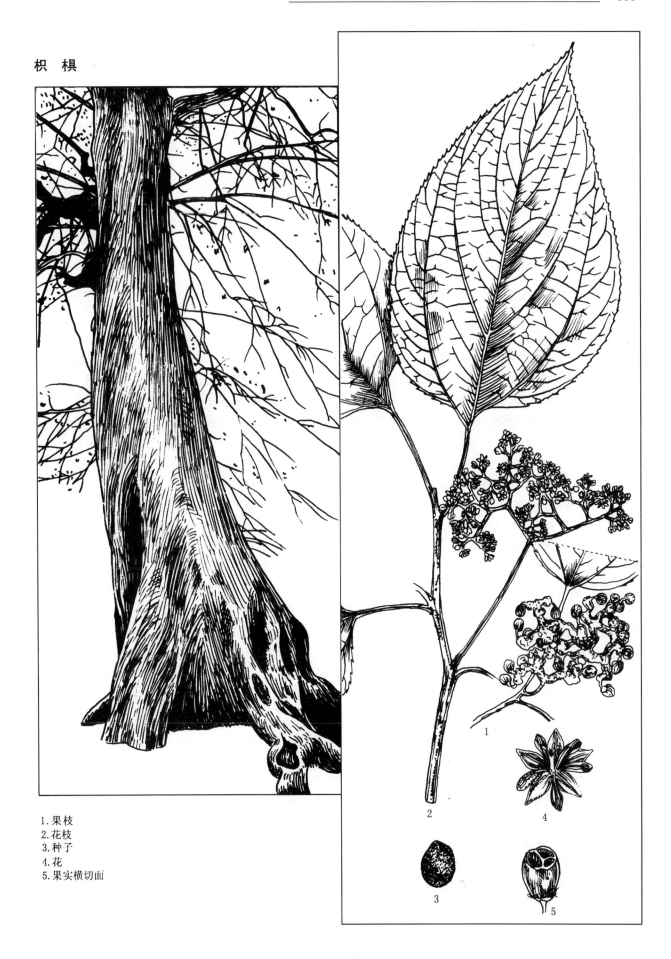

1. 果枝
2. 花枝
3. 种子
4. 花
5. 果实横切面

枣 树 *Ziziphus jujuba*

鼠李科 Rhamnaceae（枣属）

落叶乔木，树高达 10m，树皮灰褐色，粗糙，枝条红褐色，平滑无毛；长枝具细长棘刺，一长一短，树冠呈卵形。单叶互生，卵形或卵状披针形，长 2～6cm，先端尖，基部偏尖，基部偏斜，边缘具细钝锯齿，两面光滑，基部 3 出脉。花数朵簇生于叶腋成聚伞花序，花小，黄绿色，萼裂片卵状三角形；花瓣倒卵圆形；花盘圆形，厚肉质，5 裂；子房下部藏于花盘内，2 室，花柱上部 2 裂。核果卵形或长椭圆形，长 1.5～5cm，熟时深红色，果核两端尖。花期 5～6 月，果熟期 8～9 月。枣的栽培品种很多：有金丝小枣，大枣，圆枣。

我国栽培已有 3000 多年的历史。《广志》记载："周文王之时，有弱枝枣甚美，禁之不食令人取，置树苑中。"自然分布于东北南部、黄河流域及长江流域，南至广东、广西、西南至贵州、云南等省区，生长于海拔 1700m 以下的山区及平原地区。在北纬 23°～42.5°、东经 76°～124°，广为栽培。喜光，喜温暖湿润气候，能耐 -30℃ 的极端最低气温，耐水湿亦耐干旱。花期日平均气温在 22～24℃ 以上，果实采收前的日平均气温在 16℃ 以上；酸性土、中性土、钙质土、甚至土壤含盐量达 0.3%～0.4% 的盐碱土上都能生长，在沙土、沙壤土、壤土、黏壤土中也能正常生长。但以深厚湿润、疏松肥沃、地下水位在 1.5m 以下的土壤上，生长旺盛。根系发达，主根可达土层中 1～4m，根幅比冠幅大 6 倍以上，抗暴风能力强；耐沙压、沙埋。山西五台县阳白乡郭家寨村有 49 株古枣树林，最大的树高 11.7m，胸径 1.40m，最小的胸径也 83cm，树龄 1100 多年。对烟尘、SO_2、Cl_2、HCl_2、HF 抗性强，并对 SO_2、Cl_2 吸收能力较强，$1m^2$ 叶面积能吸收 37.37mg 的 SO_2 和 39.96mg 的 Cl_2，对 HF 吸收能特强，达 $30.64mg/1m^2$ 叶面积。据考古发现，远在 8000 年前的新石器时期，枣已是祖先们用来以果腹的食物组成部分；《诗经·豳风》中有："八月剥枣，十月获稻"的诗句；安徽亳州枣，古代列为贡品，称"御枣"。中国古代"嫁枣"，为后来嫁接法开创了一个典范。宋·梅尧臣得亳州友人所寄御枣一筐，边尝边咏："沛谯有巨枣，味甘蜜相差。其赤如君心，其大如王瓜。尝贡超国门，岂及贫儒家。今见待士意，不异卢全茶。"欧阳修在亳州时亦有："白醪酒嫩迎秋熟，红枣林繁喜岁丰"的诗句，盛赞佳枣。《左传·庄子二十四年》记载："女赞，不过榛、栗、枣修，以告虔也。"枣作为古代妇女初见尊长时，送见面礼品之一。古人曰："一日三枣，年高不老"。枣树枝干虬曲苍劲，夏季花开满树金黄，秋季朱实累累，挂满树冠。至于枝条弯弯曲曲的龙爪枣、果为葫芦形的葫芦枣，当其果满枝头时，更是情趣盎然。唐·白居易诗："君求悦目艳，不敢争桃李。君若作大车，轮轴材须此。"

选用 15 年生以上的健壮母树，于 10 月上旬果实呈紫红色时采收。采回的果实经堆沤或剥果机除去果肉，取净晾晒干燥后装入布袋贮藏。春播，播前种子用 80℃ 水浸烫 10min，捞出后用冷水浸泡 2 周，再层积催芽，待 1/3 种子萌动时，采用宽窄行穴播，每穴播 5～6 粒种子，穴距 20cm，每公顷播种量约 250kg，覆土厚 2cm。当幼苗长出 3～4 片真叶时，间苗、补栽。早春 3～4 月在母树一侧挖沟，切断直径 2cm 以下的小根，并削平断根伤口，施肥覆土。秋后苗高 1m 左右，便可移栽。或用酸枣作砧木，接穗应选优良品种，进行芽接和枝接。嫁接时间一般在萌芽至开花前或在盛花以后的 1 个月内为好，接后用塑料薄膜绑严。春季带土随起随栽，勿伤根条。若单一品种，须配置授粉树。

心边材区别明显，边材浅黄色，心材红褐色。木材有光泽；无特殊气味和滋味；纹理直或略斜；结构甚细而匀，质重、硬；干缩中；强度高。木材干燥困难，易开裂；耐腐性强，抗蚁蛀；切削困难，尤适于车旋，切削面光洁；钉钉困难，握钉力强；油漆、胶粘性能良好。木材可用作高级家具、室内装饰、桩柱、日常用品、雕刻、玩具及工农具柄。

枣 树

1. 叶
2. 果核
3. 果
4. 花
5. 果枝

柿 树 *Diospyros kaki*

柿树科 Ebenaceae（柿属）

落叶乔木，树高 15～20m，树皮暗灰色，方块状深裂，树冠开张，呈圆头形或倒卵状椭圆形，小枝暗褐色，新梢有褐色毛。叶互生，嫩叶膜质，老叶革质，广圆形、宽椭圆形或倒卵状椭圆形，长 6～18cm，先端短渐尖，基部楔形或近圆形，上面暗绿色，具光泽，沿中脉有疏生毛，下面为粉绿色；叶柄粗壮，被柔毛。花杂性同株，单生或聚生于新生枝条的叶腋中，花冠钟状，黄白色，萼片大，宿存，萼片及花冠 4 裂；两性花雄蕊 8～16 枚，雌花仅有退化雄蕊，子房 8 室，花柱自基部分离，被短柔毛。柿果扁圆形或卵形，径 2.5～7cm，橙黄或橙红色，宿萼直径 3～4cm。种子 8～10 粒或无。花期 5～6 月，果熟期 9～10 月。

柿树广植于全国南北各省区。中国栽培柿树已有 2200～2500 年的历史。《礼记·内则》有："枣栗榛柿"之句，《上林赋》中有："枇杷、橪柿、亭奈、厚朴"之记载。喜光，喜湿暖湿润气候，在年均气温 10～20℃的地方都有柿树生长，但以 13～18℃最为适宜，能耐 -20℃极端最低气温，不耐高温，气温 30℃以上时，柿果不易形成色素，果面温度 42℃以上时，即发生日灼。在年降水量 400～1500mm 地区均可栽培，日照充足地区较好，根系在土壤含水量 16%～40% 都可产生新根，24%～30% 最多，低于 16% 时新根不再产生，果实生长受阻。适生于深厚肥沃而排水良好之土壤，在微酸性、微碱性土上均能生长，但不适应沙质土；耐干旱瘠薄，不耐水湿；深根型，吸收水肥能力强，寿命长，100 年生大树仍能丰产，400 年生古树还能结果。吸碳放氧能力和增温降温能力均很强，$1m^2$ 叶面积分别达释放氧为 17010.1g/a。蒸藤水量为 346.28kg/a；对 SO_2、Cl_2、HF 等有一定的抗性和吸收能力。树形整齐优美，枝繁叶茂，夏叶亮绿色，秋叶红艳，丹果累累，挂满树冠，经冬不落，落叶后更为美丽，为冬景添色，为观叶、观果俱佳园林结合生产的果木树种。明·严易《柿林浓荫》："乔木千章独茂，秋来佳实如银，蔽芾甘棠勿伐，轮囷窃比灵椿。"唐·段成式在《西阳杂俎》中称赞柿树有七绝："一多寿，二多阴，三无鸟巢，四无虫蠹，五霜叶可玩，六嘉实可啖，七落叶肥大，可以临书。"道尽了柿树的优良特性、价值及美态，至于落叶可以临书，是说唐代大画家郑虔，初学书写，苦于无纸，得知京城（西安）慈恩寺和尚打扫寺院时收集柿叶之多，堆满数间之屋，便住进京城（西安）慈恩寺里，每日取堆放在屋里柿叶学书，年年坚持写完了所能找到的柿叶终成一代"诗、书、画"名流。唐玄宗在郑虔自作书画卷上御笔题书："郑虔三绝"，红叶临书，换得郑虔三绝，传为千古美谈。

应选 15 年生以上健壮母树，于 8～11 月浆果橙黄色或橙红色时采收。采回的果实晒干或堆放待腐烂后取出种子，混湿沙贮藏或阴干后干藏，至翌春播种。播前需浸种，待种子膨胀后再播。当年生的粗壮苗木可作柿树的砧木进行嫁接，其方法有枝接和芽接，枝接又有切接、劈接、皮接等多种。劈接多在树液流动旺盛或 7 月间进行，切接和皮接约在 4 月下旬进行，而芽接则在树液流动缓慢的 5 月底或 8 月底左右进行。枝接所用的接穗应在柿树落叶后至萌芽前采集，应选优良品种 1 年生的结果枝，采后埋藏于湿沙中，也可随采随接，芽接常用方块形芽接。大穴整地，春秋季节，大苗带土栽植。

木材心边材区别不明显，黄褐或黄褐色微红，常有黑色条纹或斑点；有光泽。生长轮略明显，散孔材或至半环孔材。木材纹理斜，结构细均匀；质重；甚硬；干缩中至大；强度大；冲击韧性高。木材干燥易开裂，性质不稳定，性耐腐，不抗蚁蛀；切削加工容易，切削面光洁；耐磨损；油漆、胶粘性能良好。握钉力强，木材宜作纺织器材、家具、房屋建筑、雕刻及玩具、箱盒、工农具柄、日常用具及其它农具，亦为纤维原料等。

柿 树

1.雌花枝
2.果

君迁子 *Diospyros lotus*

柿树科 Ebenaceae（柿属）

落叶乔木，树高达 30m；树冠圆球形或扁球形。树皮光滑不开裂，老时呈不规则小方块状开裂，嫩枝被灰黄色短柔毛，小枝灰褐色，无毛，皮孔明显。单叶互生，椭圆形或长圆形，长 6~13cm，先端渐尖，基部楔形或近圆形，上面深绿色，下面粉绿色，被短柔毛，脉上更为显著；叶柄长 0.5~1.5cm。花单性，雌雄异株，淡黄或淡红色；花萼 4 裂，被灰色柔毛；花冠钟状或坛状，4 裂；雄花 2~3 朵簇生，具极短总梗，被柔毛，有雄蕊 16 枚；雌花单生叶腋，近无柄，有退化雄蕊 8 枚，花柱 4，分离。浆果球形，直径 1~1.5cm，蓝黑色，宿萼稍反曲，果梗粗短，无毛；种子长圆形，扁平。花期 5 月，果熟期 10 月。

君迁子古时称檽枣，即黑枣。宋·孙光宪《北梦琐言》："庭有檽枣树，婆娑异常。"古医者称："主治止消渴，去烦热，令人润泽。"又"镇心，久服悦人颜色，另人轻健"。分布区域同于柿树，但境外西亚与日本亦有分布。喜光，较耐荫；耐寒，耐干旱瘠薄能力均比柿树要强，亦耐水湿；喜深厚湿润，肥沃土壤，但对过于瘠薄土、中等碱土及钙质土也有一定的适应能力；根系发达，树龄长，在陕西醇化县马家乡罗家村海拔 1050 m 生长有 1 株君迁子，高 13.2m，胸径 0.71m，树龄已有 500 余年。对烟尘、SO_2 抗性强。树干挺直，浓荫覆地，浆果亮黄，悬挂于绿叶丛中，秋叶红艳，十分美观，赏心悦目，是优良的观叶、观果俱佳的园林树种，宜植为庭荫树、园景树及四旁、工矿区绿化树种、防护林树种，亦是柿树嫁接的砧木树种。果食脱涩后可食用，干制或酿酒，制醋。种子入药。

果熟期 9~10 月，成熟的果实呈橙黄色后变为黑色时采种。采回的果实将果肉捣烂，洗净取出纯净种子并用湿沙层积贮藏。播前的干种子应用 50℃ 的温水浸种 1~2d，沙藏的种子可直接播种。春季床式条播，每公顷播种量约 80kg，播后覆土 2~3cm，幼苗出土前要注意灌溉和土壤管理，当幼苗长出 2~3 片真叶时，间苗，每米留苗 6~7 株，同时进行施肥、松土除草和灌溉。也可秋播。君迁子是柿树砧木，枝接在早春，芽接在生长期进行。大穴整地，施足基肥，春秋季节，大苗带土栽植。

木材心边材区别不明显，黄褐或黄褐色微红，有光泽；无特殊气味和滋味。生长轮略明显，轮间呈浅色细线，散孔材。木材纹理中，结构甚细，均匀；质重；硬；强度中；冲击韧性中。木材干燥时易开裂，干缩大，性质不稳定。较耐腐。旋切容易，切面光滑。耐磨损，易油漆，握钉力强。常用于纺织木梭、纬纱管、线心。适合于加工高尔夫球棍、鞋楦及鞋跟、制作高级家具、雕刻、手杖、伞柄、建筑用的房架、柱子、地板等。也是纸浆的好原料。

君迁子

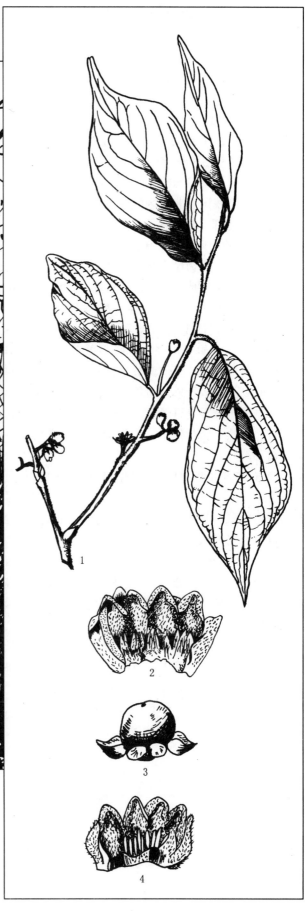

1. 雄花枝
2. 雌花展开
3. 果
4. 雄花展开

黄波罗（黄檗）*Phellodendron amurense*

芸香科 Rutaceae（黄檗属）

落叶乔木，树高达 22m，胸径 1m；树冠广阔，枝开展。树皮厚，淡灰色或灰褐色，深纵裂，木栓层发达，内层薄，鲜黄色，苦味；小枝橙黄色，无毛；裸芽生于叶痕内。奇数羽状复叶，对生，小叶 5~15 片，卵状椭圆形或卵状披针形，先端长渐尖，叶缘波状或有不明显钝锯齿，齿间有透明油点，下面仅中脉基部有毛。花单性，雌雄异株，顶生聚伞状圆锥花序，花小，黄绿色，萼片和花瓣 5~8；雄蕊 5~6，长于花瓣；子房 5 室。果为浆果状核果，球形，内有粘质，成熟时蓝黑色，有特殊的气味和苦味；果核 5，每核 1 种子。花期 5~6 月，果熟期 10 月。

黄波罗是我国东北地区的珍贵用材树种之一。分布于东北小兴安岭南部，长白山区及华北燕山山区的北部，最北界可至北纬 52°，最南界在北纬 39°。在分布区的北部，常散生于海拔 700mm 以下的山间河谷，溪流两侧，与红松、兴安落叶松，花曲柳等混交；在南部华北山地其海可达 1500m，常为散生的孤立木，生长在沟边及山坡中、下部地带。喜光，不耐庇荫；喜温凉湿润气候，耐寒性强，亦较耐水湿；在深厚湿润、肥沃而排水良好的中性土或微酸性土生长良好，生长速度中等，19 年生，树高平均 7.8m，胸径 10.2cm，在黏土或瘠薄土上生长不良，19 年生，树高仅达 3.5m，胸径 4cm。深根型，主根发达，抗风力强。$1m^2$ 叶面积吸收 $Cl_2 60.31$ mg。萌芽力，根蘖力均强，可萌芽更新、根蘖分株繁殖。抗病虫害；耐火性强；寿命长达 300 年。树形自然美观，干皮鲜黄，赏心悦目；树冠宽广疏展，夏叶浓绿，秋叶亮黄色，颇为美观。但落果时易弄脏人行道，污染衣服，因此只宜作为庭荫树或在其它较为开阔地方种植，在山地风景区群植组成混交风景林，亦是珍贵用材林树种。皮可入药，内含小檗碱，是重要的中药材，有健胃、解热、强壮作用，治胃肠炎、细菌性痢疾、腹痛、消化不良及黄疸等症。亦是优良的蜜源树种。

应选 25 年生以上优良母树，于 10 月果实由绿色变为黑色时采收。成熟的果实易遭鸟害，采种要及时。采后放入容器内浸泡或堆沤，用清水冲洗、揉搓，取净后置于通风良好室内阴干，放入缸内贮藏。秋播当年采集的种子，播前需经低温（0~5℃）混湿沙层积催芽 2 个月。春播的种子也可用雪埋法或露天埋藏法进行催芽处理。早春大垅或床式条播，每公顷播种量约 60kg，覆土 1~2cm，并稍加镇压。播前要施足底水。当苗高达 5~6cm 时间苗，10cm 时定苗。防治病虫害。适生于湿润、通气良好、腐殖质含量丰富、中性或微酸性、深厚的壤质土或棕色森林土及冲积土。不耐干旱和水湿地。穴状整地，适当深栽、幼树注意培土、除萌及修枝。大苗带土栽植。

木材心边材区别明显，边材浅黄褐色，心材栗褐色；有光泽。生长轮明显，环孔材。木材纹理直，结构中，不均匀；质轻；软；干缩小；强度低；冲击韧性中。木材干燥容易，干缩小，少翘裂；切削面光洁；油漆、胶粘性能优良；钉钉容易，不劈裂，握钉力不大。木材宜作家具、船舶、车辆、胶合板、枪托、房屋建筑、室内装饰、杆柱等。木栓发达，是良好的绝缘材料。

黄波罗

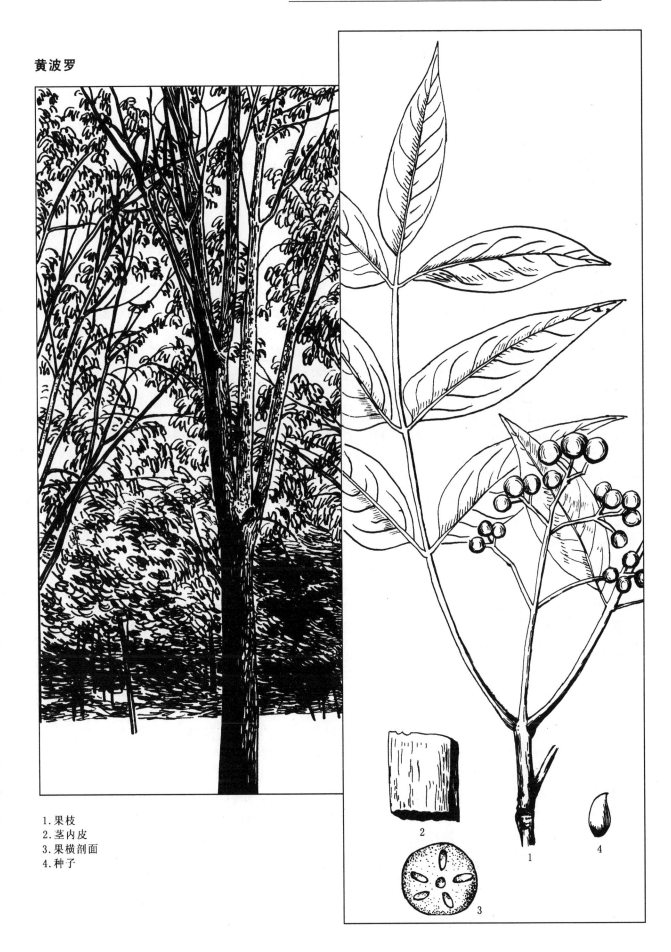

1. 果枝
2. 茎内皮
3. 果横剖面
4. 种子

柑 橘 *Citrus reticulata*

芸香科 Rutaceae（柑橘属）

常绿小乔木，树高 2～4m，枝有棘刺，枝叶密生，树冠呈圆形或半圆形。叶互生，革质，有半透明油细胞点，叶片椭圆形至披针形，长 5～11cm，宽 2.5～6cm，先端渐尖，基部楔形，全缘或具钝齿；叶柄有狭翼。花单生或 2～3 朵簇生于叶腋，乳白色，萼浅杯状，5 裂，裂片三角形；花瓣 5，长椭圆形；雄蕊 18～24，连合成数束；子房 8～15 室。果扁圆形，橙色或橙红色，直径 5～8cm，果皮易与瓤囊剥离，瓤囊 8～11 瓣，中心柱较空。花期 5 月，果熟期 8～9月。柑橘种类繁多，有旱橘、蜜橘、甜橘、乳橘、红橘等。

原产我国，《山海经》记载："……；多橘。"分布于北纬 16°～37°，海拔最高达 2600m。在西南、华南及长江流域一带山地尚有野生种柑橘类的分布，尤其是在金沙江、大渡河上游河谷地带有黄果（甜橙）、椪柑、柚和大翼橙的红河橙、马蜂柑等等大片原始生态群落景观，四川会理、会东山间尚存有胸径 2m 以上，树龄几百年野生古橘树。我国栽培柑桔已有 4000 年以上的历史。汉代传入印度等东南亚各国，唐朝传入日本，16 世纪传入西欧各国。经济栽培区集中在北纬 20°～33°，海拔 700～1000m 以下，广东、广西、福建、浙江、江西、湖南、四川、湖北等省区为主要产区。短日照树种，喜漫射光。喜温暖湿润气候，要求年均气温 15℃ 以上，冬季极端最低温在 -10℃ 以上，年降水量 1000～2000mm；不耐干旱，在滨海地区果实肥大，色味俱佳，质量亦高。性喜疏松、肥沃、湿润、排水良好的土壤，pH5.5～8.0 之间均能生长，但以 pH6.5 左右的微酸性土壤上生长最为理想；浅根型，侧根发达，菌根共生，为内生菌根。土壤含水量以 60%、氧气低于 1.5% 或高于 8% 则生长不良。耐修剪；生长尚快，四川凉山彝族自治州木里县白碉乡海拔 2170m 处，长生 1 株黄果柑古树，高 15m，胸径 86cm，冠径 12m，树龄 300 余年，一般年产果 250～400kg，最高产 850kg 以上，对 SO_2、Cl_2、HF 抗性强。据上海分析，当叶含氟达 113μg/g 时不受害。《郭橐驼种树》书中："南方柑橘虽多，然亦畏霜不甚收惟洞庭霜，虽多无所损。"这说明当时因洞庭湖小气候条件之好，适于柑橘生产。唐·杜甫《树间》诗："岭寂双柑树，婆娑一院香。交柯低几杖，垂实凝衣裳。满岁如松碧，同时待菊黄，几回霑叶露，乘朋坐胡床"。李颀诗句："柑实万家香"。韩愈诗句："户多输翠羽，家可种黄柑。"梅尧臣诗句："绿橘黄柑带叶收"。李坤诗句："江城雾敛轻霜早，园橘千株欲变金"。孟浩然诗句："金子耀霜橘"。柑橘四季常青，枝繁叶茂，春季满树白花，秋冬硕果压枝重，是优良的观叶、观花、观果兼得的观赏树种，其乔木型也宜植为行道树、庭荫树、园景树，或在风景区片植构成柑橘风景林；其灌木型可丛植、群植绿地，草坪一隅，或与其它观赏树种混植，均可组成优美景观。果皮晒干后可入药，即是中药中之陈皮，有理气化痰、和胃之效，核仁及叶有活血散结，消肿之效。《南方草木状》（304 年）记载："南方柑树若无此蚁，则其实皆为群蠹所伤。"开世界生物防治之先河。

果熟期 10～12 月，实生苗约 8 年生开花结实，嫁接苗 2～3 年生即开花结实。采回的果实用人工或机械剥取种子，用清水洗净后阴干，混湿沙置于阴凉处贮藏，保持沙的含水量 10% 左右，不宜过湿，每周翻动 1 次。春季 1～3 月播种，也可随采随播。播前用 45℃ 温水浸种 24h，待胚根微露时播种。高床条播，条距 15～20cm，条幅 5cm，覆细土，稍镇压，浇水，盖草，每公顷约播种 220kg。嫁接多用芽接、切接，在春季萌芽前树液流动时进行。砧木为 1～2 年生实生苗，嫁接部位离地 5cm，接穗采用秋梢枝条。削接穗时，注意保护芽眼，插入砧木切口内，形成层对准形成层，并用塑料薄膜捆紧接口，穴状整地，秋冬施基肥。春季 1～4 月栽植。

柑 橘

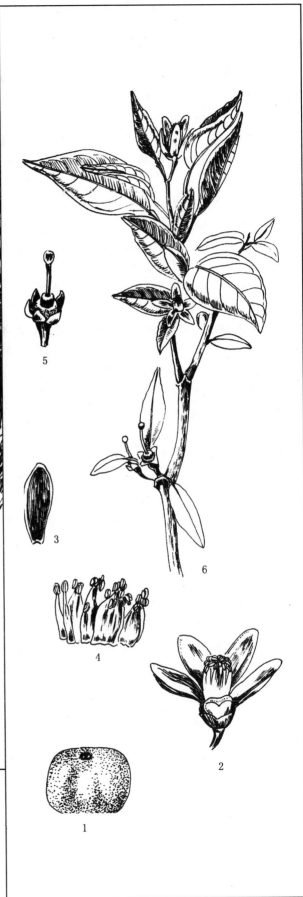

1.果
2.花
3.花瓣
4.雄蕊
5.雌蕊
6.花枝

臭 椿（樗树）*Ailanthus altissima*

苦木科 Simaroubaceae（臭椿属）

落叶乔木，树高达 30m，胸径达 1m 以上；树皮灰白色或暗灰色，平滑或有浅裂纹；树冠呈伞形；枝粗壮，有髓心，小枝叶痕呈马蹄形。叶互生，奇数羽状复叶，小叶 13～25 枚，长椭圆状披针形，先端渐尖，基部近圆形，偏斜，边缘波状，近基部有 1～2 对缺齿，齿端有腺体。圆锥花序顶生，长 10～20cm，花杂性，白色带绿，雄花有雄蕊 10 枚，两性花雄蕊较短，子房 5 心皮，柱头 5 裂。翅果长椭圆形，长 3～5cm，成熟时黄褐色；种子位于翅果近中部。花期 4～5 月，果熟期 8～9 月。

分布亚洲至大洋洲，我国产亚热带至温带。北自辽宁、华北、西北，南至长江流域各地区，各地常见栽培。强阳性树种，不耐庇荫；耐寒，能耐 -35℃ 低温，耐旱与瘠薄，耐盐碱，在土壤含盐量达到 0.4%～0.6% 能够成苗，在含盐量达到 0.2%～0.3% 时生长良好。在酸性土、中性土和钙质土上均能生长，喜钙质土，为石灰岩山地的习见树种。不耐水湿，喜排水良好的沙壤土。深根型，根系发达，抗风力强；萌蘖性强，生长快，少病虫害，寿命长达 200 年以上。吸碳放氧能力较强，1m^2 叶面积年放氧量为 1348.47g，降温增湿能力中等，达到 1m^2 叶面积年蒸腾量为 259.19kg，滞尘抗烟能力特强，对二氧化硫、三氧化硫、氯气、氯化氢、二氧化氮、硝酸雾、乙炔等有害气气体具较强抗性，并对硫、氟、铅蒸气等吸收能力也较强。1kg 干叶可吸 SO_2 3280 mg，Cl_2 11650 mg。主干挺直，树冠开阔，叶茂荫浓，嫩叶紫红，夏季深绿色的叶，能产生热带风光的效果，秋季红果累累，颇为美观，是优良的园林绿化树种。引种至国外，在英、法、德、意、美、印度均植为行道树，巴黎埃菲尔铁塔两旁及堤岸上密植此树，在伦敦街道也常见之。英国人称之 Tree of heaven（天堂树）。叶可饲养樗蚕，种子含油率约 37%，根皮均可入药能杀蛔虫和治痢。

选用 20 年生以上优良母树，于 9～10 月果实成熟时采种。播前将种子用 50～60℃ 温水浸种 1 昼夜捞出后置于温暖处盖草催芽，每天洒水 1～2 次，约 10d 左右即可播种。春季床式条播，行距 20～25cm，覆土约 1.5cm，每公顷播种量约 40kg。幼苗长出 3～4 片真叶时间苗，再隔 2～4 周定苗，每米长留苗约 25 株。防治病虫害。此外，可分蘖及根插育苗。作为绿化大苗，应在第 2 年春进行平茬、摘芽，使主干向上延伸。穴状整地，春秋季节，截干栽植。或春季苗木顶芽膨大时，适当深栽。

叶痕微管束 9 个，木材心边材区别略明显，边材黄白色，心材浅黄褐色；有光泽。生长轮明显，环孔材。木材纹理直，结构中，不均匀；质中重；中硬；干缩中；强度中或低；冲击韧性中。木材干燥容易，微有翘裂；稍耐腐；不抗虫菌；切削加工容易，切削面较光洁；油漆性能较佳；胶粘性能良好；易钉钉，握钉力弱。木材宜作家具、箱盒、农具、玩具、体育器材、人造板及造纸原料等。叶子饲养蚕。种子含油量约 37%，根皮均可入药，能杀蛔虫和治痢。

臭 椿

1.果枝
2.雄花
3.两性花

橄 榄 *Canarium album*

橄榄科 Burseraceae（橄榄属）

常绿乔木，树高可达 20m，干直立，枝条开展，树冠如盖；干与枝的树脂有特殊芳香。叶互生，革质，奇数羽状复叶，小叶通常 11~19 片，对生，长椭圆状披针形，先端尖至渐尖，基部圆，稍歪斜，网脉两面均明显，全缘。花两性或杂性，圆锥花序腋生，花黄白色，有芳香，萼杯状，3~5 裂；花瓣 3~5，雄蕊 6，稀 10 枚；子房上位，2~3 室。核果椭圆形或卵圆形，幼果青绿色，熟时黄绿色，皮光滑。花期 5~6 月，果熟期 10~11 月。为热带树种，树姿美丽。

分布于亚洲和非洲热带地区至大洋洲北部，我国南部各省栽培极盛。果供生食和渍制加工，海南岛低海拔杂木林中有野生。云南海拔 180~1300 m 的沟谷或山坡杂木林中也有生长；喜光，幼时稍耐荫；喜暖热气候，耐干旱，只能忍受 -3℃ 的低温，在 -4℃ 以下就会受到冬害；在年均气温 20℃ 以上，冬季无严霜冻害，年降水量 1200~1400mm 的地区最适生长。最适宜沙质土壤、钙质土及深厚的冲积壤；pH 以 5.5~6.5 左右最为适宜。过于黏重的土壤及盐碱土不适于生长。深根型，主根肥大而深扎土中，抗狂风能力强。病虫害少，寿命长。树叶四季常青，主干端直，绿荫如盖，小叶斜展，姿态优美，树脂有特殊的芳香，夏日白花满树，香气袭人，果味虽苦涩，游人咀之芳馥，胜含鸡骨香，并有生津止渴、开胃、消气等功效。宋·苏东坡《橄榄》诗："纷纷青子落红盐，正味森森苦且严，待得微甘回齿颊。已输崖密十分甜。"王禹偁诗句："果酸当橄榄，花好摘蔷薇。"元·黄溍句："谁云入道苦，余味需橄榄"。李时珍《实主治》称："生津液、止烦渴、治咽喉痛、咀嚼嚥汁能解一切鱼鳖毒。"叶、果均美的观赏树种，宜植为行道树、绿荫树、园景树以及河流两岸及近岗、台地防风林带树种。

选用 20 年生以上优良母树，于 9~10 月果实为淡黄绿色时采种。采后置沸水中浸 5min，除去果肉，即得种子。种核需用湿沙层积 60 天左右进行播种，春季 2~3 月，床式条播，条距 30cm，覆土 2~3cm，每公顷播种量约 1000kg。如 1 核多苗，可分苗移植或剔除弱苗。也可嫁接繁殖，采用劈接、嵌接和靠接，接穗采自壮年丰产母树上的 2 年生枝条，截成 15cm 一段，每个砧木上接接穗 1~2 条，注意防晒和保湿，嫁接期 5~6 月。春秋季节，大苗带土球栽植。

木材心边材无区别，黄白色或浅黄褐色，纵断面白色；有光泽。生长轮不明显至略明显；散孔材。木材纹理交错，结构细，均匀；质轻；中硬；干缩小；强度低。木材干燥容易，有翘裂现象；不耐腐；易遭虫蛀与变色；切削加工容易，切削面欠光洁；油漆性能中等；胶粘容易；握钉力弱，不劈裂。木材宜包装茶叶及其他食品，宜作人造板、一般房屋建筑、家具、木屐、箱盒等。

橄 榄

1.花枝
2.果枝
3~4.花及其纵剖面

乌榄 *anarium pimela*

橄榄科 Burseraceae（橄榄属）

常绿乔木，树高达 25m，胸径 1m 以上；有胶黏性芳香树脂；树皮灰褐色，有灰白色斑纹；幼树树皮光滑，老树树皮呈块状剥落。奇数羽状复叶，互生，长 30～65cm，小叶 7～9，对生，革质，矩圆形至卵状椭圆形，长 5～15cm，基部偏斜，全缘，上面深绿色，有光泽，无毛，下面平滑，网状脉两面均明显。花两性，白色，组成圆锥花序，顶生或腋生，长于复叶。核果卵形至长椭圆形，长 3.5～4.5cm，熟时紫黑色，被白粉，果皮光滑；种子 1～3。花期 5 月，果熟期 9～10 月。

天然分布广东、海南、广西、云南、福建和台湾等地，多生长于比较低的丘陵、岗地及平原地带，在海南与广东西南部一带，海拔可达 700m，组成纯林或与枫香、红锥、南酸枣、橄榄、黄杞、小果香椿、水东哥、高山榕等混生成林。在云南西双版纳和富宁野生于海拔 540～1280 m 的杂木林中；阳性树种，喜光；喜暖热湿润气候，抗高温耐干旱；适生于北纬 24°以南地区，年均温 22℃，月平均气温 20℃以上达 8 个月，1 月平均气温 10℃左右，偶有霜日，相对湿度 80% 以上，年降水量 1500～2000mm 的地区，开花结果良好，人工栽培有超北纬 24°。对土壤适应性强，石灰岩、砂岩、花岗岩等风化形成的酸性（pH4.5～6.0）沙质壤土、粗沙壤土及轻黏壤土上均能生长，抗旱，耐贫瘠。但以深厚湿润，中等肥力，疏松排水良好的丘陵坡地，河滩地生长最佳，在低湿地或积水地不能生长。深根型，主根粗壮，侧根粗大发达，须根密集，常有大侧根露出地面，抗风能力强；生长较快，少病虫害，抗污染，寿命长达 300 年以上，广州市郊 200 年生大树习见，生长旺盛。树干分枝高，树干端直修长，树冠圆锥形，树姿高婷，叶色四香青翠欲滴，羽叶轻盈婆娑，大型圆锥形穗状花序于早春开放，花期长达 1 个月，密集白色花缀满树冠，形成乌榄"千树雪"的壮丽景观。人工栽培用的嫁接树，分枝低，树冠圆球形，冠幅广展，枝条下垂，可拂地，宛如杨柳依依，婀娜多姿，楚楚动人。是华南园林结合生产的优良园林绿化树种，亦是海岛绿化先锋树种。

应选 20 年生以上的优良母树，于 9～10 月果实由青绿色变为淡黄褐色时采集。采后用沸水浸烫 2～3min，果肉稍软时摊开剥出种子，用湿沙层积贮藏。播前用开水浸种，冷却后，再浸入冷水中 24h 后播种。春季 3 月床式点播，株行距 15 cm×20 cm 或 20 cm×30 cm，每穴播种子 1 粒，覆土 2～3 cm，并盖草保湿。可在当年 7 月结合松土除草，雨后施肥 1 次，次年 3～4 月和 7～8 月各施肥一次。也可将热冷水处理的种子置于湿沙床中，待种子发芽后再移至圃地培育。城市绿化需培育 2～3 年大苗。产果经营的橄榄园多用高压或嫁接苗，大穴整地，施足基肥，春秋季节，阴雨天栽植。

木材心边材区别不明显，黄褐、灰黄褐至灰红褐色；有光泽。生长轮略明显，轮间呈浅色带；散孔材。木材纹理交错；结构细，均匀；质中重；中硬；干缩中；强度低。木材干燥不难，但有翘裂、内裂产生；不耐腐；不抗虫；切削加工容易，切削光洁度欠佳；油漆性能尚好；胶粘性能良好；握钉力较强。木材可作家具、室内装饰、房屋建筑、人造板、车船、枕木、箱盒、农具等。

乌 榄

1. 叶枝
2. 核果

麻 楝 *Chukrasia tabularis*

楝科 Meliaceae（麻楝属）

落叶乔木，树高达 38m；胸径 1.7m 左右；干形通直，枝下高可达 20m；，树冠呈卵形，树皮灰褐色，具粗大明显皮孔；老枝赤褐色，小枝叶痕明显，具苍白皮孔；芽具鳞片，被褐色粗毛。偶数羽状复叶，长 25～50cm，小叶 10～18，互生，纸质，卵形或卵状披针形，长 7～12cm，宽 3～6cm。圆锥花序顶生，花黄色带紫，雄蕊花丝合生成筒，花药 10 枚，着生于筒的近顶端；子房 3～5 室，胚珠多数。蒴果木质，近球形或椭圆形，表面粗糙有淡褐色小瘤体，3 瓣裂；种子扁平，下部具膜质的翅。花期 5～6 月，果熟期 10 月至翌年 2 月。

广布于亚洲热带亚热带地区，常绿或半绿落叶季雨林中；在海南岛生长于海拔 750m 以下的山地、丘陵及台地。福建于 1964 年引种，闽南地区多用作四旁绿化树种，如缅甸及安德曼群岛、孟加拉、印度均有分布，我国西藏、云南、贵州、广西、广东等省区也有分布，其地理位置在北纬 18°～25°。常生海拔 500～1030m 山谷、山坡地带。喜光，幼年耐荫，在密林常见有大量幼苗、幼树被复庇于林层下层，而在干旱地区的天然次生疏林中，其幼苗幼树板为少见。但在低山中部的山脊或山区外围较干旱的土壤上亦常见有幼树和大树生长。喜暖热湿润气候及深厚湿润、肥沃的红壤，耐干旱亦耐水湿，天然分布区，降水量 1000～3800mm，年平均气温 18～24℃，耐湿热及盐雾，具有一定的耐寒性，能耐短暂 0℃ 低温。对有毒气体有一定的抗性。对土壤要求不严，适应性强；深根型，根系发达，抗风力强；树龄长，云南开远市南洞风景区有 1 株麻栎，树高 26m，胸径 1.86m，树龄以达 400 年。由于树干高大挺拔，枝繁叶茂，羽叶轻盈飘洒，姿态优美。宋·谢莲《戏咏石榴晚开》诗："霏霏江蓠只唤愁，眼前何物可忘忧。楝毛净尽绿荫满，才见一枝安石榴。"宜作为西南、华南低海拔地区优良的行道树、庭荫树以及四旁、工矿区海滨地带绿化树种，亦是高级优良用材树种。

应选 15～35 年生壮龄母树，于 11～12 月蒴果由黄褐色渐呈深褐色果瓣开裂时采种。采后摊晒 3～4d 果壳开裂，脱出种子，取净干藏或密封贮藏。一般随采随播。播前用 40℃ 温水浸种至自然冷却，继浸种 24h 后捞出晾干，即可播种。床式撒播或条播，行距 20cm，每公顷播种量约 40kg，播后覆细土，薄覆草，干旱浇水，但不能过湿。幼苗出土后，及时揭草，幼苗高 10～15cm 时移植，株行距 15～25cm。也可容器育苗。春秋雨季栽植，穴状整地，适量基肥，适当深栽。

木材心边材区别明显，边材灰红褐色，心材栗黄褐色；光泽性强。生长轮略明显，轮间呈浅色细线；散孔材。木材纹理交错，结构细，均匀；质中重；中硬；干缩小；强度中。木材干燥不难，有细微表裂，干后稳定；耐腐朽；抗蚁性弱；切削加工容易，切削面光洁；光泽性强，径面花纹美丽；油漆、胶粘性能优良；握钉力颇佳，不劈裂。木材宜作高档家具、室内装饰、房屋建筑、雕刻、箱盒、车船、机模、乐器等，是国产名贵材之一。

麻楝

1.花枝
2.花
3.雄蕊管展开
4.果
5.种子

楝树（苦楝）*Melia azedarach*

楝科 Meliaceae（楝属）

　　落叶乔木，树高达 30m；胸径 1m，枝条广展，树冠宽阔，树皮暗褐色，纵裂；小枝具明显皮孔，幼枝绿色，老枝紫褐色。叶 2～3 回奇数羽状复叶，长 20～50cm；小叶卵形至椭圆形，先端尖，基部稍偏斜；边缘有锯齿或浅裂，表面深绿色，背面浅绿色。圆锥花序与羽叶近等长，腋生，花两性，萼 5 裂，裂片披针形，有短柔毛；花瓣 5 片，倒卵状匙形，淡紫色，被短柔毛；雄蕊 10 枚，合生成管，紫色；子房 5～6 室，球形，花柱细长，柱头头状。核果近球形，长 1.5cm，淡黄色，外果皮肉质，内果皮木质，种子每室 1 粒，5～6 粒，椭圆形。花期 4～5 月，果熟期 10 月，经冬不落。

　　分布于亚洲热带至亚热带地区，我国西南至东部各省区盛产。北至黄河流域，均有野生与栽培，在甘肃南部、陕西南部、山西南部、河南、河北南部、山东南部生长于海拔 200m 以下地带，在长江流域及以南地区多生长于海拔 500m 以下的低山、丘陵和平原地带。喜光、又耐庇荫，喜温暖湿润气候，在两广和台湾能耐 38℃ 的高温，耐寒力较弱，在河北，山东能耐 -120℃ 低温，但在长江以北地区冬季幼树易发生冻梢。适应性强，在酸性土、中性土、钙质土以及在含盐达 0.4% 次生盐渍土上均能生长；耐水湿，稍耐干瘠；适生的年降水量为 600～1500mm，在年降水量 300～500mm 的山西、河南部分地区，以及降水多达 2000mm 的台湾、海南均能生长。生长快，年生长最高达 1～2m，径生长达 2～3cm，耐烟尘，对 SO_2、SO_3、NO_2、光气、苯、苯酚、乙醚、乙醛、乙醇、醋酸、铬酸等有害气体与物质抗性强，对 Cl_2 抗性较差，并对 SO_2 具有吸收能力，据南京在某硫酸厂离污染源 200m 处测定，对 SO_2 吸收量为构树的1/3，为泡桐、榉树的 2/3。抗重金属能力强。由于树形自然优美，羽叶轻盈疏展，庇荫面大，夏日满树堇紫色花，清香四溢。宋·王安石诗句："小雨轻风落楝花，细红如雪点半沙"。陈师道诗句："密叶已成荫，高花初著枝"。还有陆游诗句："风度楝花香"，近代诗人洪炳文《减字木兰花》词："楝花香绕，闻说春归人未晓。"秋果黄色如小铃，宿存树上，经冬不落，颇为秀丽美观，是园林及工矿区绿化的好树种，宜植为行道树、庭荫树，孤植、列植均适宜。亦是溪流河岸、村边田头、沿海滩地、丘岗、山脚护岸固土的防风林带的优良树种。《本草纲目》中记有："蛟龙畏楝，故端午以叶色棕投江中祭屈原"以及"实主治诸疝虫痔"、"花杀蚤虱"等。

　　应选 10～20 年生健壮母树，于立冬前后果皮变黄略有皱纹时采种。采回的果实应放入水中浸泡15d 左右，捣去果肉，洗净阴干，放入室内干燥处贮藏。冬播可直接播种。春播宜早，将种子曝晒 2～3d，用 80℃ 热水浸种，自然冷却后再浸 24h，然后用草木灰拌种，1 天后进行露天混沙催芽，当有种子露出胚芽时即可播种。春季床式条播，条距 25cm，覆土。出土后的幼苗成簇，应在阴雨天间苗移植。也可用容器育苗。早春随起苗随定植。栽植时根部不宜过度修剪。穴状整地，适当深栽，在较寒冷地区可采用"斩梢灭芽法"，以防枯梢。

　　木材心边材区别明显，边材黄白或浅黄褐色，心材浅红褐或红褐色，有光泽。生长轮明显，环孔材或半环孔材。木材纹理直斜，结构中，不均匀；质轻至中；软或中；干缩小；强度低至中；冲击韧性中。木材干燥不难，速度中等，不易翘裂；心材稍耐腐，抗蚁性弱，边材有兰变色和腐朽；较抗虫蛀；切削加工容易，切削面光洁；油漆、胶粘性能良好；握钉力中，不劈裂。木材宜作家具，较抗早蛀；箱盒、运动器材、室内装饰（地板除外）、胶合板、造纸及日常文体、工艺文体、工艺用具。

棟 树

1. 花枝
2. 果枝
3. 枝

川楝 *Melia toosendan*

楝科 Meliaceae（楝科）

落叶乔木，树高达 15m 左右，胸径 60cm；树皮黑褐色；幼枝灰黄色，密被星状鳞片，二年生小枝暗红色，叶痕和皮孔明显。叶为二回奇数羽状复叶，长 35～45cm，每 1 羽片通常有小叶 7～9 片，小叶对生，卵形或窄卵形，先端长渐尖，基部近圆形，两边常不对称；全缘或有稀疏锯齿，两面无毛。圆锥状聚伞花序生于小枝上部叶腋，长 6～15cm，约长及羽叶的一半；花较大，淡紫色或白色，花萼和花瓣均为 5～6；雄蕊 10～12，花盘近杯形，子房球形，无毛，6～8 室。核果大，椭圆状球形，内果皮坚硬木质，有棱；种子 3～5 粒，长椭圆形，黑色。花期 4～5 月，果熟期 10 月。

自然分布以四川、云南、贵州三省最多，甘肃、河南、湖北、湖南、广西等省区次之，生长于海拔 1900m 以下中低山丘陵及平原地带，而以 700m 以下低山中下部坡腹坡脚、河边、溪边、田埂及宅旁，生长较多，常与栲木、麻柳、旱莲、慈竹等混生。广东、福建、浙江、江苏、安徽等省均有引种栽培，生长良好。喜光，喜温暖湿润气候，耐寒性比楝树稍差，要求年均气温 15.5～18.7℃，1 月平均气温不低于 3.3℃，10℃ 的有效积温 4800～6000℃，年均降水量 930～1100mm 以上，相对温度 75%～80% 以上。适生肥沃深厚、湿润之土壤，在酸性、中性、钙质土及轻盐碱土上均能生长，但以钙质紫色土和冲积潮土生长最好；稍耐干旱、瘠薄，也能生长于水边。根系发达，抗风；生长速度比楝树快 2～3 倍；树龄较长；云南德钦县金沙江畔奔子栏乡 1 株川楝，树高 20m，胸径 1.53m，树龄以 150 年。对烟尘、HCl、HF 及病虫害抗性强。树形高大，干枝修长，羽叶疏展，夏日紫红色花，布满树冠，清香阵阵，蜂蝶飞舞，生机盎然。明·杨基《天平山中》诗："细雨茸茸湿楝花，南风树树熟枇杷。徐行不记山深浅，一路莺啼送到家"。楝花香，枇杷熟，南风阵阵，一路莺啼，何等惬意到家。是优良的绿化树种，宜植为行道树、庭荫树，亦是四旁与工矿区美化树种。树叶可制土农药，可防治小麦黄斑病、豌豆白粉病、稻螟虫、棉红蜘蛛、蚜虫，叶与花放入粪池，可杀死蛆虫。树皮含有川楝素等三萜类化合物，可用以防治菜青虫对农作物的危害。从川楝韧皮中分离出驱蛔虫的川楝素，驱虫效率达 74%～96%，疗效佳，副作用小。

应选 10～25 年生健壮母树，于 10～11 月果实呈黄白色，果皮微皱时采种。采后堆沤数日，经揉搓，去除杂质，取净后干藏或湿沙层积贮藏。秋播随采随播。播种前 1 个月，将种子先用温水后用冷水浸泡 2～3d，再混湿沙贮藏或放入地窖中，待种子裂嘴时播种，春季，高床条播，株行距 20cm，每米沟内点播 30 粒种子，覆土 3cm，每公顷播种量约 2000kg。当幼苗长出 2～4 片真叶时移植。川楝根蘖性强，可用根系进行插根育苗。春季，苗木顶芽萌动前随起苗随栽植。

木材心边材区别略明显，心材淡红褐色，有光泽，无特殊气味和滋味；散孔材，木材纹理直，结构粗；硬度适中，木材切削加工容易，切削面光洁，油漆、胶粘性能优良，握钉力强；木材干燥不难，略有开裂。木材耐腐，抗蚁蛀。在车辆用材中作底架、梁、柱，建筑用材做装修、门、窗、梁、高级木地板，造船用材中作肋骨、骨架等，也适合于电视机、收音机外壳、胶合板、纸浆、包装箱板等。

川 棟

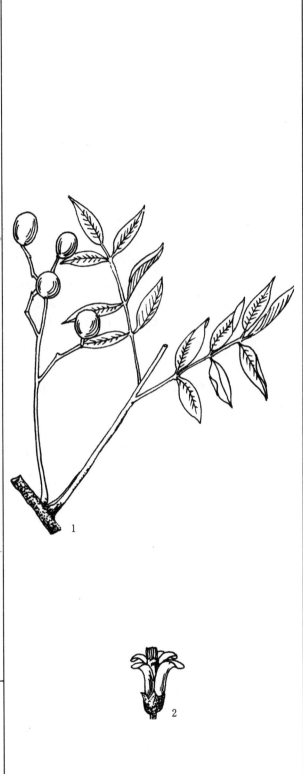

1. 果枝
2. 花

大叶桃花心木 *Swietenia macrophylla*

楝科 Meliaceae（桃花心木属）

常绿乔木，树高达 40，胸径 2.0m，树冠小，近圆形；树皮红褐色，片状开裂剥落。叶为偶数羽状复叶，长 40～50cm，小叶 3～6 对，对生或近对生；叶革质，斜卵形或卵状披针形，基部偏斜，两侧不等，全缘或有 1～2 波状钝齿，先端渐尖，中脉偏于下缘。圆锥花序腋生或近顶生，萼 5 裂，小，漏斗状，5 浅齿裂；花瓣 5，倒卵状椭圆形，顶端圆；雄蕊 10，花丝合生成壶状的筒，子房基部为鲜红色的环状花盘所包，5 室，每室有胚珠多颗。蒴果大，木质，卵状矩圆形，表面有粗糙褐色小瘤体，熟时栗色，5 瓣裂，每室有种子 11～14 粒，上端有翅。花期 3～4 月，果熟期翌年 3～4 月。

原产于美洲热带至亚热带地区，其地理位置在北纬 20°的墨西哥的东南部至南纬 18°的巴西西部。在世界热带地区广为栽培。大叶桃花心木自墨西哥南部经中美洲、加勒比海地区向南至亚马孙河流域各条支流上游均有分布，生长于海拔 130m 以下河谷，溪边。年降水量 1500～3500mm，气温幅度 11～36.7℃，从稀树草原松林的边缘到顶极雨林地带均有分布，但多见生长于河流两岸附近深厚肥沃的冲积土上组成常绿混交林中，特别是在伯利兹和危地马拉海岸附近海拔高 480m 的地带，分布最为集中。我国引入桃花心木 *S. mahogany* 1 种，在广东、云南等地栽培，生长良好。喜光，幼时耐荫；喜暖热湿润气候，不耐炎热高温；适生于深厚湿润、肥沃而排水良好的山坡、溪旁，在海拔 900m 以下湿热环境条件下生长不良；深根型树种，根系发达，抗风力强；耐干旱瘠薄，易移植，少病虫害，抗污染，寿命长，广东珠海市有 1 株大叶桃花心树龄 80 年，高 16m，胸径 1.13m，为唐绍仪所植。生长速度中等。30 年生，平均胸径可达 73cm，福建漳州 9 年生平均村高 12.1m，胸径 29.5cm。优势木树 14.8m，胸径 35.7m；广州 12 年生平均高 7.8m，胸径 11.1cm，优势木高 9.5m，胸径 16.8cm。多趋向于发展其他生长较而林质相近似的楝科树种。树干高大耸直，树冠苍翠，羽叶疏展，绿浪浮光，雄伟壮美，是优良的行道树、绿荫树、园景树，可列植、大面积群植成林，绿荫蔽天。

应选 20 年生以上优良母树，于 4～5 月蒴果开裂前采种。采回的果实置于阴凉处任其自然开裂，晾干，即可播种或密封贮藏。播前，将除去种翅的种子置于 45～60℃ 温水中浸种 1 昼夜或湿沙层积催芽。春季高床条播，沟距 20cm，每米沟长播种 25 粒左右，覆土厚度不见种子为宜，并盖草。幼芽出土时，分期揭草，如遇天气干旱，注意洒水、遮荫。第 1 片真叶长出时，及时进行芽苗分床移植，株行距 25～30cm。庭园绿化应在苗圃培育 2～3 年生的大苗。也可容器育苗。穴状整地，适量基肥，早春栽植。

心边材区别明显，心材暗红褐色，边材浅黄褐色至浅红褐色。生长轮镜下明显，界以轮状薄壁组织带。木材光泽强，无特殊气味和滋味。纹理直或略交错，结构甚细，均匀，木材干缩小，质重、硬，强度大，切削加工容易，切削为光洁，油漆、胶粘性能优良，干燥性能良好，耐腐，防腐处理困难。为世界上珍贵优质用材。可用于装饰性单板、高级家具、室内装饰、镶嵌板、乐器、木模、车工、雕刻等用材。

大叶桃花心木

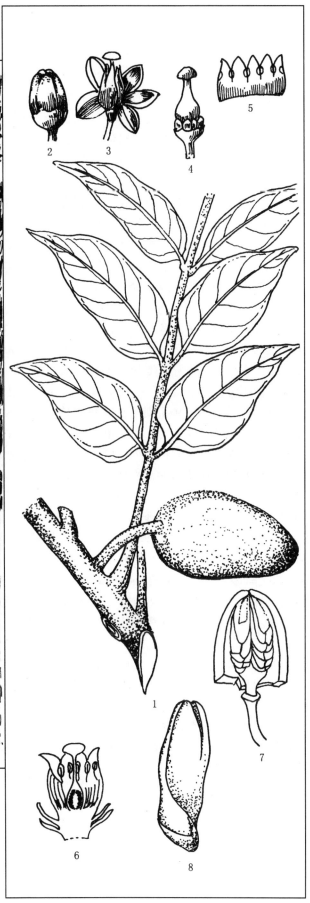

1.果枝
2.花蕾
3.花
4.雌蕊及花盘
5.雄蕊营展开
6.花纵剖面
7.果纵剖面示种子排列
8.种子

香椿 *Toona sinensis*

楝科 Meliaceae（香椿属）

落叶乔木，树高达 25m，胸径 50cm，树皮暗褐色，片状剥落；小枝黄褐色，幼时有柔毛，老枝带紫色；冬芽大，密被黄褐色毛；叶痕扁圆形，具 5 个叶迹。叶互生，偶数羽状复叶，长 25～50cm，揉之有特殊气味；小叶 8～10 对，卵状披针形或长椭圆形，长 8～15cm，先端渐尖，基部圆或宽楔形，全缘或有疏锯齿，表面深绿色，背面淡绿色，刚发新叶红紫色。圆锥花序顶生，花两性，萼杯状，具 5 钝齿；花瓣 5，长椭圆形，白色，芳香，雄蕊 5 枚，退化雄蕊 5 枚，子房和花盘无毛。蒴果狭卵圆形，深褐色，5 瓣裂；种子椭圆形，仅一端有膜质翅。花期 5～6 月，果熟期 8 月。冬态叶痕为 5，区别臭椿叶痕为 9。

分布于亚洲至大洋洲。我国香椿产西南至华南、华北、北至辽宁南部，生长于海拔 1600～1800m 之间，但大多在海拔 1500m 以下的山地和平原地区，在陕西秦岭和甘肃小陇山有天然群落景观，河南信阳地区也有较大面积的人工纯林群落景观，村边、路旁及房前屋后常见。尤以山东、河南、河北等省栽培最多，但多为零星散生林木，成片林很少。香椿木材，国外市场上称为"中国桃花心木"。嫩芽称香椿头，香味佳，可作蔬菜食用。栽培历史悠久，为我国特产树种。喜光，不耐庇荫，喜温暖湿润气候，有一定抗寒力，－10℃以下低温（陕西）可正常越冬，但气温在－27℃时易受冻害。适生于深厚湿润，肥沃的沙质壤土，在酸性土、中性土及钙质土上均能正常生长，能耐轻度盐渍土，耐水性差，6～12 年生的香椿，水淹 60～65d 后死亡率达 99%；深根型，根系发达，抗风力强；萌芽，萌蘗力均强；病虫害少，寿命长。陕西柞水县马家台乡云山村海拔 1090m 处生长 1 株香椿，树高 33.5m，胸径 1.43m，树龄已有 550 余年。云南陇川县章凤镇下曼村生长有 1 株香椿大树，高 37m，胸径 1.31m，树龄已有 200 余年；抗污染能力强，尤其对 SO_2 抗性强。树干耸直，树冠高大，枝叶茂密，嫩叶鲜红，是良好的庭荫树、行道树以及四旁绿化树种，在庭前、院落、草坪、公园斜坡、水畔均可配植。古代有大椿长寿之传说，《庄子·逍遥游》："上古有大椿者，以八千岁为春，八千岁为秋。"因而有椿年、椿龄、椿庭、椿萱代表长寿、父母之代称。

应选 15 年生以上健壮母树，于 9～10 月果实由绿色转为黄褐色时及时采收，采后晾晒脱粒，除杂干藏。播前种子用温水浸泡 2～4h 后捞出，每天淋以温水，待种子吸水膨胀或发芽即可播种。春季高床条播，条距 25～30cm，每公顷播种量约 45kg，薄覆土，并盖草。幼苗出土应适当遮荫，并间苗、定苗，每米长留 7～8 株。也可利用起苗时修剪的粗根截成 10～15cm 长进行埋根育苗。若以食用采摘细芽嫩叶为目的，应适当加大栽植密度。春季，大苗栽植，栽后抹芽促干。

木材心边材区别明显，边材红褐或灰红褐色，心材深红褐色；有光泽。无特殊气味和滋味。生长轮明显，环孔材。木材纹理直，结构中，不均匀；质中重；中硬；干缩小；强度中；冲击韧性中。木材干燥容易，无缺陷，干后稳定性好；性耐腐；抗蚁蛀；切削加工容易，切削面光洁；油漆、胶粘性能优良；易钉钉，握钉力弱，木材花纹美丽，宜作高级家具、室内装饰、车船部件、文体器材、雕刻工艺品、尤其适宜制作香烟的包装盒，可以增加烟香的芬芳气味和防虫害。

香 椿

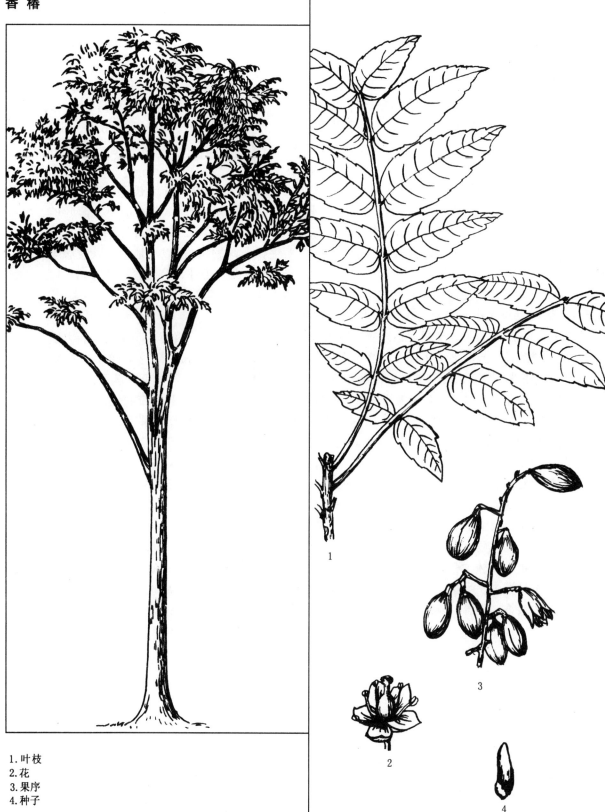

1. 叶枝
2. 花
3. 果序
4. 种子

红椿 *Toona ciliata*

棟科 Meliaceae（香椿属）

落叶乔木，树高达 30m，胸径 1m 以上；树冠宽广；树皮灰褐色，不开裂或鳞片状裂，小枝具疏皮孔，有细柔毛。叶为一回偶数羽状复叶，长 30~40cm，小叶 6~12 对，对生或近对生，卵形或长圆状披针形，先端尾状渐尖，基部不对称，全缘，下面仅脉腋有簇生毛。花两性，顶生圆锥花序，花白色，有香味；萼片卵圆形，微被柔毛；花瓣长圆形，雄蕊 5 枚，子房 5 室，每室有胚珠 8~10。蒴果倒卵状椭圆形，有明显皮孔；种子两端有翅，膜质。花期 5~6 月，果熟期 9 月。[附变种：毛红椿（*T. sureni* var. *pubescens*）与原种不同处：小叶背密被毛，子房亦被毛。]

红椿是我国珍贵用材树种之一，也有"中国桃花心木"之称。自然分布于长江以南各省区，其中两广、贵州及云南为其分布中心，安徽泾县有小片天然纯林景观，常与南酸枣、薄叶楠、青冈、豹皮樟、枫香、山槐、黄连木、青檀等混生。生长于海拔 300~2260m，以下中低山，丘陵缓坡谷地阔叶林中或在平坝四旁散生；在广东、广西生长于海拔 800m 以下地带，以散居多。喜光，也耐半荫，喜暖热气候，要求年均气温 17.8~18.9℃，最冷月平均气温 8~9℃，最热月平均温 38~39℃，能耐短时间（2~3d）的，极端最低温 -4.8℃，年降水量 1300mm，适生于深厚湿润，肥沃疏松而排水良好之酸性土壤，或钙质土中，pH4.5~8.3。广州 16 年生，树高 16m，胸径 43cm；浅根性，侧根发达，能穿串在石缝中。抗风能力强，杀菌、净化空气能力强；少病虫害。树龄长，云南梁汉县河西乡丝光平村生长有 1 株红椿高 30m，胸径 3.50m，树龄已 200 余年。树形高大耸直，雄伟秀丽，树冠开展如伞，春季嫩叶紫红色，夏季羽叶疏展，青翠欲滴，是优良的绿化观赏树种，宜植为行道树、庭荫树，亦是四旁绿化与防护林带的优良树种。

应选 15 年生以上健壮母树，于 9~10 果实由青绿色变为黄褐色时采收。采后晾晒脱粒除杂干藏。播前用 50℃温水浸种 2d。高床开沟条播，沟距 20cm，沟深 3cm，覆土、盖草、浇水，每公顷播种量约 20kg。出苗 3 个月后分床移植，株行距 20cm。幼苗期要中耕除草，施氮肥催苗，速生后期施钾肥。红椿有较强的萌蘖能力，可用 1~2 年生苗根进行埋根育苗，或用萌发枝条于春夏扦插育苗，如天气干旱要及时遮荫浇水。如有食梢螟、金龟子害虫可用乐果、辛硫磷喷杀。穴状整地。春季，大苗栽植，并对苗根、枝条适量修剪。

木材心材区别明显，边材灰黄褐或灰红褐色，心材深红褐色；有光泽。无特殊气味和滋味。生长轮明显，半环孔材或近似散孔材。木材纹理直，结构中至粗，略均匀；质轻；软；干缩小；强度低；冲击韧性中。耐腐。干燥容易，不翘曲，少开裂；加工容易，刨后光泽强，握钉力弱。可适用于室内装饰、乐器、雕刻、仪器、收音机及电视机的外壳、文体用材及农具。

红 椿

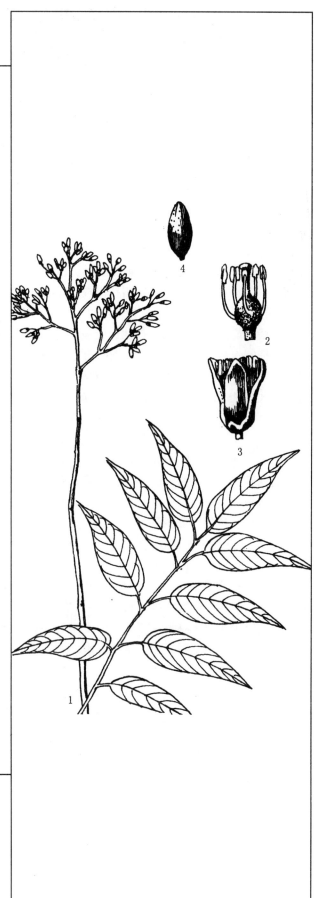

1. 花枝
2. 花(去花瓣)
3. 花纵剖面
4. 果

栾 树 *Koelreuteria paniculata*

无患子科 Sapindaceae（栾树属）

落叶乔木，树高达 15m；树皮暗灰褐色，有纵裂；树冠伞形或圆球形；小枝淡褐色，有明显皮孔，具柔毛。叶互生，奇数羽状复叶，或为不完全的二回羽状复叶，连柄长约 20～40cm，小叶 7～15 片，纸质，卵形或卵状披针形，长 4～8cm，边缘具不规则粗锯齿或缺裂，幼时两面有平伏长柔毛，后渐脱落仅脉上有卷曲短柔毛；叶柄有短柔毛。圆锥花序顶生，长 25～40cm，花序轴被柔毛；萼片 5，花瓣 4，条状披针形，淡黄色，中心紫色；雄蕊 8，子房 3 室，每室有胚珠 2，花柱 3。蒴果卵状椭圆形，先端渐尖，囊状中空，由 3 枚膜质薄片组成，成熟前紫红色；种子圆形，黑色。花期 6～7 月，果熟期 9～10 月。

栾树分布广泛，北自辽宁向西南至云南中部，生于海拔 300～3800m 平原、丘陵及中低山地带，是华北平原与低山丘陵地区常见树种。喜光，稍耐荫，喜温暖湿润气候，也耐寒，耐干旱瘠薄，耐低湿与盐碱地，适生钙质土上。深根型，根系深长；萌芽力强，不耐修剪，少病虫害，寿命长。陕西宝鸡县新街乡庙川村海拔 1485m 处，生长 1 株，树高 16m，胸径 1.13m，树龄达 300 余年。$1m^2$ 叶面积年放氧量达 1477.72g，年蒸腾量达 258.86kg，其放氧、降温增湿能力均较强，杀菌能力强，对 SO_2 抗性也较强，对 Cl_2 抗性较差。所含没食子酸甲酯，对多种细菌、真菌具有抑制作用。树姿端正，枝繁叶茂，春季嫩叶似醉，夏季黄花满树梢，入秋丹果盈树。《植物名实图考》载："栾树绛霞烛天，丹缬照岫，先于霜叶，可增秋谱"即指于此，是理想的观赏树种。远在 2500 年前的古代，封建主按墓主地位之尊卑规定其坟墓纪念树的等级，将栾树列为第三等，植为大夫墓树之用，据《春秋纬》载："天子坟三仞，树以松；诸侯半之，树以柏，大夫八尺，树以栾，士四尺，树以槐；庶人无坟，树以杨柳。"故栾树又称为"大夫栾"。其种子可制佛珠，在庙宇庭院中尤为恒见。由于树形自然优美，枝繁叶茂，黄绿色羽叶疏展，轻盈秀丽；初秋开花，金黄悦目，不久就有淡红色灯笼的果实挂满枝头，十分秀丽美观。宜选作园景树、行道树、庭荫树、心脏居住区、工矿区与四旁美化树种，亦是医院、学校、城市卫生防护林带与防风林带的优良树种。

应选 15 年生以上健壮的壮龄母树，于 9～10 月果实呈黄色时蒴果开裂前采种，及时脱粒取净后即播，也可用浓硫酸浸种 1～2h，用清水浸泡 2d，再混湿沙层积（0～5℃）100d 后播种。春季床式条播或垄式播种，垄距多为 60～70cm，条播行距 25cm，播后覆土。当幼苗生长到 5cm 时需间苗、定苗。一般要换床移苗 2～3 次，每次适当修剪主根及侧根，以促发须根，3 年左右形成大苗。栾树对土壤要求不严，耐干旱和短期积水，但以土层的沙质土生长最好。早春萌芽前裸根定植，穴内适量基肥，栽后浇水，成活后每年松土除草直至幼林郁闭。注意防治叶斑病和蚜虫等。

木材心边材区别不明显，浅红褐色或黄红褐色；有光泽，无特殊气味和滋味，生长轮明显，宽度不匀，环孔材。木材纹理斜，结构细至中，不均匀；质硬、重，强度中，木材干燥容易，少翘裂，耐腐性中，易感染蓝变色；切削加工不难，切削面光洁，油漆、胶粘性能良好，握钉力中，木材可作家具、工农具柄、民用建筑及纤维原料。

栾树

1. 果枝
2. 叶柄放大示柔毛
3. 花瓣
4. 花

黄山栾树（全缘叶栾树）*Koelreuteria bipinnata* var.*integrifolia*

无患子科 Sapindaceae（栾树属）

落叶乔木，树高达 20m，胸径 1m，树冠广卵形，树皮暗灰色，小枝红褐色，密生皮孔。二回奇数羽状复叶，羽片 4 对，每羽片有小叶 7~9 片，长椭圆形或卵状长椭圆形，通常全缘，偶有锯齿。花黄色，萼片 5，花瓣 5，雄蕊 8。蒴果椭圆形，顶端浑圆，由 3 枚膜质薄片组成，嫩时紫红色。种子近圆形，黑色。花期 7~8 月，果熟期 9~10 月。

栾树之名由来已久，公元前三世纪的《山海经·大荒南经》："大荒之中，有云雨之山，有木名曰栾。禹攻云雨，有赤石焉生栾、黄本赤枝青叶，群帝焉取药。"分布长江流域中下游至华南、西南地区，以上偶见黄山栾树多散生于海拔 300~1900m 中低山、丘陵谷地及山麓地带疏林中，黄山栾树皖南山区，常见生长于海拔 400~700m 的天然林中。阳性树种，喜光，喜温暖湿润气候，耐干旱亦耐水湿；酸性山地黄壤、中性土及石灰质土上均能生长，深根型，主根发达，抗风能力强；生长尚快，不耐修剪；病虫害少，树龄长；安徽黄山区贤村采育场天然林中有 1 株黄山栾树古树高 23m，胸径 80cm 实为栾树中罕见的大树。对烟尘、O3、SO_2 抗性强。黄山栾树树干端直挺拔，干皮棕褐色，纵裂花纹、斑驳有序；大枝集聚顶端，斜展四射，构成伞状树冠；大型顶生圆锥花序，夏秋间枝头上布满黄色花朵，金光灿烂，亮艳夺目；不久就有鲜红妍丽的小灯笼似的果密密挂满枝头，披枝盖叶，"新霜彻晚报秋深，染尽青林作缬林。"入冬叶落后，红色的小灯笼果从仍然挂在枝头，不辞霜雪苦，宛然舞冬风，饶有风趣，是优良的观赏树种。宜植为行道树庭荫树或在风景区片植组成风景林。亦是山地保持水土、涵养水源及工矿区绿化、防护林带的优良树种。

应选 15 年生以上的优良母树，于 10~11 月果实呈褐色时即可采种。采回的果实经日晒 2d 后揉搓脱粒，种子密封干燥或低温湿沙贮藏。在 0~5℃ 低温下混湿沙层积或用浓硫酸处理 1~2h，再用清水浸泡 2d，尔后混沙层积 3~4 个月。翌年春季，床式条播，条距 20cm，上盖木屑或稻草，每公顷播种量约 150kg。幼苗长到 5~10cm 时结合松土除草进行间苗、定苗。此外，要防鼠害。黄山栾树喜湿润气候，较耐干旱、瘠薄及盐渍性土，但在深厚肥沃、湿润疏松的土壤上生长最好。大穴整地，适当基肥，春秋季节，大苗带泥土栽植。

心边材区别略明显，边材浅黄褐色，心材浅红褐色至微红褐色。有光泽；无特殊气味和滋味。生长轮明显，轮间界以浅色细线，宽度均匀，环孔材。纹理斜，结构细至中，不均匀；材质坚韧；干缩中；强度中至强。干燥性能尚好；钉钉稍难，但握钉力强，不易开裂。木材宜作家具、建筑、运动器械、家用电器、工农具柄、纸浆造纸等。

黄山栾树

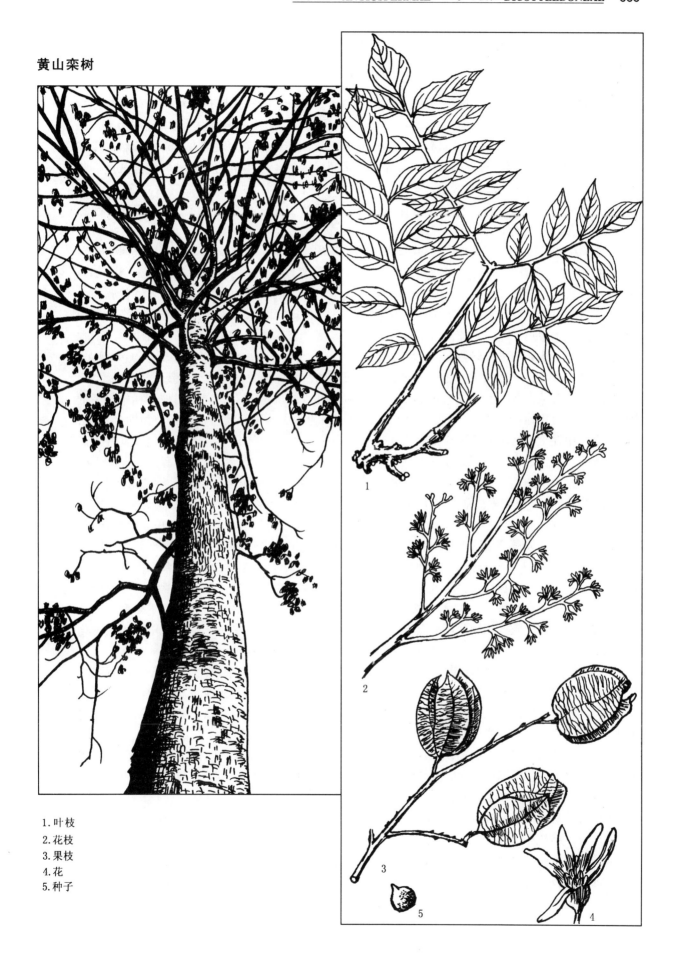

1.叶枝
2.花枝
3.果枝
4.花
5.种子

无患子 *Sapindus mukorossi*

无患子科 Sapindaceae（无患子属）

　　落叶乔木，树高达 20m，胸径 70cm；树皮黄褐色，平滑；树冠广圆形，枝条淡黄褐色，有多数小皮孔。芽叠生，上面芽大，下面芽小。偶数羽状复叶，长约 30 余 cm，总叶轴有柔毛，小叶 5～8 对，互生或近对生，卵状披针形或椭圆状披针形，先端钝尖，基部宽楔形，偏斜，薄革质，长 10～15cm，全缘，表面鲜绿色，有光泽，背面淡绿色，散生柔毛，入秋叶变为黄色。圆锥花序顶生，长 15～30cm，有绒毛；花小，淡绿色，两性，萼片 5，花瓣 5，有爪，雄蕊 8，花丝下部有长柔毛。核果球形，基部一侧有一疤痕，果径约 1.8cm，熟时黄色；种子黑色，硬骨质。花期 6 月，果熟期 10 月。

　　无患子在古代称为桓，鬼见愁。《山海经》载："秩周之山，其多桓"。晋·张华《博物志》："桓叶似榉柳叶。核坚正黑如墅，可作香缨及浣垢。"晋·郭璞注云："叶似柳，皮黄不错。子似楝，着酒中饮之，辟恶气，浣衣去垢，核坚正黑。即此也。"晋·崔豹《古今注》云"昔有神巫曰瑶氍能符刻百鬼，得鬼则以此木为棒，棒杀之。巴人相传以此木为器用，以厌鬼魅。故号曰无患，从讹为木患也。"唐·陈藏器《本草拾遗》载："无患子，高山大树也。子黑如漆珠。"《本草纲目》中有"生高山中，树甚大，枝叶皆如椿，特其叶对生，五六月开白花。结实大如弹丸，状如银杏及苦楝子，生青熟黄，老则文皱，去垢同肥皂，用洗真株甚妙。"无患子分布于秦岭、淮河流域以南各地，散生于海拔 1000m 以下（在西南可达 2000m 左右）向阳山坡疏林中，为低山丘陵、石灰岩山地习见树种。平原多栽培，庙宇中更为恒见。喜温暖湿润气候，耐寒性不强；在酸性土、中性土、钙质土及微碱土上均能生长，在盐分 0.1%～0.2% 的土地上生长良好，而以深厚湿润、肥沃、排水良好之地生长最好。深根型，主根深长，抗风力强，萌芽力弱，不耐修剪；寿命长，病虫害少，对 SO_2、SO_3 抗性强。根、韧皮、嫩枝叶、果肉、种仁均供药用。《本草拾遗》载："味微苦、平、有小毒，主治瀚垢，去面。喉痹，研纳维中，立开。子中仁，味辛、平、无毒，主治烧之，辟邪恶气。煨食，辟恶，去口臭。"本种具有降血压、溶血作用。叶含无患子皂甙。无患子皂甙 A～E 半数致死量（mg/kg）口服 1625，皮下注射 659，静脉注射 270。果肉洗涤作用尤其对皮肤上沾染的 Co、Cd、Cr、Mn、As、Hg 等有毒重金属具有明显的洗脱效果，且对皮肤无刺激，对人体无毒害。由于树形高大，树冠广展，姿态潇洒，羽叶苍绿洁净，入秋橙黄，明亮夺目，为优良的观赏树种，宜作为景园树、行道树，可列植于路旁，或丛植于庭院角隅，在公园、广场草坪上点缀数株，均可取得良好景观效果，并可选作工矿区美化种植。

　　应选 15 年生以上的健壮母树，于 9～10 月果皮褐黄色时采种。采回的果实浸入水中沤烂，搓去外果皮洗净、阴干后混湿沙埋藏或干藏。干藏的种子，播前用温水浸种约 24h，并可用 0.5% 高锰酸钾浸种 5min 进行消毒，种子休眠习性不明显。可冬播或春播，冬播随采随播；春播期 3 月，床式条播，行距 25cm，每公顷播种量约 750kg，覆土厚 2.5cm，盖草。播后 30～40d 发芽出土，当幼苗出齐后，间苗，6 月份定苗，此期间，要松土除草、灌溉施肥，加强肥水管理。无患子对土壤要求不严，在酸性、中性、微碱性及钙质土的低山丘陵及其石灰岩山地均可种植。春秋季节，大苗带土球栽植。

　　木材心边材无区别，黄色或黄褐色；有光泽；无特殊气味和滋味。生长轮明显，环孔材。木材纹理斜，结构中，不均匀，质重；硬；干缩大；强度中。木材干燥不难，有翘裂；耐腐性低；切削加工容易，切削面光洁；油漆性能一般；胶粘性能良好；握钉力中等。木材宜作家具、室内装饰、砧板、鞋楦、工农具柄及其他的农具。果皮含皂素，可代替肥皂除污之用。

无患子

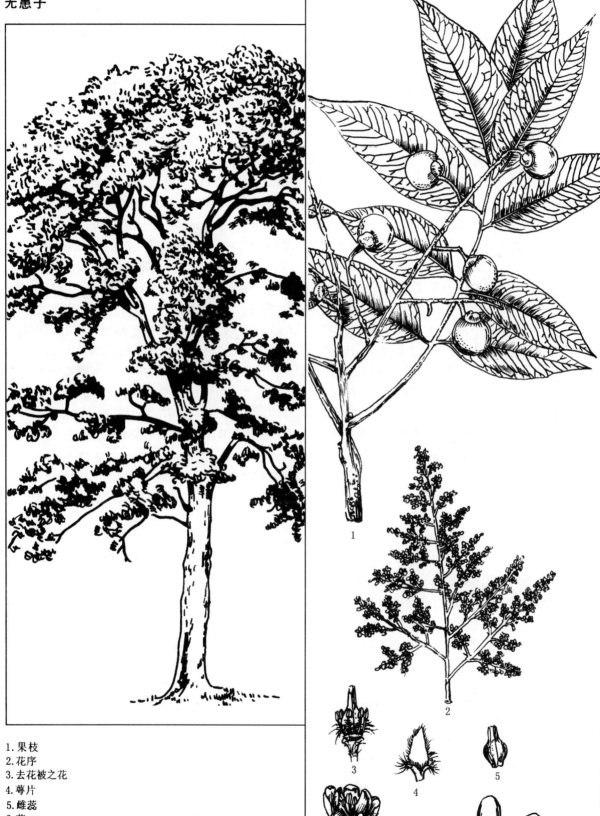

1. 果枝
2. 花序
3. 去花被之花
4. 萼片
5. 雌蕊
6. 花
7~8. 花瓣

龙眼（桂圆）*Dimocarpus longan*

无患子科 Sapindaceae（龙眼属）

常绿乔木，树高 20m 左右，树冠半圆形，幼枝密生锈色柔毛。叶为偶数羽状复叶，小叶 4～6 对，长椭圆形，革质，幼叶紫红色，后转为浓绿色，叶面有光泽。顶生或腋生圆锥花序，具锈色星状柔毛；花小而密，辐射对称，黄白色，被绒毛；雄蕊 8；子房心形，2～3 裂。果为核果状，球形，外壳较平滑，熟时黄褐色或红褐色，外具明显的疣点；有肉质、白色的假种皮。花期 5～6 月，果熟期 7～8 月。

龙眼自赵佗（公元前？～前 137 年）和荔枝献汉高帝始有名。原产我国南部及越南北部。分布于广东、广西、福建、台湾、海南、四川、重庆及香港等地，广生于海拔 1800m 以下中低山及丘陵山地疏林中，在海南琼海、澄迈，云南的南部等地热带雨林中尚有大片野生龙眼纯林群落景观。在丘陵山地、河谷地带、坡地、河流两岸及村寨附近，房前屋后广为栽培，其栽培历史至少在 2000 年以上。汉代龙眼栽培已颇为兴盛。喜光，有"背日龙眼"之说，但大树需要充足的光照。喜暖热湿润的气候，稍比荔枝耐寒抗旱，北纬 26°以南地区为其适生区，要求年平均气温 20～22℃，生长最高温 38～40℃，最低温为 2～3℃，冬季要求 8～14℃的低温阶段，以促进花芽的分化；0～2℃时易遭受冻害，－4℃时可致死，年降水量 1000～1200mm 以上。酸性土、微酸性土、中性土上均能适应，但以酸性、微酸性的壤土、沙壤土、红壤土可形成高效的共生菌根。深根型，根系发达，主根可深扎土层 2～3m，深者达 5m 多，侧根根幅为冠幅的 3.6～7.0 倍，萌芽性强，耐修剪；生长尚快。福建晋江县磁灶乡井边村有 3 株龙眼树，是明代万历年间种植的，已有 400 多年的历史，是最古老的龙眼树，至今枝繁叶茂，果实累累。云南富宁县剥益遍布野生龙眼林群落景观，树高可达 40m，胸径 1m 以上，为当地主要的乡土乔木树种。树形高大耸直，挺拔秀丽，主干虬曲苍劲，盘根错节，四时郁郁葱葱。南宋·刘子翚《龙眼》诗："幽姿傍挺绿婆娑。啖啀虽微奈美何。香剖蜜脾知韵胜，价轻鱼目为生多。左思赋咏名初出，玉局揄扬论岂颇。地极海南秋更暑，登盘犹足洗沉疴"。是园林结合生产的好树种。宜植为行道树、庭荫树、园景树、防护林树，或与其它树种混交组成风景树，亦是南方丘陵山地保持水土、涵养水源的优良树种。龙眼果肉晶莹爽脆，清甜鲜美，营养价值高。《神农本草经》："龙眼，味甘平，主五藏邪气，安志厌食，久服强魂，聪明，轻身，不老，通神明。"龙眼除含有较多的维生素 C 43～163mg 外，还含有烟酸和维生素 K 1965mg。

选用 20 年生以上的健壮母树，根据品种的成熟期不同于 8 月上中旬至 10 月中旬，果壳变薄、光滑、果肉白色透明、味甜、种皮呈棕黑色至棕红色时采集。种子寿命短，干燥 15d，发芽仅 5%，宜即采即播。播前用湿沙层积于 25℃的室内催芽，待种子露白后条播，行距 20～25cm，每公顷播种量约 900～1200kg，覆土，盖草。靠接以 3～4 月份成活率高。在母树上选取枝条作接穗，将砧木栽于盆中进行靠接，待愈合成活后，把接穗剪离母体。枝腹接，以 3 月中旬至 5 月上旬为好。砧木离地面 20～30cm 处剥去约 4cm，深达形成层稍入木质部。接穗选刚萌动、芽饱满 1 年生健壮枝条，在芽眼下 1cm 处向前呈 45°角斜削，将切好的接穗立即插进砧木切位，对齐形成层的一边，用塑料薄膜包扎好。一个月后即可解绑，15d 后剪砧。春秋栽植，穴块整地，施足基肥。

心边材区别略明显，边材红褐色至浅黄褐色，心材暗红褐或黄红褐色。木材有光泽；无特殊气味和滋味。纹理斜或交错；结构细而匀，质甚重、甚硬；干缩甚大；强度甚高。木材干燥困难，易开裂；耐腐性强；切削困难，切削面光洁；钉钉困难，握钉力强；油漆、胶粘性能良好。木材可用作高级家具、渔轮部件、房屋建筑、雕刻及工艺美术制品。

龙 眼

1. 雌花
2. 雄花
3. 叶枝
4. 花枝
5. 果枝

荔 枝 *Litchi chinensis*

无患子科 Sapindaceae（荔枝属）

常绿乔木，树高达 20m，径可合抱，树皮黑褐色。粗糙；树冠广宽而干短，枝多而扭曲。叶互生，偶数羽状复叶，小叶 2～4 对，革质，长圆形或长圆状披针形，长 4～15cm，宽约 1.5～4cm，先端渐尖，全缘，暗绿色，表面有光泽，背面淡绿带白色，新叶橙红色。顶生圆锥花序，小花绿白色或淡黄色，多而密，萼小，花瓣缺；花盘肉质；雄蕊 8，花丝有毛；子房 2～3裂。果核果状，卵圆形或圆形，表面有瘤状突起，成熟时紫红色；果壳坚韧，果肉为假种皮，白色、多汁而味甘。花期 3～4 月，果熟期 7～8 月。

荔枝栽培历史在 2000 年以上，西汉初期已颇为兴盛。分布约在北纬 18°～31°，生长于海拔1300m 以下低山地丘陵常绿阔叶林中。经济主产区在北纬 22°～24°30′，以广东、福建、广西、台湾最多，其次为海南、四川、云南、香港，贵州较少。在海南五指山区热带雨林中尚有大片野生荔枝林群落景观，其中以坝王岭海拔 500～800m 地带分布最为集中，白晶林场尚保存有约47hm²，长势良好，其中最高达 32m，胸径 1.94m，树龄均在 1000 年以上，尖峰岭林场也保留有约 10hm² 野生荔枝优势林群落。广东廉江的谢鞋山，广西博白县的石方山，云南勐仑县等热带雨林均发现有大片原生荔枝林群落景观。喜光，幼龄期耐庇荫，喜暖热湿润气候，怕霜冻，生育适温为 23～26℃，在年均气温 21～25℃地区生长良好；18～24℃开花最盛，2～0℃时枝叶即受冻害，－4℃低温时可致死。但花芽分期要求 11～15℃的低温阶段和干旱。要求年降水量在1200mm 以上。无论山地的红壤土、沙质土、砾石土、或平地的黏壤土、冲积土、河边沙质土均能生长发育。根系群庞大，可深达土层 5.8m；侧根发达，为内生菌类型，抗风能力强。生长快。萌芽性强，耐修剪。四川宜宾市打鱼村荔枝沟现有 3 株 1000 年以上的古荔枝，其中最大 1株荔枝古树，树龄已有 1300 年，树高 16m，胸径 1.10m，树干虽已中空，但仍能开花结果，相传为六祖慧能新植。汉·王逸《荔枝赋》云："暖若朝云之兴，森若横天之慧，湛若大夏之容，郁如峻岳之势。修干纷错，绿叶蓁蓁，灼灼若朝霞之映日，离离如繁星之着天。皮似丹罽，肤若明珰，润伴和璧，奇喻五黄。仰叹丽表，俯尝嘉味，口含甘液，腹受芳气，兼五滋而无常主。不知百和之所出。卓绝类而无俦，超众果而独贵。"唐·杜牧《过华清宫》："长安回望绣成堆，山顶千门次第开。一骑红尘妃子笑，无人知是荔枝来"。宋·苏轼《食荔枝》："罗浮山下四时春，庐橘杨梅次第新。日啖荔枝三百颗，不妨常作岭南人。"并有《荔枝叹》诗："十里一置飞尘灰，五里一堠兵火催。颠坑仆谷相枕藉，知是荔枝龙眼来。飞车跨山鹘横海，风枝露叶如新采。宫中美人一破颜，惊尘溅血流个载。永元荔枝来交州，天宝岁贡取之涪。至今欲食林甫肉，无人举觞酹伯游。"

选用 20 年生以上的优良健壮母树，于 5～8 月果实由青绿色转为暗红色或红色时采集。果实加工后可得到种子，经水洗取净后晾干即可播种。由于种子易丧失发芽能力。因此，不可曝晒及久藏。宜随采随播，条播，条距 25cm，每公顷播种约 450kg 左右，播后覆土，盖草，浇水，夏季烈日要遮荫。幼苗出土后生长缓慢，加强肥水管理。荔枝有靠接、嵌接和芽片贴接。芽片贴接法操作简便，成活率高。砧木选取实生繁殖的优良本砧，在砧木平滑处刻成片状揭皮，接穗采自 1～2 年生枝条削取芽片，并插入砧木皮层内，用塑料薄膜绑扎。25d 后解绑，接芽抽出新梢后，注意肥水管理。春秋季，苗木根系先沾泥浆，定植后，浇足定根水。

心边材区别略明显，边材红褐色至浅黄褐色，心材暗红褐色。木材有光泽；无特殊气味和滋味。纹理斜或交错；结构细而匀，质甚重、甚硬；干缩甚大；强度甚高。木材干燥困难，易开裂；耐腐性强；切削困难，切削面光洁；钉钉困难，握钉力强；油漆、胶粘性能良好。木材可用作高级家具、渔轮材、房屋建筑、雕刻及工艺美术制品。

荔枝

1.果枝
2.花的一部分
3.种子

羽叶泡花树（红枝柴）*Meliosma pinnata*

清风藤科 Sabiaceae（泡花树属）

落叶乔木，树高达 20m；树皮暗灰色，光滑不裂，小枝近无毛；树干端直，树形横展；芽球形，密被柔毛。叶为奇数羽状复叶，小叶 7~13 枚，椭圆形或长椭圆形，叶轴、叶柄被褐色柔毛；小叶长 4~10cm，先端渐尖，基部宽楔形，边缘疏生锯齿，叶背脉上疏生毛。圆锥花序顶生，长 15~30cm，花小，白色，萼片通常 5 片，椭圆状卵形；花瓣 5 枚；雄蕊 5，3 枚退化；子房被黄色粗毛。核果球形，果核具明显凸起的网纹，中肋明显隆起。花期 5~6 月，果熟期 8~9 月。

分布于河南、陕西南部、江苏、浙江、江西、湖北、贵州、广西、广东北部等。安徽皖南山区休宁、祁门、歙县、石台、牯牛降、清凉峰，大别山区金寨、霍山白马案、马家河林区以及江淮地区滁县琅琊、皇圃山等地均有分布。多生于海拔 1200m 以下，山地阔叶林中或林缘及丘陵、岗地，与枫香、黄檀、山槐、化香、白栎、栓皮栎、麻栎等落叶阔叶树种混生或与青冈、青栲、苦槠、甜槠等常绿阔叶林组成落叶、常绿阔叶混交林相。生长速度较快，多为乔木层，20 年生树高达 15~20m。南京紫金山、栖霞山习见。阳性树种，喜温暖湿润气候，亦耐寒；适生深厚湿润、肥沃、微酸性、酸性、中性的土壤。树形自然优美，主干端直，羽叶疏展，质感细密、轻盈，冠大荫浓，夏日白花满树，远望似朵朵白云，颇具自然趣味，宜植为行道树、庭荫树，单植、列植、丛植均合适或片植组成风景林。种子榨油可作润滑油。

应选 20 年生以上的健壮母树，于 8~9 月果实呈黑色时采种。采回的果穗晾干后，清除果皮、杂物，脱出种子，取净后摊晾阴干，装入容器置于阴凉通风室内或与河沙混合贮藏。秋播随采随播。春播混湿沙层积的种子，播前用 50~60℃ 的温水浸种 2~3d，捞出晾干即可播种。高床条播，条距 25cm，播后覆土、盖草。幼苗出土后，及时揭草、浇水、松土、除草、追肥，苗高 10cm 时定苗。如供城市绿化用苗，应留床或换床移植继续培育。本种多生长在溪谷山坡杂木林中。喜温暖气候，适生于山地、丘陵、土层深厚肥沃微酸性、中性土壤。大穴整地，适当基肥，春秋季节，大苗宿土栽植。

心边材区别不明显，灰红褐色或黄褐色，有光泽，无特殊气味和滋味。生长轮明显，轮间有深色细线。木材纹理直，结构中，质略重，略硬，强度中。木材干燥中，易变形，开裂，较耐腐；切削加工容易，切削面光洁，切面花纹美观，油漆、胶粘性能良好；握钉力中。木材可作家具、农具、包装箱盒、木屐及民用建筑等。

羽叶泡花树

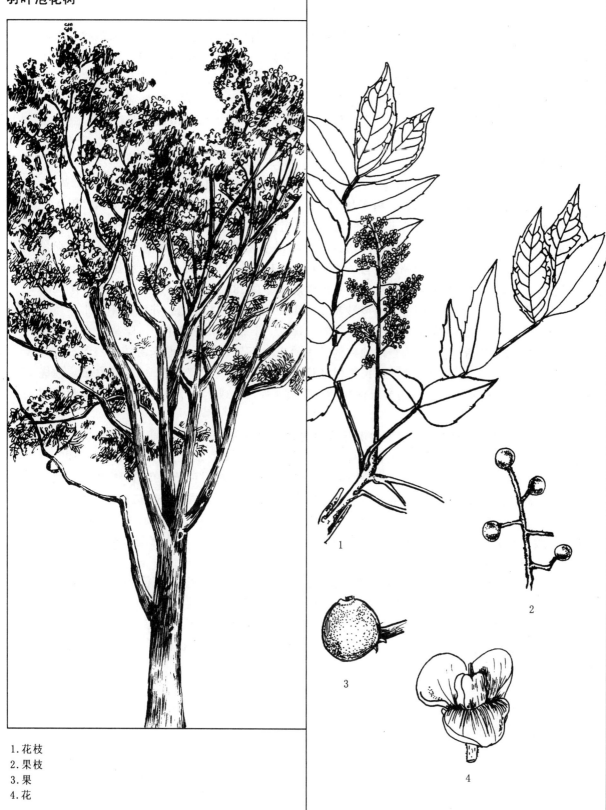

1.花枝
2.果枝
3.果
4.花

南酸枣 *Choerospodias axillaris*

漆树科 Anacardiaceae（南酸枣属）

落叶乔木，树高达 30m，胸径 1 m，干形通直；树皮灰褐色，长片状剥落；小枝粗壮，暗紫褐色，无毛，有锈褐色皮孔，叶痕大，维管束迹 3。奇数羽状复叶，长 20～30cm，叶轴基部膨大；小叶 7～15 片，卵形至卵状披针形，长 4～12cm，先端长渐尖，基部宽楔形，常偏斜，全缘，幼株叶常有粗锯齿，两面无毛或脉腋有簇生毛，侧脉 8～10 对，两面突起。花杂性，组成圆锥花序，腋生或近顶生，雄花花萼 5 裂，花瓣 5，反卷，雄蕊 10，花盘 10 裂；雌花子房上位，5 室，每室具 1 胚珠。核果椭圆形，熟时黄色，果核大，长 2～2.5cm，顶端有 5 个小孔。花期 4～5 月，果熟期 8～9 月。

该属仅 1 种，分布我国秦岭及长江以南各地，是亚热带低山、丘陵与平原常见树种。喜光、稍耐荫，喜温暖湿润气候，不耐寒；耐干旱瘠薄，不耐水淹与盐碱。在土层深厚湿润，肥沃排水良好的酸性土及中性土上生长迅速。浅根型，侧根粗大平展；生长快，15 年生树高可达 15m，胸径 25cm 以上，萌芽力强，寿命长，四川北川县太洪乡金鼓村有 1 株南酸枣高 23 m，胸径 2.45 m，树龄已有 800 余年。贵州独山县城关区新民乡有 1 株南酸枣高 37 m，胸径 1.40 m，树龄 700 余年。云南大关县悦乐乡沙坪村生长 1 雄株南酸枣高 28 m，胸径 4.8 m，树龄已有 1200 余年。是云南省最高大硕壮且最古老的南酸枣树，生长在村口古水井边。井水常年不干，当地村民称为 "龙神树"。巍峨挺拔，魁伟壮观，势凌霄汉。千百年来守村伴户，瞩望数十代村民 "清晨起巾栉，留连向暮归"，成为当地独特的一大历史生态景观，慕名而来游访者，无不拊膺赞叹，赞叹苍天泽被一方热土，赞叹村民护树世代有加。少病虫害，对 SO_2、Cl_2 抗性强。为优良的庭荫树、行道树和工矿区与四旁绿化树种，孤植、列植、或丛植于草坪、坡地、路旁或与其它树种混交组成风景林。

应选 15 年生以上的优良母树，于 7 月果皮由青转变为浅黄色时采种，堆放沤烂，洗去果皮果肉，取净后晾干，混湿沙贮藏，翌春播种。播前用 50℃温水浸种 2d 催芽。床式条状点播，行距 30cm，每米长播果核 10～12 粒，每公顷播种量约 600cm，播种时种子有孔的一端朝上，覆土厚约 3cm。幼苗出土前后若遇干旱要及时灌溉，当第一对真叶展现时间苗并移植补缺。加强前期管理，追肥 2～3 次，8 月中旬停止施氮肥，9 月控制灌溉用量。此外，也可应用 5cm 的根扦插育苗。南酸枣不耐寒，在肥沃湿润的酸性或微碱性土壤上生长良好，不耐水淹和盐碱，可在低山丘陵及平原地区栽植。春秋季节，随起随栽。

木材心边材区别明显，边材黄褐或浅黄褐色，心材红褐色；有光泽；无特殊气味和滋味。生长轮明显，环孔材。木材纹理直，结构中，不均匀；质中重；中硬；干缩小至中；强度中；冲击韧性中。木材干燥不难，少开裂；边材甚易变色，心材耐腐；不抗虫蛀；切削加工容易，切削面光洁；油漆、胶粘性能优良，握钉力中，木材宜作家具、人造板饰面、室内装饰、房屋建筑、车船等。

南酸枣

1.果枝
2.雄花枝
3.两性花枝
4.雄花
5.两性花
6.果核

黄连木 *Pistacia chinensis*

漆树科 Anacardiaceae（黄连木属）

落叶乔木，树高达 30m，胸径 2m；树皮灰褐色，纵裂，树冠近圆形；小枝赤褐色，有毛；冬芽红色，球形。叶互生，偶数羽状复叶，小叶 5~7 对，对生，卵状披针形，先端渐尖，基部楔形，偏斜，全缘，幼时有毛，后无毛；叶柄短，有微柔毛。花单性，雌雄异株，圆锥花序腋生，花序轴被淡褐色柔毛；雄花序长 10~18cm，淡绿色；雌花序长 18~24cm，红色，先叶开花，无花瓣。核果，倒卵状扁球形，先端具小尖头，初为黄白色，熟时变为红色或紫蓝色。花期 3~4 月，果熟期 9~10 月。

黄连木广布黄河流域及以南各省区的低山、丘陵、平原及村庄四旁。垂直分布，河北海拔 600 m 以下，湖南海拔 800 m 以下，华中 1000m 以下，贵州、云南海拔可至 2700 m 地带。在风景区、名胜迹地、庙宇宗祠、村庄及住宅四旁等地多有栽培。栽培历史悠久，用于观赏纪念性栽培在 2500 年以上。喜光，幼树稍耐荫。喜温暖湿润气候，畏严寒。华北地区幼苗越冬易受冻害；忌水涝，耐干旱瘠薄；在酸性土、中性土、微碱性土、钙质土以及黏质土上均能生长，在石缝土上也能长成大乔木。能耐 0.1%~0.2% 盐分。而以深厚湿润，肥沃排水良之地生长最好。深根型，主根发达，侧根多且粗壮，能穿缝绕石生长，抗风力强；生长速度尚快；萌蘖力强。寿命长，江西永平县陶唐石仓 1 株黄连木，高 42m，胸径 2.90m，树龄已有 1000 年。陕西周至县楼观台说经台海拔 550 m 处生长 1 株黄连木，树高 27m，胸径 2.3m，树龄也有 1000 余年。具有杀菌保健功效，对土壤型结核菌的杀菌作用达到 100%。对烟尘、SO_2、HCl、HF 抗性强。树干粗壮魁伟耸直，冠大荫浓，羽叶婆娑，春季嫩叶紫红，秋季老叶转变为红色，色泽鲜艳。为优良的行道树、园景树、庭荫树和抗污染树种。可孤植、列植、丛植。在风景区还可大面积群植或与乌桕、枫香、三角枫等混植构成壮观的美丽秋景。黄连木古称为楷木、楷树，相传古人认为楷木干硕壮，枝疏而不屈，树姿质正形端，多喻刚直坚劲。三国魏·刘劭《人物志·体别》载："疆楷坚劲，用在桢干，失在专固。"史载，孔子殁后，"葬鲁城北泗上"，即今山东曲阜城北门外。其众多弟子为怀念先师，各持家乡特有之树种，植于孔子墓地。因而孔子墓地栽植树木中以楷木居多。如今在孔林 2 万余株古树中，楷树就占有 3600 余株，以喻为孔子"今世行之，后世以为楷"。其内有 1 株相传为子贡庐墓时手植楷，如今只有 10m 多高的枯木，旁有清康熙年间立的石碑，记载该树曾遭雷击。但现今仍保持着"有风传雅韵，无雪试幽姿"的本色。一个"楷"字，不仅了却了孔门弟子承师志、效德行的心愿，而且也把黄连木的身价蓦然提高了许多，隧后书香宅地前必栽有黄连木，以尽显儒家的正统。

应选 20 年生以上的优良母树，于 9~10 月果实呈铜绿色时采种。采回的果实用草本灰浸泡数日，揉搓洗涤，除去果皮蜡质，晾干后播种或沙藏。秋播可随采随播。春播在 2~3 月份，未经湿沙层积的种子可用 40℃温水浇淋，每天 2~3 次，待胚芽微露即可播种。床式条播，每公顷播种量约 150kg，行距 25cm，覆土 2~3cm，盖草，幼苗出土时分次揭草，松土除草，当苗高 10cm 时定苗。黄连木适应性强，对土壤要求不严，能耐干旱瘠薄，在中性、微酸性、微碱性、钙质土上均能生长。但喜生于土层深厚、湿润、肥沃和排水良好的土壤。在寒冷多风地区以截干栽植为好。

木材心材区别明显，边材浅黄褐色，心材橄榄黄或金黄色；有光泽；无特殊气味，味苦。生长轮明显，环孔材。木材纹理多斜，结构中至粗，不均匀；质重；硬；干缩中；强度中；冲击韧性甚高。木材干燥不难，少见缺陷；耐腐性强；切削加工不难，切削面光洁；油漆、胶粘性能优良；握钉力强。木材适宜作雕刻，工艺美术、家具、工农具柄及其他农具等。

黄连木

1.果枝
2.雄花枝
3.雌花枝
4.雌花
5.雄花
6.果

火炬树 *Rhus typhina*

漆树科 Anacardiaceae（盐肤木属）

　　落叶乔木，树高 10～12m；树皮灰褐色，不规则纵裂；分枝少，枝粗壮，密被灰色绒毛，小枝密生黄褐色长绒毛。奇数羽状复叶，互生，小叶 19～25 片，长椭圆形至披针形，长 5～12cm，先端长渐尖，基部圆形或宽楔形，边缘具锐齿，上面绿色，下面苍白色，均密被绒毛，老后脱落。花雌雄异株，顶生直立圆锥花序，长 10～20cm，密被绒毛；花淡绿色；雌花花柱具红色刺毛。小核果扁球形，被红色刺毛，聚生为密集的火炬形果穗；种子扁圆形，黑褐色，种皮坚硬。花期 6～7 月，果熟期 9～10 月。秋叶红艳或橙黄色，甚为悦目，为著名的红色树种。

　　火炬树又名加拿大盐肤木，原产北美，广泛分布于加拿大东地部的魁北克、安大略省及美国中部的左治亚、印第安纳、衣阿华等州，从平原到海拔 2134m 中山地带，常在开旷地的沙土或砾质壤上生长。现今世界上欧洲、大洋洲、亚洲许多国家都有引种栽培。我国于 1959 年引种栽培，山东招远县在尾矿库区栽植火炬树不覆土获得成功；辽宁、吉林、河北、内蒙古、北京、天津、河南、山东、山西、陕西、宁夏、甘肃等地已开始栽培。在宁夏六盘山海拔 2000m 地带也有栽培，生长良好。山东新泰市在新沟矿区煤矸石造林，成活率达 96.79%。喜光，性强健，适应性强，喜温暖耐严寒，从温带中部到亚热带边缘的大部分地区均可生长，我国北纬 32°～45°，年平均气温为 6～14℃，最冷月平均温达 -14℃，最低气温可达 -30℃ 的地方都可以正常生长。喜湿润耐干旱，能适应含盐量 0.5% 以下，pH 值 8.8 以下盐碱土，喜生于河谷、沙滩、堤岸及沼泽地边缘的湿润壤土上，但也能在干旱的山地石砾土上生长，但怕干旱寒冷风，在干燥寒冷的风口处或山脊上，生理干梢现象严重。根系发达；分布广，但根系线，不宜在风蚀严重的流沙地栽植。萌蘖力、根蘖力均特强，根蘖更新快，少病虫害，具有牛羊不易啃食的特点。吸碳放氧能力中等，1m² 叶面积年释放氧气 1181.5g，增温降温能力强，1m² 叶面积蒸藤水量为 340.30kg；滞尘、抗 SO_2 能力较强。枝繁叶茂，地表枯落物积累速度较快，年枯落物可达 4～10t/hm²。持水量可达 15～30t/hm²，防沙固土、改良土壤结构、涵养水源作用大。火炬树因雄花序与果序均为红色形似火炬在燃烧而得名，即使在冬季落叶后，"火炬"仍然满布树冠，气势更为壮观，秋叶红艳至金黄，亮艳夺目，是优美的园林绿化树种，亦是防风固沙、保持水土、护坡固堤、荒滩沙地绿化的先锋树种。

　　应选 10 年生以上的优势木，于 9 月果核呈黑褐色时采种。剪回果穗，曝晒脱粒，取净后，混湿沙层积贮藏，或将采回的果穗置于 3% 的碱水中浸泡 2h 后除去果皮，晒干贮藏。春播或秋播，播前，干藏的种子用 100℃ 沸水浸烫并自然冷却保持 24h，捞出晾干即可播种。春旱地区，圃地浇足底水。床式条播，行距 30cm，覆土 0.5～1cm，稍加镇压，每公顷播种量约 15kg。除播种育苗外，还可用根插、留根和分蘖繁殖。火炬树稍耐严寒、干旱、瘠薄，盐碱立地，但喜湿润，适生于河谷沙滩、堤岸和沼泽地。春秋季节，截干栽植，大苗应带土栽植，注意松土除草，及时除蘖养干。

　　木材心边材区别明显，边材浅黄褐色，心材黄褐色；有光泽；无特殊气味和滋味。生长轮明显，环孔材或半环孔材，宽度不均匀。木材纹理斜，结构中，材质轻至中，强度中，干燥容易，心材较耐腐；切削及钉钉容易；易胶粘；油漆后光亮性中等。木材供家具、农具、轻型建筑等用材。

火炬树

1.花枝
2.雌花纵剖面
3.雄花
4~5.幼果

复叶槭 *Acer negundo*

槭树科 Aceraceae（槭属）

落叶乔木，树高可达 20m，树冠圆球形，树皮灰褐色，粗糙，不裂；二年生以上小枝黄褐色；冬芽小，芽鳞 2。叶为羽状复叶，小叶 3～7（9）枚，卵形或椭圆状披针形，长 6～8cm，先端渐尖，基部宽楔形，边缘上部常有粗锯齿，上面深绿色，无毛，下面脉腋间有簇生毛。花小，雌雄异株，花先叶开放，雄花组成聚伞花序，雌花组成下垂的总状花序，均自无叶的小枝旁侧抽出；萼片 4，无花瓣及花盘；雄花雄蕊 4～6，花丝超出花萼；雌花子房无毛。小坚果凸起，果翅稍向内弯，熟时淡黄色，连同小坚果长 3～3.5cm，两翅张开成锐角。花期 3～4 月，果熟期 8～9 月。

原产北美北部，从安大略州，新英格兰到得克萨斯州、佛罗里达州都有分布，垂直分布在海拔 1000m 以下之山地、丘陵、平原。性耐干旱和严寒，在美国大平原多作为防护林树种和风景林树种栽培。在俄罗斯南部年降水量 300～380mm，温度范围在 -13～21℃ 的草原地区，引种作为防护林树种栽培，很有成效。现东北、华北、内蒙、新疆及华东等地均有栽培。喜光，喜冷凉气候。稍耐水湿，不耐湿热；适生于土层深厚、湿润、肥沃之土壤，酸性土、中性土及碱性土均能生长。能耐 0.1%～0.2% 的盐分；复叶槭根萌蘖性强，生长较快，寿命较短，但抗烟尘能力强，对 HF、SO_2、Cl_2 抗性强，吸收 Cl_2 能力强。树姿优美秀丽，枝繁叶茂，冠密荫浓，春季嫩叶紫红，夏叶翠绿，秋叶红艳如丹，入冬串串果序挂满枝头，小坚果凸出，两翅张开成锐角或直立，似小鸟飞翔，颇有诗情画意。抗污染能力强，是优良的观赏树种，宜作为行道树、庭荫树、园景树以及护岸防风树种，与枫香、乌桕、鸡爪槭、火炬树等大面积群植，可突出秋色之美。

应选 20 年生以上的健壮母树，于 10 月翅果呈浅黄色时采收。种子忌干燥。播前，种子以混合湿沙低温埋藏 2～3 个月。春季 3～4 月，床式条播，行距 25～30 cm，播幅 4～5 cm，覆土厚 3～4 cm，并盖草保湿。幼苗发芽出土时，分次揭草。幼苗期，注意中耕除草，适量追肥和灌溉。如供应城镇绿化，应换床移植培育大苗。也可容器育苗。复叶槭在我国南北均有栽培，适于土层深厚肥沃湿润的土壤，干旱立地不宜栽植。大苗带土，适当深栽，及时灌水，以利成活。

木材心边材区别不明显，红褐色微黄；有光泽；无特殊气味和滋味。生长轮明显，轮间呈深色或浅色细线，散孔材。木材纹理斜，结构甚细，均匀；质中至重；硬；干缩中至大；强度中至高；冲击韧性高。木材干燥不难，速度中等，易表裂，稍有翘曲；稍耐腐；切削加工容易，切削面光洁；油漆、胶粘性能良好；握钉力强，但沿射线劈裂。木材宜作高档家具、人造板、乐器、军工材、室内装饰、纺织器材、体育运动器材、文具、箱盒等。

复叶槭

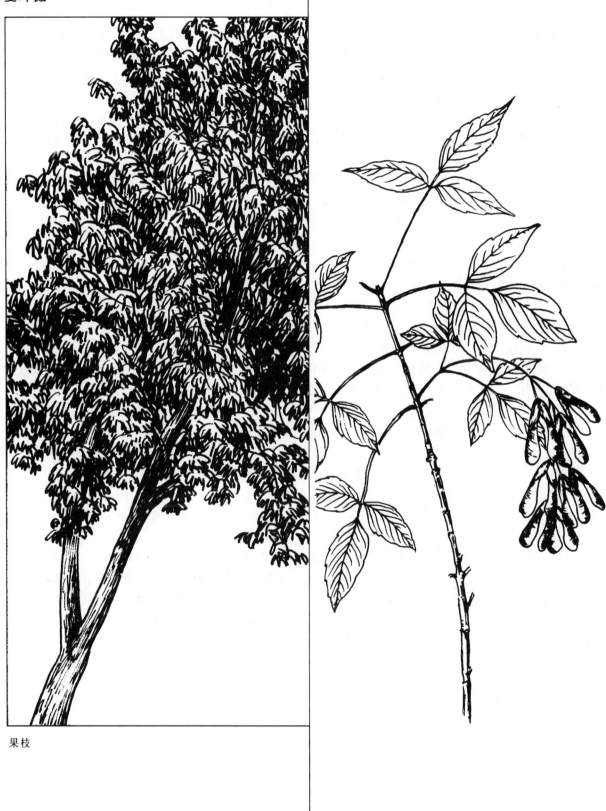

果枝

三角枫 *Acer buergerianum*

槭树科 Aceraceae（槭属）

落叶乔木，树高可达 15m，树冠开张，分枝多而密；树皮灰褐色，成条片状剥落，内皮黄褐色，光滑；树干常凹凸不甚圆满；小枝黄褐色至红褐色，近于无毛，皮孔明显。单叶互生，卵状三角形，3 裂，裂片三角形，先端渐尖，全缘，萌条枝叶片有缺刻，叶基部圆形或宽楔形，上面深绿色，下面淡绿色，被毛并有白粉，基部三出脉，叶柄长 2.5～5.5cm，无毛。顶生伞房花序，花梗长 1.5～2cm，萼片 5，花瓣 5，淡黄色；雄蕊 8，着生于花盘内侧，花柱短，柱头 2 裂，子房密被黄色长柔毛。双翅果两翅张开成锐角，黄褐色，小坚果凸起。花期 5 月，果熟期 9 月。

三角枫分布于黄河以南各省区，北到山东，南至广东，东至台湾，主产长江中下游各地，垂直分布于海拔 1000m 以下之山地、丘陵、平原，常生长于山谷与溪沟两旁。为低山、丘陵、石灰岩地区常见树种。弱阳性，喜温暖湿润气候，耐寒亦抗热，耐干旱亦耐水湿；适于深厚湿润、肥沃而排水良好之土壤，在酸性土、中型土、微碱性土上均能生长；深根型，根系发达，抗风能力强；萌芽性、根萌性均强，耐修剪，可修剪作绿篱。安徽祁门县龙口村海拔 300m 处，生长 1 株，树高 28m，胸径 1.40m，树龄已达 1000 余年，高大挺拔，雄壮魁伟，嫩叶红艳夺目，绚丽多彩，枝叶茂密，夏季浓荫覆地，入秋叶色变为暗红，颇为美观。是优良的观赏树种。文天祥《夜坐》诗句：“淡烟枫叶路，红雨蓼花时”。枫叶路正是“江流千古英雄眼，兰体午舟柳作桨。”鲁迅《归国》诗：“扶桑正是秋光好，枫叶如丹上嫩寒。”愿中日两国“枫叶”，如鲁迅先生期望“照嫩寒”。宜植为行道树、庭荫树、园景树或片植与枫香、乌桕、鸡爪槭、火炬树等树种大面积群植。美国现代诗人魏尔金申（Wilkinson R.R.C）“枫树”一首：“你的木质是坚硬的，你的枝叶是不屈的，你在风中站立。像护马铠甲，上帝，人类能否像你。”

应选 20 年生以上的优良母树，于 9 月果实呈淡棕黄色时采种。由于早落翅果的质量较好，应及时采收，采回的果实晾晒 3～5d，去除杂质即得净种。春播或秋播，秋天随采随播。春播的时间为 2～3 月，播前浸种 24h，在 0～5℃ 低温下层积催芽 40d 后播种，床式条播，条距 25cm，覆土厚 1.5～2cm，每公顷播种量约 45kg。幼苗出土后，适当遮荫，适量追肥。如果供园林绿化，应换床移植培育大苗。三角枫喜温暖湿润气候，在微酸性和中性土壤都能生长，较耐水湿。春夏秋三季，大穴整地，适当深栽。

木材心边材略有区别，边材浅黄褐色，心材黄褐色；有光泽；无特殊气味和滋味。生长轮明显至略明显，轮间界以窄晚材带，散孔材。木材纹理直，结构细致，均匀；质中重；中硬；干缩中；强度高；冲击韧性甚高。木材干燥不难，若工艺措施合理，可避免翘裂；耐久性中；切削加工容易，切削面光洁；油漆、胶粘性能优良；钉钉不易，握钉力强。木材宜作高档家具、室内装饰、雕刻、工艺美术制品、乐器、人造板饰面以及箱盒等。

三角枫

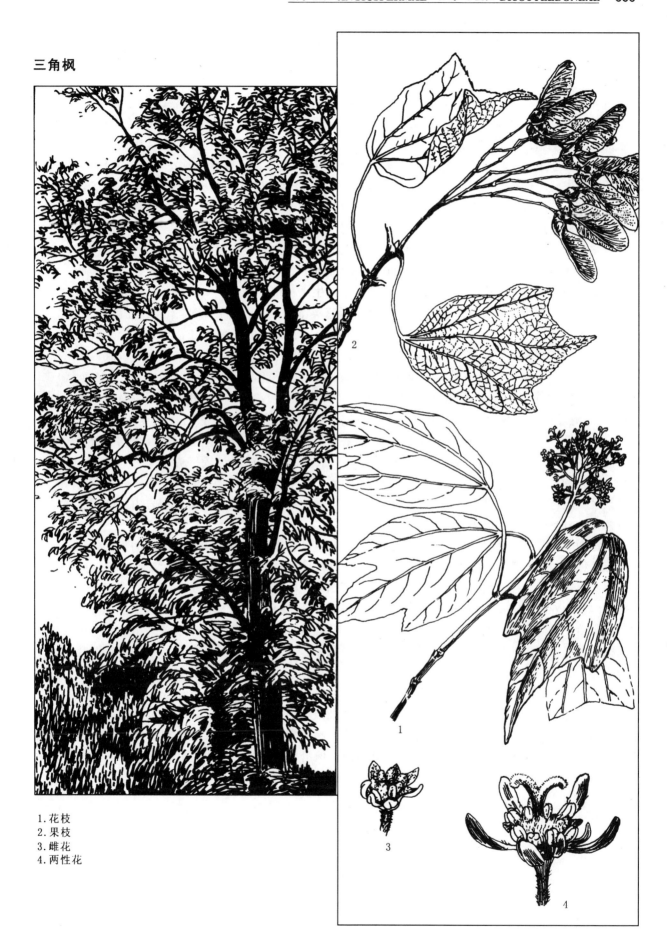

1.花枝
2.果枝
3.雌花
4.两性花

五角枫 *Acer mono*

槭树科 Aceraceae（槭属）

落叶乔木，树高 15~20m，树皮粗糙，常纵裂，灰色或灰褐色；小枝淡黄褐色，老枝灰色，无毛，具圆形皮孔。单叶对生，近圆形，掌状 5 裂，稀 7 裂，裂片卵形，先端尾状锐尖，深达叶片中部，边缘全缘，基部心形或截形，表面深绿色，无毛，背面淡绿色，仅脉上或脉腋有黄色短柔毛，主脉 5 条，在表面显著，叶柄长 4~6cm，无毛。花多数，杂性，雄花与两性花同株，组成顶生圆锥状伞房花序，萼片 5，黄绿色；花瓣 5，淡白色，椭圆形，雄蕊 8，无毛，位于花盘内侧边缘，花药黄色，子房在雄花中不发育，花柱短，2 裂。双翅果两翅张开近钝角，熟时淡黄褐色，小坚果压扁状。花期 5 月，果熟期 8~9 月。

五角枫分布于东北、华北至长江流域，多散生于中、低山、丘陵的山谷、溪旁处，形成落叶阔叶或针阔叶混交林。多野生于海拔 1000 m 以上的地区。树冠伞形；心形掌状叶五裂，嫩叶黄绿，夏叶亮绿色，秋叶亮黄色或红色；伞房花序顶生，花带黄绿色；果翅较长，两翅成钝角开展若飞，形态颇为奇特美观。喜光，稍耐荫；喜凉爽湿润气候，耐严寒与干冷；在酸性土、中性土及钙质土上均能生长，耐干旱瘠薄，但以深厚湿润、肥沃的土壤生长最好。喜生于阴地山谷或溪沟两侧；深根型，根系发达，抗风力强；生长速度中等，少病虫害，寿命长。陕西长安县大峪乡莲花洞海拔 1710 m 处有 1 株五角枫，高 20 m，胸径 0.71 m，树龄 500 余年；对 HF、SO_2、Cl_2 抗性中等，并能吸收重金属。宋·释道潜《秋江》诗句："赤叶枫林落酒旗，白沙洲诸夕阳微"。晚霞红枫、酒旗、白沙……流动梦一般，色彩变化美景。唐·张若虚《春江花月夜》诗句："白云一片去悠悠，青枫浦上不胜愁"。真是白云青枫不胜愁。苏东坡《出颍口初见淮山是归至寿州》诗："我行日夜向江海，枫叶芦花秋兴长。长淮忽迷天远近，青山久与船低昂。"这种动态景物和色彩变化，妙不可言。是优良的观叶、观果园林树种，宜植为行道树、庭荫树，在风景区山坡可片植为风景林或与其它树种配植，可增加秋景之色；是花岗片麻岩山地的水土保持树种，具有较强的水源涵养功能。

应选 20 年生以上的优良母树，于 9~10 月当翅果变为黄褐色时即可采种。采回的果实晒干后风选净种，种子干藏。播前用 40℃温水浸泡 2h，捞出洗净后用 2 倍湿沙混拌堆置室内催芽，并用湿润草帘覆盖，经常翻动，约 15 天后，种子开始萌动即可播种。播种期 3~4 月，床式或大田垄播，垄距 60~70cm，垄上开沟，覆土 1~2cm，每公顷播种量约 150kg。当幼苗出土 20d 后间苗，定苗，雨后注意松土除草及水肥管理。如供应园林绿化，应换床移植培育大苗。五角枫对土壤的要求不严，酸性至中性土壤均可栽培。春秋季，穴状整地，适量基肥，适当深栽，栽后浇水。

木材心边材区别不明显，红褐带微黄色；有光泽；无特殊气味和滋味。生长轮明显，轮间呈深色或浅色细线，散孔材。木材纹理斜，结构甚细，均匀；质中至重；硬；干缩中至大；强度中至高；冲击韧性高。木材干燥不难，速度中等，易表裂，稍有翘曲；稍耐腐；切削加工容易，切削面光洁；油漆、胶粘性能良好；握钉力强，但沿射线劈裂。木材宜作高档家具、人造板、乐器、军工材、室内装饰、纺织器材、体育运动器材、文具、箱盒等。

五角枫

1. 花枝
2. 果枝
3. 雄花
4. 两性花

七叶树 *Aesculus chinensis*

七叶树科 Hippocastanaceae（七叶树属）

落叶乔木，树高达 25m；树皮深褐色或灰褐色，鳞片状剥落；树冠近圆形，主枝开展，小枝粗壮，圆柱形，黄褐色，无毛，有圆形或椭圆形皮孔；冬芽大，有树脂。掌状复叶，对生，由 5~7 小叶组成，叶柄长 10~12cm，有灰色微柔毛；小叶纸质，长圆状披针形或长圆状倒披针形，先端尾尖，基部楔形，边缘有钝尖细密锯齿，表面深绿色，背面淡绿色，主脉两侧疏被柔毛。聚伞状圆锥花序呈圆筒形，长 15~25cm，小花序有花 5~10 朵，花梗被柔毛；花白色，萼裂片 5，花瓣 4，雄蕊 6，子房在两性花中发育良好，花柱无毛。蒴果球形，果壳干后 3 瓣裂，种子 1，圆球形，栗褐色，花期 4~5 月，果熟期 10 月。

分布于黄河流域与长江流域地区，生于海拔 800m 以下山地丘陵地带。喜光，稍耐荫；喜温暖湿润气候，也能耐寒；适生于土层深厚湿润，肥沃而排水良好的土壤，酸性土、中性土与钙质土均能生长。深根型，主根粗大发达，侧根少，抗风而不耐移植；萌芽力弱，不耐修剪；生长速度中等；树皮较薄，易受日灼，需有侧遮荫防护；寿命长达 100~1000 年。北京大觉寺、碧云寺、卧佛寺、潭柘寺、杭州灵隐寺等寺庙园林中都有大树。因传说佛祖佛陀是在七叶树下出生，又在七叶树下圆寂的，被佛家奉为佛门的宝树之一，僧尼们称之为神树。因此，在古代寺庙多有种植，至今能见到的树龄最大的七叶树应首推河南济源县虎岭关帝庙生长的 1 株，高 17m，胸径 1.47m，系唐初时植，已有 1300 多年；生长最高大的七叶树应是陕西柞水县黄土岭乡先锋村，海拔 1220m 处，生长 1 株七叶树古树，高达 35.5m，胸径 1.95m，冠幅 575m^2，树龄已有 1200 余年，均成为当地历史生态奇观。杀菌能力强于圆柏、油松、云杉、雪松，杀菌效率可高达 90.3%。树干耸直，树冠开阔，姿态雄伟，叶大形美，遮荫效果好，早春嫩叶鲜红，早春如红花，布满枝头，初夏白花满树似雪压枝，妍雅华洁，花叶并美，最具自然趣味，是世界著名观赏树种，被称为四大行道之一（悬铃木、椴树、榆、七叶树）。古人称为七叶树为"梭罗树"，意思是高大无比的宇宙神树；佛教传说，释加牟尼在拘尸那城河边娑罗树下涅磐成佛的，是佛门圣树。明·大诗人王渔洋诗云："禅房鸣脚古，别院娑罗阳"说的正是此树。明·刘侗和亦奕正著的《帝京景物略》载："卧佛寺，看娑罗也。……寺内即娑罗树，大三围，皮鳞鳞，枝槎槎，瘿累累，根博博，花九房峨峨，叶七开蓬蓬，实三棱陀陀，叩之丁丁然。"生动描绘出了古人对七叶树的亲身感受。清·乾隆皇帝曾作《卸制娑罗树歌》："千花散尽七叶青"诗句，赞美七叶树的动人风采。《洛阳名园记》："苗师园故有七叶二树对峙，高百尺，春夏望之如山然。"这是形容七叶树高大雄伟之气慨的。

应选 20 年生以上的优良母树，于 9~10 月果实黄褐色时采种。因种子不耐贮藏，应随采随播，或将带果皮种子混湿沙贮藏至翌春播种。床式点播，株行距 20cm×20cm，种脐向下，覆土 3cm，盖草。幼苗要适当遮荫。培育大苗应换床移植。也可在春季于温床内进行根插，或夏季截取软枝在沙床内扦插。高压宜在 4 月将树枝环状剥皮，并用营养土包扎，待秋季生根后切下培养。栽植时带土球，并用草绳捆扎树干，以防树皮灼裂。深秋、早春在树干上刷白防止树皮灼裂。注意防治天牛、吉丁虫蛀食树干。春秋季节栽植，栽后浇水。

心边材区别不明显，木材黄褐色微红，有光泽；无特殊气味和滋味，生长轮明显，轮间有浅色线；散孔材。木材纹理直，结构甚细，均匀；质中重；中硬；干缩中；强度低。木材干燥容易，不翘曲，少开裂；耐腐性弱；切刻加工容易，切削面光洁；油漆、胶粘性能性良好；握钉力弱，不劈裂。木材可作家具、文具、人造板、工艺美术制品、牙签、箱盒及玩具和日常用具。

七叶树

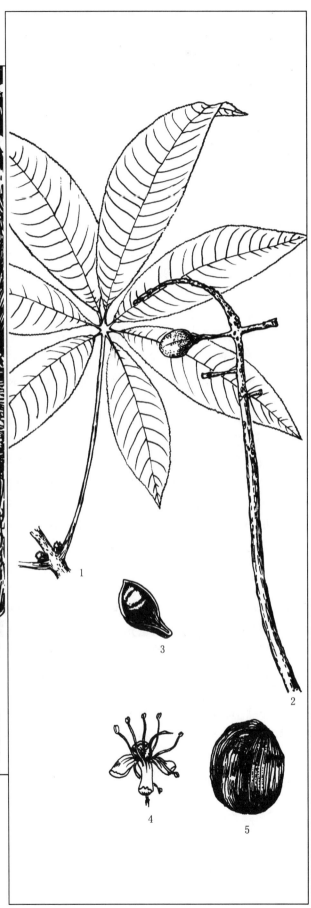

1. 叶枝
2. 果枝
3. 果剖面
4. 花
5. 种子

银鹊树 *Tapiscia sinensis*

省沽油科 Staphyleaceae（银鹊树属）

　　落叶乔木，树高达 20m，胸径 30cm 以上；树皮灰白色或灰褐色，浅纵裂；小枝暗褐色，无毛；芽卵形，紫红色。奇数羽状复叶，长 15～30cm，小叶 3～9，通常为 5 片，长卵形，先端渐尖，基部圆形或微心形，边缘有锯齿，上面无毛，下面灰白色，有乳头状白粉点，脉上及脉腋有柔毛，叶柄红色。圆锥花序腋生，花两性或单性异株，辐射对称；雄花序由长而纤弱的穗状花序组成，下垂；两性花序着生于粗壮枝上，花小，黄色，花萼钟状，5 浅裂，花瓣 5，雄蕊 5，与花瓣互生，伸出花外；子房 1 室，有胚珠 1～2 颗。核果状浆果红褐色，近球形。花期 5 月，果熟期 9～10 月。

　　银鹊树为我国亚热带特有的珍稀古老第四纪孑遗树种。分布于秦岭、大别山及以南各地，东起浙江，西迄川西、南至云南。散生于海拔 700～1500m 山麓、山腹、溪谷，在四川云南海拔可至 2100m 的地带，与珙桐、连香树、水青树等混生。在低海拔地区常与香果树等树种混生。喜光，幼时稍耐荫；喜温暖湿润、降水多、湿度大的气候环境，甚至在终年流水，极为潮湿的乱石丛中生长，长势好；也能耐寒。生长较快，19 年生，树高 18.2m，胸径达 29.5cm。在向阳的干燥山脊，坡顶上罕见有银鹊树生长。在深厚湿润，含腐殖质高的酸性黄红土壤中，甚至含石砾较多的石骨土、酸性和中性土均能生长。寿命长；安徽黄山风景区揽胜桥头，桃花溪两则生长数株银鹊树，其中最大的 1 株，树高 14m，胸径 57cm，树形挺拔高展长枝，婆娑翩翩，端庄雅致，树龄已有 200 年，独成一大胜景，湖南新化县铁炉乡滑板生长 1 株银鹊树古树高达 24m，胸径 1.02cm；陕西宁西县蒲河林场海拔 1340m 处生长 1 株银鹊树古树，高 28m，胸径 0.97m，冠幅 254m^2，树龄 300 年。少病虫害。树形自然优美，枝繁叶茂，羽叶疏展、风吹动羽叶似绿波现白浪，有特殊的观赏效果，又似银鹊振翅欲飞，皮与花香运溢；夏日黄花满树，秋叶黄灿，明亮悦目，姿色独特故有银鹊树之称。可在山地风景区的山坡，谷地或溪边两侧群植，并与檫木、枫香、蓝果树、香果树、木荷等组成风景林。在城市园林中可植为园景树、庭荫树。

　　选用 10 年生以上的健壮母树，于 8 月下旬采种。成熟果实易遭鸟害，当果皮由黄绿色转变为黄红色时及时采集果穗，摊于阴凉通风处 2～3d，置水中搓揉除去果肉和杂质，洗净、阴干即得种子。混湿沙贮藏。春播或冬播，床式条播，条距 25cm，沟深 3cm，每米长播种沟播种 30 粒左右，每公顷播种量约 75kg，覆土约 2cm，盖草。幼苗出土后松土、除草、浇水，间苗，施肥，保持苗床湿润，以促苗木生长。也可用半木质化嫩枝，于 7 月中旬扦插繁殖。插后注意遮荫、洒水。银鹊树喜温暖湿润、雨量充沛的气候，宜选土层深厚肥沃、排水良好的酸性山地黄壤或黄棕壤栽植。春秋季节，大苗带土栽植，栽后浇水。

　　心边材区别不明显。木材浅黄褐色，边材易感蓝变色；光泽弱；无特殊气味和滋味。生长轮略明显，宽度略均匀，轮间有浅细线，散孔材。木材纹理直至斜，结构中，略均匀；质中重；中硬；干缩小；强度中。木材干燥容易，少翘裂；不耐腐；切削加工容易，切削面光洁；油漆、胶粘性能良好；握钉力中，不劈裂。木材可作家具、室内装饰、农林用具及纤维工业原料。

银鹊树

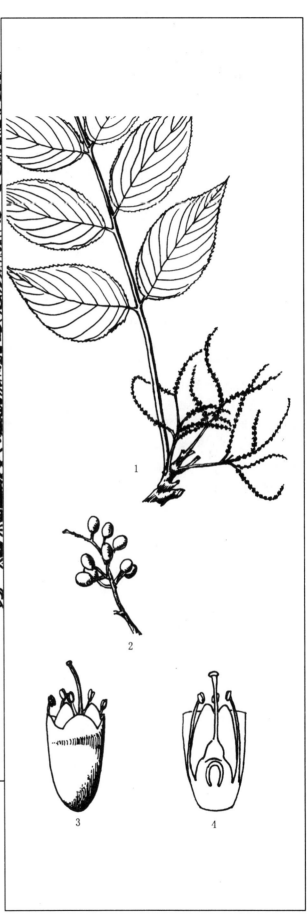

1.花枝
2.果枝
3.花
4.花纵剖面

白蜡树 *Fraxinus chinensis*

木犀科 Oleaceae（白蜡树属）

　　落叶乔木，树高达 15m；树皮灰褐色，具裂纹；树冠圆形或倒卵形，枝条横展；小枝光滑无毛；冬芽淡黑褐色。叶对生，奇数羽状复叶，长 12~20cm，小叶 5~9 片，卵圆形或卵状长椭圆形，先端渐尖，基部宽楔形，边缘有疏锯齿，上面无毛，下面沿中脉有白色柔毛；小叶柄短，总叶轴基部膨大。单性花，雌雄异株；圆锥花序着生当年枝条顶部或叶腋，长 8~15cm，花序梗无毛；花萼钟状，不规则浅裂，无花瓣，雄蕊 2 枚，花药长椭圆形，与花丝近等长。翅果倒披针形，长 3~4.5cm。顶端钝或微凹；种子长为翅果的 1/2 以上。花期 4~5 月，果熟期 10 月。

　　白蜡树在各地均有分布。在川西垂直分布可达海拔 3100m 地带，山地、丘陵与平原均有栽培。喜光，稍耐荫，喜温暖湿润气候，颇耐寒，喜湿耐涝，也耐干旱；不择土壤，碱性、中性、酸性土壤上均能生长，在钙质土上发育尤佳，贫瘠沙地上也能生长；萌蘖力，萌芽力均强，耐修剪；根系发达，抗风；寿命长达 200 年以上；吸碳放氧和增湿降温能力亦较强，$1m^2$ 叶面积 1 年内分别达到释放氧气为 1053.06g，蒸腾水量为 327.51kg。抗烟尘，对 SO_2、Cl_2、HF 有较强抗性，并能吸收 S 与 Hg，1kg 干叶可吸收 SO_2 7220mg、Cl_2 5560mg、F 14.14mg。对牛型结核菌的杀菌作用达到 93%。树干端直，枝叶繁茂，浓荫覆地，夏叶鲜绿，秋叶橙黄，明亮悦目；是优良的绿化树种，宜植为行道树，庭荫树以及河岸、湖岸、工矿区绿化树种。亦是固堤护岸和防风林带的优良树种。

　　应选 20~30 年生健壮母树作为采种母树。果实于 10~11 月成熟，剪去果枝，晒干去翅即可秋播，或混湿沙低温贮藏 2~3 个月。翌年 3 月春播，播前先用 60℃ 温水浸种 24h 或室内湿沙催芽后播种。床式条播，每公顷播种量 45~60kg。如果培育大苗，第 2 年春要进行换床移植。白蜡插条育苗成活率高，即每年 2 月份在健壮母树上选取粗 1.5~3cm，长 2m 枝条，于选定截干处用锋刀轻刮数刀，约 5cm，深至形成层，再用涂有泥糊的稻草包扎即可，翌年春季截取枝条进行栽植。白蜡树喜湿耐涝，对土壤要求不严，在钙质紫色土、石灰土壤、黄棕壤或黄壤、冲积土、水稻土等碱性、中性和酸性土壤上均能种植。春秋季节，大苗带土栽植，保护苗根，栽后灌水保湿。

　　木材心边材无区别，黄褐或浅褐色；有光泽。生长轮明显，环孔材或半环孔材。木材纹理直，结构细，不均匀或略均匀，质中重；中硬；干缩小至中；强度中；冲击韧性中。木材干燥宜缓慢，易产生翘曲内裂等缺陷，干后尺寸稳定性好；稍耐腐，切削加工容易，切削面光洁；耐磨损；油漆胶粘性能优良；握钉力颇大；木材宜作家具（尤其是曲木家具）、房屋建筑、室内装饰、文体器材、人造板、车船、箱盒、玩具以及农具。

白蜡树

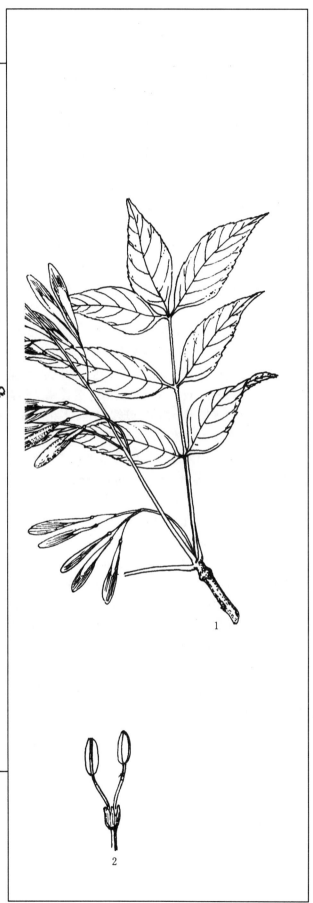

1. 果枝
2. 雄蕊

美国白蜡树 *Fraxinus americana*

木犀科 Oleaceae（白蜡树属）

落叶乔木，树高达 25m，胸径 40cm 以上；树冠阔卵形，树皮棕褐色；枝条棕色有白色斑点，嫩枝稍有柔毛，后渐脱落，灰褐色；冬芽黑褐色。叶对生，奇数羽状复叶，长 30cm，小叶 5~7 片，通常 7 片，卵形或卵状披针形，先端渐尖，基部宽楔形或圆形，边缘有钝锯齿，上面暗绿色，下面灰绿色，总叶柄基部膨大。花单性，雌雄异株，圆锥花序侧生枝上，无毛；花萼宿存；雄花具 2 雄蕊；雌花花柱 1，柱头 2 裂。翅果长 2.4~4cm，果翅黄褐色，矩圆形，先端钝或微凹，果实长圆筒形。花期 4 月初，雄花先于雌花 4~5d 开放，果熟期 9 月下旬。

又名大叶白蜡，原产北美加拿大东南部及大西洋沿岸中部地带，从五大湖向南到达美国东部与中部地区。多单株散生或丛生，或与其他阔叶、针叶等树种伴生。我国东北、华北、西北、南至长江下游地区有引种栽培。在我国适生于北纬 35°~48°，垂直生长于海拔 400~700m。新疆天山南北，北疆伊犁及淮葛尔盆地南缘和乌鲁木等地区生长较好又普遍；东疆的哈密、吐鲁番地区；南疆塔里木盆地的库尔勒、阿克苏、喀什、和田等地也有生长。新疆伊犁地区 10 年生优势植株树高 13.8m，胸径 12.5cm；在华北一带生长良好。阳性树种，喜光。在年平均气温 5.5~14.4℃，7 月最高气温 47.6℃，1 月极端最低温 -36.8℃ 条件下，年降水量 400~600mm，都能生长。但耐大气干旱能力较差。适生各种土壤，耐旱耐湿，在含盐量 0.25% 的立地条件下，3 年生树高达 3 m，深根型。根系发达，抗风能力强，防冲固土作用强；生长快，年高生长量可达 1m，胸径达 1cm；树龄长。枯枝落叶层较厚，拦蓄地表泾流，涵养水流作用大。抗污染与白蜡相似。树冠金字塔形至阔椭圆形，老年时呈开张状伞形，夏叶暗绿色，秋叶变为鲜艳的褐红色或黄色。对土壤的酸碱度适应性强；对烟尘抗性强，适应城市环境，宜在北方城市中植为行道树，庭荫树及河岸渠道、工矿区绿化。亦是保持水土、涵养水源、防风林带的优良树种之一。栽培园艺品种："紫秋"（'Autumn Purple'）、"玫瑰山"（'Rose Hill'）、"迎秋"（'Autumn Applause'）为不结实的品种，秋叶颜色深红—紫色较原种稳定。

应选 20 年生以上健壮母树，于 10 月翅果呈黄褐色时采种。因种子具有较强的休眠习性，需用 40~60℃ 温水浸泡 24h 后混湿沙层积贮藏催芽。一般经过催芽 1 个月左右即可播种。春季 3~4 月床式条播，条距 25~30 cm，播幅 4~5 cm，覆土厚 2~3 cm。床面盖草保湿。幼苗出土后分次揭草，幼苗期注意松土除草、追肥和灌溉。城镇绿化苗应及时换床移植。也可采用容器育苗。美国白蜡较耐寒抗旱，在石灰性土壤及 0.3% 的盐渍土上均可栽植，但以土层深厚肥沃湿润土壤生长最好。春秋季节，大苗带土栽植，定植时适量基肥，保护苗根，适当深栽，灌水保湿。

木材心边材区别明显；边材白色，心材浅灰褐色，浅褐或浅黄色而带有褐色条纹；稍有光泽；无特殊气味和滋味。木材纹理直，结构细，质重硬，强度大，干缩中，木材干燥不难，切削加工容易，切削面光洁，油漆性能稍强，胶粘性能一般，握钉力强。木材可用于室内装饰、家具、船舶用材等。

美国白蜡树

果枝

水曲柳 *Fraxinus mandshurica*

木犀科 Oleaceae（白蜡树属）

落叶乔木，树高达 35m，胸径 1m；树干通直；树皮灰白色，浅纵裂；小枝略呈四棱形，灰绿色，无毛；冬芽黑褐色或黑色。叶对生，奇数羽状复叶，长 25~30cm，小叶 7~13 片，椭圆形或卵状披针形，长 8~12cm，先端长渐尖，基部宽楔形，不对称，边缘有锐锯齿，上面暗绿色，无毛或疏生毛，下面沿叶脉有黄褐色毛。花单性，雌雄异株，无花冠及花萼；雄花具 2 雄蕊，雌花花柱 1，柱头 2 裂，有 2 不发育的雄蕊。翅果扭曲，无宿存萼，矩圆形，长 3~4cm，顶端钝圆。花期 5~6 月，果熟期 9~10 月。

水曲柳是我国第三纪孑遗树种，为东北林区的主要用材林树种之一。分布于我国东北、华北以及内蒙古、山西、河南、湖北、陕西、甘肃等，以小兴安岭为最多。散生于海拔 200~1800m 山地林间、平缓山坡中下部及河谷低湿之地，在谷地或在红松阔叶林内与黄波罗、核桃楸、栎类混交成林；在山坡的中下部或山麓常与鱼鳞松、红皮云杉、紫椴及白桦等组成混交林，也有形成小片纯林群落景观。阳性树种，喜光，幼树能耐荫。喜温凉湿润气候，年均气温 -2.8℃以上，年均降水量 450~1000mm。能耐 -40℃ 的严寒；喜生于湿润，土层深厚的山坡与山谷；不耐水涝，亦不耐干旱；在 pH 值达 8.4，含盐量达 0.1%~0.15% 的轻盐碱土上也能生长，主根较浅，侧根发达；萌蘖性强，生长较快，寿命长，$1m^2$ 叶面积吸收 $SO_2$46.99mg、$Cl_2$7.03 mg。生长尚快，100 年生树高可达 35m，胸径 1m 以上，防火性能强，是城市园林绿化的优良树种。

应选 20 年生以上的优良母树，于 10 月翅果由绿变黄时采种。采后放在通风处晾干，取净后装入麻袋置通风室内贮藏。水曲柳种实具蜡质是长休眠的种子。播前要用低温层积催芽即冬季露天混沙埋藏，或变温层积催芽即从 6 月下旬或 7 月上中旬埋藏至翌年春季。室内变温层积催芽，即在春播前 4~5 个月将种沙混合在室内进行变温催芽。春季 4~5 月播种，床式或垄式育苗，每垄播种 2 行，每米垄长播种量 13g，覆土厚 2cm。幼苗出土后间苗 2 次，定苗在第 2 次间苗后 1 个月左右进行，每米垄长留苗 35 株左右。也可在苗圃地上换床移植培育大苗。水曲柳适生土层深厚湿润土壤。春季 4 月栽植。也可与其他针叶树混交。

木材心边材区别明显，边材黄白或浅黄褐色，心材灰褐或浅栗褐色，略具蜡质感，材面光滑，略有酸味。生长轮明显，宽窄均匀，环孔材。木材纹理直，结构粗，不均匀；质中重；中硬；干缩中至大；强度中；冲击韧性中。木材干燥宜慢，易翘裂，皱缩等；性耐腐，不抗蚁蛀；切削加工容易，切削面光洁；油漆、胶粘性能优良；握钉力颇大。木材花纹美丽，宜作高档家具、室内装饰、人造板及其饰面、体育运动器材、乐器用材、车船材、农具，还可用于机械制造、工业配件、军工用材等。

水曲柳

1.叶
2.果枝

女 贞 *Ligustrum lucidum*

木犀科 Oleaceae（女贞属）

常绿乔木，树高达 15m，树皮灰褐色，平滑不开裂；枝条开展，树冠倒卵形。单叶互生，革质，卵形或卵状椭圆形，长 6~12cm，先端渐尖，基部近圆形或宽楔形，全缘，上面深绿色，有光泽，下面淡绿色，无毛。顶生圆锥花序，长 12~20cm；花两性，白色，几无柄，花冠 4 裂片与花冠筒近等长，雄蕊 2 枚，生于花冠筒上。核果长椭圆形，长约 1cm，熟时蓝黑色，微弯曲。花期 6~7 月，果熟期 11~12 月。

主要分布于长江流域以南至西南各地。生于海拔 300~1300m 山坡混交林中或林缘或谷地及路旁。喜光，稍耐荫。喜温暖湿润气候和深厚肥沃土壤，耐寒，能耐 -8~-12℃ 的低温。喜湿润不耐干旱。对土壤的酸碱度适应能力强，能耐 0.2%~0.3% 的盐分。生长快，但在干旱瘠薄土壤上生长慢；萌芽力强，耐修剪，可修作绿篱；深根型，抗风力强，但枝较脆，易受风折，雪压枝断；寿命长，安徽歙县岔口镇佳崇降村有 1 株树高 23m，胸径 88.54cm，树龄已 150 余年大树，主干通直光洁，枝叶繁茂，堆翠如云。江西庐山红旗林场羽家苗圃 1 株女贞古树，高 13 m，胸径 1.24 m，树龄 500 年以上。对 SO_2、NO_2、苯、乙炔、苯酚、氧化锌、乙醚、粉尘等抗性强，对 Cl_2、HF 等有一定的抗性，对 SO_2、Cl_2、HF、铝蒸气具有一定的吸收能力。据江苏及云南分析，1kg 干叶可吸 F 1000mg，吸收 S 3800~7000 mg，吸收 Cl_2 6000~10000 mg；$1m^2$ 叶面积能吸滞粉尘 6300 mg。女贞枝繁叶茂，四季翠绿，浓荫覆地，夏日白花满树似雪，素丽洁净，为优良绿化树种和观赏树种。李白在游池州作诗《秋浦》："千千石楠树，万万女贞林；山山白鹭满，涧涧白猿吟。"当时森林资源何等丰富，生态环境如此优美，难怪"滴仙"诗如泉涌，一气成诗十七首，一生中惟一一次，此后定居皖南，葬于当涂。单干或乔木型女贞宜作为绿荫树，孤植、对植、列植、丛植都合适；丛枝灌木型女贞、宜丛植、或作高篱分隔空间，或阻隔劣景，或隐蔽粗陋的建筑物，也可修剪成中、矮绿篱，均很随意，也是厂矿地区理想的抗污染绿化树种。

应选 20~40 年生健壮母树，于 11~12 月果实呈蓝黑色或蓝紫色时采种。采后搓擦去果皮，洗净阴干，袋装干藏或湿沙层积低温贮藏 2 个月。干果可用 50℃ 温水浸泡 4~5h，再洗擦果皮后播种。女贞以随采随播或冬播为好，高床开沟条播，条距 20cm，覆土约 2cm，每公顷播种量 200~300kg 左右，鲜籽 450~600kg。幼苗期注意灌水、施肥、松土和除草。也可将 1 年生苗木在圃地换床移植培育大苗。女贞好湿耐旱、耐寒，对立地条件要求不严，在微酸性至碱性的湿润土壤上均能生长。秋冬季节或春季大苗带土栽植。

木材心边材无区别，浅黄褐至黄褐或带灰色；有光泽。生长轮明显，半环孔材。管孔甚多；略小，散生；木材纹理直或斜，结构甚细，略均匀；质中重；中硬；干缩小至中；强度中；冲击韧性中。木材干燥不难，会产生翘曲；稍耐腐；切削加工容易，切削面光洁，尤其有利于车旋加工；油漆、胶粘性能良好；握钉力中等。木材可用于家具、房屋建筑、雕刻、车旋制品、农具及工农具柄等。

女 贞

1.果枝
2.花
3.果

桂花（木犀、岩桂）*Osmanthus fragrans*

木犀科 Oleaceae（木犀属）

常绿乔木，树高15m，幼年树冠呈圆头形，老树则呈疏散圆筒形或伞形；芽叠生。单叶对生，革质，椭圆形或椭圆状披针形，长7~14 cm，宽3~5 cm，先端渐尖或尾尖，基部楔形或宽楔形，全缘或疏生锯齿，萌生枝之叶有尖锯齿，叶上面侧脉下凹。花簇生叶腋或成聚伞状，花柄纤细，长3~8cm；花冠4裂片几近基部，有黄白、淡黄、金黄和桔红诸色，因品种而异，有浓郁香气。核果椭圆形，长1.8~2.4 cm，熟时紫黑色。花期9~10月。

桂花为中国原产，亦是桂树的世界分布中心。早在公元前3世纪的《山海经》中就有"物之美者，招摇之桂"和屈原《楚辞·远游》有"嘉南州之炎德兮，丽桂树之冬荣"之说。分布于秦岭、淮河以至南岭以北地区，在华中、华东海拔1000m以下地带，在云南、四川其海拔可达2500m地带都有野生桂树分布，但天然纯林群落仅见四川大邑县有60hm²，至于南岭以南至沿海地区，栽培以四季桂居多。阳性树种，幼龄期稍耐荫，成年后在阳光充足条件下生长旺盛，叶茂花繁；喜温暖湿润气候，喜潮湿，畏水涝，喜通风洁净。在年均气温15~19℃，最冷月平均气温为0~10℃，极端最低温-20℃，平均降水量1000~1800mm的地区均能生长良好；秋桂类品种，在秋季花前每天需要5~6h的短日照，日平均温降至18~20℃的条件下，才能开花良好。在酸性或中性的黄壤、黄棕壤、黄褐土及淋溶性紫色土上均能生长。但以深厚湿润、疏松肥沃、排水良好的沙壤土上生长尤佳，在土层浅贫瘠之地、黏重土上生长差，不耐盐碱。浅根型，侧根发达，抗风能力强；对SO_2、Cl_2、HF具有一定的抗性对O_3、汞蒸气有一定的吸收能力；在SO_2的含量<$0.1ml/m^3$，降尘量<$20t/km^2\cdot$月的低污染区，可以正常开花；在工业区、市区或交通频繁地段，开花少。为长寿树种，我国各地保存有100~1000年以上树龄的古桂树众多，如陕西南邓圣水寺内一株汉桂，系公元前206年时为西汉丞相萧何手植桂，至今已有2200余年，树身苍劲，叶茂花繁，花香四溢；陕西勉县定军山诸葛武侯墓前对植的2株古桂，树龄有1700余年，每年开花，香飘数里。桂花清雅高洁，树形端庄浑厚丰满，姿态优美，叶色郁绿，四季青翠，花期正值秋高气爽的农历八月仲秋赏月团圆和国庆佳节之际，满树金黄，香气浓郁，飘逸千里，沁人肺腑，品种丰富，是优良景观树种。于庭前对植两株，即成"两桂当庭"，"双桂流芳"高雅意境；成片种植，组成桂花林景观，则以"八月桂花遍地开"为喜庆。宋·王十朋爱桂，在庭院中植桂，并赋诗："丹霞休叹路难通，学取燕山种桂丛。异日天香满庭院，吾庐当似广寒宫"。桂花不但可以美化、香化环境，桂花的花、叶、根、皮均可入药，具有健胃强身、生津化痰之功效。

果实期4~5月，成熟果实由绿色转为紫红色或紫黑色时采收。采回的果实堆沤数日，待果皮软化后浸水搓揉，除去果皮果肉，取净后晾干1~2d，忌曝晒，再用0.05%高锰酸钾浸种4min，晾干后混湿沙贮藏。春播或秋播，用湿沙层积催芽后春播或当年随采随播。高床条播，条距25~30cm，每公顷播种量约500kg，1年生苗可达15~20cm。此外，用嫁接、扦插或压条繁殖。嫁接用的砧木有女贞、小叶女贞等，一般在3~4月，用腹接法成活率高。扦插在6月中下旬或8月下旬，选用1年生嫩枝，截成15cm长的插穗，插入土中2/3深，插后压实，充分浇水，搭棚遮荫，保持苗床湿润，11月份可拆除荫棚，保护过冬。也可用硬枝扦插或压条法。为培育高植株，每年需株芽2次。春秋季节，大苗带土球栽植。

木材心边材无区别，黄褐色或浅栗褐色微红；有光泽。生长轮略明显或不明显，轮间常有浅色线。无特殊气味和滋味。纹理斜，结构甚细，均匀；材质重，甚硬。强度大。木材干燥较难，不翘曲；少开裂；耐腐性中；加工较难，切削面光洁，利于车旋；油漆后光亮好；胶粘容易；握钉力强。可用于家具、雕刻、玩具、装饰品、工农具柄、砧板、农具等用。

桂 花

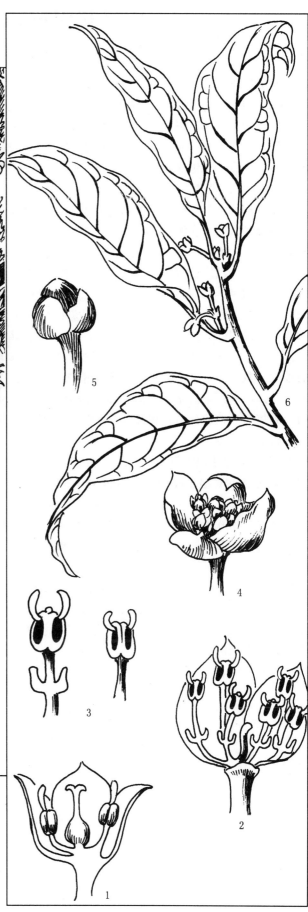

1. 雌花纵剖面
2. 雄蕊剖面
3. 雄蕊
4. 花
5. 花苞
6. 花枝

盆架树 *Winchia calophylla*

夹竹桃科 Apocynaceae（盆架树属）

常绿乔木，树高达 30m；胸径 1.2 m。分枝轮生，分层且较平展，形似面盆架，故名。单对生或 3~4 片轮生，纸质，椭圆形或长圆壮披针形，长 5~16cm，先端渐尖，基部楔形，边缘内卷，叶表面有光泽，侧脉纤细，密生而平行，多达 30~50 对；叶柄长 1~3cm。花白色，聚伞花序顶生，长约 5cm，多花，萼短，5 裂，花冠高似蝶状，花冠筒中部膨大，被柔毛；雄蕊内藏，雌蕊由 2 个合心皮组成，子房半下位，胚珠多数；蓇葖果合生，细长，种子两端被有柔软缘毛。花期 4~7 月，果熟期 8~11 月。

盆架树又名灯架树、马灯盆、野橡胶，常分布于东南亚及南亚，我国产云南南部、广东南部至海南岛，生长在海拔 1100m 以下热带和亚热带山地常绿阔叶林中或山谷热带雨林中，但多在海拔 500~800 m 山谷和山腰静风、湿度大、坡缓环境条件下组成片林群落景观，或与山韶子、假含笑、红木荷等树种混交成林。群状分布，常常于盘壳栎、白木香、青皮等树种伴生成林。阳性树种，幼树稍耐荫，10 年生前生长较慢，尔后开始加快，20~30 年径生长最快，年生长量可达 0.8cm。喜暖热气候，喜肥沃疏松酸性土壤，幼树生长较慢，10 年后开始加快，20~30 年生长最快，直径年生长量达 0.8cm。抗热、耐旱、抗风、抗污染，在华南城市试栽为行道树，尚能适应城市环境。树形高大挺拔，树皮淡黄色至灰黄色，且有纵条纹，内皮黄白色，斑驳灿烂，颇为美观，侧枝轮生，聚集梢部呈伞状，又似广场灯架，故又有灯架树之称；叶色四季翠绿，羽脉纤细清晰，姿态轻盈，是优美的观赏树种，宜植为行道树、庭荫树、园景树，单植、列植、丛植均合适。树皮、叶、汁液，有止咳定喘、消食健胃止血，治慢性气管炎、百日咳、胃痛等功效。

应选 20 年生以上健壮母树，于 11 月采收。采后摊晒脱粒，取净后晾干装袋置低温条件下贮藏。播前用 30℃温水浸种 24h 后再用 0.5% 高锰酸钾浸泡 2h，经冲洗后播种。春季高床条播，播后覆土盖草。幼苗出土后注意除草、浇水、遮荫。也可将种子播入容器内育苗，搭棚遮荫，及时浇水，用 0.5% 波尔多液每周喷洒 1 次。本种对土壤要求不严，但在土层深厚肥沃湿润、排水良好的壤土及黏壤土上生长最好。穴状整地，春秋季节，大苗带土栽植。

木材心边材区别不明显，黄褐或浅黄褐微绿色；有光泽；无特殊气味；味微苦。生长轮不明显或略明显，轮间界以深色带；散孔材。木材纹理直，结构细，均匀；质轻；中硬；干缩小；强度低。木材干燥不难，速度快，稍开裂，不耐腐；不抗虫；切削加工容易，切削面光洁；油漆、胶粘性能欠佳；易钉钉，握钉力弱。木材可用作包装箱、盒、雕刻、房屋建筑、机模、绝缘材料及造纸原料等。

盆架树

1.花枝
2.花冠
3.花萼展开
4.花冠纵剖面
5.子房
6.果
7.种子

香果树 *Emmenopterys henryi*

茜草科 Rubiaceae（香果树属）

落叶乔木，树高达 40m，胸径 1 m 以上。树皮灰褐色；小枝淡黄色，具椭圆形皮孔；芽红色。单叶对生，厚纸质，叶片宽椭圆形或宽卵形，长 10～15cm，宽 6～10cm，先端急尖或渐尖，基部宽楔形或近圆形、全缘，表面深绿色，背面淡绿色，无毛；叶柄长 2～6cm，紫红色，被柔毛；托叶大，早落。顶生圆锥花序状伞房花序，疏松，多花，浅黄色；花萼钟状，5 裂，其中有 1 枚萼裂片扩大成叶状，长圆形，白色；花冠漏斗形，5 裂；雄蕊 5，与花冠裂片互生，生于花冠管喉部，内藏；花盘杯状，花柱线形，柱头不明显 2 裂。子房下位，2 室，每室多数胚珠。蒴果木质，长椭圆形卵形至圆柱形，具棱，红色。种子细小，具翅。花期 7～8 月，果熟期 9～10月。

香果树为我国第四纪冰川子遗植物，国家一级保护的珍贵稀有树种。分布于西南至长江流域，北至秦岭、大别山一线。在大别山生于海拔 500～900m，在浙江、福建、贵州海拔 1500 m以下山地疏林中、沟谷溪边，常与银鹊树、马褂木、青钱柳、豹皮樟、檫木、枫香等树种混交成林，天然更新良好。安徽舒城县万佛山森林公园溪谷一带，有一片数万株树龄参差的香果树群落，形成一处罕见的独特森林景观。秋天黄花满高枝，白色苞片迎风摇曳，夏天婷婷翠色连溪，姿色之隽永，别具一番风韵。中性偏阳树种，幼树喜荫湿，成年树喜光。喜温暖湿润气候，亦耐寒；适生于深厚湿润，至潮湿、含水量 47%～55%、肥沃之酸性、微酸性和中性壤土；不耐烈日和干旱，宜雨水多、湿度大、云雾重的立地生境。生长较快，45 年生和 59 年生林木，树高分别为 20.5m 和 27m，胸径分别为 32.5 cm 和 54cm；在安徽牯牛降海拔 1160m 山地发现一株香果古树，树高 30m，胸径 52cm，年龄已有 100 多年，常组成小片群落，为优势木。四川峨眉山万年寺 1 株香果树高达 41 m，胸径 1.13 m，树龄 186 年；万佛山森林公园有 1 株最大的香果树，树高 23m，胸径 87.6cm，树龄已有 250 年。安徽歙县境内清凉峰自然保护区海拔 1060m，山谷处有 1 株高 25m，胸径 73.3cm，树龄 300 年的古树。树干修直，树姿优美，冠大荫浓；花序宽大，夏秋季节黄花满树，鲜黄艳美，赏心悦目，果形妍雅红艳，为少有的秋花大乔木，是很美丽的园林绿化树种，可在风景区组成片林或与青钱柳、枫香、樟树等混交组成风景林。

选用 30 年生以上健壮母树，于 10～11 月果实呈红色时采种。采回的果实摊于通风处晾干，蒴果裂开脱出种子，取净后装入布袋置通风干燥的阴凉处贮藏。种子有休眠习性，播前采用 20～30℃变温加 8h 光照或 0～5℃ 低温条件下层积 3 周处理后播种。春播 3 月上中旬，高床条播，条距 20cm，每公顷播种量约 3kg，播后稍加镇压，覆盖黄心土以不见种子为宜，床面搭棚，防治病害。可用扦插育苗，主干萌条梢段可夏插，根萌条基部可秋插，实生苗主干春插，也可容器育苗。香果树适生于土层深厚、肥沃湿润的酸性山地黄壤或黄棕壤，春季栽植，穴状整地，适量基肥。

木材心边材无区别，黄白至黄褐色；有光泽；无特殊气味和滋味。生长轮略明显，轮间呈浅色带；散孔材。木材纹理直，结构甚细，均匀；质轻；软；干缩小；强度低。木材干燥容易，不翘裂；切削加工容易，切削面光洁；油漆、胶粘性能优良；握钉力弱。木材宜作家具、人造板、房屋建筑、室内装饰、机模、箱盒、盆桶等生活用具、文具等。树皮纤维可制蜡纸和人造棉。

香果树

1. 果枝
2. 花剖面

梓 树 *Catalpa ovata*

紫葳科 Bignoniaceae（楸树属）

　　落叶乔木，树高达 15m，胸径 1m；树皮灰褐色，纵裂；枝条粗壮，伸展甚广，树冠宽阔；嫩枝和叶柄被毛。单叶对生，偶有 3 叶轮生，宽卵形或近圆形，全缘或 3～5 浅裂，叶基脉腋处有紫色腺斑，上面暗绿色，脉上疏生柔毛，下面淡绿色，中脉上有柔毛；叶柄长 6～14cm，嫩时有毛。圆锥花序顶生，长 10～25cm，有花多数；花萼近球形，2 裂；花冠 2 唇形，长约 2cm，淡黄色；子房上位，2 室。蒴果细长圆柱形，长 20～30cm，如豇豆状，悬挂树梢上，种子两端有束毛。花期 5～6 月，果熟期 10～11 月。

　　梓树原产我国，分布甚广，产黄河流域，北至东北，南至华南北部。从辽宁到广东均有栽培。梓树在古代用在帝王宫苑，百姓房前屋后绿化种植的历史悠久，在许多典籍中都有记载，至今已有 3000 多年。《诗径·风·定之方舟》中："树之榛栗，椅、桐、梓、漆。"《书·梓材·释文》："治木器曰梓。"《周礼·考工记》："攻木之工，轮、舆、弓、匠、车、梓。"随后多用梓来命地名、器具名等，木工称梓匠，梓材即引深喻量材为政，《书·梓材》："若作梓材，既勤朴斲"。唐·白居易有诗句："闻有蓬壶客，知怀杞梓材。"古人在房前屋后种植桑树，梓树，后称"桑梓"即为故乡。晋·陆机"辞官致禄归桑梓，安居驷马入旧里。"宋·范成大诗句："孝至阛阓茂，脩身梓里恭。"喜光，稍耐荫；喜温暖湿润气候，亦耐寒；适生于深厚湿润、肥沃之地；微酸性土，中性土，钙质土均能生长，耐轻度盐碱土，不耐干瘠；主根明显，侧根发达，抗风；萌芽力、根蘖能力均强；生长尚快，病虫害少，寿命长达 600 年以上，对 SO_2、Cl_2、苯、苯酚、醋酸、乙醚、乙醛、乙醇及烟尘的抗性强，并对 SO_2 有一定的吸收能力，在污染区 1kg 干叶能吸收 S 2000mg。梓树树干端直，树冠宽广，叶大荫浓，春夏间黄花满树，亮丽悦目，秋冬蒴果悬挂如箸，十分美观，可作为园林绿化树种及工、矿区选为抗污染绿化种，亦是优良的四旁绿化树种。

　　应选 15～30 年生的优良母树，于 10 月果实为深褐色顶端微裂时采种，采回的蒴果摊晒，用木棒轻打，促使开裂，脱出种子，取净后干藏。春播，播种期 4 月，播前种子用 30℃ 温水浸泡 5h 后，与湿沙混合催芽至种子萌芽时播种。床式条播，行距 20～30cm，每公顷播种量约 15kg，播后覆细土，以不见种子为度，盖草保湿，20d 左右发芽出土，幼苗出土 5～10cm 时间苗。此外，也可用扦插和分蘖繁殖。梓树性喜温凉气候，颇耐寒，适宜深厚肥沃、湿润的土壤，耐轻盐碱。春秋季栽植，栽后修枝抹芽。

　　木材心边材区别明显，边材淡黄褐色；心材深黄褐色有光泽；微有辛酸味和苦滋味。生长轮明显，轮廓略整齐；环孔材。木材纹理直，结构粗，不均匀；质轻；软；干缩小；强度低或中；冲击韧性高。木材干燥容易，不易翘裂；耐腐朽；抗虫蛀；切削加工容易，切削面光洁；油漆、胶粘性能良好；握钉力中，不劈裂。木材为优良造船材，尚可用作房屋建筑、家具、室内装饰、乐器、人造板及其饰面、箱盒及军工包装箱等。

梓 树

1. 果枝
2. 子房横切面
3. 种子
4. 雄蕊
5. 花
6. 雌蕊及花萼
7. 花冠展开

楸 树 *Catalpa bungei*

紫葳科 Bignoniaceae（楸树属）

落叶乔木，树高达 30m，干形通直，树皮灰褐色，浅纵裂；分枝较高，树冠较梓树为窄；小枝灰褐色，有黄褐色皮孔。单叶对生，稀 3 叶轮生，三角状卵形，长 6～16cm，先端长渐尖，基部宽楔形或心形，全缘，上面深绿色，下面淡绿色，两面无毛，脉腋有紫色腺斑。总状花序，顶生，有花 3～12 朵，白色；两性花，萼 2 裂，花冠钟状，长约 4cm，内有紫色斑点，发育雄蕊 2 枚，退化雄蕊 3 枚，着生于下唇内；子房 2 室。蒴果长 25～50cm，种子多数，两端有束毛。楸树自花不亲和，往往不结果。花期 4～5 月，果熟期 10 月。

古时楸、梓统称梓，《神农本草经》中所列之"梓"实为楸树。原产我国，分布黄河流域至长江流域，北至内蒙，南达浙江，西南至贵州、四川、云南等省区。楸树林一般生长在东部沿海地区海拔 500m 以下，西部山地为 800m，在甘肃南部海拔可至 1800m 地带，在西南云贵高原地区海拔最高可至 1800～2800m 地带。片林群落多在海拔 50～70m 地带。常见于宅旁、院中、村旁、路边、沟谷、山脚、河岸等处。喜光，幼苗时耐庇荫；喜温和湿润气候，耐寒性较强，不耐干旱瘠薄和水湿；适生于年均气温 10～15℃，年降水量 700～1200mm 的环境条件。在深厚湿润，肥沃疏松的微酸性土、中性土及钙质土上的沿海丘陵或盆形谷地生长最好，干形通直；在含盐量 0.1% 的轻度盐碱土上亦能正常生长；深根型，主根粗壮，侧根发达，穿透力强，形成网络，固持土壤，尤其生长在沟岸两侧的大树，1 株楸树可以固定 10 m^3 的沟岸土体不至崩塌。抗风；根蘖与萌芽力均强；少病虫害；对 SO_2、Cl_2 抗性强；1m^2 叶面积可吸滞粉尘 2050mg，寿命长，山东青州市范公亭公园内有古楸，树龄已有 800 多年，高 14m，胸径 280.4cm，枝叶茂盛；安徽临泉县 1 株楸树，高 23.2m，胸径 210cm，树龄已达 600 多年，冠幅 12m×19m，老树苍古，独踞平川。树姿挺拔秀丽，冠大荫浓，花白紫相间，艳丽悦目。韩愈《楸树》："青幢紫盖立童童，细雨浮烟作彩笼。不得画师来取貌，定知难见一生中。"又宋·段克己《楸花》诗："楸树馨香见未曾，墙西碧盖耸孤棱。会须雨洗尘埃尽，看吐高花一万层。"适宜作为行道树、庭荫树以及四旁绿化种植；工矿区抗污染绿化美化的防护林树种。魏·曹植"走马长楸闲"以及梁元帝萧绎诗："西接长楸道"，《洛阳伽蓝记》载有："修梵寺北有永和里，里中皆高门华屋，斋馆敞丽，楸槐荫途，桐杨夹植，当世名为贵里。"可见在古代，楸树已夹植荫途，与槐、桐已广泛植为行道树，距今大约已有 2600 多年历史。

应选 15～30 年生健壮母树，于 9 月果实为黄褐色顶端微裂时采种。采后晾干，用木棒轻打，种子脱出取净后干藏。春播，播前种子用 30℃温水浸泡 4h，捞出混沙堆在室内，定时洒水翻动，10 天左右种子萌芽即可播种，床式条播或撒播，每公顷播种量约 40kg，覆土 0.5cm，盖草。也可容器育苗。楸树根部萌蘖力强，可于早春挖取 15～20cm 的根插穗进行插根育苗。秋季落叶后，剪取树冠上 1～2 年生枝条或根部萌生的 1 年生枝条及苗干条，截成 15cm 的插穗混湿沙贮藏于翌春 3～4 月进行扦插育苗。楸树在土层较深厚湿润肥沃疏松的中性土，微酸性土、钙质土及轻度盐碱土均能正常生长。春秋季节栽植。

木材心边材区别明显，边材浅黄至浅灰紫色，心材黄褐到泛黄的浅紫褐色；有光泽；微有辛酸气味和苦滋味。生长轮明显，轮间界以深色细线；环孔材。木材纹理直，结构粗，不均匀；质轻；中软；干缩小；强度低；冲击韧性高。木材干燥容易，不易翘裂，干后稳定；耐腐朽；抗虫性强；切削加工容易，切削面光洁；油漆、胶粘性能良好；易钉钉，不劈裂，握钉力中等。木材宜作家具车船、房屋建筑、乐器、人造板饰面、箱盒、农具、工艺美术制品及日常用具。

楸 树

1.花枝
2.果
3.种子

黄金树 *Catalpa speciosa*

紫葳科 Bignoniaceae（楸树属）

落叶乔木，树高15m（原产地高达36m，胸径1.5m）；树皮厚，红褐色，呈鳞片状开裂；树冠圆锥形或圆头形，枝条开展。单叶对生，宽卵形，先端长渐尖，基部近心形，长15～35cm，全缘；上面鲜绿色，无毛，下面密被柔毛，基部3出脉，脉腋间有综褐色腺斑；叶柄长10～15cm，稍被柔毛。圆锥花序顶生，长约15cm，花数朵至10余朵，花萼2裂，裂片近圆形，被毛；花冠2唇形，白色，下唇裂片微凹，里面有两条黄色条纹及淡紫褐斑点；发育雄蕊2枚；子房2室。蒴果长近40cm，果壳壁厚；种子两端有毛，连毛长3.4～4.5cm。花期5～6月，果熟期9～11月。

原产美国中部及东部，从伊利诺斯南部到印第安纳、田纳西的西部、阿肯色北部，至俄亥俄河与密西西比河两河交汇地区都有分布，气温幅度在－11～39℃，年均气温10～19℃，年均降水量900～1400mm，在俄亥俄河的肥沃低地，生长发育最好。在美国东部广泛栽培，最北界至马萨诸塞州。在空旷低矮而弯曲，树冠开展侧枝粗大，在森林中树冠窄，树干通直圆满，枝下高可达20m。我国于1911年引入上海，目前各地城市都有栽培。在浙江定海栽于庙宇旁，生长良好。青岛中山公园引种栽植，60年生树高12m，胸径45cm，生长一般，干形差。强阳性树种，幼树稍带侧方庇荫。喜温暖湿润气候，耐干旱亦耐寒。酸性土、中性土、微碱性土以及石灰性土均能生长，适生深厚湿润、肥沃疏松、而排水良好之地。不耐瘠薄与积水地，深根性，根系发达，抗风能力强；少病虫害，对桑天牛抗性强。耐烟滞尘抗污染能力强，抗污染能力与楸树相似。树姿挺拔秀丽、高干华盖，花白紫相间，艳丽夺目，是优良的绿化树种，宜种植为行道树、庭荫树以及四旁、工矿区绿化、防护林之优良树种。

应选15～30年生的健壮母树，于9～10月果实为棕褐色，蒴果顶端微裂时采种。采回的果实摊晒，用木棒敲击，促进开裂，脱出种子，去杂取净后干藏。春播，播前干藏的种子用温水浸种2～4h，再混以3倍的湿沙进行催芽，经常洒水，每天翻动1～2次，约经10d左右，有30%的种子萌动即可播种。床式条播，每公顷播种量约75kg，覆细土，以不见种子为宜，加强圃地的肥水管理，以促使苗木生长。也可容器育苗。黄金树喜深厚肥沃湿润疏松的微酸性、中性及钙质土壤。大穴整地，施足底肥，大苗带土春秋栽植。

心边材区别明显，边材浅褐色；心材深褐色。木材有光泽；无特殊气味和滋味。生长轮明显，环孔材至半环孔材，宽窄略均匀。纹理直，结构粗，不均匀；材质轻软；干缩小。强度低，冲击韧性中。干燥容易，无翘裂；耐腐性强。加工容易；油漆、胶粘性能良好，钉钉易。可作建筑及室内装饰、家具、胶合板、枕木、坑木、船舶、桥梁等用。

黄金树

1.花枝
2.果

厚壳树 *Ehretia thyrsiflora*

紫草科 Boraginaceae（厚壳树属）

落叶乔木，树高达15m，胸径30cm；树皮粗糙，灰褐色，呈不规则纵裂；小枝光滑，具明显皮孔，树冠椭圆形。单叶互生，倒卵形或长椭圆状倒卵形，长5~18cm，先端渐尖或短突尖，基部广楔形或近圆形，边缘有细锯齿，上面暗绿色，下面淡绿色，脉腋间有簇生毛；叶柄长0.8~2.5cm。圆锥花序顶生或腋生，长5~20cm，花白色，有香气，无柄或具短柄；花萼5裂，裂片卵圆形，边缘有细毛；花冠5裂，裂片长圆形；雄蕊5枚，生于花冠筒上；子房上位，2室，花柱柱头头状。核果球形，直径约4mm，橙色，熟后为黑褐色。花期4~5月，果熟期7月。

厚壳树为我国亚热带及温带树种。分布于秦岭、黄河中下游及其以南至华南、西南各地，散生于海拔400~1150m丘陵或山地天然林中。在云南的西部鹤庆、泸水，南部的耿马、普洱西双版纳、金平、河口等地生长于海拔140~1700 m山地林下、灌丛中、山坡及草地上。喜光，喜温暖湿润气候，亦耐寒；能耐-10℃左右的低温，喜深厚湿润，肥沃土壤，为中上层林木。耐旱，对土壤适应能力强，能耐0.1%~0.2%的盐分。深根型，根系发达；寿命长，安徽临泉县杨小街乡镇韩庙院内有1株厚壳树古树，高10m，胸径80cm，安徽宿县浍南乡戴庵村三贤庙旧址院内也保存了1株古树，高10m，胸径33.4cm，树龄有200年，但生长仍健壮。淮北平原地区旧庙址至今保存有数百年生人工栽培的厚壳树，确实罕见。老树苦峥嵘，州间乡党皆莫记，不知几百岁，落落有生意。枝叶郁茂，绿叶如云，夏初白花密集，繁英满树，增色于园林绿地间，喷香于庭院楼舍，入秋累累丹果，缀满枝头，紫晕流苏，辉映轻摇，"枉教绝世深红色"，却似"晚霞犹在绿荫中。"颇为悦目，是优美的庇荫观花、闻香、观果皆相宜的园林绿化树种。嫩芽可作蔬菜，树皮可作染料。

选用15年生以上健壮母树，于7~8月果实呈橘红色或黄色采收。采回的果穗堆沤1~2天后装入布袋，放入水中搓洗，去除果皮等杂质，即得种子。种子不宜日晒，晾干后，混湿沙贮藏6~8个月以备春播。播前用始温40~50℃水浸种，并在室内催芽，待种子萌动后播种。床式条播，条距25cm，每公顷播种量约30 kg。播后覆土厚度以不见种子为宜，并盖草。幼苗期要及时中耕除草，适量施肥和灌溉，1~2年生苗可出圃。也可容器育苗。厚壳树适于土层深厚肥沃的酸性土壤，肥力较差的山地生长不良。能在-10℃以上地区栽培。大穴整地，适量基肥，春秋季节，大苗带土栽植。

木材心边材区别不明显，黄褐色；有光泽；无特殊气味和滋味。生长轮明显，环孔材或半环孔材。木材纹理直，结构中，不均匀；重量及硬度中；干缩中至大；强度低。木材干燥时稍有开裂，性耐腐；切削加工容易，切削面光洁；油漆、胶粘性能良好；握钉力中等。木材可作家具、房屋建筑、日常用具、工农具柄及其他家具。

厚壳树

1. 果枝
2. 展开之花
3. 花

柚 木 *Tectona grandis*

马鞭草科 Verbenaceae（柚木属）

落叶大乔木，树高达 40~50m，胸径 2~3m；树干圆满通直，树皮暗褐色，条状纵裂或块裂，皮厚 1cm 左右，内皮乳白色；小枝四棱形，具黄色绒毛。叶大，对生或轮生，厚纸质，倒卵形或广椭圆形，长 30~40cm 或更大，先端突尖，基部楔形，沿叶柄下延；上面绿色，粗糙，下面主侧脉及网脉隆起，密布星状分叉毛和紫色小点，幼叶红色，全缘。圆锥花序顶生或腋生，花梗方形；萼钟形，5~6 短裂，花冠小，冠管短，上部 5~6 裂；雄蕊 5~6，着生于冠筒上；子房 4 室，每室有胚珠 1 颗。核果包藏于花萼发育的种苞内，内果皮骨质，有种子 1~2（4）粒。花期 6~8 月，果熟期翌年 1~2 月。

分布东南亚热带及南亚地区，多见于海拔 700~800m 以下低山丘陵或冲积平原地带，一般在海拔 1000m 以上的山地生长不良。在缅甸的海拔极限为 950m。我国有柚木 1 种，产云南南部，生于湿润的混交落叶季雨林中，为上层林木。广东南部、广西南部、福建与台湾等地有栽培。西双版纳有 100 年生以上大树，胸径达 1.24m。柚木是世界上最著名、最珍贵的精木之一，如今世界热带地区广泛栽培，并形成大面积纯林。强阳性树种，极喜光，喜生于暖热气候，年降水量 1270~2921mm 及干湿季分明的地区，耐干热，能耐 43~48℃ 极端最高气温和 2℃ 的极端最低气温；在雨量充沛、没有明显干湿季地区，反而不见生长。但在缅甸北部超出热带范围的微霜地区仍有天然柚木林。在深厚湿润、肥沃而排水透气性良好的微酸性土、中性土及石灰性赤红壤、砖红壤上均能生长，在 pH5.6 以下则生长不良。在山坡下部、河流两岸及冲积平原地带土壤条件较好的地方，生长旺盛；在土壤板结或积水地则生长不良。生长快，树高年生长量 1.0~1.5m，胸径 1.0~1.6cm；主根较浅，侧根发达，喜静风环境，忌强台风袭击。柚木高大耸直，主干粗壮，气势雄伟，叶大形美，花序硕大，壮丽俊俏，在华南地区宜作为园林绿化树种。

应选 20 年生以上的健壮母树，于 11 月至翌年 2 月果实呈棕黄色或茶褐色采种。采后经曝晒搓去花萼囊取出种子，并使含水量降到 10% 时于干燥器皿中贮藏。果实坚硬，胚具有生理后熟特性，直至内果皮显出裂纹或用石灰浆沤种，待中果皮变软后利用机械除去中果皮，置于沙床催芽或用湿沙层积催芽 1~2 个月后播种。春末夏初沙床播种，1m² 播种量约 500g，用木板将种子平压入沙土即可，2~3 个月后幼苗长出 5 对初生叶时，分期移植圃地培育。也可在小苗 3 个月，苗高 20cm 时用低切干栽植法移床。也可容器育苗。柚木适生于土层深厚，质地疏松，排水良好的沙质壤土。用地径 1.5cm 低切干苗造林。大穴整地，适当深栽。

木材心边材区别明显，边材黄褐色微红，心材浅褐或褐色；有光泽；触之有油性感；稍具皮革气味；无特殊滋味。生长轮明显，环孔材至半环孔材。木材纹理直，结构粗，不均匀；质中重；中硬；干缩小；强度中；冲击韧性中。木材干燥不难，速度宜慢，干质材性稳定；耐腐朽及抗蚁性强；切削加工易钝刀锯，有夹锯现象，但能获得光洁刨面；油漆、胶粘性能优良；握钉力强。木材属名贵木材，宜作高档家具、室内装饰、车船、乐器、礼品箱盒、木雕、人造板饰面、模型等多方面。

柚 木

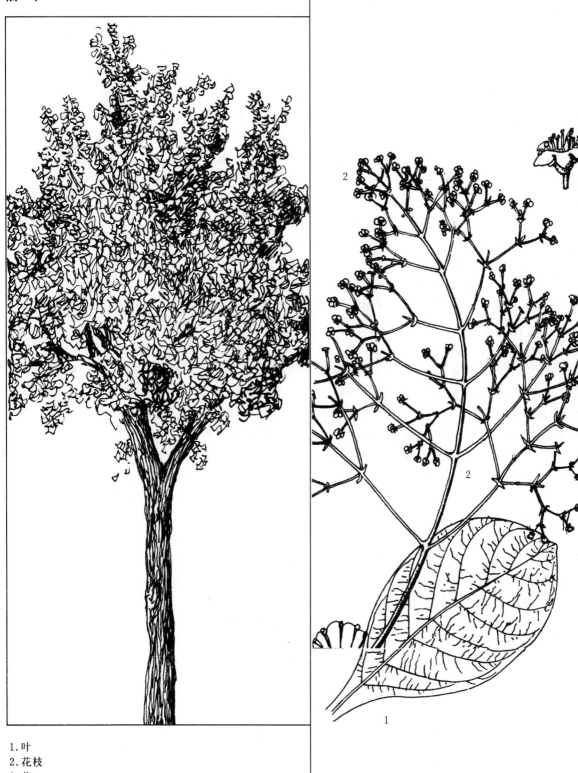

1.叶
2.花枝
3.花

紫花泡桐 *Paulownia tomentosa*

玄参科 Scrophulariaceae（泡桐属）

　　落叶乔木，树高达 15m；胸径 1m。树干圆满通直，树冠广卵形，树皮灰褐色，幼树平滑，老时纵裂；小枝有明显皮孔，幼枝常具黏质短腺毛。叶对生，叶片卵状心形，长达 30cm 以上，先端尖，基部心形，全缘或具波状浅裂，上面毛稀疏，下面毛常密；叶柄常有粘质短腺毛。聚伞花序有总梗，总梗与花梗近等长，具花 3~5 朵；花萼浅钟形，裂片裂至中部，外被绒毛不脱落；花冠紫色，漏斗状钟形，长 5~7.5cm，外面有腺毛，檐部 2 唇形；雄蕊长 2.5cm，花柱短于雄蕊。蒴果卵形，基部最宽，幼果密生黏质腺毛。花期 4~5 月，果熟期 8~9 月。

　　紫花泡桐主产淮河流域至黄河流域，垂直分布可达海拔 1800m；北至辽宁、南至广东均有栽培。朝鲜、日本也有。欧洲与北美有引种栽培。全光照，喜温暖湿润气候，能耐 38℃ 以下高温，生长适温 22~29℃，极端最低温 -20~-30℃ 时易受冻害；耐干旱，；在深厚湿润，肥沃疏松、pH 6~7.5 条件下，生长最好，不耐盐碱，不耐水湿，更忌水涝。根系发达，分布深广。生长较为迅速，假二叉分枝，自然接干能力弱，树皮薄，损伤或冻伤，日灼后难愈合，修枝要适当。吸碳放氧能力强，达到 1522.08g·m^{-2}·a^{-1}。增湿降温能力较强，年蒸腾水量达 292.92kg·m^{-2}·a^{-1}，杀菌能力较强，对 HS、硝酸雾、氯乙烯抗性强，对 NO$_2$ 抗性较强，对 SO$_2$ 抗性中等。1m^2 叶面积能吸尘 3500mg，据南京测定，1kg 干叶可吸收氟化物 95mg 而尚无受害症状；1kg 干叶可吸 SO$_2$22.6g。杭州测定，1kg 干叶可吸收 S 6800mg。防火性能好。隋·陆季览《咏桐》诗："摇落依空井，生死尚余心。不辞先入灶，惟恨少知音"。唐·陈标《焦桐》诗："江上烹鱼采野樵，鸢枝摧折半会烧。未经良匠材虽散，待得知音尾以焦。若是琢磨微白玉，便来风律轸青瑶。还能万里传山水，三峡泉声岂寂寥。"这完全是古琴声律了。还有宋·王安石《孤桐》诗："天质自森森，孤高几百寻。凌霄不屈已，得地本虚心。岁老根弥壮，阳骄叶更阴。明时思解愠，愿斲五弦琴。"相传舜曾作《五弦琴》，歌《南风》以表爱戴之心，天下大治。树干端直，树皮灰色，光洁可爱；树冠广展，叶大荫浓，花大艳美，是优良的绿化树种。

　　应选 8~10 年生，树干通直，无丛枝病，结实较少且晚为采种母树，果熟期 9~11 月，果实由黄变为黄褐色，个别开裂时，即可采集。采回的果实晒干或晾干，果壳裂开脱出种子，使其充分干燥置室内贮藏。播前用 40℃ 温水浸种 10min，再用冷水浸泡 24h，后混湿沙催芽。春季床式撒播或条播，每公顷播种量 10kg 左右，播后覆土，以不见种子为度，盖草保湿。苗高达 3cm 时间苗并进行移植。每年春季 2~3 月选健壮根条并截成约 15~20cm 长的根条，按 40~45cm 株行距埋根育苗。适生疏松肥沃的土壤，不耐积水及盐碱。在北方丘陵、平原地区以及黄河和长江中下游地区均可栽培。春秋冬季，大苗带泥土栽植。

　　木材心边材区别不明显，灰褐色；无特殊气味和滋味。生长轮明显，环孔材。木材纹理直，结构中，不均匀；质轻；软；干缩小；强度甚低；冲击韧性低。木材干燥容易，速度快；不翘裂；不耐腐，耐酸性强，切削加工容易，但不易获得光洁切削面；油漆、胶粘性能良好；握钉力弱，但不劈裂。木材可作家具、单板、雕刻、乐器、箱盒、木模及其他日常用具。

紫花泡桐

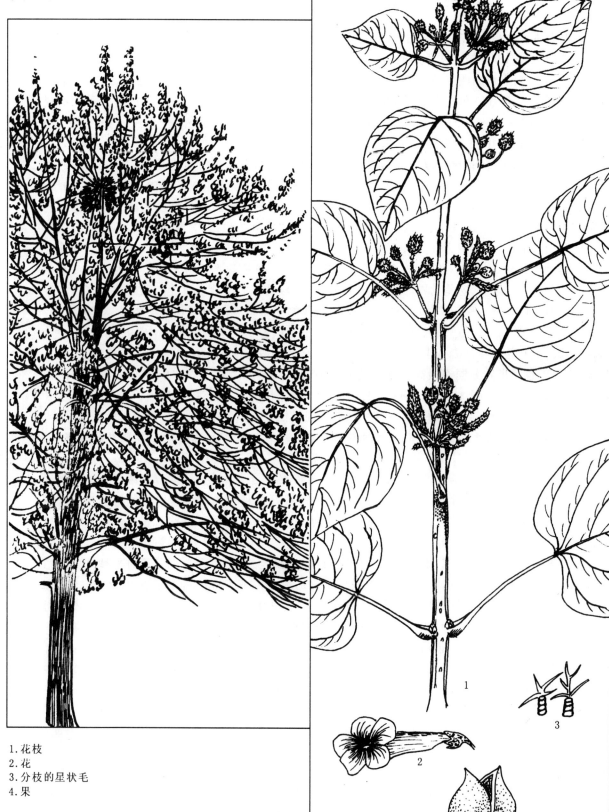

1.花枝
2.花
3.分枝的星状毛
4.果

白花泡桐（大果泡桐）*Paulownia fortunei*

玄参科 Scrophulariaceae（泡桐属）

　　落叶乔木，树高达 27m，胸径 80cm；干形圆满通直，树冠广卵形或圆锥形，树皮灰褐色，平滑，老时纵裂；幼枝被黄褐色绒毛。叶大柄长，对生，长卵状心形，长达 20cm，先端长渐尖，叶柄长 12cm，叶背被黏质腺毛。圆锥状聚伞花序，有花 3~8 朵，总梗与花梗近等长；花萼倒圆锥形，分裂至 1/4~1/3 处；花冠管状漏斗形，白色或背面略带浅紫色，长 8~12cm，外面有星状毛；雄蕊长 3~3.5cm；子房有腺毛，花柱长。蒴果长椭圆形，2 瓣裂，种子小，有翅。花期 3~4 月，果熟期 9~10 月。果熟后自裂，种子飞散。

　　泡桐原产我国，分布长江流域及其以南地区，垂直分布在东部海拔为 120~240m；在西南可至 2200m。山东、河南、陕西等地多栽培。上溯泡桐栽培历史，4000 年前的徐州之域，峄山之南（今山东邹县东南）已培育出一种特生的泡桐——孤桐，并以"其材中琴瑟"作为特别的田赋岁岁常贡于禹王，这便是《书经·禹贡》中所说的"峄阳孤桐"。桐树（神农本草经）、荣桐（本草纲目）、泡桐，"清明之日，桐始华"《周书·时训》，"桐以三月华，乃在众木之先，其荣可纪，故名桐为荣也"。北宋·陈翥作《桐谱》一书序中："吾植桐乎西山之南，乃述其桐之事十篇，作《桐谱》一卷。"这是世界上就单一树种最早、最系统的专著。喜光，稍耐荫，喜温暖湿润气候，耐寒性稍差；喜肥厚沙质土壤，对黏重瘠薄的土壤适应能力较其同类要强，较耐水湿，耐干旱；深根型，根系发达，抗风力强；生长迅速，病虫害少，是本属中丛枝病抗性最强的种。寿命较长，贵州德江县长丰乡小坨寨海拔 860m 处有 1 株白花泡桐，树高 49.6m，胸径 1.98m，树龄 80 年，也是世界上桐类最高一株。安徽亳州市魏岗镇王滩村一农户院内有一株兰考泡桐（*P.elongata*）古树，高 19.2m，胸径 113.1cm，枝下高 8m，树干圆满通直，冠幅 13.8m×13.6m，树龄已有 110 余年，每年春季花团锦簇，迎风摇曳，风姿翩然。清·蒋溥《桐花歌》诗："山窗三见桐著花，先生二载兹为家。老树不知寿几许，穷村偃蹇无精华。""桐阴瑟瑟摇微风，桐花垂垂香满空。压檐一枝早谢，花朵历落庭阶中"。泡桐抗污染、防火性能好。树干耸直，干皮浅灰色，光洁美观，早春"看吐高花万万层"，妍雅华洁，清香宜人，夏日浓荫如盖，是优良的园林绿化树种。因发叶晚，落叶迟，是农林间作极好树种。焦裕禄提倡用此树造林。叶花富含氮、磷、钾，且枝叶较稀，根系较深，成为河南等地林粮间种好树种。日本曾从中国进口泡桐，作木屐、隔板、推门等。

　　应选 8 年生以上的优良单株为母树，于 10 月蒴果由黄变黄褐色，个别开裂时采种。采后晒干或晾干，脱出种子，取净后，装入袋中置于干燥通风处贮藏。播前种子应在 0.2% 赛力散加 0.2% 五氯硝基苯溶液中浸泡 1h 后用冷水反复冲洗，然后在 30~40℃ 的温水中浸泡 1 昼夜，捞出摊放在木盘或蒲包内，置于温暖向阳的地方，每天用温水冲洗 2 次，待种子发芽时拌些草木灰即可播种。春季高床条播，播后覆土并盖草。幼苗期要注意遮荫，洒水、追肥。苗高 3cm 时，间苗并进行移植。可选用 1~2 年生苗根截成 15~20cm，于春季进行插根育苗。秋季采根要混沙坑藏至翌春，以备育苗。泡桐适生土层深厚、排水良好的沙质壤土。冬春大苗宿土栽植，或在苗木高生长停止后落叶前进行秋季带叶栽植。

　　木材心边材无区别，灰红褐或浅红褐色；有光泽；无特殊气味和滋味，但生材时有奇臭。生长轮明显，半环孔材至环孔材。木材纹理直，结构粗，不均匀；质甚轻；甚软；干缩甚小；强度甚低；冲击韧性低或中。木材干燥容易，速度快，不易翘裂；稍耐腐，抗韧性弱；切削加工容易，刨削面光洁；油漆、胶粘性能良好；易钉钉，但握钉力弱。木材适宜作乐器、房屋建筑、室内装饰、家具、木屐、缓冲材料、浮子、包装箱盒、人造板及造纸原料。

白花泡桐

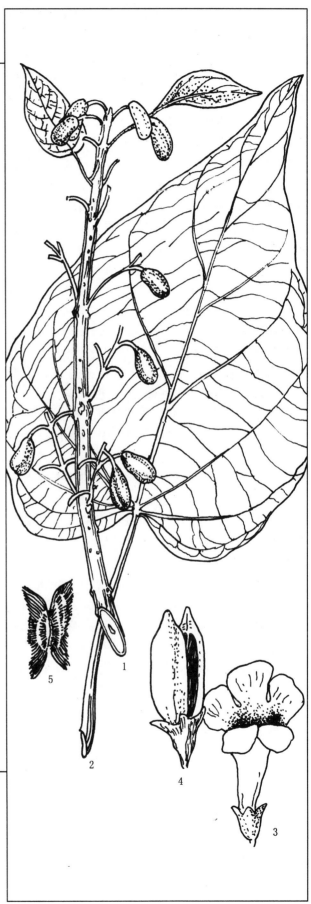

1.花序枝
2.叶
3.花正面
4.蒴果
5.种子

南紫薇 *Lagerstroemia subcostata*

千屈菜科 Lythraceae（紫薇属）

　　落叶乔木，树高达 15m，树皮薄，茶褐色，片状脱落，平滑；小枝圆。单叶对生或近对生，长圆形或长圆状披针形，长 2~9cm，先端渐尖，基部宽楔形，全缘，两面无毛，有时下面脉腋有簇生毛，叶柄长 2~4mm。顶生圆锥花序，花梗被柔毛；花小，白色，花萼钟状 5~6 裂，花瓣 6，皱缩，有爪；雌蕊 15~30，其中 5~6 枚较长，着生萼片或花瓣上，花丝细长；子房无毛，花柱细长弯曲。蒴果椭圆状球形，3~6 瓣裂。种子有翅。花期 6~8 月，果熟期 9~10 月。

　　南紫薇分布长江以南各地，常散生于海拔 1000m 以下常绿阔叶林中，或平原地带。在安徽牯牛降海拔 780m 处山坡有小片南紫薇林，其中 1 株大树为清代遗物，树龄达 100 余年，树高 20mm，胸径 42cm。喜光，稍耐荫；喜温暖湿润气候，不耐寒，适生深厚湿润，肥沃而排水良好的酸性山地黄棕壤，尤以钙质土最为适宜。在干旱、瘠薄的土壤及石山中也能生长。忌水涝；深根型，主根发达；萌芽力强，耐修剪，寿命长，重庆市酉阳县小坝乡花园村生长 2 株连理南紫薇，树高分别为 30m、23m，胸径分别为 69cm、68cm，树龄均在 100 年以上。少病虫。树姿优美，树干灰白，光洁可爱，仲夏白花满树，素雅洁净，清爽宜人。紫薇数十朵花组成顶生圆锥状花序，花团锦簇。"深紫妮红出素秋，不粘皮骨自风流"的独特的干形，杂色的繁花，汉唐以来便著称于宫廷与民间。我国唐代的中书省（内阁右相）官署庭院内遍植紫薇，因而曾一度将中书省改为紫薇省，中书令曰紫薇令。于是，紫薇也就成了中央要员的高级官衔之名称了。诗人白居易在任紫薇省中书舍人时，曾作诗曰："丝纶阁下文书静，钟鼓楼中刻漏长。独坐黄昏谁是伴？紫薇花对紫薇郎"。别有风韵，是优良的园林绿化树种。

　　宜选 10 年生以上健壮母树，于 9~10 月果实成熟时采种。采回的果实置于通风干燥处摊开或在日光下晾晒至果实开裂时取出种子，取净后，种子继续干燥使含水量降至 10% 以下时，可装入布袋进行短期贮藏或置于 5℃ 以下低温干燥阴凉处密封贮藏。播前应将种子与湿沙层积催芽 20d 左右。春季床式撒播或条状带播，每公顷播种量约 20kg，覆土厚 1~2 cm，并盖草保湿。幼苗出土及时揭草、遮荫，加强水肥管理。如供应园林绿化应换床移植培育大苗。南紫薇喜温暖湿润的气候，适生于土层深厚肥沃、排水良好的微酸性及中性或微碱性土壤。大穴整地，施足基肥，春秋季带土栽植。

　　心边材区别不明显，木材灰黄褐色；有光泽；无特殊气味和滋味。生长轮明显，宽度不均匀。轮间有深色带，散孔材。木材纹理斜或略交错，结构甚细，均匀；质甚重；甚硬；干缩小至中，强度高。木材干燥宜慢，可减少翘裂；耐腐性中；切削加工较难，易钝刀具，但切削面光洁；适于车旋；油漆、胶粘性能优良。握钉力强。木材可作家具、房屋建筑、室内装饰、车船、编织器材胶合板、雕刻、日常用具及工农具柄等。

南紫薇

花枝

单子叶植物
MONOCOTYLEDONEAE

椰子（椰树）*Cocos nucifera*

棕榈科 Palmae（椰木属）

常绿乔木，单干直立，干高 15~25m，径 30~60cm，干有环纹。大型羽状复叶簇生茎干顶端，长 3~7m，小叶长披针形，长 60~90cm，叶柄短而粗壮，基部有网状褐色棕皮。肉穗花序由叶腋抽出，分歧下垂，长 1.5~2m，初为圆筒状佛焰苞所包被。佛焰苞老熟后，从顶部往下纵裂，露出花序，花枝 30~50 条，中上部着生雄花，基部着生雌花，球形，子房上位，3 室，通常只有 1 室发育成熟。果实圆形或椭圆形，顶部为三棱，纵径 25~38cm，横径 20~27cm，开花后经 9~10 个月后成熟，黄褐色，表面平滑，由外果皮、中果皮、内果皮、胚乳等组成，胚乳又称种仁和椰肉。开花盛期 7~9 月。

我国椰子分布在北纬 10.5°~23.5°、东经 99°~121°，最北界可至厦门，生长于海拔 100m 以下的平原、河流沿岸、滨海地带及房前屋后，个别地方如在海南五指山麓及通什地区最高海拔可至 700m 地带。多为人工栽培的纯林景观，在城市园林中多作为行道树，园景树栽植。我国栽培和利用椰子的历史悠久，至少在 2000 年以上，公元前 134 年前后写成的《上林赋》中就有"留落胥邪，仁频并闾"的记载，胥邪即为椰子树。《南越笔记》中有"琼州多椰子"，"昔在汉武帝时（公元前 20 年）赵飞燕立为皇后，其妹合德献物中有椰子席，见重于世"的记载。现海南岛遍植椰子树，故又称为椰岛，海口市称为椰城。如今的西沙群岛已是椰林婆娑，绿树成荫，成为点缀南海屏障的"海上绿洲"。强阳性树种，生长适温 25~35℃，要求年均气温 24~25℃ 以上，全年无霜冻，月平均气温在 15℃ 以下，会引起椰子落花落果及叶片变黄，或椰肉厚薄不均；月平均气温在 8℃ 以下，并且连续累计日期较长，则顶芽受冻害以至植株死亡。要求年降水量 1500~2000mm 以上，相对湿度 80%~90% 的海洋性气候，最适椰子生长。在滨海沙土、河岸冲积土、燥红土、赤红壤、砖红壤、铁质砖红壤和火山土上，pH5.2~8.3，地下水位 1.0~2.5m，排水良好的地带，均能正常生长，耐水湿，抗热耐旱；在 pH7 左右的滨海沙壤土上或河岸冲积土上，具有海风吹拂，海拔 100~200m 的滨海地带最为适宜。耐盐碱、抗海潮盐雾风、耐瘠薄。无主根，须根系极发达，固土能力强，抗暴风能力强，树龄长达 100 多年。树干修长，高耸挺拔，四时滴翠，苍劲雄伟，尤适宜在滨海风景区组成椰林滴翠、蕉雨椰风、天海争辉的优美景观，亦是沿海防风固沙、护岸的优良树种。是优美的风景树，园林结合生产的好树种。宜植为行道树、园景树，列植、丛植、片植均合适。明·丘浚有赞美《椰林挺秀》诗："千树椰椰食素封，穷林遥望碧重重。腾空直上龙腰细，映日轻摇凤尾松。山雨来时青霭合，火云张处翠荫浓。醉来笑吸琼浆味，不数仙家五粒松。"近代田汉游览海南椰林诗句："十年血战成红果，一饮琼浆百感生。十八万株三十里，椰林今日亦长城"。有"宝树"、"摇钱树"之称。椰肉（胚乳）鲜美可口，营养价值高，可生食或作菜等；幼嫩的椰肉和椰水含维生素 B、C 和糖分，出油率达 63%，其油消化系数为 99.3%，是世界著名的食用植物油，亦是制造高级香皂、化妆品和高级润滑油重要原料；中果皮（椰衣）的纤维弹性，韧性强，抗潮耐腐；椰实壳可雕刻成各种精美的工艺品或干馏制成活性炭；椰根可作医疗上收敛剂、治痢疾；氢化椰油及椰油脂肪酸能抑制肝肿瘤的变化；椰子是重要的用材树种。

选用 10 年生以上的高产优质母树，于 7~9 月当外果皮转黄色时采摘。采回的果实置于室内通风阴凉的地方。播前催芽，用利刀在芽眼旁削除一小块外果皮，摘去果蒂，选择平坦通风庇荫处，深耕 15~20cm，开沟，宽度比果稍宽，将椰果顶端向上，按 45°角排放在沟内，覆土至果实的 1/2~2/3。经过 2 个月后即发芽。当芽点露出果皮外面芽长 10~15cm 时移至苗圃继续培育。幼苗生长期要有适度的荫蔽，适时浇水，雨季注意排水，中耕除草和施肥。穴状整地，施足基肥，定植后淋透定根水。

椰 子

2

1

1.果枝　　③内果皮
2.果横剖面　④胚
①外果皮　　⑤胚乳
②中果皮　　⑥果腔

王棕（大王椰子）*Roystonea regia*

棕榈科 Palmae（王棕属）

常绿乔木，干单生，茎干高 10～20m，30～40m，高大通直，淡褐灰色，具整齐的环状叶鞘痕，幼时基部明显膨大，老时中部膨大，状奇特。叶聚生茎顶部，形大，长约 4m，羽状全裂，裂片条状披针形，长 85～100cm，宽 4cm，软革质，先端渐尖或 2 裂，基部向外折叠，通常 4 行排列，叶柄短；叶鞘长 1.5m，光滑。肉穗花序生于叶束之下，三回分枝，排成圆锥花序式。佛焰苞 2 花序。小穗长 12～28cm，基部或中部以下有雌花，中部以上全为雄花，雄花淡黄色，花瓣镊合状排列，雄蕊 6（8），丁字着药。雌花花冠壶状，3 裂至中部，柱头 30。果近球形，长 8～12mm，红褐色至淡紫色。种子一颗，卵形压扁。胚乳均匀。

古巴是王棕的故乡，秀丽的景色，首都哈瓦纳 5000m 长滨海大道上洒下婆娑的身影。湛蓝的海水拍打着波岸，给人以无限的遐想。该树叶片聚生茎端，雄伟而美丽。多为园景行道树栽培，呈现一派热带风光。适生于年均气温在 25℃ 以上，平均最高温在 36℃ 以下，平均最低温在 12℃ 以上，相对温度在 70℃ 以上；夏季为雨季，暴雨迅猛，多飓风，冬季是干季，暴雨少，为热带夏雨区气候。现广植于全球热带地区。成为热带、南亚热带地区最常见的棕榈类植物。我国广东、广西、海南、台湾、福建、云南等地均有栽培。阳性树种，喜温暖、潮湿、光照充足的热带海洋性气候环境，生育适温 28～30℃，安全越冬温度为 10～12℃，最低温不可低于 5℃，年降水量 1000～1500mm，抗热耐旱能力强，亦耐水湿。适生土层深厚、土质肥沃、疏松排水良好沙质壤土、沙质红壤土上，酸性土、中性土、微碱土均能正常生长，耐瘠薄、耐盐碱；深根型，根系发达，抗风暴能力强，对病虫害抗性强，寿命长。唐·杜甫《海棕行》诗："左绵公馆清江濆，海棕一株高入云。龙鳞犀甲相错落，苍稜白皮十抱文。自是众木乱纷纷，海棕焉知身出群。移栽北辰不可得，时有西域胡僧识。"王棕高耸挺拔，雄伟壮观，终年青翠，颇具庄严之美，是棕榈科观赏树种中最高大的椰子类植物，列植于会堂、宾馆、高大建筑物之前，或作城乡行道树，均十分整齐美观，或在园林绿地上群植，或片植海滨风景区，均可充分体现热带滨海风光，是群体韵律美的理想表现方式，尤其是王棕茎干光滑，高大粗壮，茎基部膨大者最佳，再与造型灌木及花木相配植可增加景观层次与深度，给人以雄伟壮观之气势。近代董必武浏览海南三亚椰林诗篇："海畔椰林一片青，叶高撑盖总亭亭。年年抵住台风袭，干伟花繁子实馨。"

选用 20 年生以上的优良健壮母树，于 8 月中下旬果实由黄绿色转为红褐色至紫色时，分期分批采收。采回的果实堆沤数日，果皮软熟后置入水中用木棍冲捣漂洗，勿用手搓，以防过敏，除去果皮果肉，取净后，种子忌失水，不宜日晒，需混湿沙贮藏。秋季采种时，宜随采随播，撒播，每 666m² 播种量约 200kg，通常采用沙床密播，待发芽后分批移至苗圃继续培育，早期需遮荫、防霜，一般需要培育 4 年方能出圃。也可将种子播入容器内育苗。穴状整地，适量基肥，春季大苗带土坨移植。

王 棕

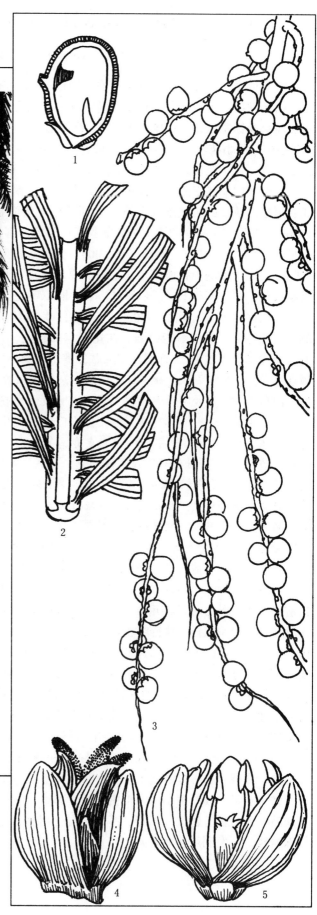

1.果实纵剖面
2.叶中部示羽片排列
3.果序一部分
4.雌花
5.雄花

毛竹（江南竹、孟宗竹）*pubescens*

禾本科、竹亚科 Gramineae—Bambusoideae（刚竹属）

　　大型散生竹，秆树高达 20m 左右，径达 16cm；中部节间长 40 cm，基部节间较短；新竹绿色，密被细毛，节下有白粉环，老秆黄绿色，无毛，顶梢弯垂；秆环平，环隆起，背面密生黑褐色斑点及棕紫色刺毛；箨耳甚发达，镰刀形。分枝高，每节 2 分枝，由节上斜展，每节再分 1～2 小枝，每小枝着生 2～4 叶片，披针形，长 5～12 cm，宽 0.5～1.5 cm。穗状花序，每小穗具 2 小花，仅 1 花发育。颖果针形，长 1～2 cm。笋有"春笋"、"冬笋"。

　　主产我国亚热带地区，分布秦岭、淮河及以南至广东罗浮山，广西大瑶山；东起台湾、浙江、福建，西迄四川盆地及云南东北部等。一般海拔 1000m 以下，在四川邛崃山区海拔可达 1520m，多形成竹针、阔混交林群落景观；喜光，喜温暖湿润气候，能耐 - 16.7℃ 的极端低温，年平均气温 15～20℃，年降水量 1000～1500mm，相对湿度在 80% 以上。尤以在海拔 500～1000m 之间山地的沟谷地带生长最好。要求土层深厚湿润，疏松肥沃，pH4.5～7.0 的红黄壤、黄壤或黄棕壤。不耐干旱，忌渍水。毛竹地下茎在土中横向地性生长，具有趋暖向阳、喜肥的特性。土壤储水容量可达 430mm，有效储水容量达 313mm，均高于杉木林和天然阔叶树林 28%，抗污染，耐酸雨能力强。在花苑与梅、兰、菊并称四君子，又与松、梅同为岁寒三友，是大型优良观赏竹种。《竹颂》："扎根贫瘠中，挺身雷雨中，高风亮节不可折，躯秆凌云空。根须盘络紧，岁寒笑严风，嫩笋破土能断石，何惧压力重"。在赏竹、观笋、听竹涛之时，竹所产生的内蕴和意境以及雨后春笋破土断石，一夜千尺拂青云，一节复一节，吐水凝烟雾成雨，蒸蒸日上，生机勃勃，而具有强大生命力的自然景观生境美、意境美，使人产生微妙而深远的意想，回味无穷。唐·李嘉佑诗句："傲吏身闲笑五侯，西江取竹起高楼。"藐视荣华富贵，而看重正直气节。"竹君得姓何代？渭川鼻祖慈云来"，至于我国的竹史，自有文字记载，便有竹的叙述与传颂，《穆天子传》载："天子西征，至玄池，及树之竹，是曰竹林。"《晏子春秋》载："景公树竹，令吏谨守之，公出过之。有斩竹者焉，公以车逐，得而拘之"。苏轼写道："食者竹笋，庇者竹瓦，载者竹伐，爨者竹薪，衣者竹衣，书者竹纸，履者竹鞋，真是不可一日无此君"。苏轼曾说过："宁可食无肉，不可居无竹。无肉使人瘦，无竹使人俗"另一种高尚境界。中国竹类不仅资源丰富，明清时期，开发之深奥，水平之高超，产业之巨大，从业之人众，无出其右。

　　毛竹种实于 8～9 月脱落，应立即连枝采下，经晾晒脱粒，装袋置于 0～0.5℃ 低温处贮藏。播前用凉水浸种 24h 后再用 0.3% 的高锰酸钾消毒 3h 即可播种，或用湿沙拌种催芽，待种子露白时播种。春季穴播，株行距 30cm，播后覆土盖草，每公顷播种量 15kg。幼苗出土后揭草、遮荫、浇水、间苗、追肥，每穴 1～2 株。温床育苗，以 20℃ 为宜，晚霜后，将竹苗移植至圃地。实生苗具有分蘖丛生特性，可在春季，将 1 年生苗挖起，分成 2～3 株的小丛，修去枝叶 1/2，在圃地打泥浆栽植，1 年后每丛可分蘖 10 株以上。第 2 年小竹苗继续分株移植，连续 4～5 年均有分蘖性能。也可利用圃地残留有芽苞的鞭段，开沟平放，覆土、压镇、盖草、浇水。当年长出新鞭每丛可分蘖 5～6 株。也可在毛竹林中挖起带有芽苞的黄色竹鞭育苗。移竹栽植，应选 1～3 年生壮龄竹鞭，按来鞭 30cm，去鞭 50cm 截断，带土。母竹截稍留枝 3～5 盘。春季栽植，深挖穴、浅栽竹、下紧围（土）上松盖（土）。也可用竹蔸栽植。实生苗要宿土栽植。

　　加工容易，收缩性小，高度割裂性、弹性、韧性，抗压、抗拉强度大。可用于家具、工艺装饰品、人造板、建筑、乐器、军事、文化用品、生活用品、农具等。竹材具有不同于木材的特殊材性，开发利用潜力甚大。

毛 竹

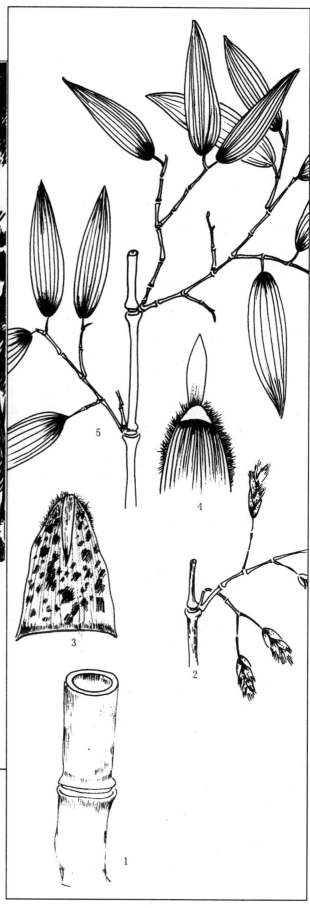

1.秆节
2.花枝
3~4.秆箨背腹面
5.叶枝

淡竹（粉绿竹）*Phyllostachys glauca*

禾本科、竹亚科 Gramineae—Bambusoideae（刚竹属）

中型散生竹，秆高 6～10m，径 2～5cm，新秆粉绿色，被白粉，无毛，老秆绿色或黄绿色，仅节下有白粉环；秆环、箨环均稍隆起；秆箨淡红褐色，有紫色脉纹，无毛，被紫褐色的斑点；无箨耳及肩毛；箨舌紫色或紫褐色，微有波状缺齿和短纤毛；箨叶带状披针形，绿色，有紫色脉纹和黄色窄边带，平直，上部的下垂。每小枝具 2～3 叶片，长 8～16 cm，宽 1.2～2.4 cm，初有叶耳及疏生肩毛。花枝呈穗状，每小穗具 1～2 朵小花。笋期 3 月下旬至 4 月中旬。

淡竹原产中国，分布于黄河流域及长江流域中下游各地区，在北纬 25°～36°，以河南、陕西、山东、山西南部最多，分布特点多呈依山连水成片，沿河流成线，山区成点；河流是其垂直分布的"响导"，向阳山坡是其垂直分布的"阶梯"，以海拔 600m 以下最多，最高可达海拔 1250m 左右；而在长江流域的水平分布在北纬 25°以北都能择地而生，不受河流、坡向制约，但仍以海拔 600m 以下最多，最高可达海拔 1640m 地带。多为人工栽培纯林景观。苏北沿海地区用淡竹造林，取得显著成绩；北移栽培已跨越渤海。在北纬 40°以北的辽宁营口、盖县、金县等地栽培，能安全越冬。喜温暖湿润气候，能耐 -20℃ 的低温，耐水湿，亦耐干旱，年降水量 500～700mm，土壤含水在 10% 以上时仍能正常生长；在山区、丘陵、岗地、谷地、平原、河漫滩地、村前宅旁、名山胜地、古庙名刹、公园、街心花坛均有淡竹的生长。在微酸、中性至微碱性的沙土、壤土、黏壤土中均能生长，在 pH7.5～8.0 轻度盐碱土上也能生长，能耐短暂的流水漫渍，但以在沙壤上生长最好，每公顷立竹度可达 13500～19440 株，叶面积指数达 6.5～11.6，是一种稳定性很高的竹林群落景观，即使开花后全林枯死，只要辅以松土除杂，铺青垫土等管理措施，数年即可恢复成竹林群落景观。淡竹秆形通直，节间长，韧性强，婷婷玉立，内蕴着刚毅与柔韧的双重性格，幼杆被雾状白粉，节下有白粉环，又名粉绿竹，具有春粉凝香，含月凝烟，湿竹暗浮烟等意境，唐·刘禹锡《庭竹》诗："露涤铅粉节，风摇青玉枝。依依似君子，天地不宜容"。淡竹抗污染，是优良的绿化观赏竹种，宜群植、片植于园林水边、河岸两侧或在风景区河流沿岸组成临水竹林景观，在山区风景区构成浮烟带翠的竹林景观均甚理想，亦是村庄四旁、居住区的优美绿化竹种。淡竹集坚贞、刚毅、挺拔、坚韧、清秀于一身。根生大地，渴饮甘泉，未出土时便有节。自古以来人们喜爱竹的姿态，更爱竹之内涵，把竹当作做人的楷模，早在 2700 年前诗经《卫风·淇奥》："瞻彼淇奥，绿竹猗猗。有匪君子，……。"用竹子来赞美武公之德也，周平王（公元前 770～前 720 年）时一位品德高尚的士大夫。白居易《养竹记》中写道："竹本固，固以树德。君子见其本，则思善建不拔者。竹性直，直以立身。君子见其性，则思中立不倚者。竹心空，空以休道。君子见其心，则思应虚受者。竹节贞，贞以立志。君子见其节，则思砥励名行，夷险一致者，夫如是，故君子多树之为庭"。江泽民同志为贺晋年将军所画竹题款："俏也不争春，劲节满乾坤"。寓意祖国正像朝气逢勃春天里的翠竹林，排云万竿，高风亮节的光辉充满神州大地。

选择幼壮龄竹鞭或竹秆，于早春解冻后将林中露出的浮鞭、挖起母竹或垦复竹林残留的竹鞭，只要鞭色新鲜发黄、芽壮根多，挖起时多带宿土，截成 50cm 长的鞭段，开沟埋鞭，芽向两侧，覆土 10cm 左右，浇水，盖草，保持床面湿润。经常除草松土，注意抗旱排涝，4 月出笋后，适当施肥，当年苗高 1m 以上，翌年春季可出圃栽植。淡竹生长快，伐期短，注意竹林施肥培土，护笋养竹，灌溉排涝，合理砍伐等抚育措施。移竹栽植的母竹应选 1～2 年生分枝低、生长健壮的竹株，单竹或竹丛，连蔸挖起，留来去鞭长各 30cm，带土包扎。栽植时，拆包置于穴内，鞭根自然舒展，回土踏实，浇水定根，盖土保湿。材性及用途略同毛竹。

淡 竹

1.花枝
2.笋上部
3.叶枝
4~5.笋箨正背面

刚竹（胖竹） *Phyllostachys viridis*

禾本科、竹亚科 Gramineae—Bambusoideae（刚竹属）

中型散生竹，秆树高 6~10m，径 4~8cm，中部节间长 20~45cm，秆深绿色，无毛，微被白粉，老秆节下有白粉环；秆环不明显，箨环微突起，秆壁在放大镜下可见晶状小点突起；秆为黄色或淡褐黄色的底色，无毛，有较密的褐色或紫褐色的斑点或斑块，有棕色脉纹；无箨耳及肩毛；箨舌黄褐色，平截或弧形，高约 2mm，有细纤毛；箨叶带状披针形，外面绿色，有橘红色边带。2 分枝，每小枝 2~6 叶片，披针形，长 5~16 cm，宽 1~2.2cm，背面基部疏生绒毛。笋期 4 月下旬至 6 月上旬。

刚竹原产我国，分布于黄河流域至长江流域及以南各地，浙江、江苏、安徽为其分布中心。宋·沈括《梦溪笔谈》中有："近延州永宁关天河岸崩入地数十尺，土下得竹笋一林，百茎，根干相连，悉化为石。"并提出："无乃旷古以前地卑气湿而宜乎？"当时对化石有如此深刻认识，难怪国内外学者称他为"中国科技史上卓越人物"。天然林多生长于海拔 500~1100m 的山地，常与松、杉等树种混生成林；人工林多生长在 500m 以下浅山丘陵、平原及河岸滩地、村庄四旁，为稳定的纯林群落景观。刚竹栽培史最少在 3000 年以上，可以追溯至史前文物。喜光，喜温暖湿润气候，能耐 -18℃ 的低温，也较耐干旱。在深厚湿润、富含有机质、透气性良好的酸性、微酸性轻沙壤土中生长最佳，每公顷主竹度可高达 18000 株，发新竹 10500 株，挖退笋 4500kg，采伐老竹 24450kg；在向阳谷地、平原缓坡地，浅山及河岸滩地生长良好；耐盐碱，pH 值达 8.5 和含盐量达 0.1% 的土地上也能生长，但在重黏土或石砾土中则生长不良。依立地条件之不同，其组成结构可分为河谷平地刚竹林类型，低山丘陵刚竹林类型，山区坡地刚竹林类型，四旁零星刚竹林类型竹林景观；依经营利用方向的不同，各地又有以产竹材为主的材用刚竹林、以产笋为主的笋用刚竹林以及笋竹两用刚竹林等刚竹林景观。竹秆挺拔，粗大刚韧，适应性强，用途广泛，用于庭园绿化，可构成四季常青、幽雅宁静优美的景观和人居环境；在江河沿岸、湖边、池畔、路旁片植，组成刚竹林景观，美化大地，使原野独具天然美景；亦是护岸固堤、保持水土、涵养水源林、防风林以及村庄四旁美化的优良竹种。清·郑板桥《新竹》诗："新竹高于旧竹枝，全凭老干为扶持。明年再有新竹者，十丈龙孙绕凤池。"对新人新事采取有力扶持和殷切期待积极向前的态度。方志敏《无题》诗："雪压枝头低，低下欲沾泥。一朝红日起，依旧与天齐。"表现了大无畏革命气慨和顽强毅力。管桦同志用竹比喻周恩来总理革命品格："根根千尺土，叶上苍梧去；平生近红日，萧萧金石声。"自强不息，坚贞气节，厚德载物，以及刚、柔、忠、义等品格。

应选 2~3 年生，呈黄色，鞭上侧芽饱满充实的竹鞭，于发笋前 30 天左右挖起竹鞭。竹鞭长度 0.3~1.0m 均可，并保留 3 个以上的饱满充实的鞭芽。竹鞭挖起后，在苗床上开沟埋植，条距 40~50cm，覆土 10 cm 左右，盖草浇水，保持床面湿润。竹鞭笋芽出土后，应及时在床面上覆盖 3 cm 左右的肥土。也可在春秋季，选 2~3 年生分枝较低，生长良好的母竹，连蔸挖掘，留来去鞭各 30cm 左右，带土 10kg，留枝 3~4 盘，截去梢端，即时栽植。如需运输，应连鞭根带土包扎，以防失水干燥。材性及用途略同毛竹。

刚竹

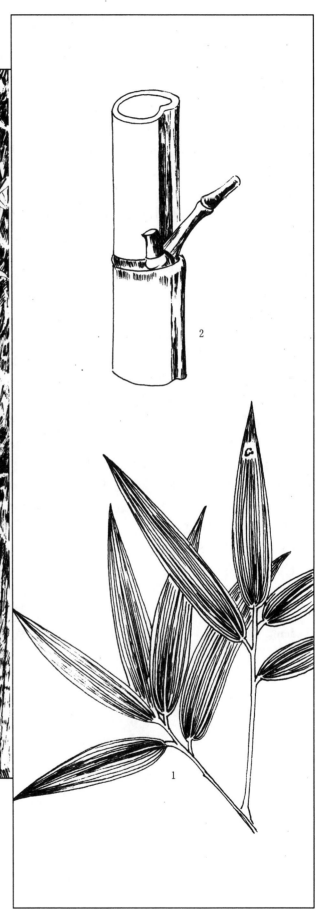

1.叶枝
2.秆节

紫竹（乌竹）*Phyllostachys nigra*

禾本科、竹亚科 Gramineae—Bambusoideae（刚竹属）

中型散生竹，秆高 3~6（8）m，径 2~4（5）cm，幼竹初为绿色，后渐变为紫色，中部节长 25~30 cm；秆环与箨环均稍隆起；秆箨短于节间，红褐色或绿褐色，箨鞘密被淡褐色毛，边缘有整齐的黄褐色缘毛，无斑点；箨耳发达，镰形，紫褐色，有弯曲的紫褐色纤毛；箨舌紫色，强烈隆起，两侧有纤毛；箨叶三角形或三角状披针形，绿色，有皱褶。每小枝具 2~3 叶片，窄披针形，长 7~10 cm，宽约 1~2 cm，下面基部有细毛。花枝呈短穗状，小穗具 2~3 个小花。笋期 4 月下旬至 5 月上旬。笋壳淡红色带绿色。

原产我国，分布于黄河流域以南各地，浙江是分布中心。现有紫竹均为人工栽培的纯林景观，多生长于丘陵缓坡、河溪两岸和四旁，北京有栽培。紫竹能耐 -20℃ 的低温，北京紫竹院公园露天栽培，生长良好；在年均气温 16℃ 左右，年降水量 1500mm 左右，极端最低温不低于 -10℃ 的地区均能生长良好；稍耐水湿，在低湿地也能生长。适应性较强，山区、平原均可栽培。用材为主的紫竹林，每公顷立竹量可达 4500~9000 株；以观赏为主的紫竹林，每公顷立竹量可达 15000 株，叶面指数 5~8。尽管紫竹林竹株分批开花，花后竹株死亡，但其复壮能力很强，3~5 年即可恢复到原来的竹林生长水平，只要每年除去杂草灌丛，铺青垫土，紫竹林就能持续保持郁郁葱葱稳定的群落景观，达到永续利用的目的。宋·宋祁《紫竹赞》"蜀诸山尤多，园池亦种为玩，然生二年色乃变，三年而紫""竹生三岁色乃变紫，伐干以用，西南之美。"竹秆紫黑色，竹叶轻柔，四季翠绿，绿意盎然，别具特色，片植于庭园可独成一景，或与金镶碧玉竹、斑竹、罗汉竹、金竹、小琴丝竹等竹秆具有色彩的竹种同种植于园中，可丰富色彩绚丽的赏竹景观。唐·李德裕《竹径》诗："野竹自成径，绕溪三里余，檀乐被层阜，萧瑟映清渠，日落见林静，风行知谷虚，田家故人少，谁人共焚鱼。"紫竹又是特用工艺竹种，竹秆是制作箫、笛、笙、胡琴等乐器的珍贵用材以及工艺品用材，据传远在黄帝时代就用竹制乐器。传说佛教中最受大众喜爱的观音菩萨就居住在优美的紫竹林中。

移鞭繁殖，应选 2~3 年生，呈黄色、鞭芽充实饱满、须根多的鞭根，在竹鞭出笋前 30 天左右挖掘竹鞭，切成 50~100cm 鞭段，多带宿土，忌伤鞭芽。高床条式开沟，条距约 50cm，竹鞭平放沟内，鞭芽面向两侧，覆土 5~10cm，并盖草、浇水。幼竹出土后，因新竹细弱，可剪去竹梢，保留 4~5 个枝叶，也可选择 2~3 年生生长健壮、鞭芽饱满、竹秆低矮的母竹，连竹蔸挖掘，留来去鞭各 20~30cm，并截去上部竹秆，保留 4~5 盘竹枝。栽植时比原母竹入土部分稍深 3~5cm，栽后浇水、盖草。穴状整地，2~3 月栽植。材性及用途同毛竹。

紫 竹

1. 雄蕊
2. 雄蕊和鳞被
3. 笋
4. 叶枝
5. 花枝

青皮竹 *Bambusa textilis*

禾本科、竹亚科 Gramineae—Bambusoideae（簕竹属）

丛生竹，秆直立，先端稍下垂，高 6～12m，径 5～6 cm，节间长 35～50 cm，竹薄壁，厚 3～5 mm，嫩时外被白粉，具倒生刺毛；箨鞘初有柔毛，后脱落无毛；箨叶长三角形，与箨鞘近等长或稍短；箨耳小，长椭圆形，边缘有纤毛；箨舌略呈弧形，中部高约 2mm。出枝性较高，10～12 细短分枝密集丛生，其中有 2～3 条枝略粗长。每小枝具 8～14 枚叶片，叶片长 10～25 cm，线状披针形，次脉 5～6 对。花期 2～9 月，假小穗单生或簇生花枝节上，长约 3.5 cm，披针形，略扁平，授粉后 20d 左右种实成熟，形似麦粒。出笋较早，5 月中旬开始有出土，持续至 8 月。

分布于江西、广东、广西、福建及台湾等地，广东、广西为其分布中心，生长于海拔 400m 以下的丘陵、山麓缓坡、江河沿岸及平原水网地带，而广东绥江流域沿河两岸的青皮竹林最为繁茂，多为人工栽培的单纯林群落观景，林相整齐，20 世纪 60 年代以来，浙江、江西、湖南等地引种广泛栽培。喜光，喜温暖湿润气候，在平年均气温 18～20℃，1 月平均气温 10℃ 左右，年降水量 1400mm 以上的地区都能生长良好，能耐 -3℃ 的低温，亦耐水湿；对土壤，水肥条件的要求高于散生竹，在深厚湿润，疏松肥沃，pH4.5～7.0 的土壤中生长良好，尤以河流沿岸和平原冲积土上最佳，秆高可达 12m 以上，秆径 6cm 以上，每丛竹数可达上百根；在地势平缓以及山麓地带土层深层肥沃土壤生长良好，秆高在 10m 以上，秆直径 4cm 以上，每丛立竹数达数十株；在立地条件差的地方，秆高只有 4～5m，秆径在 2cm 以下，每丛立竹数亦较少。青皮竹栽植后，3 年即可成林，第 4 年就砍伐利用，收获可达数十年，每公顷年产竹材可达 15000～22500kg，丰产林可高达 37500kg 以上。唐·陈子昂《修竹篇》诗："岁寒霜雪苦，含彩独青青。岂不厌凝冽？羞比春木荣。春木有荣歇，比节无凋零。"不惧寒苦，厌恶势利小人，胸怀大志，刚正不阿，正是陈子昂做人可贵之处。竹秆坚挺秀丽，分枝习性高，节间长，秆色青翠鲜亮，枝条密集丛生，竹叶四季翠绿，顶稍俯垂，婆娑多姿，是庭园、四旁绿化美化的优良竹种。在园林中可片植于溪旁池畔，也可在风景区河流沿岸、河漫滩地、湖泊周边片植，组成滨水竹林景观，亦是护堤固岸，保持水土，涵养水源的优良竹种。另外竹秆节间内生成的凝结物，中药称之为"竹黄"可疗疯癫病。浙江有一位"闺阁诗人"王慕兰（1850～1925 年），盛情赞赏翠竹风采，有《外山竹月》诗："待到深山月上时，娟娟翠竹倍生姿。空明一片高难撷，寒碧千竿俗可医"。

选择 2 年竹秆，按节上留 10cm，节下留 20～30cm，锯成节段，双节段可短些，最好随截随埋，或将节段或母竹原条放在流动水中，也可埋藏在湿沙中。如果长途运输，需用湿草复盖母竹、并经常浇水。埋节前，节段用 100μg/g 萘乙酸处理 12h，按株行距 16～30cm，在圃地开沟平放，节上切口向上，节下切口向下，枝节芽向两侧，覆土 3cm，稍加镇压，并盖草淋水。也可将节段放在沟侧斜面上，节枝芽向两侧与地面成 20° 左右的角度，排成行状，即行覆土 3cm，露出节段切口，随即压土，盖草、淋水。直埋竹节育苗，以竹节入土 3cm 为宜。斜埋成活率高，双节育苗多用平埋，单节育苗以斜埋或直埋。青皮竹可选地径 0.5～1.5cm 的 1 年生竹苗栽植。栽植前剪去竹苗部分枝叶，长途运输，应截去顶稍，只留具有 3～4 个芽的基秆。起苗时，忌伤笋芽，多带宿土，在酸性至中性反应，pH4.5～7.0 的土壤上均能生长。春季 2～3 月，随挖随栽。移母竹栽植，应选秆基芽眼肥大充实，须根发达的 1～2 年生母竹，连蔸带土挖起，截去竹秆上段，保留 2～3 盘枝，从节间中部与秆柄钩头方向切成马耳形。如远距离搬运，需用湿稻草包扎竹蔸，忌伤芽眼。材性及用途略同毛竹。

青皮竹

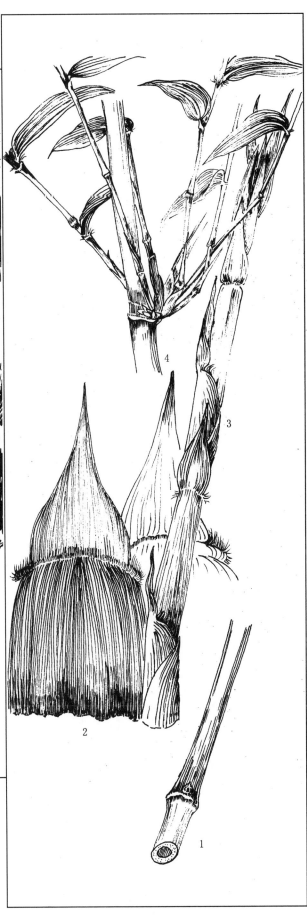

1. 秆节
2. 秆箨背腹面(示箨耳及箨舌)
3. 笋
4. 秆的一部分示节及分枝

中国城乡乔木汉语拼音索引

A

an
安息香科 ·················· 142

bai
白皮松 ·················· 20
白 桦 ·················· 192
白 榆 ·················· 236
白千层 ·················· 298
白蜡树 ·················· 360
白花泡桐 ·················· 386

bai
柏 科 ·················· 54
柏 木 ·················· 54

bao
薄壳山核桃 ·················· 222

ban
板 栗 ·················· 216

C

cao
糙叶树 ·················· 232

ce
侧 柏 ·················· 56

cha
檫 木 ·················· 102
茶 科 ·················· 286
茶 树 ·················· 288

chi
池 杉 ·················· 52
赤 松 ·················· 54
赤 杨 ·················· 188

chong
重阳木 ·················· 280

chou
臭 椿 ·················· 314

chuan
川 楝 ·················· 324

chui
垂 柳 ·················· 184

ci
刺 槐 ·················· 138
刺 楸 ·················· 152

D

da
大叶楠 ·················· 96
大果榆 ·················· 244
大叶榉 ·················· 246
大风子科 ·················· 258
大戟科 ·················· 280
大叶桉 ·················· 294
大叶桃花心木 ·················· 326

dan
淡 竹 ·················· 398

deng
灯台树 ·················· 144

die
蝶形花科 ·················· 130

du
杜仲科 ·················· 256
杜 仲 ·················· 256

duan
椴树科 ·················· 266
椴 树 ·················· 268

E

e
鹅掌楸 ·················· 74
鹅耳枥 ·················· 196

F

fei
肥皂荚 ·················· 122

feng
枫 香 ·················· 156

枫 杨 ·················· 226
凤凰木 ·················· 118

fu
复叶槭 ·················· 350

G

gan
柑 橘 ·················· 312
橄榄科 ·················· 316
橄 榄 ·················· 316

gang
刚 竹 ·················· 400

ge
格 木 ·················· 120

gong
珙桐科 ·················· 150
珙 桐 ·················· 150

guang
光皮桦 ·················· 190
广玉兰 ·················· 78

gui
桂 花 ·················· 368

H

han
含羞草科 ·················· 124

han
旱 柳 ·················· 186

he
禾木科 ·················· 396

hei
黑壳楠 ·················· 92

hong
红 松 ·················· 16
红 桧 ·················· 62
红豆杉科 ·················· 68
红豆杉 ·················· 68
红 楠 ·················· 94

红豆树 …………………… 132

红锥 …………………… 206

红厚壳 …………………… 290

红椿 …………………… 330

hou

厚朴 …………………… 82

厚壳树 …………………… 380

hu

胡杨 …………………… 176

胡桃科 …………………… 220

胡桃 …………………… 228

hua

花榈木 …………………… 134

华北落叶松 …………………… 12

华山松 …………………… 18

华东黄杉 …………………… 34

桦木科 …………………… 188

huai

槐树 …………………… 136

huang

黄山松 …………………… 30

黄山木兰 …………………… 76

黄葛树 …………………… 252

黄波罗 …………………… 310

黄山栾树 …………………… 334

黄连木 …………………… 346

黄金树 …………………… 378

huo

火炬松 …………………… 36

火力楠 …………………… 86

火炬树 …………………… 348

J

jia

夹竹桃科 …………………… 370

jian

健杨 …………………… 178

jin

金钱松 …………………… 32

金缕梅科 …………………… 156

ju

巨紫荆 …………………… 116

jun

君迁子 …………………… 308

K

kang

糠椴 …………………… 266

ku

苦槠 …………………… 204

苦木科 …………………… 314

L

lan

蓝果树科 …………………… 146

蓝果树 …………………… 148

蓝桉 …………………… 296

lang

琅琊榆 …………………… 236

榔榆 …………………… 242

leng

冷杉 …………………… 6

li

荔枝 …………………… 340

lian

连香树科 …………………… 88

连香树 …………………… 88

楝科 …………………… 320

楝树 …………………… 322

liu

柳杉 …………………… 42

long

龙香脑科 …………………… 292

龙眼 …………………… 338

luan

栾树 …………………… 332

luo

罗汉松科 …………………… 66

罗汉松 …………………… 66

落羽杉 …………………… 50

M

ma

麻栎 …………………… 210

麻楝 …………………… 320

马尾松 …………………… 26

马尾树科 …………………… 160

马尾树 …………………… 160

马鞭草科 …………………… 382

mao

毛白杨 …………………… 164

毛竹 …………………… 396

mei

梅 …………………… 110

美国白蜡树 …………………… 362

meng

蒙古栎 …………………… 218

mi

米老排 …………………… 158

米槠 …………………… 200

mu

木兰科 …………………… 74

木莲 …………………… 84

木麻黄科 …………………… 230

木麻黄 …………………… 230

木棉科 …………………… 278

木棉 …………………… 278

木荷 …………………… 286

木犀科 …………………… 360

N

nan

南洋杉科 …………………… 4

南洋杉 …………………… 4

楠木 …………………… 100

南洋楹 …………………… 128

南京椴 …………………… 270

南酸枣 …………………… 344

南紫薇 …………………… 388

ni

拟赤杨 …………………… 142

niu

牛肋巴 …………………… 130

nu

女贞 …………………… 366

P

pen

盆架树 …………………… 370

pi
枇杷 …………………… 114

pu
菩提树 ………………… 250
朴树 …………………… 234

Q

qi
桤木 …………………… 190
漆树科 ………………… 344
槭树科 ………………… 350
七叶树科 ……………… 356
七叶树 ………………… 356

qian
铅笔柏 ………………… 60
千屈菜科 ……………… 388
茜草科 ………………… 372

qiang
蔷薇科 ………………… 106

qiao
壳斗科 ………………… 198

qing
青杨 …………………… 170
青钱柳 ………………… 224
青桐 …………………… 276
青皮 …………………… 292
清风藤科 ……………… 342
青皮竹 ………………… 404

qiu
秋枫 …………………… 282
楸树 …………………… 376

R

rong
榕树 …………………… 248

S

san
三角枫 ………………… 354

sang
桑科 …………………… 248
桑树 …………………… 254

sha

沙兰杨 ………………… 180

shan
杉科 …………………… 42
杉木 …………………… 44
山茱萸科 ……………… 144
山核桃 ………………… 220
山拐枣 ………………… 258
山桐子 ………………… 260
山龙眼科 ……………… 264
山竹子科 ……………… 290

sheng
省沽油科 ……………… 358

shi
湿地松 ………………… 38
石榴科 ………………… 300
石榴 …………………… 300
柿树科 ………………… 306
柿树 …………………… 306

shu
鼠李科 ………………… 302

shuan
栓皮栎 ………………… 212

shui
水松 …………………… 46
水杉 …………………… 48
水榆花楸 ……………… 108
水青树科 ……………… 154
水青树 ………………… 154
水青冈 ………………… 208
水曲柳 ………………… 364

song
松科 …………………… 6

su
苏木科 ………………… 114

tai
台湾油杉 ……………… 40
台湾扁柏 ……………… 64

tao
桃金娘科 ……………… 294

tian
天料木科 ……………… 262
天料木 ………………… 262
甜槠 …………………… 202

W

wang
王棕 …………………… 394

wu
乌桕 …………………… 284
乌榄 …………………… 318
梧桐科 ………………… 276
无患子科 ……………… 332
无患子 ………………… 336
五桠果科 ……………… 104
五桠果 ………………… 104
五加科 ………………… 152
五角枫 ………………… 354

X

xi
喜树 …………………… 146

xian
蚬木 …………………… 274

xiang
香榧 …………………… 70
相思树 ………………… 124
香椿 …………………… 328
香果树 ………………… 372
响叶杨 ………………… 174

xiao
小叶杨 ………………… 172
小叶栎 ………………… 214

xin
新疆杨 ………………… 168

xuan
悬铃木科 ……………… 162
悬铃木 ………………… 162
玄参科 ………………… 384

xue
雪松 …………………… 10

Y

yang
杨柳科 ………………… 164

ye
椰子 …………………… 392

yi

Ⅰ-72 杨 ················· 182

yin

银杏科 ················· 2

银 杏 ················· 2

银 杉 ················· 8

银白杨 ················· 166

银 桦 ················· 264

银鹊树 ················· 358

ying

樱 桃 ················· 112

楹 树 ················· 126

you

油 松 ················· 28

柚 木 ················· 382

yu

榆 科 ················· 232

羽叶泡花树 ················· 342

玉 兰 ················· 80

yuan

圆 柏 ················· 58

yun

云 杉 ················· 14

芸香科 ················· 310

Z

zao

枣 树 ················· 304

zao

皂 荚 ················· 122

zhang

樟子松 ················· 22

樟 科 ················· 90

樟 树 ················· 90

zhen

榛 科 ················· 194

zhi

枳 椇 ················· 302

zhui

锥 栗 ················· 198

zi

紫草科 ················· 380

紫 楠 ················· 98

紫 藤 ················· 140

紫 椴 ················· 272

紫葳科 ················· 374

梓 树 ················· 374

紫花泡桐 ················· 384

紫 竹 ················· 402

zong

棕榈科 ················· 392

zui

醉翁榆 ················· 240

中国城乡乔木中文名首字笔画索引

二 画

七叶树 ……………………… 356

三 画

三角枫 ……………………… 354
大叶楠 ……………………… 96
大叶榉 ……………………… 246
大叶桃花心木 ……………… 326
大果榆 ……………………… 244
马尾松 ……………………… 26
马尾树 ……………………… 160
广玉兰 ……………………… 78
小叶杨 ……………………… 172
小叶栎 ……………………… 214
山核桃 ……………………… 220
山拐枣 ……………………… 258
山桐子 ……………………… 260
川 楝 ……………………… 324
女 贞 ……………………… 366

四 画

火炬松 ……………………… 36
火炬树 ……………………… 348
火力楠 ……………………… 86
水 杉 ……………………… 48
水 松 ……………………… 46
水青树 ……………………… 154
水青冈 ……………………… 208
水曲柳 ……………………… 364
水榆花楸 …………………… 108
木 莲 ……………………… 84
木 棉 ……………………… 278

木 荷 ……………………… 286
木麻黄 ……………………… 230
五桠果 ……………………… 104
五角枫 ……………………… 354
牛肋巴 ……………………… 130
毛白杨 ……………………… 164
毛 竹 ……………………… 396
天料木 ……………………… 262
乌 桕 ……………………… 284
乌 榄 ……………………… 318
王 棕 ……………………… 394
无患子 ……………………… 336
凤凰木 ……………………… 118

五 画

白皮松 ……………………… 20
白 桦 ……………………… 192
白 榆 ……………………… 236
白千层 ……………………… 298
白蜡树 ……………………… 360
白花泡桐 …………………… 386
台湾扁柏 …………………… 64
台湾油杉 …………………… 40
玉 兰 ……………………… 80
巨紫荆 ……………………… 116
石 榴 ……………………… 300
龙 眼 ……………………… 338

六 画

华北落叶松 ………………… 12
华东黄杉 …………………… 34
华山松 ……………………… 18
云 杉 ……………………… 14

红 松 ……………………… 16
红 桧 ……………………… 62
红豆杉 ……………………… 68
红 楠 ……………………… 94
红豆树 ……………………… 132
红 锥 ……………………… 206
红厚壳 ……………………… 290
红 椿 ……………………… 330
池 杉 ……………………… 52
灯台树 ……………………… 144
米老排 ……………………… 158
米 槠 ……………………… 200
光皮桦 ……………………… 190
朴 树 ……………………… 234
羽叶泡花树 ………………… 342
刚 竹 ……………………… 400

七 画

冷 杉 ……………………… 6
杉 木 ……………………… 44
赤 松 ……………………… 24
赤 杨 ……………………… 188
连香树 ……………………… 88
皂 荚 ……………………… 122
花榈木 ……………………… 134
拟赤扬 ……………………… 142
沙兰杨 ……………………… 180
旱 柳 ……………………… 186
杜 仲 ……………………… 256
君迁子 ……………………… 308

八 画

油 松 ……………………… 28

金钱松 …………………… 32
侧柏 ……………………… 56
罗汉松 …………………… 66
肥皂荚 …………………… 122
枇杷 ……………………… 114
刺槐 ……………………… 138
刺楸 ……………………… 152
枫香 ……………………… 156
枫杨 ……………………… 226
青杨 ……………………… 170
青钱柳 …………………… 224
青桐 ……………………… 276
青皮竹 …………………… 404
青皮 ……………………… 292
垂柳 ……………………… 184
苦槠 ……………………… 204
板栗 ……………………… 216
枣树 ……………………… 304

九 画

南洋杉 …………………… 4
南洋楹 …………………… 128
南京椴 …………………… 270
南酸枣 …………………… 344
南紫薇 …………………… 388
柳杉 ……………………… 42
柏木 ……………………… 54
香榧 ……………………… 70
香椿 ……………………… 328
香果树 …………………… 372
厚朴 ……………………… 82
厚壳树 …………………… 380
相思树 …………………… 124
响叶杨 …………………… 174
胡杨 ……………………… 176
胡桃 ……………………… 228
重阳木 …………………… 280

秋枫 ……………………… 282
茶树 ……………………… 286
枳椇 ……………………… 302
柿树 ……………………… 306
柑橘 ……………………… 312
荔枝 ……………………… 340
复叶槭 …………………… 350
美国白蜡 ………………… 362
柚木 ……………………… 382
盆架树 …………………… 370

十 画

铅笔柏 …………………… 60
格木 ……………………… 120
珙桐 ……………………… 150
桤木 ……………………… 190
栓皮栎 …………………… 212
桑树 ……………………… 254
臭椿 ……………………… 314
栾树 ……………………… 332
桂花 ……………………… 368
蚬木 ……………………… 274
圆柏 ……………………… 58
健杨 ……………………… 178

十一画

银杏 ……………………… 2
银杉 ……………………… 8
银白杨 …………………… 166
银桦 ……………………… 264
银鹊树 …………………… 358
雪松 ……………………… 10
黄山松 …………………… 30
黄山木兰 ………………… 76
黄山栾树 ………………… 334
黄葛树 …………………… 252
黄波罗 …………………… 310

黄连木 …………………… 346
黄金树 …………………… 378
梅 ………………………… 110
悬铃木 …………………… 162
甜槠 ……………………… 202
麻栎 ……………………… 210
麻楝 ……………………… 320
菩提树 …………………… 250
梓树 ……………………… 374
淡竹 ……………………… 398
琅琊榆 …………………… 236

十二画

湿地松 …………………… 38
鹅掌楸 …………………… 74
鹅耳枥 …………………… 196
黑壳楠 …………………… 92
紫楠 ……………………… 98
紫藤 ……………………… 140
紫椴 ……………………… 272
紫花泡桐 ………………… 384
紫竹 ……………………… 402
榔榆 ……………………… 242
落羽杉 …………………… 50
椰子 ……………………… 392
喜树 ……………………… 146

十三画

楠木 ……………………… 100
楝树 ……………………… 126
槐树 ……………………… 136
蓝果树 …………………… 148
蓝桉 ……………………… 296
新疆杨 …………………… 168
锥栗 ……………………… 198
蒙古栎 …………………… 218
椴树 ……………………… 268

楝　树 ……………………… 322

楸　树 ……………………… 376

十四画

榕　树 ……………………… 248

十五画

樟子松 ………………………… 22

樟　树 ……………………… 90

樱　桃 ……………………… 112

醉翁榆 ……………………… 240

橄　榄 ……………………… 316

十六画

薄壳山核桃 ………………… 222

糙叶树 ……………………… 232

十七画

糠　椴 ……………………… 266

十八画

檫　木 ……………………… 102

中国城乡乔木拉丁文学名索引

A

Abies fabri ·········· 6

Acacia richii ·········· 124

Acer buergerianum ········· 352

A. mono ········· 354

A. negundo ·········· 350

Aesculus chinensis ········· 356

Ailanthus altissima ········· 314

Albizia chinensis ········· 126

A. falcataria ········· 128

Alniphyllum fortunei ····· 142

Alnus cremastogyne ········· 190

A. japonica ········· 188

Aphananthe aspera ········ 232

Araucaria cunninghamii ····· 4

B

Bambusa textilis ·········· 404

Betula luminifera ········· 194

B. platyphylla ·········· 192

Bischofia javanica ······· 282

B. polycarpa ········· 280

Burretiodendron hsienmu ······

C

Calophyllum inophyllum ······

·········· 290

Camellia sinensis ········· 288

Camptotheca acuminata ··· 146

Canarium album ········· 316

C. pimela ·········· 318

Carpinus turczaninowii ··· 196

Carya cathayensis ·········· 220

C. illinoensis ········· 222

Castanea henryi ········· 198

C. hystrix ········· 206

C. mollissima ·········· 216

Castanopsis carlesii ········· 200

C. eyrei ········· 202

C. Sclerophylla ········· 204

C. hystrix ········· 206

Casuarina equisetifolia ··· 230

Catalpa bungei ········· 376

C. ovata ········· 374

C. speciosa ········· 378

Cathaya argyrophylla ········· 8

Cedrus deodara ········· 10

Celtis sinensis ········· 234

Cercis gigantea ········· 114

Cercidiphyllun jeponicum ·····

·········· 88

Chamaecyparis formosensis ···

·········· 62

Ch. obtusa var. formosana ···

·········· 64

Choerospondias axillaris ·······

·········· 344

Chukrasia tabularis ········· 320

Cinnamomum camphora ··· 90

Citrus reticulata ········· 312

Cocos nucifera ········· 392

Cornus controversa ········· 144

Cryptomeria fortunei ········· 42

Cunninghamia lanceolata ······

·········· 44

Cupressue funebris ········· 54

Cyclocarpa paliurus ····· 224

D

Dalbergia obtusifolia ····· 130

Davidia involucrata ········· 150

Delonix regia ········· 116

Dillenia indica ········· 104

Dimocarpus longan ·········

Diospyrus kaki ·········· 306

D. lotus ·········· 308

E

Ehretia thyrsiflora ········· 380

Emmenopterys henryi ····· 372

Eriobotrya japonica ········· 112

Erythrophloeum fordii ····· 118

Eucalyptus globulus ········· 296

E. robusta ·········· 294

Eucommia ulmoides ········· 256

F

Fagus longipetiolata ········· 208

Ficus lacor ········· 252

F. microcarpa ·········· 248

F. religiosa ········· 250

Firmiana simplex ·········· 276

Fraxinus americana ········· 362

F. chinensis ········· 360

F. mandshurica ·········· 364

G

Ginkgo biloba ……… 2

Gleditsia sinensis ……… 120

Glyptostrobus pensilis ……… 46

Gossampnus malabarica … 278

Grevillea robusta ……… 264

Gymnocladus chinensis …… 122

H

Homalium cochinchinense ……
……………… 262

Hovenia dulcis ……… 302

I

Idesia polycarpa ……… 260

J

Juglans regia ……… 228

K

Kalopanax septemlobus … 152

Keteleeria formosana ……… 40

Koelreuteria bipinnata var. integrifolia ……… 334

K. paniculata ……… 332

L

Lagerstroemia subcostata ……
……………… 388

Larix principis-rupprechtii …
……………… 12

Ligustrum lucidum ……… 366

Lindera megaphylla ……… 92

Liquidambar formosana ……
……………… 156

Liriodendron chinense … 74

Litchi chinensis ……… 340

M

Machilus leptophylla ……… 96

M. thunbergii ……… 94

Magnolia cylinbrica ……… 76

M. denudata ……… 80

M. grandiflora ……… 78

M. officinalis ……… 82

Manglietia fordiana ……… 84

Melaleuca leucadendron … 298

Melia azedarach ……… 322

M. toosendan ……… 324

Meliosma pinnata ……… 342

Metasequoia glyptostroboides …
……………… 48

Michelia macclurei ……… 86

Morus alba ……… 254

Mytilaria laosensis ……… 158

N

Nyssa sinensis ……… 148

O

Ormosia henryi ……… 134

O. hosiei ……… 132

Osmanthus fragrans ……… 368

P

Paulownia fortunei ……… 386

P. tomentosa ……… 384

Phellodendron amurens … 310

Phoebe sheareri ……… 98

P. zhennan ……… 100

Phylloslachys glauca ……… 398

Ph. pubescens ……… 396

Ph. nigra ……… 402

Ph. viridis ……… 400

Picea asperata ……… 14

Pinus armandii ……… 18

P. bungeana ……… 20

P. densiflora ……… 24

P. elliottii ……… 38

P. koraiensis ……… 16

P. massoniana ……… 26

P. sylvestris var. mongolica
……………… 22

P. tabulaeformis ……… 28

P. taeda ……… 36

P. taiwanensis ……… 30

Pistacia chinensis

Platanus hispanica ……… 162

Platycladus orientalis ……… 56

Podocarpus macrophyllus … 66

Poliothyrsis sinensis ……… 258

Populus adenopoda ……… 174

P. alba ……… 166

P. bolleana var. pyramidalis
……………… 168

P. canadensis cv. Robusta …
……………… 178

P. canadensis cv. Sacrau ……
……………… 180

P. cathayana ……… 170

P. euphratica ……… 176

P. euramericana cv. Sai Martina ……… 182

P. simonii ……… 172

P. tomentosa ……… 164

Prunus mume ……… 108

P. pseudocerasus ……… 110

Pseudolarix kaempferi ……… 32

Pseudotsuga gaussenii ……… 34

Pterocarpa stenoptera ……… 226

Punica granatum ·········· 300

Q

Quercus acutissima ········ 240

Q. chenii ················· 214

Q. mongolica ············· 218

Q. variabilis ············· 212

R

Rhoiptelea chiliantha ····· 160

Rhus typhina ············· 348

Robinia pseudoacacia ····· 138

Roystonea regia ··········· 394

S

Sabina chinensis ·········· 58

S. virginiana ············· 60

Salix babylonica ·········· 184

S. matsudana ············· 186

Sapindus mukorossi ··········

Sapium sebiferum ······· 284

Sassafras tsumu ·········· 102

Schima superba ········· 286

Sophora japonica ········· 136

Sorbus alnifolia ········· 106

Swietenia macrophylla ····· 326

T

Tapiscia sinensis ·········· 358

Taxodium ascendens ········ 52

T. distichum ·············· 50

Taxus chinensis ··········· 68

Tectona grandis ·········· 382

Tetracentron sinense ······· 154

Tilia amurensis ··········· 272

T. mandshurica ··········· 266

T. miqueliana ············ 270

T. tuan ················· 268

Toona ciliata ············· 330

T. sinensis ·············· 328

Torreya grandis ·············· 70

U

Ulmus chenmoui ·········· 238

U. gaussenii ············· 240

U. macrocarpa ··········· 244

U. parvifolia ············· 242

U. pumila ··············· 236

V

Vatica astrotricha ·········· 292

W

Winchia calophylla ········ 370

Wistenia sinensis ·········· 140

Z

Zelkova schneideriana ····· 246

Ziziphus jujuba ·········· 304

参考文献

1．江泽慧，彭镇华著．世界主要树种木材科学特性．科学出版社，2001

2．彭镇华著．中国杉木．中国林业出版社，1999

3．成俊卿，杨家驹，刘鹏．中国木材志．中国林业出版社，1992

4．柯病凡等．山西中条山木材志．科学出版社，1995

5．成俊卿．中国热带及亚带木材．科学出版社，1980

6．罗良村．云南经济木材志．云南人民出版社，1989

7．黄达章．东北经济木材志．科学出版社，1964

8．汪秉全．陕西木材．陕西人民出版社，1979

9．龚耀乾，王婉华．常用木材识别手册．江苏科学技术出版社，1985

10．卫广扬，唐汝明，龚耀乾等．安徽木材识别与用途．安徽科学技术出版社，1982

11．中国林科院木材工业研究所．中国主要树种的木材物理力学性质．中国林业出版社，1982

12．吴中伦主编．中国森林（1～4卷）．中国林业出版社，1997～2001

13．国家林业局国有林场和林木种苗工作站主编．中国木本植物种子．中国林业出版社，2001

14．黄枢，沈国舫主编．中国造林技术．中国林业出版社，1993

15．中国树木志编委会主编．中国主要树种造林技术．中国林业出版社，1981

16．郑万钧主编．中国树木志（1～3卷）．中国林业出版社，1983

17．孙时轩主编．林木种苗手册（下册）．中国林业出版社，1985

18．广东植物研究所编．海南植物志3卷．科学出版社，1974

19．安徽植物志协作组．安徽植物志（1～5卷）．安徽科学技术出版社，1985～1992
中国展望出版社

20．张曾是主编．安徽森林．中国林业出版社．安徽科学技术出版社，1990

21．陈有民主编．园林树木学．中国林业出版社，1999

22．华南主要经济树木编写组．华南主要经济树木．农业出版社，1976

23．冯采芹编．绿化环境效应研究．国内篇．中国环境科学出版社，1992

24．陈自新，苏雪痕等．北京城市园林绿化生态效应的研究（2）[J]（2）51～53，1998

25．陈自新，苏雪痕等．北京城市园林绿化生态效应的研究（4）中国园林 [J]（4）46～49，1998

26．陈俊愉，程绪河主编．中国花经 [M]．上海文化出版社，1990

27．路有民主编．种子植物科属地理．科学出版社，1999

28．徐化成主编．景观生态学．中国林业出版社，1995

29．安徽省林业厅．安徽省林学会编．安徽古树名木．安徽科学技术出版社，2001

30．陈从周主编．中国园林鉴赏辞典．华东师范大学出版社，2001

31．薛聪贤编著．景观植物造园应用实例续编（2）．天津科学技术出版社，1999

32．林浩庆．木本植物对土壤汞污染防治功能的研究．环 [J] 8（3）35～40，1998

33．黄会一．木本植物对土壤镉的吸收积累和耐性．中国环境科学 [J] 9（5）327～330，1989

34．鲁敏，李英杰，鲁金鹏．绿化树种对大气污染物吸收净化能力的研究．城市环境与城市生态 [J] 15（2）7～9，2002

35．薛皎亮、刘红霞、谢映平．城市空气中铅在国槐体内的积累．中国环境科学 [J] 20（6）536～539，2000

36．王庆仁，崔岩山，董艺婷．植物修复～重金属污染土壤整洁的有效途径 [J]．生态学报21（2）：326～331，2001